STM32F 32 位 ARM 微控制器应用设计与实践
（第 2 版）

黄智伟　王　兵　朱卫华　编著

U0244395

北京航空航天大学出版社

内 容 简 介

以 STM32F 系列 32 位微控制器在工程应用中所需要的知识点为基础,系统介绍该系列微控制器的最小系统设计,工程建立、软件仿真调试与程序下载,GPIO、USART、ADC、DAC、定时器、看门狗、SPI、I²C、CAN、SDIO 接口的使用与编程,以及 LCD、触摸屏、Flash 存储器、颜色传感器、光强检测传感器、图像传感器、加速度传感器、角度位移传感器、音频编解码器、RFID、射频无线收发器、数字调频无线电接收机、DDS、CAN 收发器、Micro SD 卡、步进电机、交流调压等模块的使用与编程。本书所有示例程序均通过验证,相关程序代码可以免费下载。

本书可以作为工程技术人员进行 STM32F 32 位微控制器应用设计与开发的参考书;也可以作为高等院校电子信息、通信工程、自动化、电气控制类等专业学生参加全国大学生电子设计竞赛,进行电子制作、课程设计、毕业设计的教学参考书。

图书在版编目(CIP)数据

STM32F 32 位微控制器应用设计与实践 / 黄智伟,王兵,朱卫华编著. --2 版. -- 北京 : 北京航空航天大学出版社,2014.4

ISBN 978 - 7 - 5124 - 1495 - 2

Ⅰ. ① S… Ⅱ. ① 黄… ②王… ③ 朱… Ⅲ. ①微控制器 Ⅳ. ①TP332.3

中国版本图书馆 CIP 数据核字(2014)第 035149 号

STM32F 32 位 ARM 微控制器应用设计与实践(第 2 版)

黄智伟 王 兵 朱卫华 编著

责任编辑 刘 星

*

北京航空航天大学出版社出版发行

北京市海淀区学院路 37 号(邮编 100191) http://www.buaapress.com.cn
发行部电话:(010)82317024 传真:(010)82328026
读者信箱:emsbook@gmail.com 邮购电话:(010)82316524

北京九州迅驰传媒文化有限公司印装 各地书店经销

*

开本:710×1 000 1/16 印张:30.25 字数:681 千字
2014 年 4 月第 2 版 2023 年 1 月第 6 次印刷 印数:6 801～7 300 册
ISBN 978 - 7 - 5124 - 1495 - 2 定价:68.00 元

前　言

STM32 系列 32 位微控制器是 STMicroelectronics 公司为用户提供的具有高性能、高度兼容、易开发、低功耗、低工作电压以及实时、数字信号处理的 32 位闪存微控制器产品，包含有内置 ARM Cortex – M3 内核的 STM32 L1、STM32 F1、STM32 F2 系列超低功耗微控制器，以及内置 ARM Cortex – M4 内核的、具有数字信号处理指令和浮点运算单元的 STM32 F4 系列高性能微控制器。

本书以 STM32F 系列 32 位微控制器在工程应用中所需要的知识点为基础，突出 STM32F 32 位微控制器应用的基本方法，以实例为模板，叙述简洁清晰，工程性强，提供了完整的示例程序代码，可以作为工程技术人员进行 STM32F 32 位微控制器应用设计与开发的参考书。

随着全国大学生电子设计竞赛的深入和发展，竞赛题目所要求的深度、难度都有很大的提高，竞赛规则与要求也出现了一些变化，如对微控制器选型的限制、"最小系统"的定义、"性价比"与"系统功耗"指标要求等。除单片机、FPGA 外，ARM、DSP 等高性能的微控制器及最小系统也开始在电子设计竞赛中得到应用。本书也可以作为高等院校电子信息工程、通信工程、自动化、电气控制等相关专业学生在电子设计竞赛中应用 STM32F 32 位微控制器的培训教材，以及参加电子制作、课程设计、毕业设计等的教学参考书。

全书共分 14 章。第 1 章介绍 STM32F 32 位微控制器最小系统设计，包括电路和 PCB 设计。第 2 章介绍 STM32F 的固件函数库、工程建立、软件仿真调试、程序下载以及怎样在 RAM 中调试程序。第 3 章介绍 delay 和 sys 文件函数的使用。第 4 章介绍 STM32F GPIO 的使用、编程示例及外部中断操作。第 5 章介绍 STM32F USART 的使用、USART – USB 转换、USART 的中断操作及 DMA 操作。第 6 章介绍 STM32F ADC 的使用、ADC 的 DMA 连续转换模式、WDJ36 – 1/WDD35S 角度位移传感器操作示例程序设计和程序。第 7 章介绍 STM32F DAC 的使用，DAC 软件触发模式、DAC 定时器触发模式及 DAC 三角波生成模式的示例程序设计和程序。第 8 章介绍 STM32F 定时器的使用，定时器的输入捕获模式、定时器的输出比较模式，STM32F 的 PWM 示例程序设计和程序，颜色传感器 TCS230、步进电机及交流调压模块的示例程序设计和程序。第 9 章介绍 STM32F 看门狗的使用，独立看门狗和窗口看门狗的示例程序设计和程序。第 10 章介绍 STM32F FSMC 的使用，FSMC 驱动 TFT LCD 的示例程序设计和程序。第 11 章介绍 STM32F 的 SPI 的使用，SPI 控制数字电位器 MAX5413/14/15 的示例程序设计和程序，GPIO 模拟 SPI 控制触摸屏的程序设计和程序，以及加速度传感器 MMA7455L、音频编解码器 VS1003、RFID MF RC522 和 Mifare standard 卡、Flash 存储器 W25X16、射频无线收发器 nRF24L01 和 DDS AD9852 的使用示例程序设计和程序。第 12 章介绍 STM32F 的 I^2C 的使用，STM32F I^2C 的示例程序设计和程序，以及光强检测传感器 BH1750FVI、CMOS 图像传感器 OV7670、数字调频无线电接收机 TEA5767 的使用示例程序设计和程序。第 13 章介绍 STM32F 的 bxCAN 的使用，STM32F 外接 CAN 收发器，CAN 操作的示例程序设计和程序。第 14 章介绍 STM32F 的 SDIO 的使用，Micro SD 卡与 STM32F 的连接，Micro SD 卡读/写操作的示例程序设计和程序，以及 SDIO＋FatFs 实现的 FAT 文件系统的示例程序设计和程序。

本书所有示例程序均通过验证，相关程序可以在北京航空航天大学出版社的"下载专区"免费下载。

在编写本书的过程中，作者参考了一些国内外相关著作和资料，参考并引用了 ST-Microelectronics 公司提供的技术资料和应用笔记，得到了许多专家和学者的大力支持，听取了多方面的意见和建议。李富英高级工程师对本书进行了审阅，王兵对本书中的示例进行了编程与验证，南华大学朱卫华副教授、王彦教授、陈文光教授、李圣副教授，以及刘光达、刘鹏程、刘峰、胡孝平、彭坤、葛厚洋、刘广、胡景文、蒋万辉、杨福光、王希勤、徐花平、安庆隆、王守超、蒋智、王利、丑佳文、马宇辉、李彬鸿、邓松波、周斌、曾智、刘业、杨威、郝沛、戴宇明、邵卫龙、陈星源、袁帅春等人为本书的编写也做了大量的工作，在此一并表示衷心的感谢。同时感谢"国家级大学生创新创业训练计划项目"（201210555009）课题组，湖南省普通高等院校教学改革研究项目（20120216）和（20130216）课题组，湖南省大学生研究性学习与创新性实验计划项目（201209）课题组，对本书编写所做的大量工作和支持。

由于我们水平有限，不足之处敬请各位读者斧正。有兴趣的朋友，请发送邮件到 fuzhi619@sina.com，与本书作者沟通，也可以发送邮件到 emsbook@gmail.com，与本书策划编辑进行交流。

黄智伟
2014 年 2 月于南华大学

目　录

STM32F 32位ARM微控制器应用设计与实践（第2版）

第 **1** 章

STM32F 系列 32 位
微控制器最小系统设计

1.1 STM32 系列 32 位微控制器简介

ST Microelectronics(意法半导体)公司为用户提供了一系列具有高性能、高度兼容、易开发、低功耗、低工作电压以及实时、数字信号处理的 32 位闪存微控制器产品。其开发的基于 ARM Cortex-M 处理器的 STM32 32 位闪存微控制器产品系列如图 1.1.1 所示。品种齐全的 STM32 产品基于行业标准内核,提供了大量工具和软件选项,使该系列产品成为小型项目和完整平台的理想选择。

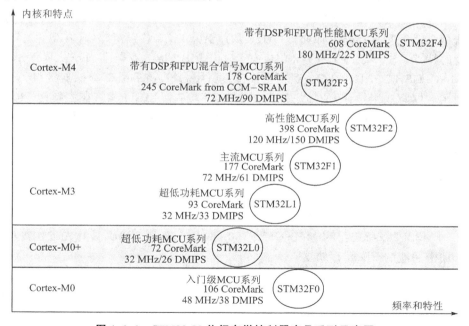

图 1.1.1 STM32 32 位闪存微控制器产品系列示意图

1. STM32 F0 入门级 Cortex-M0 MCU

基于 ARM Cortex-M0 的 STM32 F0 系列实现了 32 位性能,同时传承了 STM32 系列的重要特性,特别适于成本敏感型应用。STM32 F0 MCU 集实时性能、低功耗运算、与 STM32 平台相关的先进架构及外设于一身。STM32F0 系列产品包含有

STM32F0x8MCU、STM32F0x2MCU、STM32F0x1MCU、STM32F030MCU。电源电压范围 1.8～3.6 V,提供多种封装类型,适于各种应用和市场,在传统 8 位和 16 位市场极具竞争力。

2. STM32 F1 系列 MCU

STM32 F1 系列为主流 MCU,科研满足工业、医疗和消费类市场的各种应用需求。该系列产品利用一流的外设和低功耗、低压操作实现了高性能、高集成度和低价格。

STM32 F1 系列 MCU 该系列包含 5 个产品线,它们的引脚、外设和软件均兼容。

- 超值型 STM32F100:24 MHz CPU,512 KB 的 Flash,32 KB 的 RAM,具有电机控制和 CEC 功能。
- 基本型 STM32F101:36 MHz CPU,具有高达 1 MB 的 Flash 和 80 KB 的 RAM。
- STM32F102:48 MHz CPU,具备 USB 2.0FS、128 KB 的 Flash 和 16 KB 的 RAM。
- 增强型 STM32F103:72 MHz CPU,具有高达 1 MB 的 Flash、16 KB 的 RAM、USB 2.0FS 和 CAN2.0B,电机控制。
- 互联型 STM32F105/107:72 MHz CPU,具有以太网 MAC、USB 2.0FS OTG、CAN2.0B 和 $2\times I^2S$ 音频接口。

3. STM32 F2 系列高性能 MCU

基于 ARM Cortex - M3 的 STM32 F2 系列采用先进的 90 nm NVM 工艺制造,具有创新型自适应实时存储器加速器(ART 加速器)和多层总线矩阵,具有高性价比和高集成度的特点。STM32 F2 系列 MCU 整合了 1 MB Flash 存储器、128 KB SRAM、以太网 MAC、USB 2.0 HS OTG、照相机接口、硬件加密支持和外部存储器接口。

利用 ST(意法半导体)的加速技术,STM32 F2 系列 MCU 能够在主频为 120 MHz 下实现高达 150 DMIPS/398 CoreMark 的性能,能够保持极低的动态电流消耗水平($175 \mu A/MHz$)。

器件提供了 LQFP64、LQFP100、LQFP144、WLCSP66(<4 mm×4 mm)、UFB-GA176 和 LQFP176 多种封装形式。

STM32 F2 系列 MCU 包含 STM32F205/215 和 STM32F207/217 两款产品,它们的引脚、外设和软件均完全兼容。该系列产品与其他 STM32 产品也引脚兼容。

- STM32F205/215:120 MHz CPU/150 DMIPS,高达 1 MB、具有先进连接功能和加密功能的 Flash 存储器。
- STM32F207/217:120 MHz CPU/150 DMIPS,高达 1 MB、具有先进连接功能和加密功能的 Flash 存储器,为 STM32F205/215 增加了以太网 MAC 和照相机接口;其封装越大,GPIO 和功能越多。

4. 带有 DSP 和 FPU 指令的 STM32 F3 系列混合信号 MCU

STM32 F3 系列 MCU 整合了工作频率为 72 MHz 的 32 位 ARM Cortex - M4 内核(DSP,FPU)和先进模拟外设集,从而削减了 BOM 成本,简化了应用板设计,包含:

- 快速比较器(50 ns);
- 可编程增益放大器(4 种增益范围);

➢ 12 位 DAC;

➢ 快速 12 位 ADC(5 MSPS/通道、交错模式下的性能高达 18 MSPS);

➢ 16 位 $\Sigma - \Delta$(sigma - delta)ADC;

➢ 快速 144 MHz 电机控制定时器、定时分辨率高达 7 ns。

STM32 F3 系列 MCU 产品能够让用户通过添加性能更高的内核和增强型外设而从 STM32 F1 系列升级到最新产品上来。它包含:

➢ STM32F302 系列具有 256 KB 的 Flash,32 KB 的 RAM,2×12 bit ADC,1×12 bit DAC,1×16 bit AMC 定时器。为通用应用提供了竞争优势,与相应的 STM32 F1 器件引脚兼容。

➢ STM32F303/313 系列具有 256 KB 的 Flash,40 KB 的 RAM,8 KB 的 CCM - RAM,4×12 bit ADC,2×12 bit DAC,2×16 bit AMC 定时器。采用特定的存储器架构,实现了更高的性能,能够在超快速 RAM 存储器内执行需要及时、高速处理的程序。

➢ STM32F373/383 系列具有 256 KB 的 Flash,32 KB 的 RAM,3×16 bit $\Sigma - \Delta$(sigma - delta)ADC,1×12 bit ADC(1 MSPS),2×12 bit DAC,HMDI CEC。具有板载 3 通道 16 位 $\Sigma - \Delta$ ADC,能够在生物识别传感器和智能计量等应用中实现高精度感测。

STM32 F3 系列 MCU 提供 WLCSP66(低于 4.3 mm×4.3 mm)、LQPF48、LQFP64、LQFP100 和 UFBGA100 这 5 种封装形式。

5. 带有 DSP 和 FPU 指令的 STM32 F4 高性能微控制器系列

STM32 F4 系列是具有 DSP(数字信号处理)和 FPU(浮点运算单元)指令的高性能微控制器产品,具有意法半导体公司特有的 ART 加速器,在工作频率为 168 MHz 时,处理性能达到 210 DMIPS,数字信号处理(DSP)和浮点运算单元(FPU)指令扩大了产品的应用范围。

STM32 F4 系列是微控制器的实时控制功能与数字信号处理器的信号处理功能的完美结合体,为 STM32 产品系列增添了一类新型器件——数字信号控制器(DSC)。

STM32 F4 系列保持与 STM32 F2 系列的引脚到引脚及软件兼容,并提供更多静态随机存储器(SRAM),同时对一些外设进行了改进,如全双工 I^2S 总线、实时时钟(RTC)和速度更快的模/数转换器(ADC)。

➢ STM32F401:84 MHz CPU/105 DMIPS 是 STM32 F4 系列入门级产品,提供较低的功耗和小外形封装。

➢ STM32F405/415:168 MHz CPU/210 DMIPS,高达 1 MB、具有先进连接功能和加密功能的 Flash 存储器。

➢ STM32F407/417:168 MHz CPU/210 DMIPS,高达 1 MB 的 Flash 存储器、以太网 MAC 和 STM32F405/415 具有相机接口。

➢ STM32F427/437:168 MHz CPU/210 DMIPS,高达 2 MB、具有先进连接功能和加密功能的 Flash 存储器。

➢ STM32F429/439:180 MHz CPU/225 DMIPS,高达 2 MB 双 Bank Flash 存储

器、SDRAM 接口、TFT LCD 控制器和串联音频接口。

STM32 F4 系列产品采用 WLCSP（＜4.5 mm×4.5 mm）、LQFP64、LQFP100、LQFP144、LQFP176 和 UFBGA176 封装。

6. STM32L0 超低功耗系列 MCU

STM32L0 超低功耗系列 MCU 具有：

- ➢ STM32L0x1：具有 64 KB 的 Flash，8 KB 的 RAM，2 KB 的 EEPROM，128 bit AES。
- ➢ STM32L0x2：具有 64 KB 的 Flash，8 KB 的 RAM，2 KB 的 EEPROM，128 bit AES，触摸传感器，USB2.0FS。
- ➢ STM32L0x3：具有 64 KB 的 Flash，8 KB 的 RAM，2 KB 的 EEPROM，128 bit AES，触摸传感器，USB2.0FS，8×28 LCD。

7. STM32 - L1 系列超低功耗微控制器

STM32 L1 系列超低功耗微控制器，基于 Cortex - M3 内核，工作频率为 32 MHz，在性能、特性、存储器容量和封装引脚数量方面扩展了超低功耗产品系列，最低功耗模式电流消耗为 0.27 μA，动态运行模式为 230 μA/MHz。STM32 L1 分为 STM32L100、STM32L151、STM32L152（LCD）、STM32L162（LCD 和 AES - 128），集合了 STM32F 和 STM8L 的优化功能，是需要高性能同时特别关注功耗的应用领域的最佳选择。

8. STM32T 系列

意法半导体的 STM32TS60 电阻式多点触摸控制器是触摸感应平台的首款产品，能够同时检测和跟踪 10 个触点，响应时间非常快，而且还能够在有效和休眠模式下保持低的功耗。利用这个单片解决方案，应用设计人员能够开发更直观和自然的操作控制按键，准许用户在屏幕上用手指、指尖或触摸笔操作按键，替代按照顺序排列的复杂的菜单选项。采用零待机功耗技术，只要手指轻轻一触，即可唤醒 STM32TS60。

9. STM32W108 系列无线 MCU

STM32W108 系列无线 MCU 具有出色的射频和低功耗微控制器性能：

- ➢ 嵌入式 2.4 GHz IEEE 802.15.4 射频。
- ➢ 利用 ARM Cortex - M3 内核实现了同类产品中最佳的代码密度。
- ➢ 低功耗架构。
- ➢ 带有额外应用集成资源的开放式平台：
  — 可配置 I/O、模/数转换器、定时器、SPI 和 UART；
  — 主软件库：RF4CE、IEEE 802.15.4 MAC。

由于具有高达 109 dB 的可配置链路总预算和 ARM Cortex - M3 内核的出色能效，STM32W 已成为无线传感器网络市场的完美之选。

STM32W108 系列包括带有 64～256 KB 片上 Flash 存储器和 16 KB SRAM 的器件，采用 VFQFN40、UFQFN48 和 VFQFN48 封装。

有关 STM32 系列 32 位微控制器的更多内容，请登录 http://www.st.com/web/cn/catalog/mmc/FM141/SC1169 查询。

1.2　STM32F103xx 系列微控制器简介

1.2.1　STM32F103xx 系列微控制器的主要特性

STM32F103xx 系列是增强型的 32 位基于 ARM 核心的微控制器,具有如下特性[1-3]:

> 内核为 ARM 32 位的 Cortex – M3 CPU:
  — 最高 72 MHz 工作频率,在存储器的 0 等待周期访问时可达 1.25 DMIPS/MHz(Dhrystone2.1)。
  — 单周期乘法和硬件除法。
> 存储器:
  — 256~512 KB 的闪存程序存储器。
  — 64 KB 的 SRAM。
  — 带 4 个片选的静态存储器控制器。支持 CF 卡、SRAM、PSRAM、NOR 和 NAND 存储器。
  — 并行 LCD 接口,兼容 8080/6800 模式。
> 时钟、复位和电源管理:
  — 2.0~3.6 V 供电和 I/O 引脚。
  — 上电/断电复位(POR/PDR)、可编程电压监测器(PVD)。
  — 4~16 MHz 晶体振荡器。
  — 内嵌经出厂调校的 8 MHz 的 RC 振荡器。
  — 内嵌带校准的 40 kHz 的 RC 振荡器。
  — 带校准功能的 32 kHz 的 RTC 振荡器。
> 低功耗:
  — 睡眠、停机和待机模式。
  — VBAT 为 RTC 和后备寄存器供电。
> 3 个 12 位模/数转换器,1 µs 转换时间(多达 21 个输入通道):
  — 转换范围为 0~3.6 V。
  — 3 倍采样和保持功能。
  — 温度传感器。
> 2 通道 12 位 D/A 转换器。
> 12 通道 DMA 控制器:
  — 支持的外设:定时器、ADC、DAC、SDIO、I²S、SPI、I²C 和 USART。
> 调试模式:
  — 串行单线调试(SWD)和 JTAG 接口。
  — Cortex – M3 内嵌跟踪模块(ETM)。

➢ 112 个快速 I/O 端口：
　— 51/80/112 个多功能双向的 I/O 口，所有 I/O 口可以映射到 16 个外部中断；几乎所有端口均可容忍 5 V 信号。

➢ 11 个定时器：
　— 4 个 16 位定时器，每个定时器有多达 4 个用于输入捕获/输出比较/PWM 或脉冲计数的通道和增量编码器输入。
　— 2 个 16 位带死区控制和紧急刹车，用于电机控制的 PWM 高级控制定时器。
　— 2 个看门狗定时器(独立的和窗口型的)。
　— 系统时间定时器为 24 位自减型计数器。
　— 2 个 16 位基本定时器用于驱动 DAC。

➢ 13 个通信接口：
　— 2 个 I²C 接口(支持 SMBus/PMBus)。
　— 5 个 USART 接口(支持 ISO7816、LIN、IrDA 接口和调制解调控制)。
　— 3 个 SPI 接口(18 Mb/s)，2 个可复用为 I²S 接口。
　— CAN 接口(2.0B 主动)。
　— USB 2.0 全速接口。
　— SDIO 接口。

➢ CRC 计算单元，96 位的芯片唯一代码。

➢ ECOPACK 封装：
　— LFBGA144 为 10 mm×10 mm，0.8 mm 间距，144 引脚窄间距球阵列封装。
　— LFBGA100 为 100 引脚窄间距球阵列封装。
　— WLCSP 为 64 球，4.466 mm×4.395 mm，0.500 mm 间距，晶圆级芯片封装。
　— LQFP144 为 20 mm×20 mm，144 引脚方形扁平封装。
　— LQFP100 为 100 引脚方形扁平封装。
　— LQFP64 为 64 引脚方形扁平封装。

➢ 器件型号：

STM32F103xC、STM32F103xD、STM32F103xE。器件型号(订货)代码信息请登录 www. st. com 参考"STM32F103xx 系列数据手册"。

1.2.2　STM32F103xx 系列微控制器的内部结构

STM32F103xx 系列微控制器内部结构方框图[1-3]如图 1.2.1 所示。

有关 STM32F 系列 32 位微控制器内部结构的更多内容请登录 www. st. com 查询资料："ST Microelectronics. RM0008 Reference manual STM32F101xx，STM32F102xx，STM32F103xx，STM32F105xx and STM32F107xx advanced ARM-based 32-bit MCUs. www. st. com"或者"ST Microelectronics. STM32F101xx，STM32F102xx、STM32F103xx、STM32F105xx 和 STM32F107xx，ARM 内核 32 位高性能微控制器参考手册. www. st. com"(以下简称:STM32F 参考手册)。

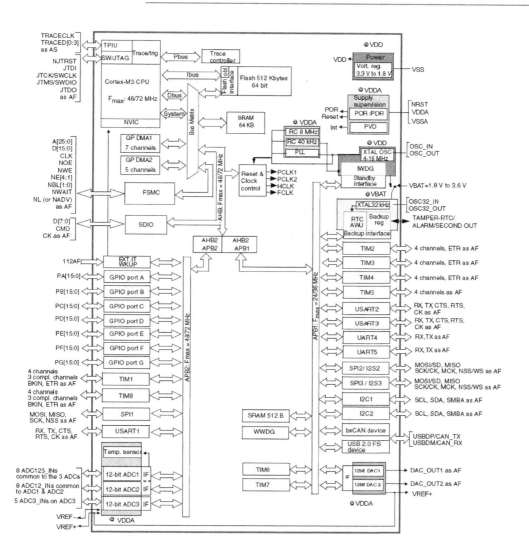

图 1.2.1　STM32F103xx 系列微控制器内部结构方框图

1.3　STM32F 系列 32 位微控制器系统板设计示例

1.3.1　系统板简介

本系统板采用 STM32F103VET6 作为主控制器，系统板包含资源如下：

① 2 MB 的 Flash(W25X16)，SPI 接口。

② 3 V 电压基准芯片 LT6655 - 3。

③ DS1302 时钟芯片。

④ T – Flash 卡接口。

⑤ nRF24L01 无线模块接口。

⑥ 引出 3.2 英寸 TFT 液晶接口、J – LINK 仿真调试接口及所有 I/O 口。

采用 STM32F103VET6 作为主控制器的系统板电原理图如图 1.3.1 所示。

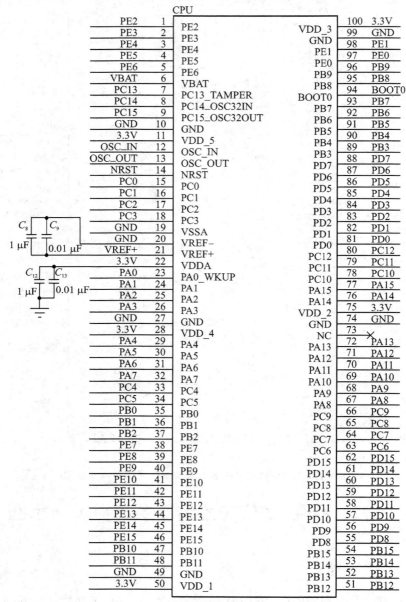

STM32F103VET6

(a) STM32F103VET6 微控制器电路

图 1.3.1　采用 STM32F103VET6 的系统板电原理图

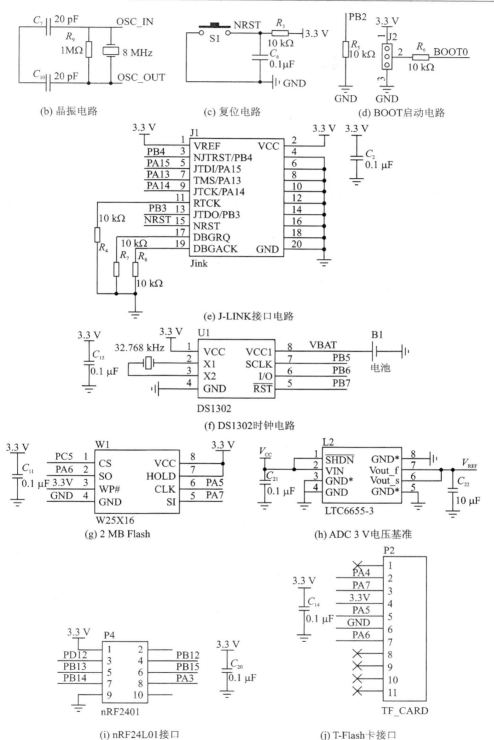

(b) 晶振电路　　　　(c) 复位电路　　　　(d) BOOT启动电路

(e) J-LINK接口电路

(f) DS1302时钟电路

(g) 2 MB Flash　　　　　　　　(h) ADC 3 V电压基准

(i) nRF24L01接口　　　　　　(j) T-Flash卡接口

图 1.3.1　采用 STM32F103VET6 的系统板电原理图(续)

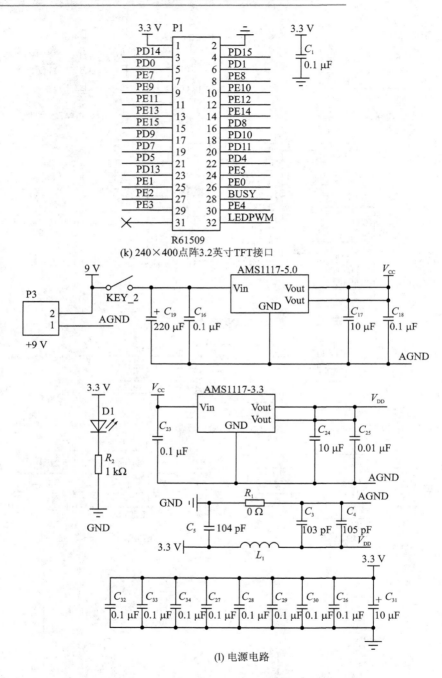

(k) 240×400点阵3.2英寸TFT接口

(l) 电源电路

图 1.3.1　采用 STM32F103VET6 的系统板电原理图(续)

1. STM32F103VET6 微控制器

STM32F103VET6 采用 100 引脚 LQFP 封装,具有 512 KB Flash 存储器,引脚端分布图如图 1.3.2 所示,各引脚端定义请参考"ST Microelectronics. STM32F101xx、STM32F102xx、STM32F103xx、STM32F105xx 和 STM32F107xx,ARM 内核 32 位高性能微控制器参考手册. www. st. com"。

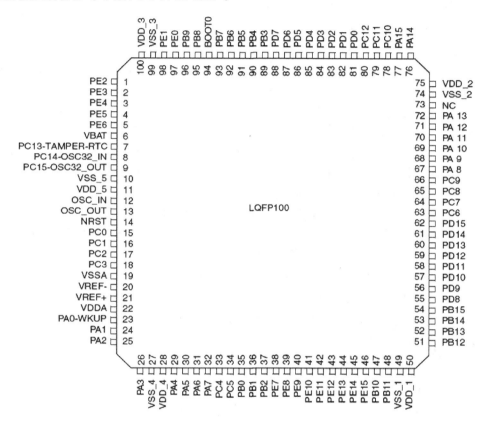

图 1.3.2　STM32F103VET6 引脚端分布图

2. 2 MB 的 Flash W25X16

W25X16 是一个 2 MB 的 Flash 存储器,支持标准的 SPI 接口,支持 JEDEC 工业标准,传输时频率最大为 75 MHz。四线制:串行时钟引脚 CLK,芯片选择引脚 $\overline{CS}$,串行数据输出引脚 DO,串行数据输入/输出引脚 DIO。另外,芯片还具有保持引脚 $\overline{HOLD}$,写保护引脚 $\overline{WP}$ 以及可编程写保护位等特性。

W25X16 应用电路如图 1.3.1(g)所示。

3. 3 V 电压基准芯片 LTC6655 – 3

LTC6655 是一个精准带隙电压基准,提供 1.25 V、2.048 V、2.5 V、3 V、3.3 V、4.096 V、5 V 完整的系列电压基准;具有卓越的噪声〔峰峰值为 0.25×10^{-6}(0.1~

10 Hz）〕和漂移（2×10^{-6}/℃）性能，其低噪声和低漂移非常适合于仪表和测试设备所要求的高分辨率测量；具有低压差为（压差 500 mV），宽电源范围（可以到 13.2 V），负载调整率小于 10×10^{-6}/mA，吸收电流和供应电流为 ±5 mA；具有低功耗待机模式（<20 μA），采用 8 引脚 MSOP 封装，工作温度范围为 −40～125 ℃，可以确保其适合汽车和工业应用。

LTC6655 - 3 应用电路如图 1.3.1(h)所示。

4. DS1302 时钟芯片

DS1302 是一个涓流充电时钟芯片，内含有一个实时时钟/日历和 31 字节静态 RAM。通过简单的串行接口与微控制器进行通信。实时时钟/日历电路提供秒、分、时、日、日期、月、年的信息。每月的天数和闰年的天数可自动调整。时钟操作可通过 AM/PM 指示决定采用 24 h 或 12 h 格式。

DS1302 与微控制器之间能简单地采用同步串行的方式进行通信，仅需用到三个接口线：RES 复位、I/O 数据线、SCLK 串行时钟。时钟/RAM 的读/写数据以 1 字节或多达 31 字节的字符组方式通信。DS1302 工作时功耗很低，保持数据和时钟信息时功率小于 1 mW。DS1302 工作电压为 2.0～5.5 V，工作电流小于 300 nA(2.0 V 时)。

DS1302 采用 8 引脚 DIP 封装或 8 引脚 SOIC 封装，其中：X1、X2 为 32.768 kHz 晶振引脚端，GND 为接地引脚端，RST 为复位引脚端，I/O 为数据输入/输出引脚端，SCLK 为串行时钟引脚端，VCC1、VCC2 为电源供电引脚端。

DS1302 应用电路如图 1.3.1(f)所示。

5. J - LINK 仿真调试接口

J - LINK 仿真调试接口可以与 IAR J - LINK 仿真器等接口，实现与用于 ARM 处理器的小型 USB - JTAG/SWD 调试工具连接，实现直接与 IAR Embedded Workbench for ARM 等集成开发环境的无缝连接。

6. T - Flash 卡接口

Tran Flash 卡，简称 T - Flash 卡或 TF 卡，是 Motorola 公司与 SanDisk 公司共同推出的一种记忆卡规格，它采用了最新的封装技术，并配合 SanDisk 公司最新 NAND MLC 技术及控制器技术。尺寸为 11 mm×15 mm×1 mm，约为半张 SIM 卡。

T - Flash 卡产品采用 SD 架构设计而成，SD 协会于 2004 年年底正式将其更名为 Micro SD，现已成为 SD Card 产品中的一员，附有 SD 转接器，可兼容任何 SD 读卡器，T - Flash 卡经 SD 卡转接器转换后可作为 SD 卡使用。T - Flash 卡是市面上最小的闪存卡，适合于支持 SD 协议的 PDA、数码相机、MP3、PC 机等多媒体应用。

T - Flash 卡接口电路如图 1.3.1(j)所示。有关 T - Flash 卡的更多内容参见第 14 章。

7. 3.2 英寸 TFT 液晶显示器接口

3.2 英寸 TFT 液晶显示器接口电路如图 1.3.1(k)所示。有关 TFT 液晶显示器的更多内容参见第 10 章。

8. nRF24L01 无线模块接口

nRF24L01 无线模块接口如图 1.3.1(i)所示。有关 nRF24L01 无线模块的更多内容参见第 10 章。

1.3.2　系统板 PCB 图

STM32F 最小系统的 PCB(印制电路板)设计时应注意[4-5]：

① 出于技术的考虑，最好使用有专门独立的接地层(VSS)和专门独立的供电层(VDD)的多层印制电路板，这样能提供好的耦合性能和屏蔽效果。在很多应用中，因受经济条件限制不能使用多层印制电路板，那么就需要保证一个好的接地和供电的结构形式。

② 为了减少 PCB 上的交叉耦合，设计版图时就需要根据不同器件受 EMI 影响的情况，设计正确的器件位置，把大电流电路、低电压电路以及数字器件等不同的电路分开。

③ 每个模块(噪声电路、敏感度低的电路、数字电路)都应该单独接地，所有的地最终都应连到一个点上，尽量避免或者减小回路的区域。为了减小供电回路的区域，电源应该尽量靠近地线，因为供电回路就像一个天线，可能成为 EMI 的发射器和接收器。PCB 上没有器件的区域，需要填充为地，以提供好的屏蔽效果(特别是对单层 PCB)。

④ STM32F 上每个电源引脚应该并联去耦合的滤波陶瓷电容(100 nF)和电解电容(10 μF)。这些电容应该尽量靠近电源/地引脚，或者在 PCB 的另一层，处于电源/地引脚之下。典型值一般为 10～100 nF，具体的容值取决于实际应用的需要。所有的引脚都需要适当连接到电源和地。这些连接，包括焊盘、连线和过孔应该具备尽量小的阻抗。通常，采用增加连线宽度的办法，包括在多层 PCB 中使用单独的供电层。

⑤ 那些受暂时的干扰会影响运行结果的信号(比如中断或者握手抖动信号，而不是 LED 命令之类的信号)。对于这些信号，信号线周围铺地，缩短走线距离，消除邻近的噪声和敏感的连线都可以提高 EMC 性能。对于数字信号，为有效区别两种逻辑状态，必须能够达到最佳可能的信号特性余量。

⑥ 所有微控制器都为各种应用而设计，而通常的应用都不会用到所有的微控制器资源。为了提高 EMC 性能，不用的时钟、计数器或者 I/O 引脚，需要做相应处理。比如，I/O 端口应该设置为"0"或"1"(对不用的 I/O 引脚上拉或下拉)；没有用到的模块应该禁止或者"冻结"。

有关 PCB 设计的更多内容请参考文献[53]和[56]。

PCB 图和元器件布局图如图 1.3.3 所示。

注：需要本系统板的读者可以直接与 fcwangbing2010@gmail.com 联系。

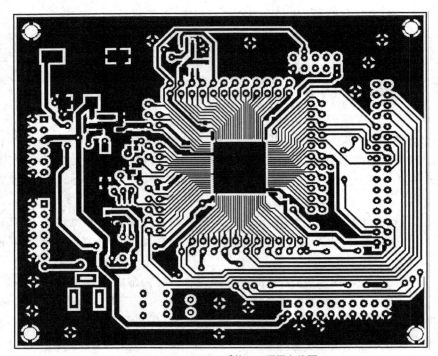

(a) STM32F103VET6系统PCB顶层布线图

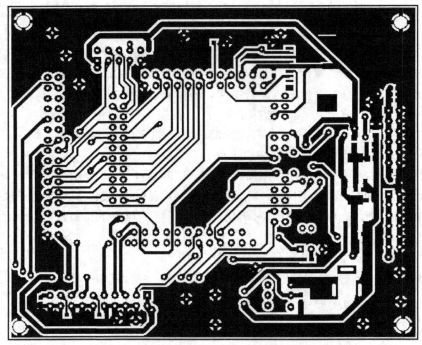

(b) STM32F103VET6系统PCB底层布线图

图 1.3.3　采用 STM32F103VET6 的系统板 PCB 图

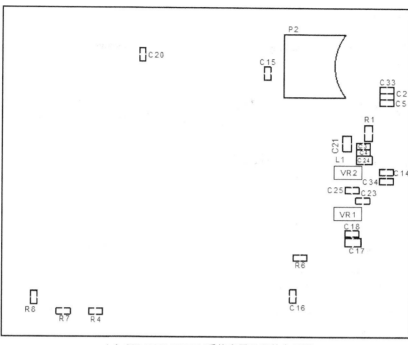

（c）STM32F103VET6系统底层元器件布局图

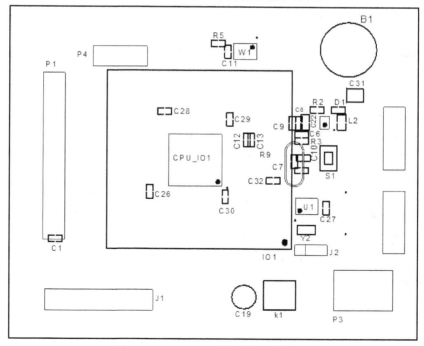

（d）STM32F103VET6系统顶层元器件布局图

图 1.3.3　采用 STM32F103VET6 的系统板 PCB 图(续)

第 **2** 章

工程建立、软件仿真调试与程序下载

2.1 STM32F 的固件函数库

2.1.1 固件函数库简介

STMicroelectronics 公司为用户提供了一个 STM32F101xx 与 STM32F103xx 的固件函数库[6-8]。该函数库是一个固件函数包,由程序、数据结构和宏组成,包括微控制器所有外设的性能特征,还包括每一个外设的驱动描述和应用实例。通过使用本固件函数库,无须深入掌握细节,用户也可以轻松应用每一个外设。因此,使用本固件函数库可以大大缩短用户的程序编写时间,进而降低开发成本。

每个外设驱动都由一组函数组成,这组函数覆盖了该外设所有功能。每个器件的开发都由一个通用应用编程界面 API(Application Programming Interface)驱动,API 对该驱动程序的结构、函数和参数名称都进行了标准化。

所有的驱动源代码都符合 Strict ANSI-C 标准。厂商已经把驱动源代码文档化,同时兼容 MISRA-C 2004 标准。由于整个固件函数库按照 Strict ANSI-C 标准编写,因此不受开发环境的影响。

该固件函数库通过校验所有库函数的输入值来实现实时错误检测。该动态校验提高了软件的鲁棒性。实时检测适合于用户应用程序的开发和调试。但这会增加成本,可在最终应用程序代码中移去,以优化代码大小和执行速度。想要了解更多细节,请参阅 Section 2.5。

因为该固件函数库是通用的,并且包括了所有外设的功能,所以应用程序代码的大小和执行速度可能不是最优的。

对大多数应用程序来说,用户可以直接使用,对于那些在代码大小和执行速度方面有严格要求的应用程序,该固件函数库驱动程序可以作为设置外设的一份参考资料,用户可根据实际需求对其进行调整。

2.1.2 固件函数库文件夹结构

STM32F10x 固件函数库被压缩在一个 zip 文件中。解压该文件会产生一个文件夹:STM32F10xFWLib\FWLib,包含如图 2.1.1 所示的子文件夹。

1. 文件夹 Examples

文件夹 Examples，对应每一个 STM32F 外设，都包含一个子文件夹。这些子文件夹包含了整套文件，组成典型的例子来示范如何使用对应外设。

这些文件有：

readme.txt：每个例子的简单描述和使用说明。

stm32f10x_conf.h：该头文件设置了所有使用到的外设，由不同的 DEFINE 语句组成。参数设置文件起到应用和库之间界面的作用。用户必须在运行自己的程序前修改该文件。用户可以利用模板使能或者不使能外设，也可以修改外部晶振的参数，还可以用该文件在编译前使能 Debug 或者 release 模式。

stm32f10x_it.c：外设中断函数文件。该源文件包含了所有的中断处理程序（如果未使用中断，则所有的函数体都为空）。用户可以加入自己的中断程序代码。对于指向同一个中断向量的多个不同中断请求，可以利用函数通过判断外设的中断标志位来确定准确的中断源。固件函数库提供了这些函数的名称。

stm32f10x.it.h：该头文件包含了所有的中断处理程序的原型。

main.c：主函数体示例，即例程代码。注：所有例程的使用，都不受不同软件开发环境的影响。

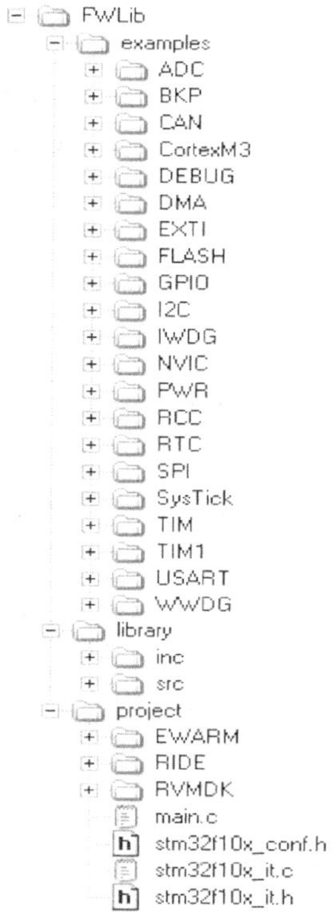

图 2.1.1　固件函数库文件夹结构

2. 文件夹 Library

文件夹 Library 包含组成固件函数库核心的所有子文件夹和文件。

子文件夹 inc 包含了固件函数库所需的头文件，用户无须修改该文件夹。

stm32f10x_type.h：通用声明文件。包含所有外设驱动使用的通用类型和常数，即包含所有其他文件使用的通用数据类型和枚举。

stm32f10x_map.h：包含了存储器映像和所有寄存器物理地址的声明，既可以用于 Debug 模式，也可以用于 release 模式。所有外设都使用该文件。外设存储器映像和寄存器数据结构。

stm32f10x_lib.h：包含了所有外设的头文件的头文件，即主头文件夹，包含了其他头文件。它是唯一一个用户需要包括在自己应用中的文件，起到应用和库之间界面的作用。

stm32f10x_ppp.h：外设 PPP 的头文件。包含外设 PPP 函数的定义和这些函数使用的变量。每个外设对应一个头文件，包含了该外设使用的函数原型、数据结构和枚举。

cortexm3_macro.h：文件 cortexm3_macro.s 对应的头文件。

子文件夹 src 包含了固件函数库所需的源文件，用户无须修改该文件夹。

stm32f10x_ppp.c：由 C 语言编写的外设 PPP 的驱动源程序文件。每个外设对应一个源文件，包含了该外设使用的函数体。

stm32f10x_lib.c：Debug 模式初始化文件。初始化所有外设的指针。它包括多个指针的定义，每个指针指向特定外设的首地址，以及在 Debug 模式使能时被调用函数的定义。注：所有代码都按照 Strict ANSI‐C 标准书写，都不受不同软件开发环境的影响。

3. 文件夹 Project

文件夹 Project 包含了一个标准的程序项目模板，包括库文件的编译和所有用户可修改的文件，可用来建立新的工程。

stm32f10x_conf.h：项目配置头文件，默认为设置了所有的外设。

stm32f10x_it.c：该源文件包含了所有的中断处理程序(所有的函数体默认为空)。

stm32f10x_it.h：该头文件包含了所有的中断处理程序的原型。

main.c：主函数体。

文件夹 EWARM，RVMDK，RIDE：用于不同开发环境使用，详情查询各文件夹下的文件 readme.txt。

固件函数库文件体系结构如图 2.1.2 所示。

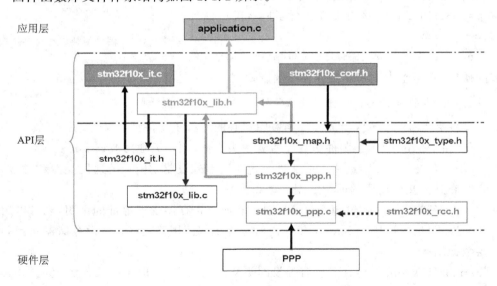

图 2.1.2　固件函数库文件体系结构

2.1.3　与外设/单元有关的库函数

与外设/单元有关的库函数和包含的函数数量如表 2.1.1 所列。

表 2.1.1　与外设/单元有关的库函数和包含的函数数量

外设/单元	库函数	包含的函数数量/个
ADC 模/数转换器	ADC 库函数	36
BKP 备份寄存器	BKP 库函数	12
CAN 控制器局域网模块	CAN 库函数	17
DMA 直接内存存取控制器	DMA 库函数	10
EXTI 外部中断事件控制器	EXTI 库函数	8
Flash 存储器	Flash 库函数	23
GPIO 通用输入/输出接口	GPIO 库函数	17
I²C 串行接口	I²C 库函数	32
IWDG 独立看门狗	IWDG 库函数	6
NVIC 嵌套中断向量列表控制器	NVIC 库函数	30
PWR 电源/功耗控制	PWR 库函数	9
RCC 复位与时钟控制器	RCC 库函数	32
RTC 实时时钟	RTC 库函数	14
SPI 串行外设接口	SPI 库函数	20
SysTick 系统嘀嗒定时器	SysTick 库函数	6
TIM 通用定时器	TIM 库函数	72
TIM1 高级控制定时器	TIM1 库函数	87
USART 通用同步/异步收发器	USART 库函数	25
WWDG 窗口看门狗	WWDG 库函数	8

　　有关 STM32F 固件函数库的更多内容请参考:中文版的"ST Microelectronics. UM0427 用户手册 32 位基于 ARM 微控制器 STM32F101xx 与 STM32F103xx 固件函数库. www. st. com"或者英文版的"ST Microelectronics. UM0427 User manual ARM ®-based 32 - bit MCU STM32F101xx and STM32F103xx firmware library. www. st. com"。

　　在固件函数库的用户手册中包含:

➤ 函数定义、文档约定和固态函数库规则。

➤ 固态函数库概述(包的内容、库的架构)、安装指南、库使用实例。

➤ 固件函数库具体描述:设置架构和每个外设的函数。STM32F101xx 和 STM32F103xx 在整个文档中写为 STM32F101x。

2.2　工程建立

2.2.1　下载 ST3.00 外设库

STM32F 系列微控制器是基于 ARM 的 Cortex-M3 内核的 32 位 CPU，内部寄存器相关设置比较复杂，为了简化编程，ST 官网提供了固件库。

首先下载新的 ST3.00 外设库。网址：http://www.st.com/mcu/familiesdocs-110.html，如图 2.2.1 所示。下载后解压待使用。

Firmware						
Reference	Description	Version	Date	Size	File	File
STM32F10x_FW_Archive	Archive for legacy STM32F10xxx Firmware Library V2.0.3 and all related Firmware packages	1	Apr-2009		🖥	
STM32F10x_StdPeriph_Lib	ARM-based 32-bit MCU STM32F10xxx standard peripheral library	3.0.0	Apr-2009	→	🖥	📄
STM32_USB-FS-Device_Lib	ARM-based 32-bit MCU STM32F10xxx USB Device Full Speed Library	3.0.0	Apr-2009		🖥	📄

图 2.2.1　外设库下载界面图

任意选择一个目录建立一个文件夹 demo，将刚解压文件中的 Libraries 文件夹复制到 demo 文件中，再在 demo 文件夹下建立四个空文件夹待用，分别为 List、Obj、Project、User，如图 2.2.2 所示。

图 2.2.2　工程目录文件夹图

其中，User 文件夹用于存放用户自定义子程序，Project 用于存放建立工程时的相关文件，Obj 用于存放编译时产生的对象文件，List 用于存放编译时产生的 list 文件和 map 文件，Libraries 为库函数文件。

将刚解压文件夹 FirmWare Lib 3.0→Project→Template 文件夹中的 main.c、stm32f10x_conf.h、stm32f10x_it.c、stm32f10x_it.h 四个文件复制到 User 文件夹下，如图 2.2.3 所示。

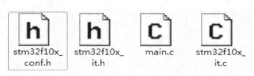

图 2.2.3　User 目录文件夹图

2.2.2 进入工程建立

1. 打开 Keil μVision4

编程软件使用 RVMDK 软件，RVMDK 源自德国的 KEIL 公司，是 RealView MDK 的简称，RealView MDK 集成了业内最领先的技术，包括 μVision4 集成开发环境与 RealView 编译器。支持 ARM7、ARM9 和最新的 Cortex - M3 核处理器，自动配置启动代码，集成 Flash 烧写模块，强大的 Simulation 设备模拟，性能分析等功能，与 ARM 之前的工具包 ADS 等相比，RealView 编译器的最新版本可将性能改善超过 20%。现在 RVMDK 的最新版本是 RVMDK4.22a，该版本支持 STM32F2、STM32F4 及 STM32L 等系列芯片。此工程使用 RVMDK4.10 版本。

图 2.2.4 MDK 快捷键图

双击图 2.2.4 所示快捷图标打开 Keil μVision4，界面与 51 编程环境差不多。

2. 新建 MDK 工程

然后选择 Project→New μVision Project 选项，如图 2.2.5 所示。

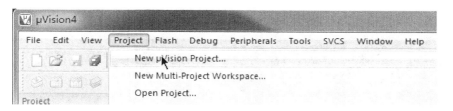

图 2.2.5 新建 MDK 工程

3. 保存所建立工程在 Project 文件夹

建立工程，保存在 Project 文件夹下，工程名按照需要选取，例如 demo。然后选择 CPU 型号，根据具体情况选择，在此选择 STM32F103VE，如图 2.2.6 所示。

单击 OK 按钮，这时会提示是否自动复制（Copy）MDK 自带的启动代码，如图 2.2.7 所示，选择"否"，因为后面要用 ST 的外设库里面所带的启动代码。

初步建立的工程如图 2.2.8 所示。

2.2.3 进行选项设置

1. 调出 Manage Components

在 Target 1 上右击，在弹出的快捷菜单中选择 Manage Components，如图 2.2.9 所示，或直接单击工具按钮🔧进入设置选项。

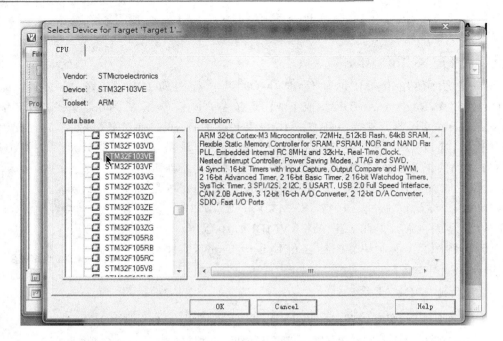

图 2.2.6　选择器件

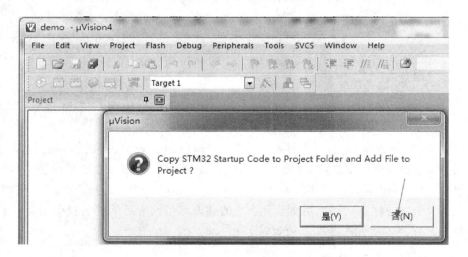

图 2.2.7　启动代码选择提示

接下来按图 2.2.10 设置。

改 Project Targets 为 STM32F103VET6 Flash,添加四个组,分别为 User、Lib、CMSIS、Startup,设置后如图 2.2.11 所示。

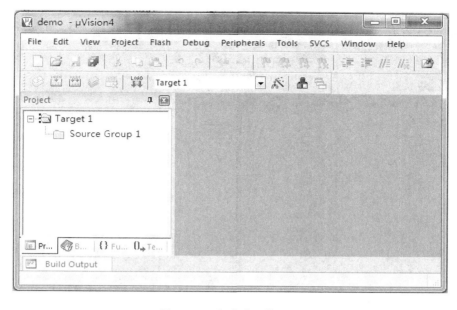

图 2.2.8　初步建立的工程

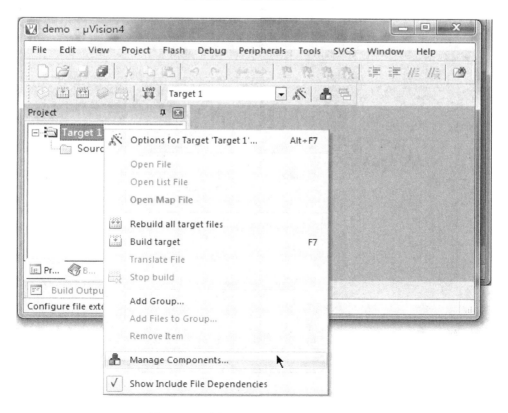

图 2.2.9　选择 Manage Components 选项

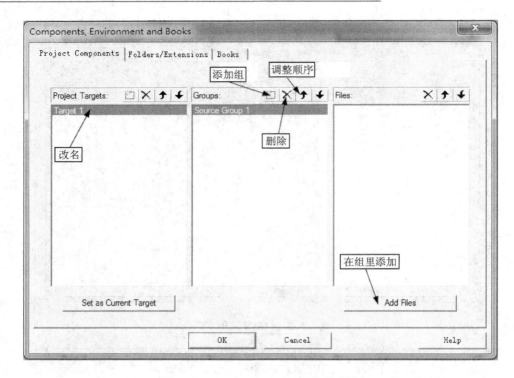

图 2.2.10　Project Components 选项卡

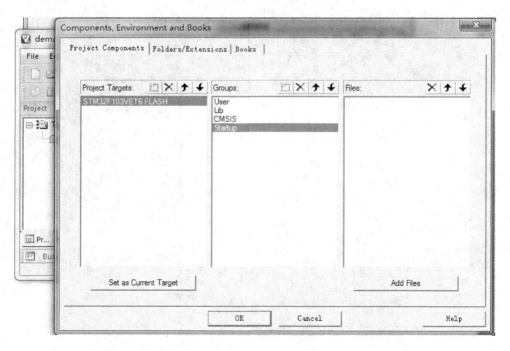

图 2.2.11　设置 User、Lib、CMSIS、Startup 后的界面

2. 在 User 添加用户的应用文件

分别在每一个组中添加相应的文件。

首先在 Groups 单击选中 User,在 User 添加用户的一些应用文件,在 Files 中单击 Add Files,选择路径找到前面建立的文件夹 User,如图 2.2.12 所示。

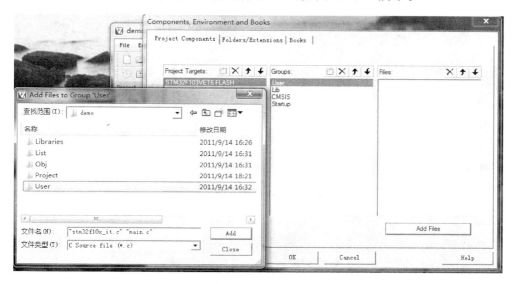

图 2.2.12　User 添加文件目录

添加 User 中的 main.c 及 stm32f10x_it.c,如图 2.2.13 所示。

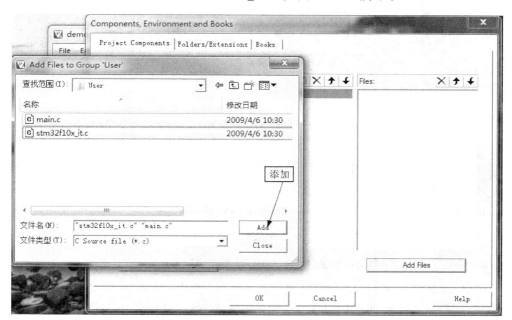

图 2.2.13　User 添加文件

添加后界面如图 2.2.14 所示。

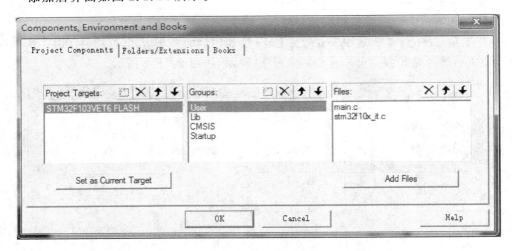

图 2.2.14 User 添加文件后的界面

3. 在 Lib 添加库文件

选中 Lib 添加库文件,添加文件时找到路径:Libraries→STM32F10x_StdPeriph_Driver→src,在其中依次添加要用到的两个 c 文件 stm32f10x_gpio.c、stm32f10x_rcc.c,添加后如图 2.2.15 所示。注意:如果初学时不知道要用到哪些文件,可全部添加。

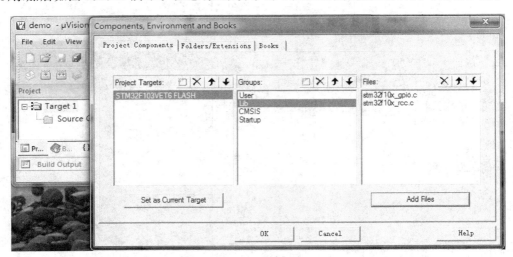

图 2.2.15 Lib 添加文件后的界面

4. 在 CMSIS 添加 STM32F 的内核相关的文件

选中 CMSIS 添加 STM32F 的内核相关的文件,按路径 Libraries→CMSIS→Core→CM3,在 CM3 文件下添加 core_cm3.c、system_stm32f10x.c 两个文件,如图 2.2.16 所示。

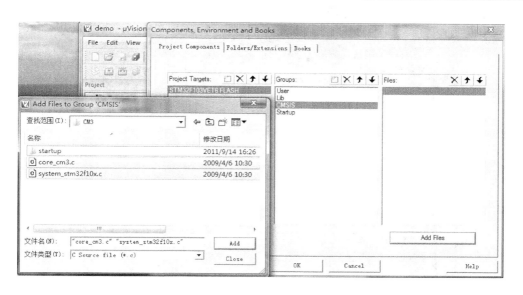

图 2.2.16　在 CMSIS 添加文件

CMSIS 添加文件后的界面如图 2.2.17 所示。

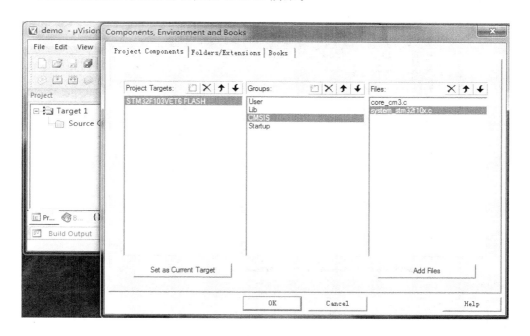

图 2.2.17　在 CMSIS 添加文件后的界面

5. 添加启动文件

单击 Startup 添加启动文件,按路径 Libraries→CMSIS→Core→CM3→Startup→

arm 添加后出现图 2.2.18 所示界面。

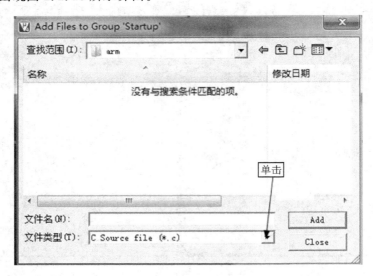

图 2.2.18　启动文件目录

　　然后,单击"文件类型"的下三角按钮,在下拉列表中选中 All files 选项,出现图 2.2.19所示界面。

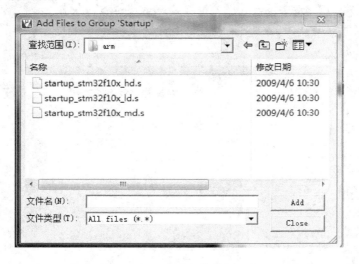

图 2.2.19　启动文件选择目录

　　由于 STM32F103VET6 为大容量的 Flash(512 KB),所以在此添加文件 startup_stm32f10x_hd. s,如果 Flash 为中容量(128 KB 或 64 KB),则添加 startup_stm32f10x_md. s,添加启动文件后的界面如图 2.2.20 所示。

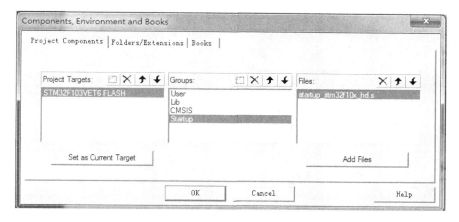

图 2.2.20　添加启动文件后的界面

6. 设置好 Components 的界面

单击 OK 按钮,可进入图 2.2.21 所示的界面。

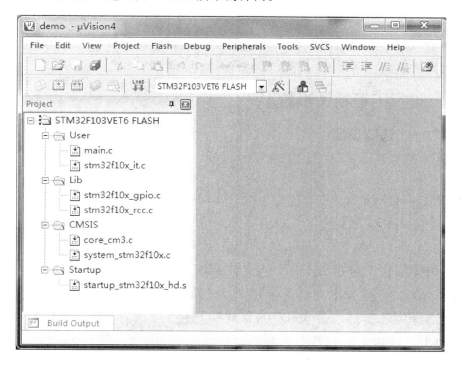

图 2.2.21　设置好 Components 的界面

然后,单击📖按钮进行编译,如图 2.2.22 所示,有错误产生可以暂不用管它。

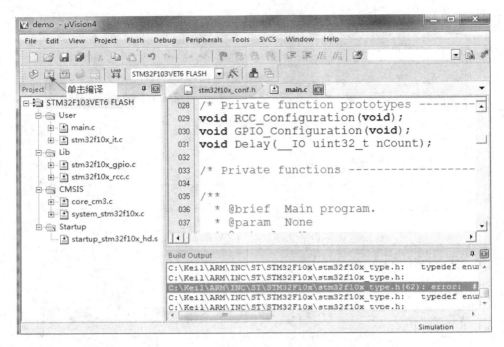

图 2.2.22 初步编译界面

2.2.4 进行工程相关设置

1. Target 选项设置

进行工程相关设置,单击工具按钮 ![icon](Options for Target),界面如图 2.2.23 所示。

单击目标选项,设置后出现图 2.2.24 所示的界面。

2. 产生 HEX 文件

单击 Output 标签,打开 OutputT 选项卡,按图 2.2.25 所示操作,生成 HEX 文件。

3. 选择目标文件(Obj)输出的文件夹路径

按图 2.2.26 所示操作,选择目标文件(Obj)输出的文件夹路径。

4. 选择列表文件(List)输出的文件夹路径

按图 2.2.27 所示操作,选择列表文件输出的文件夹路径。

5. C/C++选项卡设置

选中 C/C++选项卡,在 Define 文本框中输入代码,如图 2.2.28 所示。

在图示箭头所指的 Define 文本框中输入 USE_STDPERIPH_DRIVER, STM32F10X_HD。其中,第一个 USE_STDPERIPH_DRIVER 定义了使用外设库,

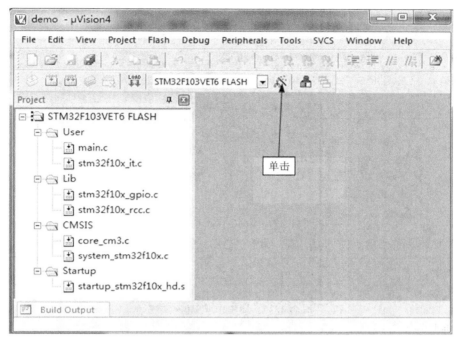

图 2.2.23　目标选项设置

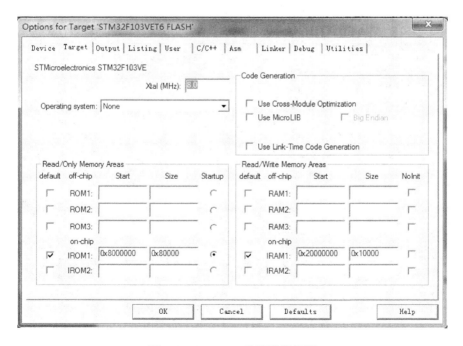

图 2.2.24　Target 选项设置界面

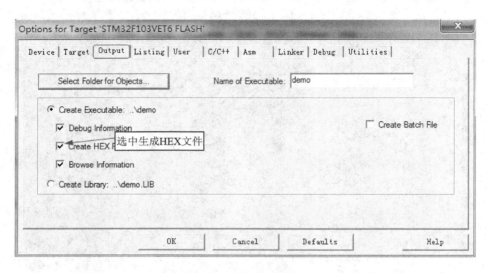

图 2.2.25　选中生成 HEX 文件

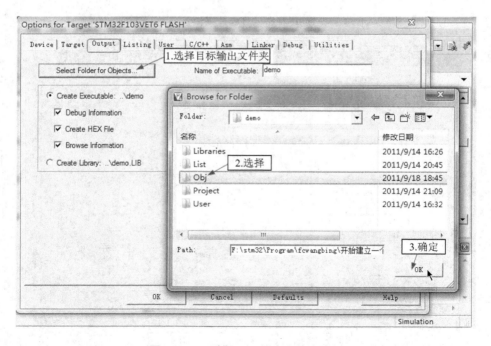

图 2.2.26　选择 Obj 输出文件夹路径

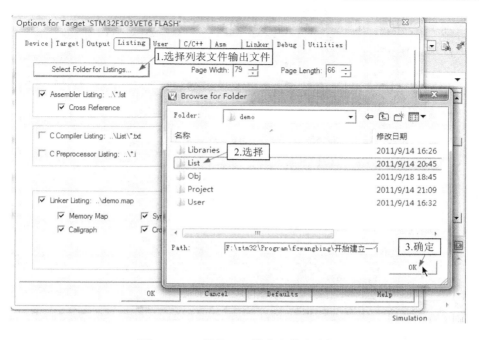

图 2.2.27　选择 List 输出文件夹路径

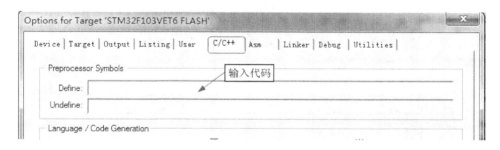

图 2.2.28　C/C++选项卡设置界面

定义此项会包含 * _conf. h 文件,从而使用外设库;第二个 STM32F10X_HD 对应启动文件 startup_stm32f10x_hd. s,即大容量的 Flash,输入后如图 2.2.29 所示。

6. 添加 * . h 头文件路径

按图 2.2.30 所示的步骤添加程序中要用到的所有 * . h 头文件路径,否则程序编译时找不到相应头文件会出错。

添加 * . h 头文件路径后的界面如图 2.2.31 所示。

7. 添加路径 Libraries→……

添加路径 Libraries→STM32F10x_StdPeriph_Driver→inc 及路径 Libraries→CMSIS→Core→CM3,添加后的界面如图 2.2.32 所示。

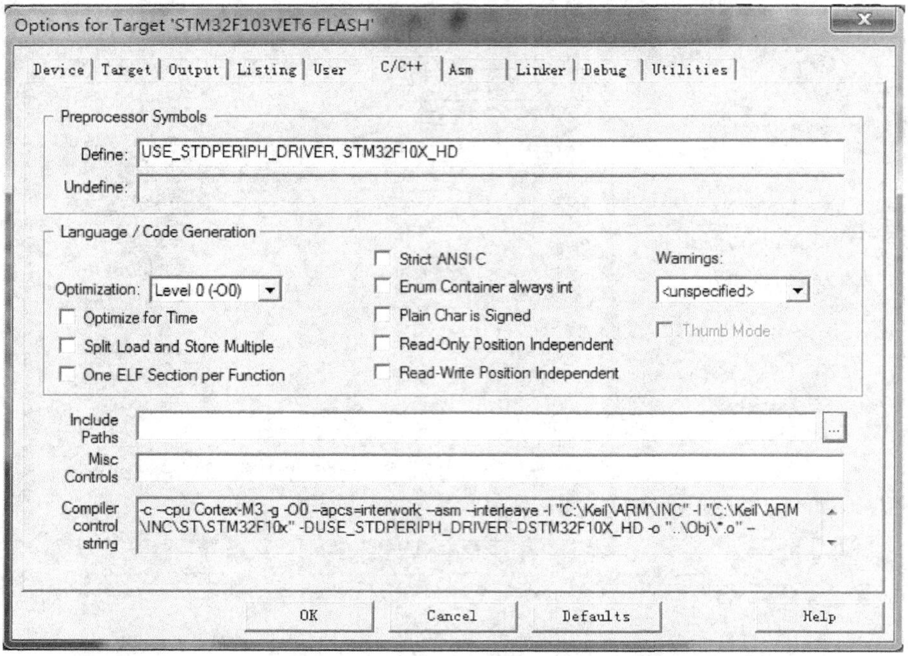

图 2.2.29　Define 设置

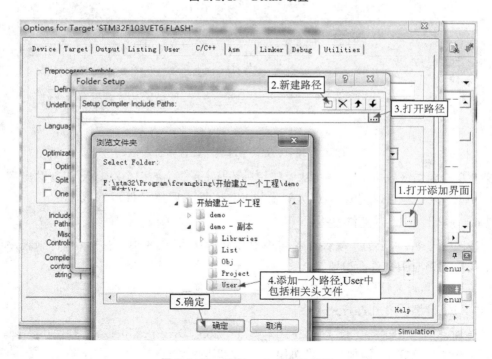

图 2.2.30　添加 *.h 头文件路径

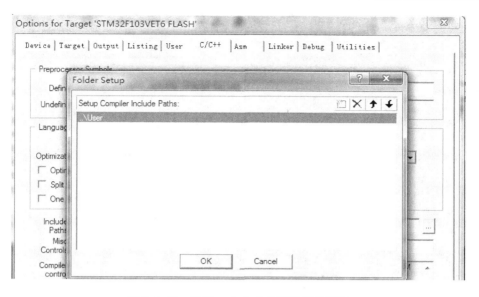

图 2.2.31　添加 ∗.h 头文件路径后的界面

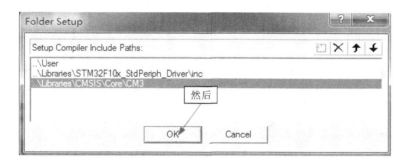

图 2.2.32　添加完路径后界面

2.2.5　设置仿真调试选项

1. Debug 选项卡设置

设置仿真调试选项。如果使用 J - LINK 作为仿真调试工具，则按图 2.2.33 所示的步骤操作。

如果 JTAG 工具为 ULINK，则图 2.2.33 中的第三步选择 ULINK 所在选项，单击 Settings 后，进入设置 J - LINK 的一些参数，如图 2.2.34 所示。

这里使用 J - LINK V8 的 JTAG 模式调试（当然也可以进行 SWD 模式调试，在 Port 处选择 SW 即可）。对于 Max Clock，可以单击 Auto Clk 来自动设置。在图 2.2.34 中 J - LINK 自动设置最大时钟频率为 3 MHz（注意这里不能设置得太大，否则可能导致 JTAG 不能使用。但 SWD 模式时，可以设置最大时钟频率为 10 MHz）。

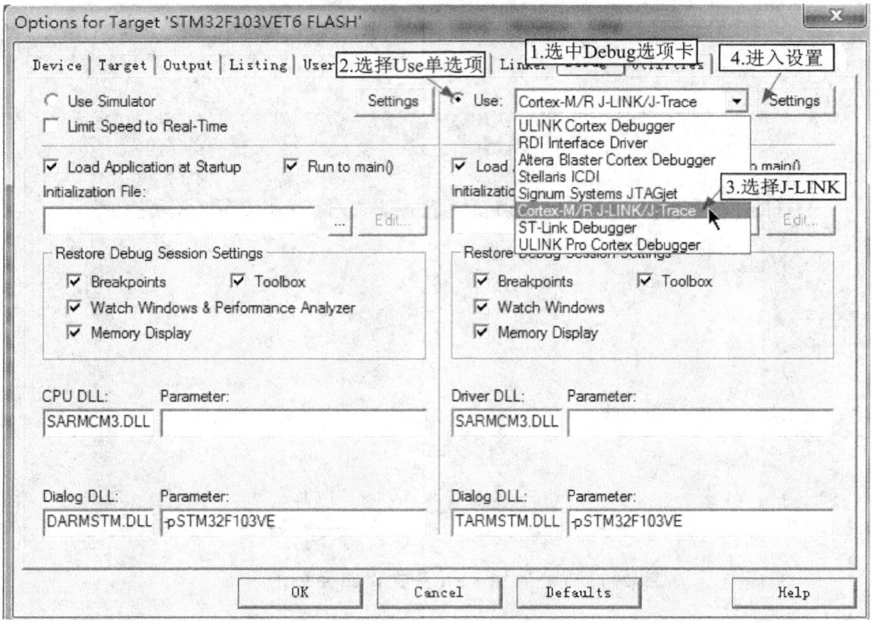

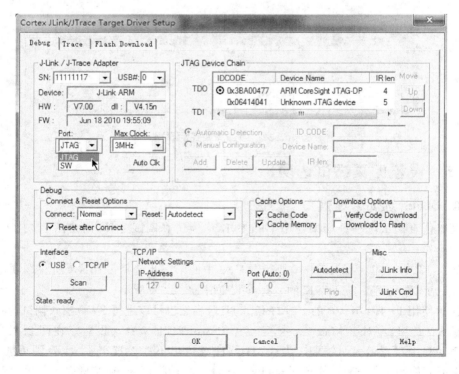

图 2.2.33 Debug 选项卡设置

图 2.2.34 Settings 界面设置

2. 添加 Flash

按图 2.2.35 进行设置,根据芯片 Flash 添加相应大小的 Flash,STM32F103VET6 为 512 KB。

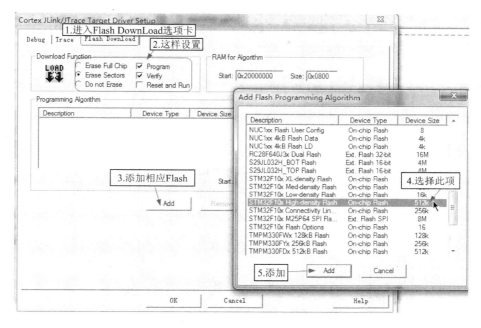

图 2.2.35　添加 Flash

3. 设置 Utilities 选项卡

设置好 Flash 后单击 OK 按钮,下一步设置 Utilities 选项卡,如图 2.2.36 所示。

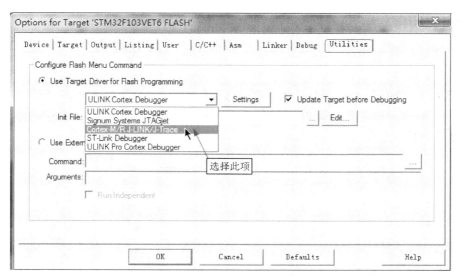

图 2.2.36　Utilities 选项卡设置

4. 设置仿真时程序定位点

完成 Utilities 选项卡设置,单击 OK 按钮,回到 Debug 选项卡,设置仿真时程序定位点,将程序定位到 main 函数,如图 2.2.37 所示。

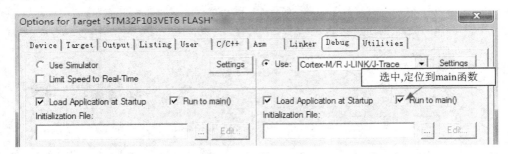

图 2.2.37 仿真程序定位设置

如果用软件仿真调试,则如图 2.2.38 所示设置。注意:如何仿真调试将在 2.3 节中介绍。

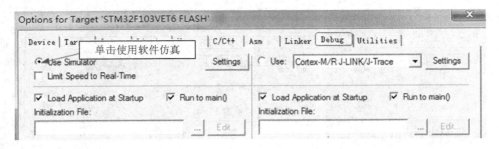

图 2.2.38 软件仿真设置

5. 编 译

单击 OK 按钮,设置完毕。再编译 0 Error(s),0 Warning(s)即可,如图 2.2.39 所示。

注意:相对而言,STM32F 建立工程确实比较烦琐,以后编写程序可以这个工程作为模板使用,无须每次再设置相关选项,需要使用其他功能时可在这个基础上添加相应库文件及相应用户程序。

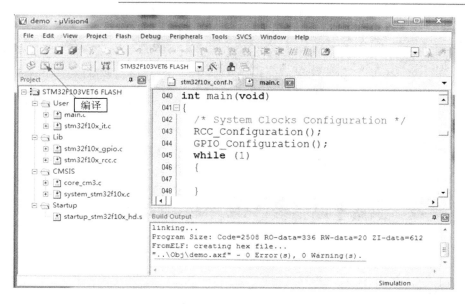

图 2.2.39 设置完成后编译界面

2.3 软件仿真调试

2.3.1 软件仿真设置

打开已建立的 GPIO 例程（见 4.2 节），编译完成，如图 2.3.1 所示。

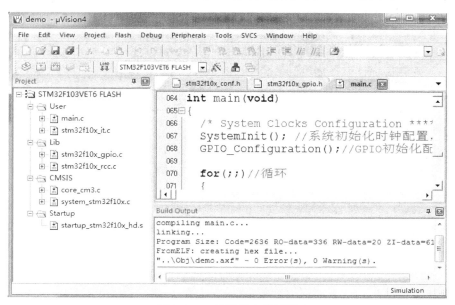

图 2.3.1 编译后工程界面

按图 2.3.2 所示的步骤进行仿真设置。

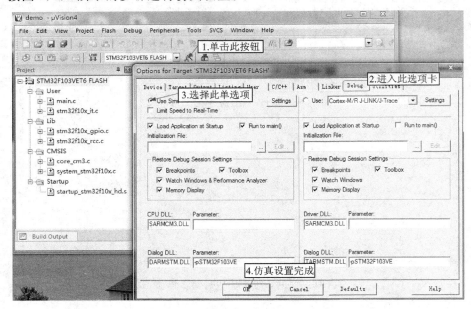

图 2.3.2　Debug 软件仿真设置

2.3.2　启动软件仿真

单击"开始/停止仿真"工具按钮，开始仿真，出现图 2.3.3 所示的界面。

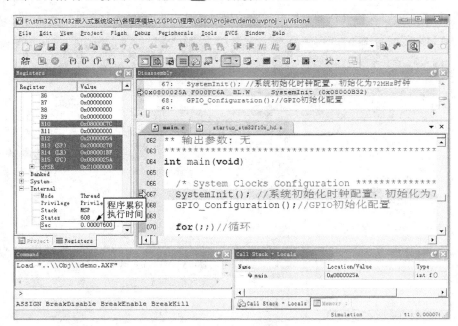

图 2.3.3　软件仿真开始界面

图 2.3.3 中的一些常用按钮的基本功能如下：

꿈：“复位”。其功能等同于按“复位”键实现了一次硬复位。代码重新执行。

⯬：“执行到断点处”。该按钮用来快速执行到断点处。有时并不需要查看每步是怎么执行的，而是想快速地执行到程序的某个地方看结果，这个按钮即可实现这样的功能。

⊗：“挂起”。该按钮在程序一直执行时会变为有效。通过单击该按钮，即可使程序停止下来，进入单步调试状态。

⋔：“执行进去”。该按钮用来实现执行到某个函数里面去的功能。在没有函数的情况下，其功能等同于“执行过去”按钮。

⋔：“执行过去”。在碰到有函数的地方，通过该按钮即可不进入但又执行这个函数，然后继续单步执行。

⋔：“执行出去”。该按钮是在进入函数单步调试时，有时可能不必再执行该函数的剩余部分，那么通过该按钮即可一步直接执行完函数余下的部分，并跳出函数，回到函数被调用的位置。

⋔：“执行到光标处”。该按钮可以迅速使程序运行到光标处。有些像“执行到断点处”按钮功能，但两者是有区别的，断点可以有多个，而光标所在处只有一个。

⬒：“汇编窗口”。通过该按钮，即可查看汇编代码，这对分析程序很有用。

▦：“查看变量/堆栈窗口”。单击该按钮，会弹出一个显示变量的窗口，可以查看各种想看的变量值。它也是一个很常用的调试窗口。

▦▾：“串口打印窗口”。单击该按钮，会弹出一个串口调试助手窗口，用来显示从串口打印出来的内容。

▦▾：“内存查看窗口”。单击该按钮，会弹出一个内存查看窗口，可在其中输入要查看的内存地址，然后观察这一片内存的变化情况。它是一个很常用的调试窗口。

▤：“性能分析窗口”。单击该按钮，会弹出一个查看各个函数执行时间和所占百分比的窗口，用来分析函数的性能，比较有用。

▩：“逻辑分析窗口”。单击该按钮，会弹出一个逻辑分析窗口，通过 SETUP 按钮新建一些 I/O 口，即可观察这些 I/O 口的电平变化情况。它以多种形式显示，比较直观。

在这个例程中，将查看 PA1、PA2、PB1 引脚上产生的方波信号，在此用到逻辑分析仪，单击“逻辑分析窗口”按钮，按图 2.3.4 所示的步骤操作。

在 Setup Logic Analyzer 对话框的编辑区中，输入 PORTA.1(大写)后，按 Enter 键确定，出现图 2.3.5 所示的界面。

同理，再添加 PORTA.2 和 PORTB.1，添加后如图 2.3.6 所示。

然后单击 Close 按钮关闭窗口，出现图 2.3.7 所示的界面。

然后单击工具按钮⯗，开始仿真，将当前语句执行过去，如图 2.3.8 所示。

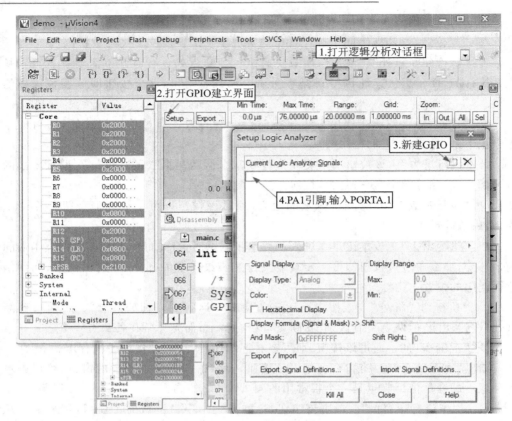

图 2.3.4　GPIO 仿真设置

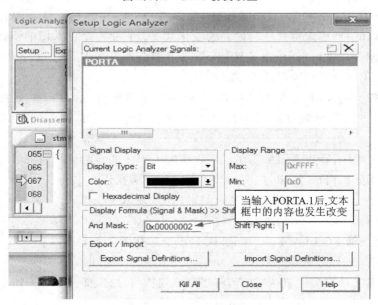

图 2.3.5　GPIO 设置后界面

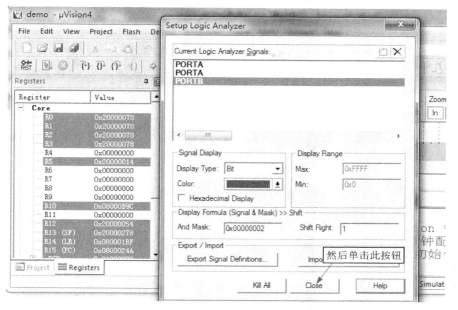

图 2.3.6　PORTB.1 添加后的界面

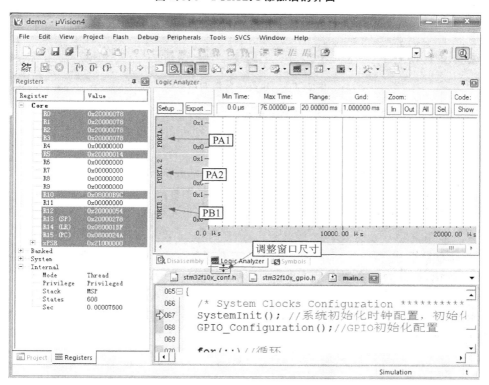

图 2.3.7　GPIO 添加完成界面

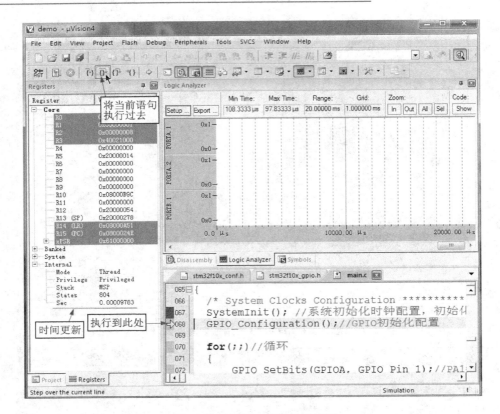

图 2.3.8　执行一条语句后界面

　　将更新的时间减去上一条语句执行前的时间即可知上一条语句执行的时间。可手动逐步单击 按钮,执行到程序第 79 行处,逻辑分析窗口将出现图 2.3.9 所示的界面中。

　　逐步单击很费时,可在第 79 行处设置断点:用鼠标在第 79 行处单击,将光标指在第 79 行,按下"F9"键,也可单击 按钮设置断点,如图 2.3.10 所示。

　　然后单击 按钮,将程序直接执行到断点处停下,即程序第 79 行处,如图 2.3.11 所示。

　　将光标定在第 79 行断点处,按下"F9"键或单击 按钮,可以取消设置的断点,再单击 按钮,程序将不停地执行,可看到逻辑分析窗口 PA1、PA2 及 PB1 引脚产生的方波,单击 按钮可停止程序,如图 2.3.12 所示。

　　单击 按钮,停止执行程序,单击逻辑分析窗口中的方波波形处,可显示方波频率等信息,如图 2.3.13 所示。

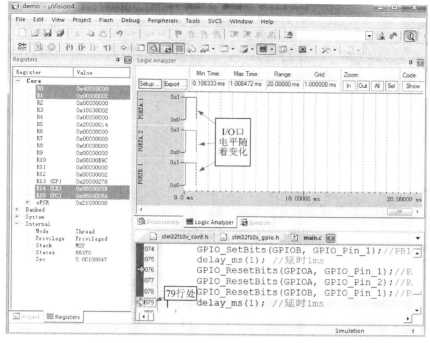

图 2.3.9　多步执行后界面

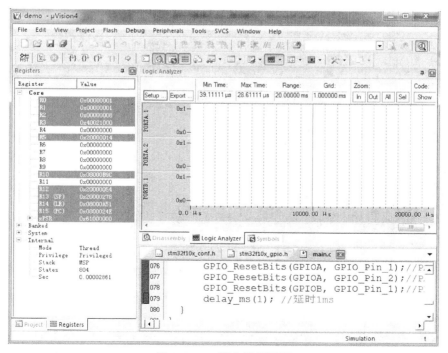

图 2.3.10　断点设置界面

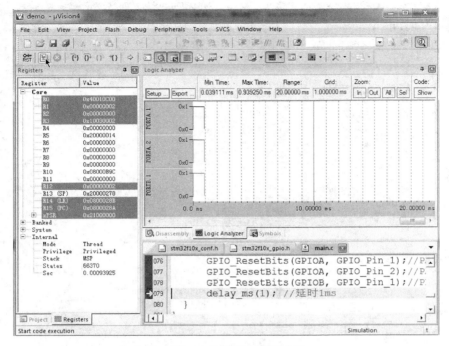

图 2.3.11　程序执行到断点处

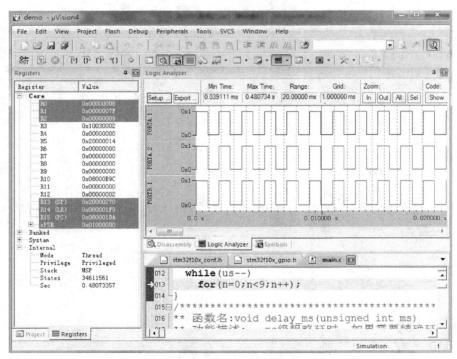

图 2.3.12　程序一直执行

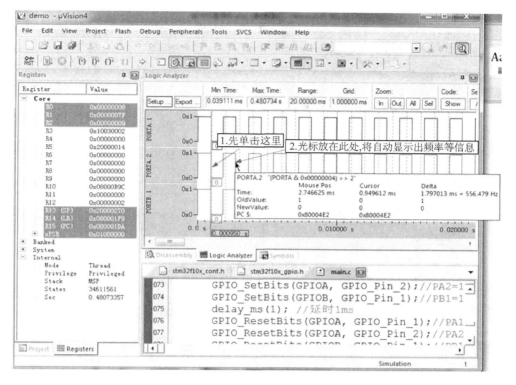

图 2.3.13　方波频率显示

软件仿真具有很强的功能,利用串口打印窗口可以查看串口发送的数据,打开内存管理窗口可看到各个外设状态。再次单击 按钮,结束软件仿真。这样就完成了简单的软件仿真。下一步可将程序下载到系统板中看 PA1、PA2、PB1 引脚上产生的方波是否正确。

2.4　程序下载

STM32F 的程序下载有多种方法,可以通过 USB、串口、JTAG、SWD 等方式下载。最常用的是串口及 JTAG。下面介绍串口及 JTAG 下载方式。

2.4.1　利用串口下载程序

1. 选择串口模式和串口端口

先安装好串口下载软件 Flash_Loader_Demonstrator_V2.0_Setup.exe,双击 工具按钮进入界面,然后按图示说明设置。这里选择串口模式,选择好连接的串口端口,如图 2.4.1 所示。

STM32F 系统 BOOT 模式(启动模式)设置如表 2.4.1 所列。

STM32F 32 位 ARM 微控制器应用设计与实践(第 2 版)

48

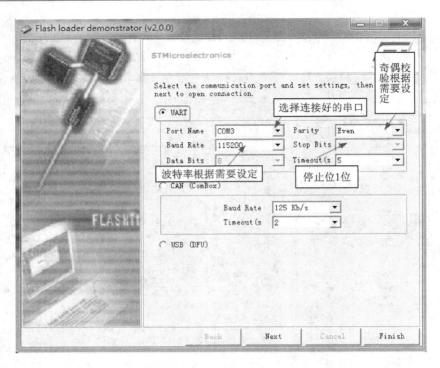

图 2.4.1　串口下载初始界面

表 2.4.1　STM32F BOOT 模式设置

BOOT 模式选择引脚		启动模式	说　明
BOOT1	BOOT0		
X	0	主 Flash 存储器	主 Flash 存储器被选为启动区域
0	1	系统存储器	系统存储器被选为启动区域
1	1	内置 SRAM	内置 SRAM 被选为启动区域

　　STM32F 系统板硬件 BOOT1 已接地,当 BOOT0 置 1 时,从系统存储器启动,在这种模式下,当 STM32F 系统复位后,不会执行用户代码,因此每次下载完程序后 BOOT0 必须置 0 程序才能从 Flsah 运行。用串口下载程序时 BOOT0 必须置 1。

　　将系统板上 BOOT0 跳线帽接高电平,然后将 STM32F 板手动复位,接着单击 Next 按钮,如图 2.4.2 所示。

2. 自动识别 Flash 型号

　　再次单击 Next 按钮,软件将自动识别 Flash 型号,如图 2.4.3 所示。

3. 选择要下载 HEX 的路径

　　再单击 Next 按钮,选择要下载 HEX 的路径,如图 2.4.4 所示。

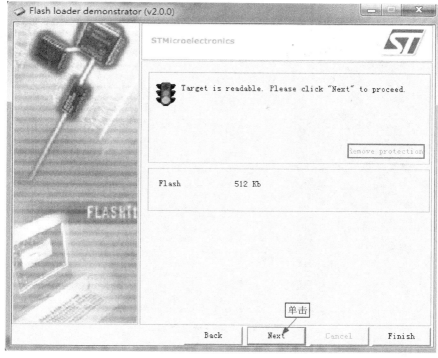

图 2.4.2　继续单击

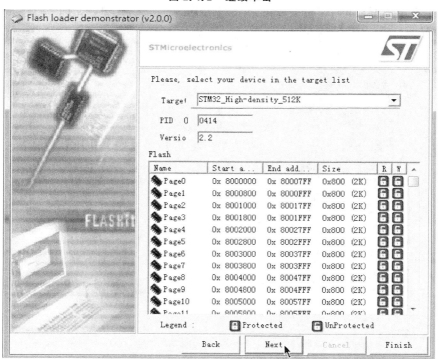

图 2.4.3　Flash 自动识别

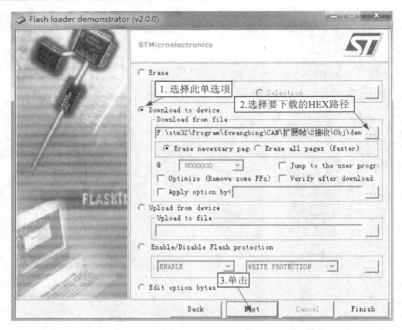

图 2.4.4 路径选择界面

4. 开始下载程序

按步骤设置好后单击 Next 按钮,开始下载程序。下载成功后如图 2.4.5 所示。

图 2.4.5 下载成功界面

单击 Finish 按钮,结束下载。

特别注意:程序下载完成后开发板上的 BOOT0 要设置到 GND,否则代码下载后不能执行。

2.4.2　利用 J‑LINK 下载程序

1. 进入仿真设置界面

将 STM32F 板连上 J‑LINK,在工程模式下,单击 按钮,进入设置界面,如图 2.4.6 所示。

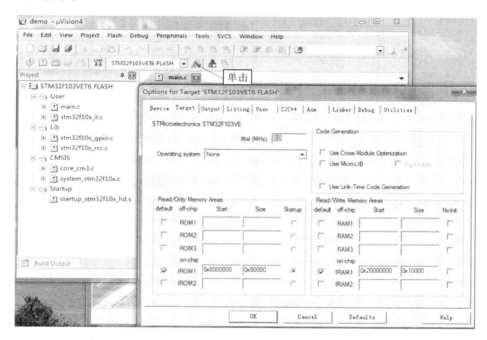

图 2.4.6　仿真设置界面

2. 产生 HEX

选择 Output 选项卡,让工程产生 HEX 文件,如图 2.4.7 所示。

3. Debug 选项卡设置

按图 2.4.8 所示的步骤进行设置。

4. 设置 J‑LINK 的一些参数

如果 JTAG 工具为 ULINK,则图 2.4.8 中的第三步选择 ULINK 所在选项,单击 Settings 后,进入设置 J‑LINK 的一些参数,当 STM32 连上 JTAG 后,进入界面并会自动显示序列号等信息,如图 2.4.9 所示。

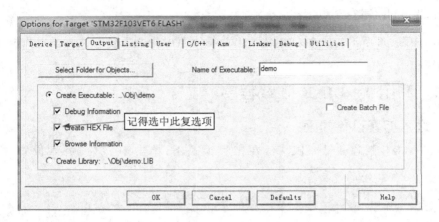

图 2.4.7 工程 HEX 选项设置

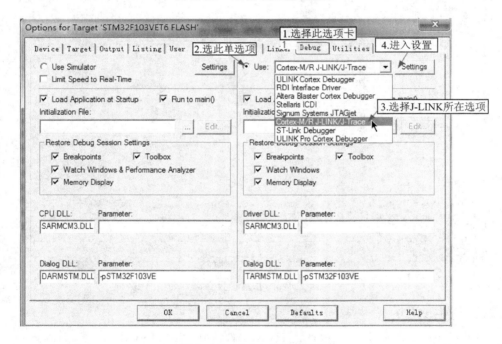

图 2.4.8 Debug 选项卡设置

这里使用 J-LINK V8 的 JTAG 模式调试(当然也可以进行 SWD 模式调试,在 Port 处选择 SW 即可)。对于 Max Clock,可以单击 Auto Clk 来自动设置,在图 2.4.9 中 J-LINK 自动设置最大时钟频率为 3 MHz(注意这里不能设置得太大,否则可能导致 JTAG 不能使用。但 SWD 模式时,可以设置最大时钟频率为 10 MHz)。

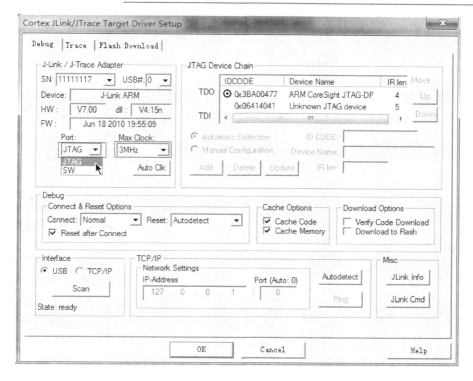

图 2.4.9　Settings 界面设置

5. 添加 Flash

按图 2.4.10 所示进行添加，根据芯片 Flash 添加相应大小的 Flash，STM32F103VET6 为 512 KB。

6. 设置 Utilities 选项卡

添加完后单击 OK 按钮。下一步设置 Utilities 选项卡，如图 2.4.11 所示。

单击 OK 按钮，回到 Debug 选项卡，设置仿真时程序定位点，将程序定位到 main 函数，如图 2.4.12 所示。

如果用软件仿真调试，则如图 2.4.13 所示进行设置。

单击 OK 按钮完成设置，回到 IDE 界面，编译工程，让工程生成 HEX 文件待下载，0 Error(s)，0 Warning(s) 即 OK，如图 2.4.14 所示。

单击 按钮下载程序，下载成功后如图 2.4.15 所示。

单击 按钮可在线仿真调试程序，调试方法与软件仿真类似，这里不再重复。

STM32F 32位 ARM 微控制器应用设计与实践（第2版）

54

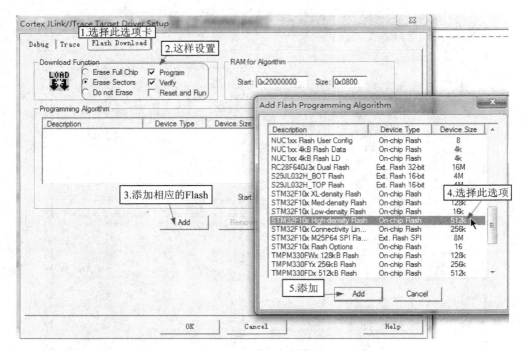

图 2.4.10　添加 Flash

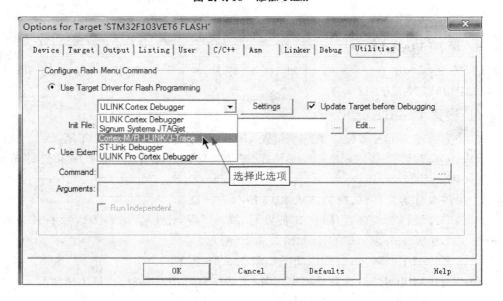

图 2.4.11　Utilities 选项卡设置

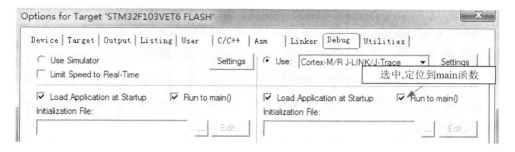

图 2.4.12　仿真程序定位设置

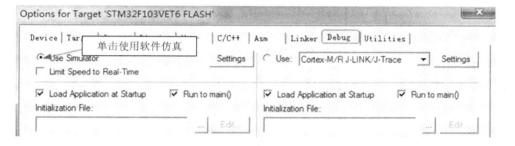

图 2.4.13　软件仿真设置

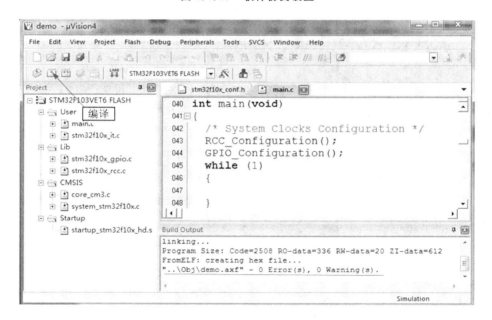

图 2.4.14　设置完成后编译界面

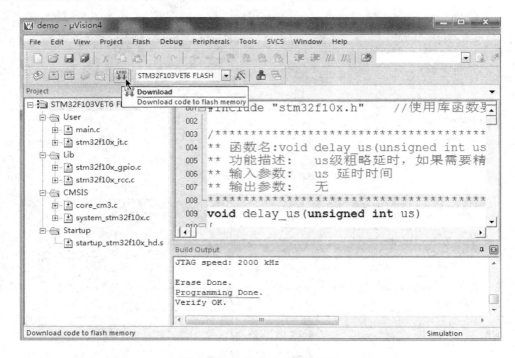

图 2.4.15　程序成功下载界面

2.5　怎样在 RAM 中调试程序

由于 STM32F 的 Flash 擦/写次数有限,据最新数据手册上说明是 10 000 次,因此在调试程序时不必每次都下载程序到 Flash 中,可以在 RAM 中调试程序。

1. 建立好的工程目录文件

以 GPIO 工程为例,在 GPIO 例程目录下再新建两个文件夹 RAM_Obj 和 RAM_List。RAM_Obj 用于存放在 RAM 中调试工程编译产生的目标文件,RAM_List 用于存放 RAM 中调试时编译产生的列表信息文件。建立好的工程目录文件如图 2.5.1 所示。

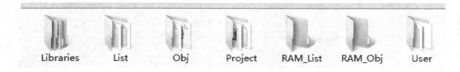

图 2.5.1　RAM 调试工程目录文件

2. 进入 Components Manage 选项设置

打开工程,单击 按钮,进入 Components Manage 选项设置,如图 2.5.2 所示。

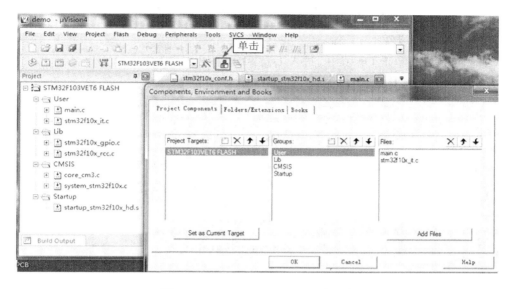

图 2.5.2　**Project Components 选项卡**

3. 选择不同的目标项

　　下面介绍如何在一个工程中建立两个目标项,因为在 Flash 调试和在 RAM 调试方式设置的差别比较大,因此修改是比较麻烦的。MDK 提供了一个方便的功能,使得一个工程能够做出多种配置,选择不同的目标项,其内部设置可以完全不一样。

　　以前已设置 Flash 调试的相关选项,现在只须进行 RAM 调试的一些设置。在 Project Targets 项再新建一个目标项,名称任意取,这里取名为 Debug in RAM,如图 2.5.3 所示。

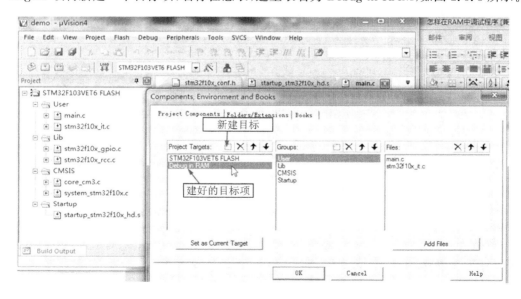

图 2.5.3　**新建目标选项**

之后,工程中即可以这两个名字为目标项实现选择不同的配置。

4. 进入工程界面

目标项建好后单击 OK 按钮,进入工程界面,如图 2.5.4 所示。

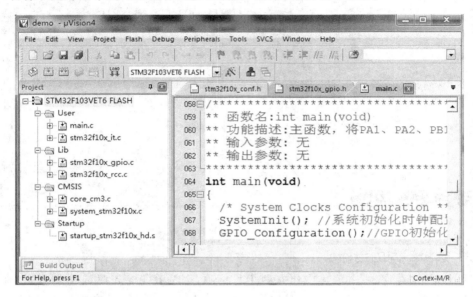

图 2.5.4　工程界面

5. 选择目标 Debug in RAM

选择 Debug in RAM,按图 2.5.5 所示操作。

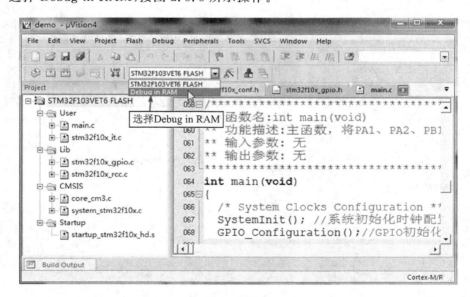

图 2.5.5　选择目标 Debug in RAM

6. 选择 RAM_Obj 路径

目标确定后，单击 ![按钮] 按钮进入相关选项设置。为了使两个目标项的编译临时文件不重叠，还必须为 Debug in RAM 的目标项设置一个独立的目录用于装载临时文件，这就是前面工程目录 User 文件下新建 RAM_Obj 和 RAM_List 两个文件夹的原因。按图 2.5.6 所示进行设置。

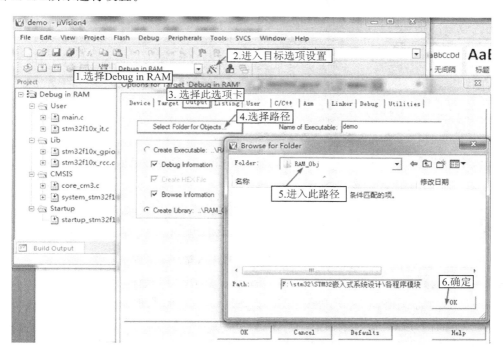

图 2.5.6　选择 RAM_Obj 路径

注意：只要是调试，就需要选择 Debug Information 复选项。

7. 设置 RAM_List 路径

设置 RAM_List 路径，按图 2.5.7 所示操作。

8. 编译器地址定位等设置

下面进行关键设置：

① 设置编译器地址定位，让程序定位到 RAM 上。

② 设置下载程序的定位，使 MDK 在调试前，将代码下载到正确的位置上（其实就是 RAM 上）。

③ 设置一个 RAM.ini 的文件，使 MDK 找到一个调试入口。

下面就按这三步进行设置：

设置编译器地址定位。如果 STM32F 板上用的是 VE 系列，那么 RAM 就有 64 KB。RAM 的地址都是从 0x20000000 开始的，64 KB 也就是 0x10000，把这个

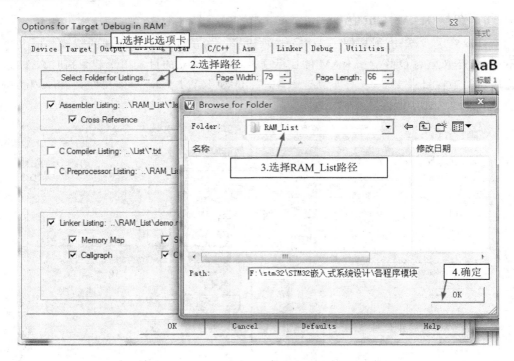

图 2.5.7　选择 RAM_List 路径

0x10000 分成两部分:一部分装代码,另一部分作为 RAM。如何分要根据所写的程序来估算,只要在程序编译后,代码+RAM 不超过 64 KB,那么理论上都可以在 RAM 调试。这里例程就分出 0xE000 作为代码,0x2000 作为 RAM,只要不是非常复杂的大型程序,此空间都够用。如果 STM32 板是 VC 系列或 VB 系列,即 RAM 为 48 KB 或 20 KB,则按代码+RAM 不超过 RAM 的大小(48 KB 或 20 KB)来划分即可,原理一样。

进入 Target 选项卡,可以看到代码及 RAM 的初始大小及起始地址,如图 2.5.8 所示。

图 2.5.8　初始 ROM 及 RAM 大小

现在将其大小按 64 KB 来划分,并修改其起始地址,如图 2.5.9 所示。

然后,设置调试器的下载定位,如图 2.5.10 所示。

9. 调试入口设置

下面调试入口设置。先在工程目录下的 User 文件里建立一个扩展名为 *.ini 的文件 RAM.ini。先新建一个 txt 文件 RAM.txt,打开在里面填入以下代码并保存:

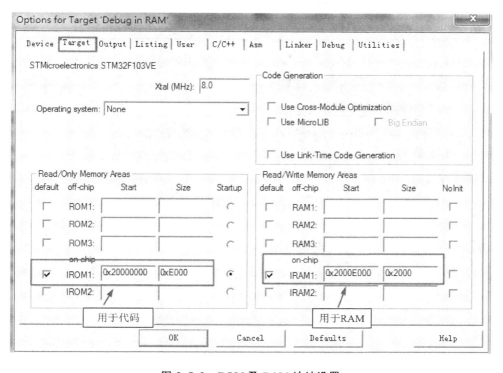

图 2.5.9　ROM 及 RAM 地址设置

```
SP = _RDWORD(0x20000000);                   // Setup Stack Pointer
PC = _RDWORD(0x20000004);                   // Setup Program Counter
_WDWORD(0xE000ED08, 0x20000000);            // Setup Vector Table Offset Register
```

注意：先设置计算机文件类型，设置为"显示已知文件类型的扩展名"，再修改其扩展名（否则不能更改文件类型），改为 RAM.ini，如图 2.5.11 所示。

再按图 2.5.12 所示进行添加 RAM.ini 操作。

注意：在图 2.5.12 所示的对话框中选择 Load Application at Startup 和 Run to main()复选项，添加 RAM.ini 后的界面如图 2.5.13 所示。

单击 OK 按钮，完成设置。以上各步设置需绝对严谨，丝毫不能错，再编译程序，就可单击 @ 按钮进行调试了。须注意的是，在 RAM 中只能在线调试，不要用下载功能，否则原来存在 Flash 中的东西就会被删除。在 RAM 中调试时，程序没有被下载到 Flash 中，因此如果断电或手动复位后，程序将执行原来 Flash 中的代码。

保存好此工程，以后可直接以这个工程为模板，无须每次再新建工程设置。

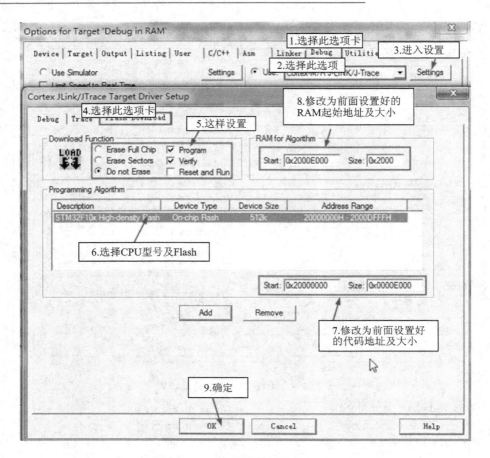

图 2.5.10　调试器的下载定位设置

图 2.5.11　RAM. ini 文件

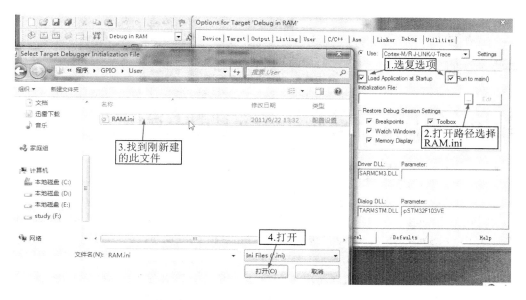

图 2.5.12　添加 RAM. ini

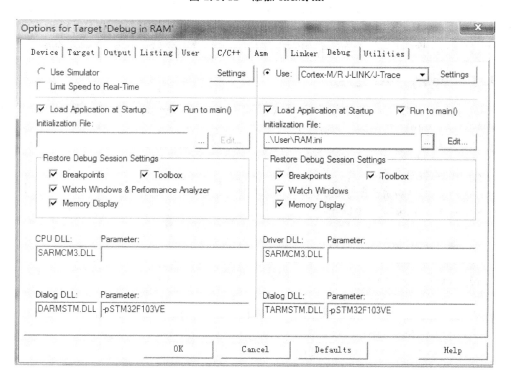

图 2.5.13　添加 RAM. ini 后的界面

第 **3** 章

delay 和 sys 文件函数的使用

3.1　delay 文件函数

delay.c 和 delay.h 两个文件用来实现系统的延时功能,其中包含 3 个函数:void delay_init(u8 SYSCLK)、void delay_ms(u16 nms)和 void delay_us(u32 nus)。下面将分别介绍这 3 个函数。

在 Cortex – M3 内核的处理器内部包含了一个 SysTick 定时器。SysTick 是一个 24 位的倒计数定时器,当计数到 0 时,将从 RELOAD 寄存器中自动重装载定时初值。只要不把它在 SysTick 控制及状态寄存器中的使能位清除,就不会停止。有关SysTick 的详细介绍,请参考"STM32F 参考手册"和文献[9]的相关章节。利用 STM32 的内部 SysTick 来实现延时,不占用中断,也不占用系统定时器,能够实现相对精确延时。

3.1.1　delay_init 函数

delay_init 函数用来初始化 2 个重要参数 fac_us 和 fac_ms;同时把 SysTick 的时钟源选择为外部时钟。具体代码如下:

```
/******************************************************************
**  函数名:delay_init
**  功能描述:初始化延迟函数,SYSTICK 的时钟固定为 HCLK 时钟的 1/8
**  输入参数:SYSCLK(单位 MHz)
**  输出参数:无
**  调用方法:如果系统时钟设为 72 MHz,则调用 delay_init(72)
******************************************************************/
void delay_init(u8 SYSCLK)
{
    SysTick ->CTRL&= 0xfffffffb;          //位 2 清空,选择外部时钟 HCLK/8
    fac_us = SYSCLK/8;
    fac_ms = (u16)fac_us * 1000;
}
```

SysTick 是 MDK 定义的一个结构体(在 stm32f10x_map. 中),其中包含 CTRL、LOAD、VAL、CALIB 等 4 个寄存器,

SysTick_CTRL 寄存器的各位定义如表 3.1.1 所列。

表 3.1.1　SysTick_CTRL 寄存器的各位定义

位　段	名　称	类　型	复位值	描　述
16	COUNTFLAG	R	0	如果在上次读取本寄存器后，SysTick 已经数到了 0，则该位为 1。如果读取该位，则该位将自动清零
2	CLKSOURCE	R/W	0	0＝外部时钟源（STCLK）1＝内核时钟（FCLK）
1	TICKINT	R/W	0	1＝SysTick 倒数到 0 时产生 SysTick 异常请求 0＝数到 0 时无动作
0	ENABLE	R/W	0	SysTick 定时器的使能位

SysTick_LOAD 寄存器的各位定义如表 3.1.2 所列。

表 3.1.2　SysTick_LOAD 寄存器的各位定义

位　段	名　称	类　型	复位值	描　述
23：0	RELOAD	R/W	0	当倒数至 0 时，将被重装载的值

SysTick_VAL 寄存器的各位定义如表 3.1.3 所列。

表 3.1.3　SysTick_VAL 寄存器的各位定义

位　段	名　称	类　型	复位值	描　述
23：0	CURRENT	R/Wc	0	读取时返回当前倒计数的值，写它则使之清零，同时还会清除在 SysTick 控制及状态寄存器中的 COUNTFLAG 标志

SysTick_CALIB 不常用，在示例程序也未用到，故此处不介绍了。

SysTick→CTRL&＝0xfffffffb;使 SysTick 的时钟选择外部时钟,这里需要注意的是,SysTick 的时钟源自 HCLK 的 8 分频,假设外部晶振为 8 MHz,然后倍频到 72 MHz,那么 SysTick 的时钟即为 9 MHz。

fac_us 为 μs 延时的基数,也就是延时 1 μs,SysTick_LOAD 所应设置的值。fac_ms 为 ms 延时的基数,也就是延时 1 ms,SysTick_LOAD 所应设置的值。fac_us 为 8 位数据,fac_ms 为 16 位数据。因此,系统时钟如果不是 8 的倍数,则会导致延时函数不准确,这也是我们推荐外部时钟选择 8 MHz 的原因。这点大家要特别留意。

3.1.2　delay_us 函数

delay_us 函数用来延时指定的 μs,其参数 nus 为要延时的微秒数值。具体函数代码如下：

```
/********************************************************
** 函数名:delay_us
```

```
**  功能描述:延时 nus,nus 为要延时的 μs 数
**  输入参数:nus
**  输出参数:无
*****************************************************************/
void delay_us(u32 nus)
{
    u32 temp;
    SysTick ->LOAD = nus * fac_us;                          //时间加载
    SysTick ->VAL = 0x00;                                   //清空计数器
    SysTick ->CTRL = 0x01;                                  //开始倒数
    do
    {
        temp = SysTick ->CTRL;
    }
    while(temp&0x01&&! (temp&(1<<16)));                     //等待时间到达
    SysTick ->CTRL = 0x00;                                  //关闭计数器
    SysTick ->VAL  = 0X00;                                  //清空计数器
}
```

根据上面对 SysTick 寄存器的描述可以看出,这段代码首先将要延时的 μs 数换算成 SysTick 的时钟数,写入 LOAD 寄存器;然后清空当前寄存器 VAL 的内容,再开启倒数功能,等到倒数结束,即延时了 nus;最后关闭 SysTick,清空 VAL 的值。此为实现一次延时 nus 的操作。

3.1.3　delay_ms 函数

delay_ms 函数用来延时指定的 ms,其参数 nms 为要延时的毫秒数值。具体函数代码如下:

```
/****************************************************************
**  函数名:delay_ms
**  功能描述:延时 nms
**  输入参数:nms
**  输出参数:无
**  说明:SysTick ->LOAD 为 24 位寄存器,所以最大延时为:
        nms<= 0xffffff * 8 * 1000/SYSCLK
        SYSCLK 单位为 Hz,nms 单位为 ms
        对 72 MHz 条件下,nms<= 1864
*****************************************************************/
void delay_ms(u16 nms)
{
    u32 temp;
    SysTick ->LOAD = (u32)nms * fac_ms;    //时间加载(SysTick ->LOAD 为 24 位)
    SysTick ->VAL  = 0x00;                 //清空计数器
```

```
SysTick ->CTRL = 0x01 ;                      //开始倒数
do
{
        temp = SysTick ->CTRL;
}
while(temp&0x01&&! (temp&(1<<16)));//等待时间到达
SysTick ->CTRL = 0x00;                       //关闭计数器
SysTick ->VAL  = 0X00;                        //清空计数器
}
```

此部分代码与 delay_us 大致相同,但是要注意因为 LOAD 仅仅是一个 24 位寄存器,延时的 ms 数不能太长;否则,超出了 LOAD 的范围,高位会被舍去,导致延时不准。最大延时 ms 数可以通过公式:nms≪0xffffff * 8 * 1 000/SYSCLK 计算。SYSCLK 单位为 Hz,nms 的单位为 ms。如果时钟为 72 MHz,那么 nms 的最大值为 1 864 ms。超过这个值就会导致延时不准确。

3.2　sys 文件函数

在 sys.h 中定义了 STM32F 的 I/O 口输入读取宏定义和输出宏定义。而 sys.c 中定义了很多与 STM32F 底层硬件相关的设置函数,其中包括系统时钟的配置、中断的配置等。下面分别进行介绍。

3.2.1　I/O 口的位操作

I/O 口位操作部分代码实现对 STM32F 各个 I/O 口的位操作,包括读入和输出。当然,在这些函数调用之前,必须先进行 I/O 口时钟的使能和 I/O 口功能定义。此部分仅仅对 I/O 口进行输入/输出的读取和控制。代码如下:

```
#define BITBAND(addr,bitnum) ((addr & 0xF0000000) + 0x2000000 + ((addr &0xFFFFF)<<5) +
(bitnum<<2))
#define MEM_ADDR(addr)  *((volatile unsigned long *)(addr))
#define BIT_ADDR(addr, bitnum) MEM_ADDR(BITBAND(addr, bitnum))
//I/O 口地址映射
#define GPIOA_ODR_Addr (GPIOA_BASE + 12)                 //0x4001080C
#define GPIOB_ODR_Addr (GPIOB_BASE + 12)                 //0x40010C0C
#define GPIOC_ODR_Addr (GPIOC_BASE + 12)                 //0x4001100C
#define GPIOD_ODR_Addr (GPIOD_BASE + 12)                 //0x4001140C
#define GPIOE_ODR_Addr (GPIOE_BASE + 12)                 //0x4001180C
#define GPIOF_ODR_Addr (GPIOF_BASE + 12)                 //0x40011A0C
#define GPIOG_ODR_Addr (GPIOG_BASE + 12)                 //0x40011E0C
#define GPIOA_IDR_Addr (GPIOA_BASE + 8)                  //0x40010808
#define GPIOB_IDR_Addr (GPIOB_BASE + 8)                  //0x40010C08
```

```
# define GPIOC_IDR_Addr (GPIOC_BASE + 8)          //0x40011008
# define GPIOD_IDR_Addr (GPIOD_BASE + 8)          //0x40011408
# define GPIOE_IDR_Addr (GPIOE_BASE + 8)          //0x40011808
# define GPIOF_IDR_Addr (GPIOF_BASE + 8)          //0x40011A08
# define GPIOG_IDR_Addr (GPIOG_BASE + 8)          //0x40011E08
//I/O 口操作,只对单一的 I/O 口
//确保 n 的值小于 16
# define PAout(n) BIT_ADDR(GPIOA_ODR_Addr,n)       //输出
# define PAin(n) BIT_ADDR(GPIOA_IDR_Addr,n)        //输入
# define PBout(n) BIT_ADDR(GPIOB_ODR_Addr,n)       //输出
# define PBin(n) BIT_ADDR(GPIOB_IDR_Addr,n)        //输入
# define PCout(n) BIT_ADDR(GPIOC_ODR_Addr,n)       //输出
# define PCin(n) BIT_ADDR(GPIOC_IDR_Addr,n)        //输入
# define PDout(n) BIT_ADDR(GPIOD_ODR_Addr,n)       //输出
# define PDin(n) BIT_ADDR(GPIOD_IDR_Addr,n)        //输入
# define PEout(n) BIT_ADDR(GPIOE_ODR_Addr,n)       //输出
# define PEin(n) BIT_ADDR(GPIOE_IDR_Addr,n)        //输入
# define PFout(n) BIT_ADDR(GPIOF_ODR_Addr,n)       //输出
# define PFin(n) BIT_ADDR(GPIOF_IDR_Addr,n)        //输入
# define PGout(n) BIT_ADDR(GPIOG_ODR_Addr,n)       //输出
# define PGin(n) BIT_ADDR(GPIOG_IDR_Addr,n)        //输入
```

以上代码的具体实现比较复杂,更多的内容请参考文献[9]的相关章节。

利用上面的代码,可以像 51、AVR 单片机一样操作 STM32F 的 I/O 口。例如,若需要 PORTA 的第 7 个 I/O 口输出 1,则使用 PAout(6)=1,即可实现。若需要判断 PORTA 的第 15 位是否等于 1,则可使用 if(PAin(14)==1)。

3.2.2　Stm32_Clock_Init 函数

Stm32_Clock_Init 函数的主要功能就是初始化 STM32 的时钟。其中,还包括对向量表的配置,以及相关外设的复位及配置。其代码如下:

```
/*********************************************************
** 函数名:Stm32_Clock_Init(u8 PLL)
** 功能描述:系统时钟初始化函数
** 输入参数:PLL 系统时钟倍频数
** 输出参数:无
** 说明:pll 为选择的倍频数,从 2 开始,最大值为 16
*********************************************************/
void Stm32_Clock_Init(u8 PLL)
{
    unsigned char temp = 0;
    MYRCC_DeInit();                    //复位并配置向量表
    RCC ->CR |= 0x00010000;            //外部高速时钟使能 HSEON
```

```
while(!(RCC->CR>>17));              //等待外部时钟就绪
RCC->CFGR = 0X00000400;             //APB1 = DIV2;APB2 = DIV1;AHB = DIV1
PLL - = 2;                          //抵消 2 个单位
RCC->CFGR|= PLL<<18;                //设置 PLL 值为 2~16
RCC->CFGR|= 1<<16;                  //PLLSRC ON
FLASH->ACR|= 0x32;                  //Flash 2 个延时周期
RCC->CR|= 0x01000000;               //PLLON
while(!(RCC->CR>>25));              //等待 PLL 锁定
RCC->CFGR|= 0x00000002;             //PLL 作为系统时钟
while(temp! = 0x02)                 //等待 PLL 作为系统时钟设置成功
{
    temp = RCC->CFGR>>2;
    temp&= 0x03;
}
}
```

Stm32_Clock_Init 函数只有一个变量 PLL,用来配置时钟的倍频数,例如当前所用的晶振为 8 MHz,PLL 的值设为 9,那么 STM32F 将在 72 MHz 的频率下运行。关于 STM32F 时钟的详细介绍,请参考"STM32F 参考手册"的相关章节。

MYRCC_DeInit 函数实现外设的复位,并关断所有终端,同时调用向量表配置函数 MY_NVIC_SetVectorTable,配置中断向量表。MYRCC_DeInit 函数的代码如下:

```
//不能在这里执行所有外设复位! 否则至少引起串口不工作
//把所有时钟寄存器复位
void MYRCC_DeInit(void)
{
  RCC->APB1RSTR = 0x00000000;       //复位结束
  RCC->APB2RSTR = 0x00000000;
  RCC->AHBENR = 0x00000014;         //睡眠模式闪存和 SRAM 时钟使能,其他关闭
  RCC->APB2ENR = 0x00000000;        //外设时钟关闭
  RCC->APB1ENR = 0x00000000;
  RCC->CR |= 0x00000001;            //使能内部高速时钟 HSION
  RCC->CFGR &= 0xF8FF0000;
  //复位 SW[1:0],HPRE[3:0],PPRE1[2:0],PPRE2[2:0],ADCPRE[1:0],MCO[2:0]
  RCC->CR &= 0xFEF6FFFF;            //复位 HSEON,CSSON,PLLON
  RCC->CR &= 0xFFFBFFFF;            //复位 HSEBYP
  RCC->CFGR &= 0xFF80FFFF;          //复位 PLLSRC, PLLXTPRE, PLLMUL[3:0]和 USBPRE
  RCC->CIR = 0x00000000;            //关闭所有中断
  //配置向量表
  #ifdef VECT_TAB_RAM
  MY_NVIC_SetVectorTable(NVIC_VectTab_RAM, 0x0);
  #else
  MY_NVIC_SetVectorTable(NVIC_VectTab_FLASH, 0x0);
```

```
# endif

}
```

RCC 也是 MDK 定义的一个结构体,包含与 RCC 相关的寄存器组。其寄存器名与"STM32F 参考手册"中定义的寄存器名一样,所以当不清楚某个寄存器的功能时,可以查找"STM32F 参考手册"中的相关内容,了解这个寄存器的功能及其每位所代表的含义。

MY_NVIC_SetVectorTable 函数的代码如下:

```
//设置向量表偏移地址
//NVIC_VectTab:基址
//Offset:偏移量
void MY_NVIC_SetVectorTable(u32 NVIC_VectTab, u32 Offset)
{
    //检查参数合法性
    assert_param(IS_NVIC_VECTTAB(NVIC_VectTab));
    assert_param(IS_NVIC_OFFSET(Offset));
    SCB->VTOR = NVIC_VectTab|(Offset & (u32)0x1FFFFF80);    //设置 NVIC 的向量表偏
                                                            //移寄存器
    //用于标识向量表是在 CODE 区还是在 RAM 区
}
```

该函数是用来配置中断向量表基址和偏移量的,决定是在哪个区域。当在 RAM 中调试代码时,需要把中断向量表放到 RAM 中,这就需要通过这个函数来配置。关于向量表的详细介绍请参考文献[9]的相关章节。

3.2.3　Sys_Soft_Reset 函数

Sys_Soft_Reset 函数用来实现 STM32F 的软复位。代码如下:

```
//系统软复位
void Sys_Soft_Reset(void)
{
SCB->AIRCR = 0X05FA0000|(u32)0x04;
}
```

SCB 为 MDK 定义的一个寄存器组,其中包含很多与系统相关的控制器,具体的定义如下:

```
typedef struct
{
    vuc32 CPUID;              //Cortex-M3 内核版本号寄存器
    vu32 ICSR;               //中断控制及状态控制寄存器
    vu32 VTOR;               //向量表偏移量寄存器
    vu32 AIRCR;              //应用程序中断及复位控制寄存器
```

```
vu32 SCR;                        //系统控制寄存器
vu32 CCR;                        //配置与控制寄存器
vu32 SHPR[3];                    //系统异常优先级寄存器组
vu32 SHCSR;                      //系统 Handler 控制及状态寄存器
vu32 CFSR;                       //MFSR + BFSR + UFSR
vu32 HFSR;                       //硬件 fault 状态寄存器
vu32 DFSR;                       //调试 fault 状态寄存器
vu32 MMFAR;                      //存储管理地址寄存器
vu32 BFAR;                       //硬件 fault 地址寄存器
vu32 AFSR;                       //辅助 fault 地址寄存器
} SCB_TypeDef;
```

在 Sys_Soft_Reset 函数里,只是对 SCB_AIRCR 寄存器进行了一次操作,即实现了 STM32 的软复位。AIRCR 寄存器中的各位定义如表 3.2.1 所列。

表 3.2.1　AIRCR 寄存器的各位定义

位　段	名　称	类　型	复位值	描　述
31:16	VECTKEY	R/W	—	访问钥匙:任何对该寄存器的写操作,都必须同时把 0x05FA 写入此段,否则写操作被忽略。若读取此半字,则为 0xFA05
15	ENDIANESS	R	—	指示端设置。1=大端(BE8),0=小端。此值是在复位时确定的,不能更改
10:8	PRIGROUP	R/W	0	优先级分组
2	SYSRESETREQ	W		请求芯片控制逻辑产生一次复位
1	VECTCLRACTIVE	W		清零所有异常的活动状态信息。通常只在调试时使用,或者在 OS 从错误中恢复时使用
0	VECTRESET	W		复位 CM3 处理器内核(调试逻辑除外),但是此复位不能影响芯片上在内核以外的电路

从表 3.2.1 中各位的定义可以看出,要实现 STM32 的软复位,只要置位位 2,即可请求一次软复位。这里要注意位[31:16]的访问钥匙,要将访问钥匙 0X05FA0000 与需要进行的操作相"或",然后写入 AIRCR 寄存器,这样才能被 Cortex - M3 接受。

3.2.4　Sys_SleepDeep 函数

STM32 提供了 3 种低功耗模式,以达到不同层次的降低功耗的目的。这 3 种模式如下:

① 睡眠模式(Cortex - M3 内核停止工作,外设仍在运行)。

② 停止模式(所有的时钟都停止)。

③ 待机模式。

其中,睡眠模式又分为深度睡眠和睡眠。Sys_SleepDeep 函数用来使 STM32 进入待机模式。在该模式下,STM32 的功耗最低。STM32 的低功耗模式如表 3.2.2 所列。

表 3.2.2　STM32 的低功耗模式

模　式	进　入	唤　醒	对 1.8 V 区域时钟的影响	对 V_{DD} 区域时钟的影响	电压调节器
睡眠 (SLEEP－NOW 或 SLEEP－ON－EXIT)	WFI	任一中断	CPU 时钟关,对其他时钟和ADC 时钟无影响	无	开
	WFE	唤醒事件			
停机	PDDS 和 LPDS 位 +SLEEPDEEP 位 +WFI 或 WFE	任一外部中断 (在外部中断寄存器中设置)	关闭所有1.8 V 区域的时钟	HSI 和HSE 的振荡器关闭	开启或处于低功耗模式(依据电源控制寄存器(PWR_CR)的设定)
待机	PDDS 位 +SLEEPDEEP 位 +WFI 或 WFE	WKUP 引脚的上升沿、RTC 闹钟事件、NRST 引脚上的外部复位、IWDG 复位			关

进入和退出待机模式的方法如表 3.2.3 所列,关于待机模式的更详细介绍请参考"STM32F 参考手册"的相关章节。

表 3.2.3　待机模式进入及退出的方法

待机模式	说　明
进入	在以下条件下执行 WFI(等待中断)或 WFE(等待事件)指令: -设置 Cortex－M3 系统控制寄存器中的 SLEEPDEEP 位 -设置电源控制寄存器(PWR_CR)中的 PDDS 位 -清除电源控制/状态寄存器(RWR_CSR)中的 WUF 位
退出	WKUP 引脚的上升沿、RTC 闹钟事件的上升沿、NRST 引脚上外部复位、IWDG 复位
唤醒延时	复位阶段时电压调节器的启动

进入待机模式的代码,即 Sys_Standby 的具体实现代码如下:

```
//进入待机模式
void Sys_Standby(void)
{
    SCB->SCR|= 1<<2;               //使能 SLEEPDEEP 位（SYS->CTRL）
    RCC->APB1ENR|= 1<<28;          //使能电源时钟
    PWR->CSR|= 1<<8;               //设置 WKUP 用于唤醒
    PWR->CR|= 1<<2;                //清除 Wake－up 标志
```

```
PWR->CR|= 1<<1;                          //PDDS 置位
WFI_SET();                               //执行 WFI 指令
}
```

进入待机模式后,系统将停止工作。请注意,此时 JTAG 也会失效,这一点在使用时一定要注意。

3.3　编程示例

3.3.1　添加文件到工程

在原已建好的工程模板的 User 文件夹下,建立几个文件:sys.c、sys.h、delay.c、delay.h。打开工程模板,将 sys.c 和 delay.c 添加到组 User 中,如图 3.3.1 所示。

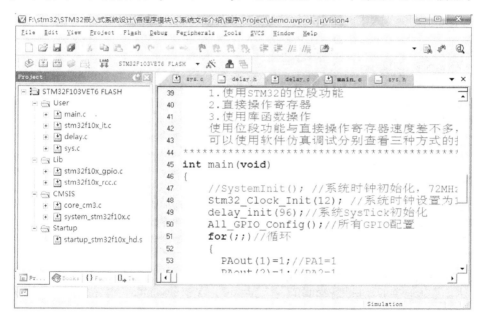

图 3.3.1　工程建立界面

3.3.2　delay 示例程序

delay.c 示例程序相关代码和注释如下:

程序 3.3.1　delay.c

```
#include "stm32f10x.h"
#include "delay.h"
//使用 SysTick 的普通计数模式对延时进行管理
//修正了中断中调用出现死循环的错误
```

```
//防止延时不准确,采用 do while 结构!
static u8   fac_us = 0;                        //μs 延时倍乘数
static u16 fac_ms = 0;                         //ms 延时倍乘数
/* ************************************************************
** 函数名:delay_init
** 功能描述:初始化延迟函数,SYSTICK 的时钟固定为 HCLK 时钟的 1/8
** 输入参数:SYSCLK(单位 MHz)
** 输出参数:无
** 调用方法:如果系统时钟设为 72 MHz,则调用 delay_init(72)
*************************************************************/
void delay_init(u8 SYSCLK)
{
    SysTick ->CTRL&= 0xfffffffb;               //位 2 清空,选择外部时钟 HCLK/8
    fac_us = SYSCLK/8;
    fac_ms = (u16)fac_us * 1000;
}
/* ************************************************************
** 函数名:delay_us
** 功能描述:延时 nus,nus 为要延时的 μs 数
** 输入参数:nus
** 输出参数:无
*************************************************************/
void delay_us(u32 nus)
{
    u32 temp;
    SysTick ->LOAD = nus * fac_us;             //时间加载
    SysTick ->VAL = 0x00;                      //清空计数器
    SysTick ->CTRL = 0x01;                     //开始倒数
    do
    {
        temp = SysTick ->CTRL;
    }
    while(temp&0x01&&! (temp&(1<<16)));         //等待时间到达
    SysTick ->CTRL = 0x00;                     //关闭计数器
    SysTick ->VAL  = 0X00;                     //清空计数器
}
/* ************************************************************
** 函数名:delay_ms
** 功能描述:延时 nms
** 输入参数:nms
** 输出参数:无
** 说明:SysTick ->LOAD 为 24 位寄存器,所以最大延时为:
        nms<= 0xffffff * 8 * 1000/SYSCLK
```

```
        SYSCLK 单位为 Hz,nms 单位为 ms
        对 72 MHz 条件下,nms<= 1864
 ***************************************************************/
void delay_ms(u16 nms)
{
    u32 temp;
    SysTick->LOAD = (u32)nms * fac_ms;      //时间加载(SysTick->LOAD 为 24 位)
    SysTick->VAL = 0x00;                    //清空计数器
    SysTick->CTRL = 0x01 ;                  //开始倒数
    do
    {
        temp = SysTick->CTRL;
    }
    while(temp&0x01&&!(temp&(1<<16)));      //等待时间到达
    SysTick->CTRL = 0x00;                   //关闭计数器
    SysTick->VAL = 0X00;                    //清空计数器
}
```

3.3.3　sys 示例程序清单

sys.c 示例程序相关代码和注释如下：

程序 3.3.2　sys.c

```
#include "stm32f10x.h"
#include "sys.h"
/ ********************************************************************
**  函数名:MYRCC_DeInit
**  功能描述:复位所有的时钟寄存器
**  输入参数:无
**  输出参数:无
**  说明:不能在这里执行所有外设复位! 否则至少会引起串口不工作
 *********************************************************/
void MYRCC_DeInit(void)
{
    RCC->APB1RSTR = 0x00000000;       //复位结束
    RCC->APB2RSTR = 0x00000000;
    RCC->AHBENR = 0x00000014;         //睡眠模式闪存和 SRAM 时钟使能,其他关闭
    RCC->APB2ENR = 0x00000000;        //外设时钟关闭
    RCC->APB1ENR = 0x00000000;
    RCC->CR |= 0x00000001;            //使能内部高速时钟 HSION
    RCC->CFGR &= 0xF8FF0000;          //复位 SW[1:0],HPRE[3:0],PPRE1[2:0],
                                      //PPRE2[2:0],ADCPRE[1:0],MCO[2:0]
```

```
    RCC->CR &= 0xFEF6FFFF;                  //复位 HSEON,CSSON,PLLON
    RCC->CR &= 0xFFFBFFFF;                  //复位 HSEBYP
    RCC->CFGR &= 0xFF80FFFF;                //复位 PLLSRC, PLLXTPRE, PLLMUL[3:0]
                                            //和 USBPRE
    RCC->CIR = 0x00000000;                  //关闭所有中断
    /* 配置向量表
#ifdef  VECT_TAB_RAM
    MY_NVIC_SetVectorTable(NVIC_VectTab_RAM, 0x0);
#else
    MY_NVIC_SetVectorTable(NVIC_VectTab_FLASH, 0x0);
#endif */
}
//THUMB 指令不支持汇编内联
//采用如下方法实现执行汇编指令 WFI
__asm void WFI_SET(void)
{
    WFI;
}
/***************************************************************
** 函数名:Sys_Standby
** 功能描述:进入待机模式
** 输入参数:无
** 输出参数:无
***************************************************************/
void Sys_Standby(void)
{
    SCB->SCR|= 1<<2;               //使能 SLEEPDEEP 位（SYS->CTRL）
    RCC->APB1ENR|= 1<<28;          //使能电源时钟
    PWR->CSR|= 1<<8;               //设置 WKUP 用于唤醒
    PWR->CR|= 1<<2;                //清除 Wake-up 标志
    PWR->CR|= 1<<1;                //PDDS 置位
    WFI_SET();                     //执行 WFI 指令
}
/***************************************************************
** 函数名:Sys_Soft_Reset
** 功能描述:系统软件复位,使用软件复位时调用此函数
** 输入参数:无
** 输出参数:无
***************************************************************/
void Sys_Soft_Reset(void)
{
    SCB->AIRCR = 0X05FA0000|(u32)0x04;
}
```

```
/****************************************************************
** 函数名:JTAG_Set
** 功能描述:JTAG 模式设置,用于设置 JTAG 的模式
** 输入参数:mode
** 输出参数:无
** 说明:mode 为 jtag,swd 模式设置;00,全使能;01,使能 SWD;10,全关闭;
       要把 JTAG 口引脚作为普通 GPIO 口使用时,必须关闭 JTAG
    注意:当关闭 JTAG 后将不能用 J-LINK 下载程序,但可以用串口下载,
       用 JTAG 下载程序前,必须使能 JTAG
****************************************************************/
void JTAG_Set(u8 mode)
{
    u32 temp;
    temp = mode;
    temp<<= 25;
    RCC->APB2ENR|= 1<<0;                    //开启辅助时钟
    AFIO->MAPR&= 0XF8FFFFFF;                //清除 MAPR 的[26:24]
    AFIO->MAPR|= temp;                      //设置 JTAG 模式
}
/****************************************************************
** 函数名:Stm32_Clock_Init
** 功能描述:系统时钟初始化函数
** 输入参数:PLL 系统时钟倍频数
** 输出参数:无
** 说明:pll 为选择的倍频数,从 2 开始,最大值为 16
****************************************************************/
void Stm32_Clock_Init(u8 PLL)
{
    unsigned char temp = 0;
    MYRCC_DeInit();                         //复位并配置向量表
    RCC->CR|= 0x00010000;                   //外部高速时钟使能 HSEON
    while(!(RCC->CR>>17));                  //等待外部时钟就绪
    RCC->CFGR = 0X00000400;                 //APB1 = DIV2;APB2 = DIV1;AHB = DIV1;
    PLL-= 2;                                //抵消 2 个单位
    RCC->CFGR|= PLL<<18;                    //设置 PLL 值 2~16
    RCC->CFGR|= 1<<16;                      //PLLSRC ON
    FLASH->ACR|= 0x32;                      //Flash 2 个延时周期
    RCC->CR|= 0x01000000;                   //PLLON
    while(!(RCC->CR>>25));                  //等待 PLL 锁定
    RCC->CFGR|= 0x00000002;                 //PLL 作为系统时钟
    while(temp!= 0x02)                       //等待 PLL 作为系统时钟设置成功
    {
        temp = RCC->CFGR>>2;
```

```
            temp&= 0x03；
        }
    }
```

3.3.4　主函数程序

1. 主函数程序 main. c 相关代码和注释

主函数程序 main. c 相关代码和注释如下：

主函数程序 3.3.3　main. c

```
#include "stm32f10x.h"
#include "delay.h"
#include "sys.h"


/* *******************************************************
**　函数名:void All_GPIO_Config
**　功能描述:在这里配置所有的 GPIO 口
**　输入参数:无
**　输出参数:无
******************************************************** */
void All_GPIO_Config(void)
{
    GPIO_InitTypeDef GPIO_InitStructure;        //定义 GPIO 结构体
    /* 允许总线 CLOCK,在使用 GPIO 之前必须允许相应端的时钟。
    从 STM32 的设计角度上说,未被允许的端将不接入时钟,也就不会耗能,
    这是 STM32 节能的一种技巧 */
    RCC_APB2PeriphClockCmd(RCC_APB2Periph_GPIOA, ENABLE);        //使能 GPIOA 口时钟
    RCC_APB2PeriphClockCmd(RCC_APB2Periph_GPIOB, ENABLE);        //使能 GPIOB 口时钟
    /* PA1,2 输出 */
    GPIO_InitStructure.GPIO_Pin = GPIO_Pin_1|GPIO_Pin_2;        //PA1,PA2 配置
    GPIO_InitStructure.GPIO_Mode = GPIO_Mode_Out_PP;        //推挽输出
    GPIO_InitStructure.GPIO_Speed = GPIO_Speed_50MHz;        //50 MHz 时钟频率
    GPIO_Init(GPIOA, &GPIO_InitStructure);        //根据以上参数初始化结构体

    /* PB1,输出 */
    GPIO_InitStructure.GPIO_Pin = GPIO_Pin_1;        //PB1
    GPIO_InitStructure.GPIO_Mode = GPIO_Mode_Out_PP;        //推挽输出
    GPIO_InitStructure.GPIO_Speed = GPIO_Speed_50MHz;        //50 MHz 时钟频率
    GPIO_Init(GPIOB, &GPIO_InitStructure);
}


/* *******************************************************
**　函数名:main
```

```
**   功能描述:使用系统文件使 PA1,PA2,PB1 口引脚输出方波
**   输入参数:无
**   输出参数:无
**   说明:下面介绍 3 种实现方式
        ①使用 STM32 的位段功能;
        ②直接操作寄存器;
        ③使用库函数操作。
    使用位段功能与直接操作寄存器速度差不多,使用库函数速度明显慢得多,
    可以使用软件仿真调试分别查看 3 种方式的执行时间
*****************************************************************/
int main(void)
{
    //SystemInit();                          //系统时钟初始化,72 MHz
    Stm32_Clock_Init(12);                    //系统时钟设置为 12 倍频,即系统时钟设置
                                             //为 96 MHz
    delay_init(96);                          //系统 SysTick 初始化
    All_GPIO_Config();                       //配置所有 GPIO
    for(;;)                                  //循环
    {
        PAout(1) = 1;                        //PA1 = 1
        PAout(2) = 1;                        //PA2 = 1
        PBout(1) = 1;                        //PB1 = 1
        delay_ms(1);                         //使用 SysTick(系统滴嗒定时器)延时 1 ms
        PAout(1) = 0;                        //PA1 = 0
        PAout(2) = 0;                        //PA2 = 0
        PBout(1) = 0;                        //PB1 = 0
        delay_ms(1);                         //使用 SysTick 相对精确延时 1 ms

        //或者直接使用寄存器操作
        /* GPIOA->BSRR = GPIO_Pin_1;         //PA1 = 1
        GPIOA->BSRR = GPIO_Pin_2;            //PA2 = 1
        GPIOB->BSRR = GPIO_Pin_1;            //PB1 = 1
        delay_ms(1);                         //使用 SysTick 延时 1 ms
        GPIOA->BRR = GPIO_Pin_1;             //PA1 = 0
        GPIOA->BRR = GPIO_Pin_2;             //PA2 = 0
        GPIOB->BRR = GPIO_Pin_1;             //PB1 = 0
        delay_ms(1);                         //使用 SysTick 相对精确延时 1 ms */
        //或者使用库函数操作
        /* GPIO_SetBits(GPIOA, GPIO_Pin_1);  //PA1 = 1
        GPIO_SetBits(GPIOA, GPIO_Pin_2);     //PA2 = 1
        GPIO_SetBits(GPIOB, GPIO_Pin_1);     //PB1 = 1
        delay_ms(1);                         //延时 1 ms
        GPIO_ResetBits(GPIOA, GPIO_Pin_1);   //PA1 = 0
```

```
    GPIO_ResetBits(GPIOA, GPIO_Pin_2);    //PA2 = 0
    GPIO_ResetBits(GPIOB, GPIO_Pin_1);    //PB1 = 0
    delay_ms(1);                          //延时 1 ms */
    }
}
```

编译程序下载到 STM32F 系统板上,同样 PA1,PA2,PB1 引脚上输出方波。

2. 注意事项

① 扩展外设程序时最好一个 * . c 文件对应一个 * . h 文件,管理起来更方便。

② 在此节中介绍了 delay 延时函数的工作原理及使用方法,在实际使用过程中直接调用即可,需要将 delay_init(72)初始化,72 指系统时钟为 72 MHz,以及在 main. c 中添加 #include"delay. h",即可调用 delay_us 及 delay_ms 函数。调用方法:

```
delay_us(5);        //延时 5 μs
delay_ms(10);       //延时 10 ms
```

③ 要使用 sys. c 中的函数,只需在 main. c 中加入 #include "sys. h",这样要将 PA1 置高,只需语句 PAout(1)=1 即可:

```
PAout(2) = 0;       //表示将 PA2 置 0
```

将 PA3 作为输入口时,要判断 PA3 引脚电平是否为 1,只需语句 if(PAin(3)== 1)等。

④ 将此工程保存好,方便以后调用。

第 **4** 章

GPIO 的使用

4.1 STM32F GPIO 简介

通用输入/输出接口 GPIO(General Purpose I/O)也称为并行 I/O(Parallel I/O)，是最基本的 I/O 形式。

STM32F 系列微控制器每个 GPIO 端口有：两个 32 位配置寄存器(GPIOx_CRL 和 GPIOx_CRH)、两个 32 位数据寄存器(GPIOx_IDR 和 GPIOx_ODR)、一个 32 位置位/复位寄存器(GPIOx_BSRR)、一个 16 位复位寄存器(GPIOx_BRR)和一个 32 位锁定寄存器(GPIOx_LCKR)。

根据数据手册中列出的每个 I/O 端口的特定硬件特征，GPIO 端口的每个位可以由软件分别配置成：输入浮空、输入上拉、输入下拉、模拟输入、开漏输出、推挽式输出、推挽式复用功能和开漏复用功能等多种模式。

每个 I/O 端口位可以自由编程，然而 I/O 端口寄存器必须按 32 位字被访问(不允许半字或字节访问)。GPIOx_BSRR 和 GPIOx_BRR 寄存器允许对任何 GPIO 寄存器的读/更改的独立访问；这样，在读和更改访问之间产生 IRQ 时不会发生危险。在需要的情况下，I/O 引脚的外设功能可以通过一个特定的操作锁定，以避免意外地写入 I/O 寄存器。在 APB2 上的 I/O 引脚可达 18 MHz 的翻转速度。

有关 GPIO 的更多内容请参考"STM32F 参考手册"的相关章节。

4.2 GPIO 编程示例

GPIO 示例程序可以实现 STM32F103VET6 的 I/O 的基本操作，实现在 PA1、PA2、PB1 端口产生方波的功能。首先将 PA1、PA2、PB1 置高电平，延时 1 ms 后再将 PA1、PA2、PB1 置低电平，再延时 1 ms，不断循环。

按照第 2 章所介绍的方法先建立好一个工程模板，以后可直接在这个模板基础上添加相应的程序。

打开建立好的工程模板，打开 main.c，先删除其中的程序，输入如下代码：

```
#include "stm32f10x.h"     //使用库函数需要添加的头文件
```

/ ∗∗∗

```
** 函数名:void delay_us(unsigned int us)
** 功能描述:μs 级粗略延时,如果需要精确延时,则可使用定时器
** 输入参数:μs 延时时间
** 输出参数:无
********************************************************************/
void delay_us(unsigned int us)
{
    unsigned char n;
    while(us--)
        for(n=0;n<9;n++);
}
/*******************************************************************
** 函数名:void delay_ms(unsigned int ms)
** 功能描述:ms 级粗略延时,如果需要精确延时,则可使用定时器
** 输入参数:ms 延时时间
** 输出参数:无
********************************************************************/
void delay_ms(unsigned int ms)
{
    while(ms--)
        delay_us(1000);
}


/*******************************************************************
** 函数名:void GPIO_Configuration(void)
** 功能描述:GPIO 口配置
** 输入参数:无
** 输出参数:无
********************************************************************/
void GPIO_Configuration(void)
{
    GPIO_InitTypeDef GPIO_InitStructure;                    //定义 GPIO 结构体
    /* 允许总线 CLOCK,在使用 GPIO 之前必须允许相应端的时钟。
    从 STM32 的设计角度上说,未被允许的端将不接入时钟,也就不会耗能,
    这是 STM32 节能的一种技巧 */
    RCC_APB2PeriphClockCmd(RCC_APB2Periph_GPIOA, ENABLE);    //使能 GPIOA 口时钟
    RCC_APB2PeriphClockCmd(RCC_APB2Periph_GPIOB, ENABLE);    //使能 GPIOB 口时钟

    /* PA1,2 输出 */
    GPIO_InitStructure.GPIO_Pin = GPIO_Pin_1|GPIO_Pin_2;    //PA1、PA2 配置
    //如果需要配置成开漏极输出,则 GPIO_InitStructure.GPIO_Mode = GPIO_Mode_Out_OD;
    //如果需要配置成模拟输入,则 GPIO_InitStructure.GPIO_Mode = GPIO_Mode_AIN;
    //具体怎样配置可参考库函数手册说明
```

```
    //这里配置为推挽输出
    GPIO_InitStructure.GPIO_Mode = GPIO_Mode_Out_PP;      //推挽输出
    GPIO_InitStructure.GPIO_Speed = GPIO_Speed_50MHz;     //50 MHz 时钟频率
    GPIO_Init(GPIOA, &GPIO_InitStructure);

    /* PB1,输出 */
    GPIO_InitStructure.GPIO_Pin = GPIO_Pin_1;             //PB1
    GPIO_InitStructure.GPIO_Mode = GPIO_Mode_Out_PP;      //推挽输出
    GPIO_InitStructure.GPIO_Speed = GPIO_Speed_50MHz;     //50 MHz 时钟频率
    GPIO_Init(GPIOB, &GPIO_InitStructure);
}
/*****************************************************************
** 函数名:int main(void)
** 功能描述:主函数,将 PA1、PA2、PB1 拉高延时 1 ms 再拉低,即在相应 I/O 口产生方波
** 输入参数:无
** 输出参数:无
*****************************************************************/
int main(void)
{
    /* System Clocks Configuration ************************/
    SystemInit();                      //系统初始化时钟配置,初始化为 72 MHz 时钟
    GPIO_Configuration();              //GPIO 初始化配置

    for(;;)                            //循环
    {
        GPIO_SetBits(GPIOA, GPIO_Pin_1);     //PA1 = 1
        GPIO_SetBits(GPIOA, GPIO_Pin_2);     //PA2 = 1
        GPIO_SetBits(GPIOB, GPIO_Pin_1);     //PB1 = 1
        delay_ms(1);                         //延时 1 ms
        GPIO_ResetBits(GPIOA, GPIO_Pin_1);   //PA1 = 0
        GPIO_ResetBits(GPIOA, GPIO_Pin_2);   //PA2 = 0
        GPIO_ResetBits(GPIOB, GPIO_Pin_1);   //PB1 = 0
        delay_ms(1);                         //延时 1 ms
    }
}
```

　　由于程序中只用 STM32 的时钟及 GPIO 功能,所以在库文件中只需添加 stm32f10x_rcc.c 和 stm32f10x_gpio.c 两个 c 文件,即在组 Lib 中添加这两个文件,如图 4.2.1 所示。

　　注意:以后每添加一个 *.c 的库文件后,都要在 stm32f10x_conf.h 中使能相应的 *.h 文件,如图 4.2.2 所示。

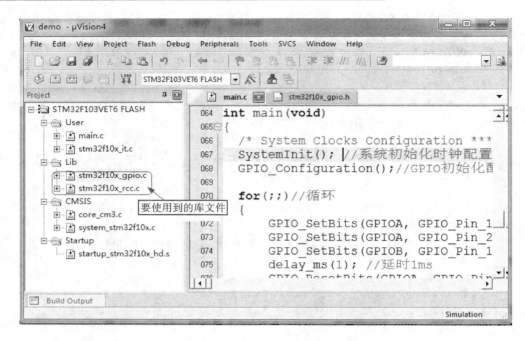

图 4.2.1 建立 GPIO 工程

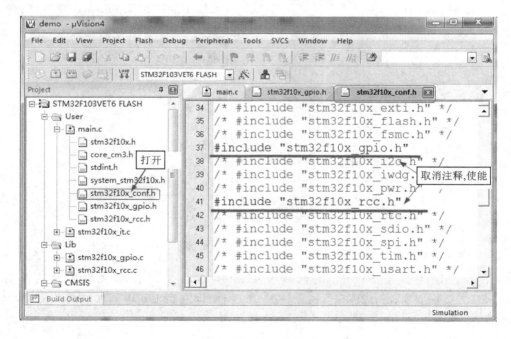

图 4.2.2 库文件使能

编程时应注意:

① 初始化 STM32 系统时钟,用到库文件函数 SystemInit( ),时钟默认初始化

为 72 MHz。

② 初始化 GPIO。先定义 GPIO 结构体，使能要使用到的 I/O 口时钟，再配置 I/O 口方向及时钟频率。

③ 此示例程序将 PA1，PA2，PB1 配置为推挽输出。将 PA1 口置高电平用到库文件函数 GPIO_SetBits(GPIOA，GPIO_Pin_1)，置低电平用到函数 GPIO_ResetBits(GPIOA，GPIO_Pin_1)。

4.3　外部中断操作

4.3.1　STM32F 外部中断设置

STM32F 的每个 I/O 口都可以作为中断输入。I/O 口作为外部中断输入，需要以下几个步骤：

① 初始化 I/O 口为输入。这一步设置作为外部中断输入的 I/O 口的状态，可以设置为上拉/下拉输入，也可以设置为浮空输入。但设置为浮空输入时，外部一定要带上拉电阻或者下拉电阻，否则可能导致中断不停地触发。在干扰较大的环境中，即使采用了上拉/下拉输入，也建议使用外部上拉/下拉电阻，这样可以在一定程度上防止外部干扰带来的影响。

② 开启 I/O 口复用时钟，设置 I/O 口与中断线的映射关系。STM32F 的 I/O 口与中断线的对应关系需要配置外部中断配置寄存器 EXTICR。这样，首先要开启复用时钟，然后配置 I/O 口与中断线的对应关系，才能把外部中断与中断线连接起来。

③ 开启与该 I/O 口相对的线上中断/事件，设置触发条件。这一步配置中断产生的条件。STM32F 可以配置成上升沿触发、下降沿触发或任意电平变化触发，但是不能配置成高电平触发和低电平触发。触发条件需要根据使用的实际情况来配置，同时要开启中断线上的中断。

需要注意的是：如果使用外部中断，并设置该中断的 EMR 位，会引起软件仿真不能跳到中断，而硬件上是可以的。若不设置 EMR，软件仿真就可以进入中断服务函数，并且硬件上也是可以的。建议不要配置 EMR 位。

④ 配置中断分组(NVIC)，并使能中断。配置中断的分组和使能中断，对 STM32F 的中断来说，只有配置了 NVIC 的设置并开启才能被执行，否则不会执行到中断服务函数。

⑤ 编写中断服务函数。中断服务函数是必不可少的，如果在代码中开启了中断，但是没有编写中断服务函数，就可能引起硬件错误，从而导致程序崩溃。所以在开启了某个中断后，一定要为该中断编写服务函数。在终端服务函数里编写需要执行的中断后的操作。

按照以上步骤进行设置后，即可正常使用外部中断了。

还需要注意的是，虽然 STM32F 的每个引脚都可以配置成外部中断输入引脚，但不是每个引脚都有一个中断相对应。STM32F 外部中断有中断线 0(Line0)至中断线 15(Line15)。中断线分布如下:

① 中断线 0~4 分别对应一个中断,分别为 EXTI1_IRQn~EXTI4_IRQn。

② 中断线 5~9 共用一个中断,库函数中断函数名为 EXTI9_5_IRQn。怎样判断是哪根中断线产生了中断呢? 由于每个中断线都有专用的状态位,因此只需要在中断服务程序中判断中断线标志位即可。例如:可以利用 if(EXTI_GetITStatus(EXTI_Line11) ! = RESET)语句来判断是否是中断线 11(Line11)引起了中断。

③ 中断线 10~15 共用一个中断,中断函数名为 EXTI15_10_IRQn。

注意:对于某一中断线,比如中断线 6,PA6、PB6、PC6、PD6、PE6 均可设置为中断线 6 的映射关系,但某一个 GPIO 设置为中断线输入引脚,比如 PB6 设置为中断输入引脚,其他几个 PA6、PC6、PD6、PE6 就不能再设置成中断引脚。不能有两个引脚设置为同一中断线映射引脚,否则无法判断具体是哪个引脚产生了中断。

在 STM32F 中断中,有 20 个线路可以配置成软件中断/事件线,STM32F 提供了一个软中断事件寄存器。示例程序中使用了这样的库函数:

```
EXTI_GenerateSWInterrupt(EXTI_Line8)
```

这个函数运行的结果就是:如果 EXINT8 配置了必需的中断寄存器和响应函数,则会马上产生一个 EXINT8 中断。

4.3.2　外部中断操作示例程序设计

示例程序中设置了 3 个外部中断:PA1 映射为外部中断 1,PA8 映射为外部中断 8,PA11 映射为外部中断 11。1 线中断服务程序中将 PB0 置 1,EXINT8 中断服务程序中将 PB1 置 1,EXINT11 中断服务程序中同时将 PB0 置 0,PB1 置 0。可将 PB0、PB1 外接 2 个发光二极管,可手动将 PA1、PA8、PA11 拉高或拉低产生中断,观察现象。

程序开始时产生一软件中断,用到函数 EXTI_GenerateSWInterrupt(EXTI_Line8)。

打开建好的工程模板,程序中用到外部中断,因此库函数要添加文件 stm32f10x_exti.c 和 misc.c,并在 stm32f10x_conf.h 中使能相应头文件 misc.h 及 stm32f10x_exti.h。添加工程后的界面如图 4.3.1 所示。

外部中断操作示例程序流程图如图 4.3.2 所示。

4.3.3　外部中断操作示例程序

外部中断操作示例程序放在"示例程序→外部中断程序(EXTI)"文件夹中(注:"示例程序"可以在北京航空航天大学出版社"下载专区"免费下载,以下相同)。部分程序代码如下:

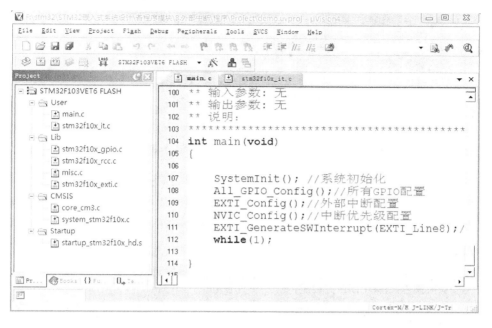

图 4.3.1　添加工程后的界面

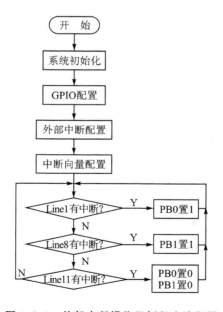

图 4.3.2　外部中断操作示例程序流程图

1. stm32f10x_it.c 相关代码和注释

中断服务程序 4.3.1　stm32f10x_it.c

```
#include "stm32f10x_it.h"
```

```
/***************************************************************
**   函数名:EXTI1_IRQHandler
**   功能描述:外部中断 1 中断服务程序
**   输入参数:无
**   输出参数:无
***************************************************************/
void EXTI1_IRQHandler(void)
{
    if (EXTI_GetITStatus(EXTI_Line1) ! = RESET )      //判断外部中断线 1 是否有中断
      {
        EXTI_ClearITPendingBit(EXTI_Line1);           //如果有中断,清除中断标志位
        GPIOB -> BSRR = GPIO_Pin_0;                    //将 PB0 置 1
      }
}

/***************************************************************
**   函数名:EXTI15_10_IRQHandle
**   功能描述:串口中断服务程序
**   输入参数:无
**   输出参数:无
**   说明:外部中断线 10～15 共用一个中断
***************************************************************/
void EXTI15_10_IRQHandler(void)
{
    if( EXTI_GetITStatus(EXTI_Line11) ! = RESET )     //判断外部中断线 11 是否有中断
      {
        EXTI_ClearITPendingBit(EXTI_Line11);          //如果有中断,清除中断标志位
        GPIOB -> BRR = GPIO_Pin_0;                     //将 PB0 置 0
        GPIOB -> BRR = GPIO_Pin_1;                     //将 PB1 置 0
      }
}

/***************************************************************
**   函数名:EXTI9_5_IRQHandler
**   功能描述:串口中断服务程序
**   输入参数:无
**   输出参数:无
**   说明:外部中断线 5～9 共用一个中断
***************************************************************/
void EXTI9_5_IRQHandler(void)
{
    if ( EXTI_GetITStatus(EXTI_Line8) ! = RESET )     //判断外部中断线 8 是否有中断
      {
        EXTI_ClearITPendingBit(EXTI_Line8);
        GPIOB -> BSRR = GPIO_Pin_1;                    //将 PB1 置 1
```

```
        }
}
```

2. main. c 相关代码和注释

主程序 4. 3. 2　main. c

```c
#include "stm32f10x.h"


/*****************************************************************
** 函数名:All_GPIO_Config
** 功能描述:所有的 GPIO 口配置放在这里
** 输入参数:无
** 输出参数:无
*****************************************************************/
void All_GPIO_Config(void)
{
    GPIO_InitTypeDef GPIO_InitStructure;                      //定义 GPIO 结构体

    RCC_APB2PeriphClockCmd(RCC_APB2Periph_GPIOA|RCC_APB2Periph_GPIOB, ENABLE);
                                                             //使能 GPIOA、GPIOB 口时钟
    /* 将 PB0、PB1 配置为推挽输出 */
    GPIO_InitStructure.GPIO_Pin = GPIO_Pin_1|GPIO_Pin_0;      //PB1、PB0
    GPIO_InitStructure.GPIO_Mode = GPIO_Mode_Out_PP;          //推挽输出
    GPIO_InitStructure.GPIO_Speed = GPIO_Speed_50MHz;         //50 MHz 时钟频率
    GPIO_Init(GPIOB, &GPIO_InitStructure);
    //PA11 配置为上拉输入,作为外部中断线 11 的中断输入引脚
    GPIO_InitStructure.GPIO_Pin = GPIO_Pin_11;                //PA11
    GPIO_InitStructure.GPIO_Mode = GPIO_Mode_IPU;             //上拉输入
    GPIO_InitStructure.GPIO_Speed = GPIO_Speed_50MHz;         //50 MHz 时钟频率
    GPIO_Init(GPIOA, &GPIO_InitStructure);
    //PA1、PA8 配置为上拉输入
    GPIO_InitStructure.GPIO_Pin = GPIO_Pin_1|GPIO_Pin_8;      //PA1、PA8
    GPIO_InitStructure.GPIO_Mode = GPIO_Mode_IPU;             //上拉输入
    GPIO_InitStructure.GPIO_Speed = GPIO_Speed_50MHz;         //50 MHz 时钟频率
    GPIO_Init(GPIOA, &GPIO_InitStructure);
}
/*****************************************************************
** 函数名:EXTI_Config
** 功能描述:外部中断配置
** 输入参数:无
** 输出参数:无
*****************************************************************/
void EXTI_Config(void)
```

```
{
    EXTI_InitTypeDef EXTI_InitStructure;

    GPIO_EXTILineConfig(GPIO_PortSourceGPIOA,GPIO_PinSource1);
                                                //PA1 作为外部中断线 1 引脚
    EXTI_ClearITPendingBit(EXTI_Line1);                //清除 1 线标志位
    EXTI_InitStructure.EXTI_Mode = EXTI_Mode_Interrupt;
    EXTI_InitStructure.EXTI_Trigger = EXTI_Trigger_Rising_Falling;    //边沿触发
    EXTI_InitStructure.EXTI_Line = EXTI_Line1;
    EXTI_InitStructure.EXTI_LineCmd = ENABLE;
    EXTI_Init(&EXTI_InitStructure);                //根据以上参数初始化结构体

    GPIO_EXTILineConfig(GPIO_PortSourceGPIOA,GPIO_PinSource8);
                                                //PA8 作为外部中断线 8 引脚
    EXTI_ClearITPendingBit(EXTI_Line8);                //清除 8 线标志位
    EXTI_InitStructure.EXTI_Mode = EXTI_Mode_Interrupt;
    EXTI_InitStructure.EXTI_Trigger = EXTI_Trigger_Falling;    //下升沿触发
    EXTI_InitStructure.EXTI_Line = EXTI_Line8;
    EXTI_InitStructure.EXTI_LineCmd = ENABLE;
    EXTI_Init(&EXTI_InitStructure);

    GPIO_EXTILineConfig(GPIO_PortSourceGPIOA,GPIO_PinSource11);
                                                //PA11 作为外部中断线 11 引脚
    EXTI_ClearITPendingBit(EXTI_Line11);                //清除 11 线标志位
    EXTI_InitStructure.EXTI_Mode = EXTI_Mode_Interrupt;
    EXTI_InitStructure.EXTI_Trigger = EXTI_Trigger_Falling;    //下升沿触发
    EXTI_InitStructure.EXTI_Line = EXTI_Line11;
    EXTI_InitStructure.EXTI_LineCmd = ENABLE;
    EXTI_Init(&EXTI_InitStructure);
}
/ ***************************************************************
** 函数名:NVIC_Config
** 功能描述:中断优先级及分组配置
** 输入参数:无
** 输出参数:无
*************************************************************** /
void NVIC_Config(void)
{
    NVIC_InitTypeDef NVIC_InitStructure;
    NVIC_PriorityGroupConfig(NVIC_PriorityGroup_2);                //采用组别 2

    NVIC_InitStructure.NVIC_IRQChannel = EXTI1_IRQn;                //配置外部中断 1
    NVIC_InitStructure.NVIC_IRQChannelPreemptionPriority = 0;
```

```
                                                      //占先式优先级设置为 0
    NVIC_InitStructure.NVIC_IRQChannelSubPriority = 0;   //副优先级设置为 0
    NVIC_InitStructure.NVIC_IRQChannelCmd = ENABLE;       //中断使能
    NVIC_Init(&NVIC_InitStructure);                       //中断初始化
    //中断线 5~9 共用一个中断 EXTI9_5_IRQn
    NVIC_InitStructure.NVIC_IRQChannel = EXTI9_5_IRQn;    //配置外部中断 9_5
    NVIC_InitStructure.NVIC_IRQChannelPreemptionPriority = 0;
                                                      //占先式优先级设置为 0
    NVIC_InitStructure.NVIC_IRQChannelSubPriority = 2;   //副优先级设置为 1
    NVIC_InitStructure.NVIC_IRQChannelCmd = ENABLE;       //中断使能
    NVIC_Init(&NVIC_InitStructure);                       //中断初始化
    //中断线 10~15 共用一个中断 EXTI15_10_IRQn
    NVIC_InitStructure.NVIC_IRQChannel = EXTI15_10_IRQn;  //配置外部中断 15_10
    NVIC_InitStructure.NVIC_IRQChannelPreemptionPriority = 0;
                                                      //占先式优先级设置为 1
    NVIC_InitStructure.NVIC_IRQChannelSubPriority = 1;   //副优先级设置为 0
    NVIC_InitStructure.NVIC_IRQChannelCmd = ENABLE;
    NVIC_Init(&NVIC_InitStructure);
}
/****************************************************************
**  函数名:main
**  功能描述:
**  输入参数:无
**  输出参数:无
**  说明:
****************************************************************/
int main(void)
{
    SystemInit();                                //系统初始化
    All_GPIO_Config();                           //配置所有 GPIO
    EXTI_Config();                               //外部中断配置
    NVIC_Config();                               //中断优先级配置
    EXTI_GenerateSWInterrupt(EXTI_Line8);        //软件产生一个中断,中断线 8
    while(1);
}
```

91

第 5 章

USART 的使用

5.1 STM32F USART 简介

5.1.1 串行接口基本原理与结构

1. 串行通信概述

常用的数据通信方式有并行通信和串行通信两种。当两台数字设备之间传输距离较远时，数据往往以串行方式传输。串行通信的数据是一位一位地传输的，在传输中每一位数据都占据一个固定的时间长度。与并行通信相比，如果 n 位并行接口传送 n 位数据需时间 T，则串行传送的时间最少为 nT。串行通信具有传输线少、成本低等优点，特别适合远距离传送。

(1) 串行数据通信模式

串行数据通信模式有单工通信、半双工通信和全双工通信 3 种基本的通信模式。

➤ 单工通信：数据仅能从设备 A 到设备 B 进行单一方向的传输。

➤ 半双工通信：数据可以从设备 A 到设备 B 进行传输，也可以从设备 B 到设备 A 进行传输，但不能在同一时刻进行双向传输。

➤ 全双工通信：数据可以在同一时刻从设备 A 传输到设备 B，或从设备 B 传输到设备 A，即可以同时双向传输。

(2) 串行通信方式

串行通信在信息格式的约定上可分为同步通信和异步通信两种方式。

① 异步通信方式。异步通信时数据是一帧一帧传送的，每帧数据包含起始位（"0"）、数据位、奇偶校验位和停止位（"1"），每帧数据的传送靠起始位来同步。一帧数据各位代码间的时间间隔是固定的，而相邻两帧数据的时间间隔是不固定的。在异步通信的数据传送中，传输线上允许空字符。

异步通信对字符的格式、波特率、校验位有确定的要求：

➤ 字符的格式。每个字符传送时，必须前面加一个起始位，后面加上 1、1.5 或 2 位停止位。例如 ASCII 码传送时，一帧数据的组成是：前面 1 个起始位，接着 7 位 ASCII 编码，再接着一位奇偶校验位，最后一位停止位，共 10 位。

➤ 波特率。传送数据位的速率称为波特率，用位/秒（b/s）来表示，称为波特。例如，数据传送的速率为 120 字符/秒，每帧包括 10 个数据位，则传送波特率为

$10 \times 120 = 1\ 200\ \text{b/s} = 1\ 200$ 波特。每一位的传送时间是波特的倒数，如 $1/1\ 200 = 0.833\ \text{ms}$。异步通信的波特率的数值通常为：150、300、600、1 200、2400、4 800、9 600、14 400、28 800 等，数值成倍数变化。

➢ 校验位。在一个有 8 位的字节（Byte）中，必有奇数个或偶数个 1 的状态位。对于偶校验就是要使字符加上校验位有偶数个 1；奇校验就是要使字符加上校验位有奇数个 1。例如数据 00010011，共有奇数个 1，所以当接收器要接收偶数个 1 时（即偶校验时），则校验位就置为 1；反之，接收器要接收奇数个 1 时（即奇校验时），则校验位就置为 0。

一般校验位的产生和检查是由串行通信控制器内部自动产生的，除了加上校验位以外，通信控制器还自动加上停止位，用来指明欲传送字符的结束。停止位通常取 1、1.5 或 2 个位。对于接收器，若未能检测到停止位，则意味着传送过程发生了错误。

在异步通信方式中，在发送的数据中含有起始位和停止位这两个与实际需要传送的数据毫无相关的位。如果在传送 1 个 8 位的字符时，其校验位、起始位和停止位都为 1 位，则相当于要传送 11 位信号，传送效率只有约 80%。

② 同步通信方式。为了提高通信效率，可以采用同步通信方式。同步传输采用字符块的方式，减少每一个字符的控制和错误检测数据位，因而可以具有较高的传输速率。与异步方式不同的是，同步通信方式不仅在字符本身是同步的，而且字符与字符之间的时序也是同步的，即同步方式是将许多字符聚集成一个字符块后，在每块信息（常常称为信息帧）之前要加上 1~2 个同步字符，字符块之后再加入适当的错误检测数据才传送出去。在同步通信时必须连续传输，不允许有间隙，在传输线上没有字符传输时，要发送专用的"空闲"字符或同步字符。

在同步方式中产生一种所谓"冗余"字符，防止错误传送。假设欲传送的数据位当做一个被除数，而发送器本身产生一个固定的除数，将前者除以后者所得的余数即为该"冗余"字符。当数据位和"冗余"字符位一起被传送到接收器时，接收器产生与发送器相同的除数，如此即可检查出数据在传送过程中是否发生了错误。统计数据表明，采用"冗余"字符方法错误防止率可达 99% 以上。

2. RS‑232C 串行接口

RS‑232C 是美国电子工业协会 EIA 制定的一种串行通信接口标准。

（1）RS‑232C 接口规格

RS‑232C 接口遵循 EIA 所制定的传送电气规格。RS‑232C 通常以 ±12 V 的电压来驱动信号线，TTL 标准与 RS‑232C 标准之间的电平转换电路通常采用集成电路芯片实现，如 MAX232 等。

（2）RS‑232C 接口信号

EIA 制定的 RS‑232C 接口与外界的相连采用 25 芯（DB‑25）和 9 芯（DB‑9）D 型插接件，在实际应用中，并不是每只引脚信号都必须用到，DB‑9 型插接件引脚的定义，与信号之间的对应关系如图 5.1.1 所示。

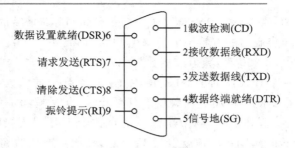

图 5.1.1　DB‑9 型插接件引脚的定义和信号之间的对应关系

RS‑232C DB‑9 各引脚功能如下：

➤ CD：载波检测。主要用于 Modem 通知计算机其处于在线状态，即 Modem 检测到拨号音。

➤ RXD：接收数据线。用于接收外部设备送来的数据。

➤ TXD：发送数据线。用于将计算机的数据发送给外部设备。

➤ DTR：数据终端就绪。当此引脚为高电平时，通知 Modem 可以进行数据传输，计算机已经准备好。

➤ SG：信号地。

➤ DSR：数据设备就绪。当此引脚为高电平时，通知计算机 Modem 已经准备好，可以进行数据通信。

➤ RTS：请求发送。此引脚由计算机控制，用来通知 Modem 马上传送数据至计算机；否则，Modem 将收到的数据暂时放入缓冲区中。

➤ CTS：清除发送。此引脚由 Modem 控制，用来通知计算机将要传送的数据送至Modem。

➤ RI：振铃提示。Modem 通知计算机有呼叫进来，是否接听呼叫由计算机决定。

（3）RS‑232C 的基本连接方式

计算机利用 RS‑232C 接口进行串口通信，有简单连接和完全连接两种连接方式。简单连接又称三线连接，即只连接发送数据线、接收数据线和信号地，如图 5.1.2 所示。如果应用中还需要使用 RS‑232C 的控制信号，则采用完全连接方式，如图 5.1.3 所示。在波特率不高于 9 600 b/s 的情况下进行串口通信时，通信线路的长度通常要求小于 15 m，否则可能出现数据丢失现象。

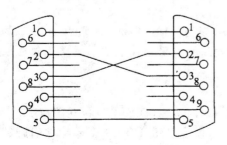

图 5.1.2　简单连接形式

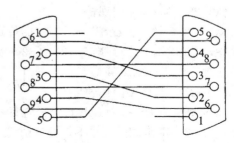

图 5.1.3　完全连接形式

3. RS－422 串行通信接口

RS－422 标准是 RS－232 的改进型,RS－422 标准全称是"平衡电压数字接口电路的电气特性"。允许在相同传输线上连接多个接收节点,最多可接 10 个节点,即 1 个主设备(Master),其余为从设备(Salve),从设备之间不能通信。RS－422 支持一点对多点的双向通信。RS－422 四线接口由于采用单独的发送和接收通道,因此不必控制数据方向,各装置之间任何必需的信号交换均可以按软件方式(XON/XOFF 握手)或硬件方式(一对单独的双绞线)实现。

RS－422 的最大传输距离为 4 000 英尺(约 1 219 m),最大传输速率为 10 Mb/s。传输速率与平衡双绞线的长度有关,只有在很短的距离下才能获得最高传输速率。在最大传输距离时,传输速率为 100 kb/s。一般 100 m 长的双绞线上所能获得的最大传输速率仅为 1 Mb/s。

RS－422 需要在传输电缆的最远端连接一个电阻,要求电阻阻值约等于传输电缆的特性阻抗。在短距离(300 m 以下)传输时可以不连接电阻。

4. RS－485 串行总线接口

在 RS－422 的基础上,为扩展应用范围,EIA 制定了 RS－485 标准,增加了多点、双向通信能力。在通信距离为几十米至上千米时,通常采用 RS－485 收发器。RS－485 收发器采用平衡发送和差分接收,即在发送端,驱动器将 TTL 电平信号转换成差分信号输出;在接收端,接收器将差分信号变成 TTL 电平,因此具有抑制共模干扰的能力。接收器能够检测低至 200 mV 的电压,具有高的灵敏度,故数据传输距离可达千米以上。

RS－485 可以采用 2 线与 4 线方式,2 线制可实现真正的多点双向通信。而采用 4 线连接时,与 RS－422 一样只能实现一点对多点的通信,即只能有一个主设备,其余为从设备。RS－485 可以连接多达 32 个设备。

RS－485 的共模输出电压在－7～＋12 V 之间,接收器最小输入阻抗为 12 kΩ。RS－485 满足所有 RS－422 的规范,所以 RS－485 的驱动器可以在 RS－422 网络中应用。

RS－485 的最大传输速率为 10 Mb/s。在最大传输距离时,传输速率为 100 kb/s。

RS－485 需要两个终端电阻,接在传输总线的两端,要求电阻阻值约等于传输电缆的特性阻抗。在短距离传输(在 300 m 以下)时可不需终端电阻。

5.1.2　STM32F USART 的基本特性

通用同步异步收发器(USART)提供了一种灵活的方法与使用工业标准 NRZ 异步串行数据格式的外部设备之间进行全双工数据交换。USART 利用分数波特率发生器提供宽范围的波特率选择。

USART 支持同步单向通信和半双工单线通信,也支持 LIN(局部互连网),智能卡协议和 IrDA(红外数据组织)SIR ENDEC 规范,以及调制解调器(CTS/RTS)操作。它还允许多处理器通信。使用多缓冲器配置的 DMA 方式,可以实现高速数据通信。

USART 接口通过 3 个引脚与其他设备连接在一起。任何 USART 双向通信至少需要两个引脚:接收数据输入(RX)和发送数据输出(TX)。

RX:接收数据串行输。通过过采样技术来区别数据和噪声,从而恢复数据。

TX:发送数据输出。当发送器被禁止时,输出引脚恢复到它的 I/O 端口配置。当发送器被激活,并且不发送数据时,TX 引脚处于高电平。在单线和智能卡模式里,此 I/O 口被同时用于数据的发送和接收。

> 总线在发送或接收前应处于空闲状态;
> 1 个起始位;
> 1 个数据字(8 或 9 位),最低有效位在前;
> 0.5、1.5、2 个的停止位,由此表明数据帧的结束;
> 使用分数波特率发生器——12 位整数和 4 位小数的表示方法;
> 1 个状态寄存器(USART_SR);
> 数据寄存器(USART_DR);
> 1 个波特率寄存器(USART_BRR),12 位的整数和 4 位小数;
> 1 个智能卡模式下的保护时间寄存器(USART_GTPR)。

关于以上寄存器中每个位的具体定义,请参考"STM32F 参考手册"中描述 USART 寄存器的相关章节。

在同步模式下需要下列引脚:

> CK——发送器时钟输出。此引脚输出用于同步传输的时钟(在 Start 位和 Stop 位上没有时钟脉冲,软件可选地,可以在最后 1 个数据位送出 1 个时钟脉冲)。数据可以在 RX 上同步被接收。这可以用来控制带有移位寄存器的外部设备(例如 LCD 驱动器)。时钟相位和极性都是软件可编程的。在智能卡模式下,CK 可以为智能卡提供时钟。

在 IrDA 模式下需要下列引脚:

> IrDA_RDI——IrDA 模式下的数据输入。
> IrDA_TDO——IrDA 模式下的数据输出。

下列引脚在硬件流控模式下需要:

> nCTS——清除发送。若是高电平,则在当前数据传输结束时阻断下一次数据发送。
> nRTS——发送请求。若是低电平,则表明 USART 准备好接收数据。

5.1.3　STM32F USART 的操作

作为软件开发重要的调试手段,USART 的作用是很大的。在调试的时候可以用来查看和输入相关的信息。在使用的时候,USART 也是一个与各种外设通信的重要渠道。

STM32F USART 的操作过程:首先开启 USART 时钟,并设置相应 I/O 口的模式,然后配置波特率、数据位长度、奇偶校验位等信息,即可使用 USART 了。如果直接操作库函数,USART 的使用是非常简单的,但在这里也介绍一下与 USART 基本配置直接相关的寄存器的操作。

1. USART 时钟

USART 作为 STM32F 的一个外设,其时钟由外设时钟使能寄存器控制,USART1 的时钟使能控制位是 RCC_APB2ENR 寄存器的第 14 位。有关 RCC_APB2ENR 寄存器的更多内容请参考"STM32F 参考手册"中的相关章节。

注意:除了 USART1 的时钟使能位在 RCC_APB2ENR 寄存器,其他 USART 的时钟使能位都在 RCC_APB1ENR。

2. USART 复位

当外设出现异常时,可以通过复位寄存器中的对应位设置,实现该外设的复位,然后重新配置这个外设达到让其重新工作的目的。一般在系统刚开始配置外设时,都会先执行复位该外设的操作。USART1 的复位是通过配置 RCC_APB2RSTR 寄存器的第 14 位来实现的。RCC_APB2RSTR 寄存器的各位功能描述如图 5.1.4 所示。

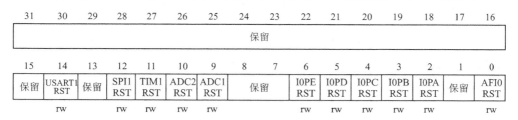

图 5.1.4　寄存器 APB2RSTR 各位功能描述

从图 5.1.4 可知,USART 1 的复位设置位在 RCC_APB2RSTR 的第 14 位。通过向该位写 1 复位 USART 1,写 0 结束复位。其他 USART 的复位位在 RCC_APB2RSTR 中。

3. USART 波特率设置

每个 USART 都有一个自己独立的波特率寄存器 USART_BRR,通过设置该寄存器达到配置不同波特率的目的。该寄存器的各位功能描述如图 5.1.5 所示。

STM32F 的分数波特率概念在这个寄存器中得到体现,其最低 4 位用来存放小数部分 DIV_Fraction。位[15:4]这 12 位用来存放整数部分 DIV_Mantissa。高 16 位未使用。

波特率可以通过如下公式计算:

$$\text{TX/RX 波特率} = \frac{f_{\text{CK}}}{16 \times \text{USARTDIV}}$$

接收器和发送器的波特率在 USARTDIV 的整数和小数寄存器中的值应设置成相同。这里的 f_{CK} 是给外设的时钟(PCLK1 用于 USART2、3、4、5,PCLK2 用于 USART1),USARTDIV 是一个无符号的定点数,这 12 位的值设置在 USART_BRR 寄存器中。

图 5.1.5　USART_BRR 寄存器各位功能描述

注意:在写入 USART_BRR 之后,波特率计数器会被波特率寄存器的新值替换。因此,不要在通信进行中改变波特率寄存器的数值。

而使用时更关心的是如何从 USARTDIV 的值得到 USART_BRR 的值,因为一般使用时知道的是波特率和 PCLKx 的时钟,要求的是 USART_BRR 的值。

下面介绍如何通过 USARTDIV 得到 USART_BRR 寄存器的值,假设 USART1 要设置为 9 600 的波特率,PCLK2 的时钟为 72 MHz。根据上面的公式有:

$$USARTDIV = 72\ 000\ 000/(9\ 600 \times 16) = 468.75$$

那么可以得到:

```
DIV_Fraction = 16 * 0.75 = 12 = 0X0C;
DIV_Mantissa = 468 = 0X1D4;
```

这样,就得到了 USART1_BRR 的值为 0X1D4C,即只要设置 USART1 的 BRR 寄存器值为 0X1D4C 就可以得到 9 600 的波特率。

4. USART 控制

STM32 的每个 USART 都有 3 个控制寄存器 USART_CR1～3,USART 的很多配置都是通过这 3 个寄存器来设置的。这里只要用 USART_CR1 即可实现所需要的功能。有关该寄存器的详细描述请参考"STM32F 参考手册"中的有关章节。

5. USART 的数据发送与接收

STM32 的 USART 发送与接收是通过数据寄存器 USART_DR 来实现的,这是一个双寄存器,包含了 TDR 和 RDR。当向该寄存器写数据时,USART 就会自动发送;当收到数据时,也是存在该寄存器内。该寄存器的各位功能描述如图 5.1.6 所示。

可以看出,寄存器 USART_DR 虽然是一个 32 位寄存器,但是只用了低 9 位(DR[8:0]),其他都是保留。

DR[8:0]为串口数据,包含了发送或接收的数据。由于它是由两个寄存器组成的,一个给发送用(TDR),另一个给接收用(RDR),该寄存器兼具读和写的功能。TDR 寄存器提供了内部总线和输出移位寄存器之间的并行接口。RDR 寄存器提供了输入移

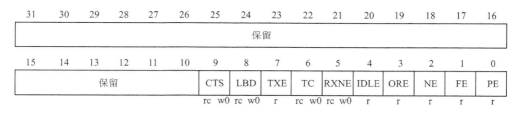

图 5.1.6　寄存器 USART_DR 各位功能描述

位寄存器和内部总线之间的并行接口。

当使能校验位(USART_CR1 种 PCE 位被置位)进行发送时,写到 MSB 的值(根据数据的长度不同,MSB 是第 7 位或者第 8 位)会被后来的校验位取代。

当使能校验位进行接收时,读到的 MSB 位是接收到的校验位。

6. USART 的状态标志位

USART 的状态可以通过状态寄存器 USART_SR 读取。USART_SR 的各位功能描述如图 5.1.7 所示。

31	30	29	28	27	26	25	24	23	22	21	20	19	18	17	16
保留															

15	14	13	12	11	10	9	8	7	6	5	4	3	2	1	0
保留						CTS	LBD	TXE	TC	RXNE	IDLE	ORE	NE	FE	PE
						rc w0	rc w0	r	rc w0	rc w0	r	r	r	r	r

图 5.1.7　寄存器 USART_SR 各位功能描述

这里需要关注第 5、6 位(RXNE 和 TC)这两位。

RXNE(读数据寄存器非空),当该位置 1 时,提示已经有数据被接收到了,并且可以读出来了。这时候需要做的是尽快去读取 USART_DR,通过读 USART_DR 可以将该位清零,也可以向该位写 0,直接清除。

TC(发送完成),当该位置位时,表示 USART_DR 内的数据已经发送完成。如果设置了这个位的中断,则会产生中断。该位也有两种清零方式:① 读 USART_SR,写 USART_DR。② 直接向该位写 0。

5.2　USART - USB 转换

5.2.1　USART - USB 转换模块硬件设计

1. CH341 简介

CH341 是一个 USB 总线的转接芯片[10],通过 USB 总线提供异步串口、打印口、并口以及常用的 2 线和 4 线等同步串行接口。在异步串口方式下,CH341 提供串口发送使能、串口接收就绪等交互式的速率控制信号以及常用的 MODEM 联络信号,用于为计算机扩展异步串口，或者将普通的串口设备直接升级到 USB 总线。在打印口方式下，CH341 提供了兼容 USB 相关规范和 Windows 操作系统的标准 USB 打印口，用于将普通的并口打印机直接升级到 USB 总线。

在并口方式下，CH341 提供了 EPP 方式或 MEM 方式的 8 位并行接口，用于在不需要单片机/DSP/MCU 的环境下，直接输入/输出数据。除此之外，CH341A 芯片还支持一些常用的同步串行接口，例如 2 线接口（SCL 线、SDA 线）和 4 线接口（CS 线、SCK/CLK 线、MISO/SDI/DIN 线、MOSI/SDO/DOUT 线）等。

这里采用 CH341 实现 USB 转串口 TTL 电平的功能。安装上相应驱动，可直接通过 USB 接口进行串口程序下载，单片机与 PC 通信等。

有关 CH341 更多的内容请参考"南京沁恒电子有限公司. USB 总线转接芯片 CH341 数据手册. www. winchiphead. com"。

2. CH341 硬件电路设计

CH341 构成的 USART - USB 转换模块电路如图 5.2.1 所示。

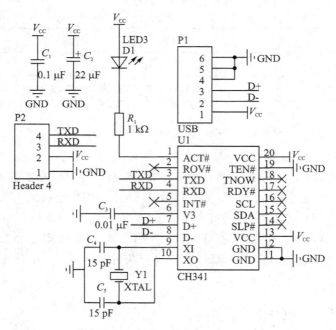

图 5.2.1　USART - USB 转换模块电路

在异步串口方式下，CH341 芯片的引脚包括：数据传输引脚、硬件速率控制引脚、工作状态引脚、MODEM 联络信号引脚和辅助引脚。

数据传输引脚包括：TXD 引脚和 RXD 引脚。串口空闲时，TXD 和 RXD 应为高电平。

硬件速率控制引脚包括：TEN♯引脚和 RDY♯引脚。TEN♯是串口发送使能，当其为高电平时，CH341 将暂停从串口发送数据，直到 TEN♯为低电平才继续发送。

RDY♯引脚是串口接收就绪,当其为高电平时,说明 CH341 还未准备好接收,暂时不能接收数据,有可能是芯片正在复位、USB 尚未配置或者已经取消配置、或者串口接收缓冲区已满等。

工作状态引脚包括:TNOW 引脚和 ROV♯引脚。TNOW 以高电平指示 CH341 正在从串口发送数据,发送完成后为低电平,在半双工串口方式下,TNOW 可以用于指示串口收发切换状态。ROV♯以低电平指示 CH341 内置的串口接收缓冲区即将或者已经溢出,后面的数据将有可能被丢弃,正常情况下接收缓冲区不会溢出,所以 ROV♯应为高电平。

MODEM 联络信号引脚(SOP－28 封装)包括:CTS♯引脚、DSR♯引脚、RI♯引脚、DCD♯引脚、DTR♯引脚和 RTS♯引脚。所有这些 MODEM 联络信号都是由计算机应用程序控制并定义其用途的,而非直接由 CH341 控制,如果需要较快的速率控制信号,可以用硬件速率信号代替。

辅助引脚包括:INT♯引脚、OUT♯引脚、IN3 引脚和 IN7 引脚(SOP－28 封装)。INT♯是自定义的中断请求输入,当其检测到上升沿时,计算机端将收到通知;OUT♯是通用的低电平有效的输出信号,计算机应用程序可以设定其引脚状态。这些辅助引脚都不是标准的串口信号,用途类似于 MODEM 联络信号。

CH341 内置了独立的收发缓冲区,支持单工、半双工或者全双工异步串行通信。串行数据包括 1 个低电平起始位、5～9 个数据位、1 或 2 个高电平停止位,支持奇校验/偶校验/标志校验/空白校验。CH341 支持的常用通信波特率有:50、75、100、110、134.5、150、300、600、900、1 200、1 800、2 400、3 600、4 800、9 600、14 400、19 200、28 800、33 600、38 400、56 000、57 600、76 800、115 200、128 000、153 600、230 400、460 800、921 600、1 500 000、2 000 000 等。串口发送信号的波特率误差小于 0.3%,串口接收信号的允许波特率误差不小于 2%。在计算机端的 Windows 操作系统下,CH341 的驱动程序能够仿真标准串口,所以绝大部分原串口应用程序完全兼容,通常不需要作任何修改。除此之外,CH341 还支持以标准的串口通信方式间接访问 CH341 外挂的串行 EEPROM 存储器。

CH341 可以用于升级原串口外围设备,或者通过 USB 总线为计算机增加额外串口。通过外加电平转换器件,可以进一步提供 RS－232、RS－485、RS－422 等接口。

直接将此模块的 RXD、TXD 与 STM32F 的 USART TX 和 RX 连接即可通信。CH341 与 STM32F USART1 的连接电路示意图如图 5.2.2 所示。

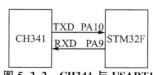

图 5.2.2　CH341 与 USART1 的连接示意图

5.2.2　USART－USB 转换示例程序设计

1. 程序流程

USART 示例程序的初始化配置使用库函数操作,可读性好,简单易懂,而 US-ART 发送操作使用寄存器以提高速度。

① 进行 USART 初始化配置，需要用到函数 Usart_Configuration()。

② 可以直接调用 USART 发送相关函数，比如 USART1_Putc()，USART1_Puts()。

③ 格式化打印 printf。printf 函数最好用的功能除了打印想要的字符到屏幕上之外，还能把数字格式化。例如十进制的 33，用十进制方式输出就是 33，用十六进制形式输出为 21，如果用字符形式输出，则是 ASCII 码表对应的"!"。因为 printf 的格式化功能相当方便。printf 在实际项目中作为调试过程的串口输出。

本示例程序中用到 printf("The value is %d\t",data)及 printf("The float is %.3f\n",fl)。

2. 程序实现

打开已建立好的工程：

① 在工程目录 User 文件夹下新建 USART.c 及 USART.h 两个文件，将 US-ART.c 添加到工程的组 User 中。

② 此工程用到 USART 的操作，因此要添加 USART 对应的库函数文件 stm32f10x_usart.c 到库中，添加到工程中的组 Lib 中。USART 工程添加后的界面如图 5.2.3 所示。

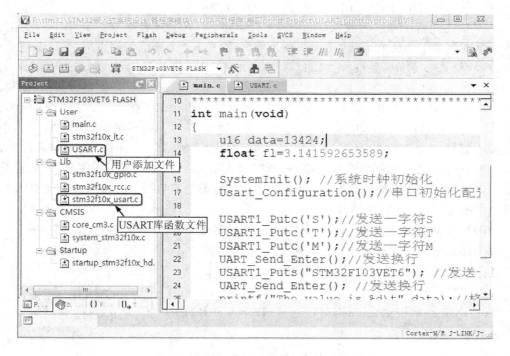

图 5.2.3　USART 工程添加界面

③ 在 stm32f10x_conf.h 中使能 stm32f10x_usart.c 对应的 *.h 文件 stm32f10x_usart.h。使能库函数 USART 头文件界面如图 5.2.4 所示。

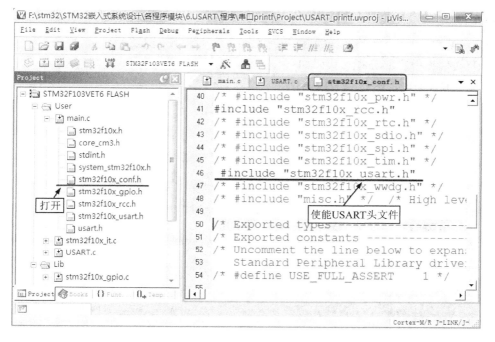

图 5.2.4　使能库函数 USART 头文件

编译将程序下载到 STM32F 板上,连接电脑串口,打开串口调试助手,可看到串口调试工具上打印出的语句,如图 5.2.5 所示。

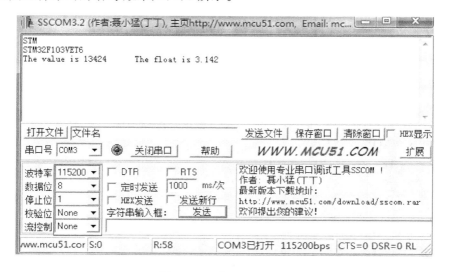

图 5.2.5　串口打印界面

5.2.3　USART - USB 转换示例程序

USART - USB 转换操作示例程序放在"示例程序→USART 程序→USART_printf"文件夹中。部分程序代码如下:

1. USART.c 相关代码和注释

程序 5.2.1　USART.c

```
# include "stm32f10x.h"
# include <stdio.h>        //下面 strlen 函数需要此头文件
# include "USART.h"


/ *************************************************************
** 函数名:u32tostr
** 功能描述:将一个 32 位的变量 dat 转为字符串,比如把 1234 转换为"1234"
** 输入参数:dat 为待转换的 long 型的变量
            str 为指向字符数组的指针,转换后的字节串放在其中
** 输出参数:无
*************************************************************/
void u32tostr(unsigned long dat,char *str)
{
    char temp[20];
    unsigned char i = 0,j = 0;
    i = 0;
    while(dat)
    {
        temp[i] = dat % 10 + 0x30;
        i ++ ;
        dat/= 10;
    }
    j = i;
    for(i = 0;i<j;i ++ )
    {
        str[i] = temp[j - i - 1];
    }
    if(!i) {str[i ++ ] = '0';}
    str[i] = 0;
}

/ *************************************************************
** 函数名:strtou32
** 功能描述:将一个字符串转为 32 位的变量,比如"1234"转换为 1234
** 输入参数:str 为指向待转换的字符串
** 输出参数:无
```

** 返回:转换后的数值

***/

```
unsigned long strtou32(char *str)
{
    unsigned long temp = 0;
    unsigned long fact = 1;
    unsigned char len = strlen(str);
    unsigned char i;
    for(i = len; i > 0; i − −)
    {
        temp + = ((str[i − 1] − 0x30) * fact);
        fact * = 10;
    }
    return temp;
}
/ * * * * * * * * * * * * * * * * * * * * * * * * * * * * * * * * * * * * * * * * * * * * * * * * *
```

** 函数名:Usart_Configuration

** 功能描述:串口 1 配置,包括串口时钟,GPIO 配置

** 输入参数:无

** 输出参数:无

* */

```
void Usart_Configuration(void)
{
    GPIO_InitTypeDef GPIO_InitStructure;                          //GPIO 库函数结构体
    USART_InitTypeDef USART_InitStructure;                       //USART 库函数结构体
    USART_ClockInitTypeDef USART_ClockInitStructure;
    //使能串口 1,GPIOA,AFIO 总线
    RCC_APB2PeriphClockCmd(RCC_APB2Periph_GPIOA|RCC_APB2Periph_AFIO|
RCC_APB2Periph_USART1,ENABLE);
    /* Configure USART1 Tx (PA9) as alternate function push − pull */
    GPIO_InitStructure.GPIO_Pin = GPIO_Pin_9;
    GPIO_InitStructure.GPIO_Speed = GPIO_Speed_50MHz;            //PA9 时钟频率 50 MHz
    GPIO_InitStructure.GPIO_Mode = GPIO_Mode_AF_PP;              //复用输出
    GPIO_Init(GPIOA, &GPIO_InitStructure);
    /* Configure USART1 Rx (PA10) as input floating */
    GPIO_InitStructure.GPIO_Pin = GPIO_Pin_10;
    GPIO_InitStructure.GPIO_Mode = GPIO_Mode_IPU;               //上拉输入
    GPIO_Init(GPIOA, &GPIO_InitStructure);

    USART_InitStructure.USART_BaudRate = 115200;                //波特率 115 200
    USART_InitStructure.USART_WordLength = USART_WordLength_8b;  //8 位数据
    USART_InitStructure.USART_StopBits = USART_StopBits_1;       //1 个停止位
    USART_InitStructure.USART_Parity = USART_Parity_No;          //奇偶不使能
```

```
    USART_InitStructure.USART_HardwareFlowControl = USART_HardwareFlowControl_None;
                                                        //硬件流控制不使能
    USART_InitStructure.USART_Mode = USART_Mode_Rx | USART_Mode_Tx;  //发送、接收使能

    USART_ClockInitStructure.USART_Clock = USART_Clock_Disable;
    USART_ClockInitStructure.USART_CPOL = USART_CPOL_Low;          //空闲时钟为低电平
    USART_ClockInitStructure.USART_CPHA = USART_CPHA_2Edge;
                                                        //时钟第二个边沿进行数据捕获
    USART_ClockInitStructure.USART_LastBit = USART_LastBit_Disable;
                                                //最后一位数据的时钟脉冲不从 SCLK 输出
    USART_ClockInit(USART1, &USART_ClockInitStructure);
    USART_Init(USART1, &USART_InitStructure);                    //初始化结构体
    USART_Cmd(USART1, ENABLE);                                   //使能串口 1
}


//加入以下代码,支持 printf 函数,而不需要选择 use MicroLIB
/******************************START***************************/
#if 1
#pragma import(__use_no_semihosting)
//标准库需要的支持函数
struct __FILE
{
    int handle;
    /* Whatever you require here. If the only file you are using is */
    /* standard output using printf() for debugging, no file handling */
    /* is required. */
};
/* FILE is typedef'd in stdio.h. */
FILE __stdout;
//定义_sys_exit()以避免使用半主机模式
_sys_exit(int x)
{
        x = x;
}
//重定义 fputc 函数
int fputc(int ch, FILE * f)
{
    USART1 ->DR = (u8) ch;
    while((USART1 ->SR&0X40) == 0);                             //循环发送,直到发送完毕
    return ch;
}
#endif
/*******************************END***************************/
```

```
/ * * * * * * * * * * * * * * * * * * * * * * * * * * * * * * * * * * * * * * * * * * * * * *
** 函数名:USART1_Putc
** 功能描述:串口 1 发送一字符
** 输入参数:c
** 输出参数:无
* * * * * * * * * * * * * * * * * * * * * * * * * * * * * * * * * * * * * * * * * * * * * */
void USART1_Putc(unsigned char c)
{
        USART1 ->DR = (u8)c;                    //要发送的字符赋给串口数据寄存器
        while((USART1 ->SR&0X40) == 0);         //等待发送完成
}
/ * * * * * * * * * * * * * * * * * * * * * * * * * * * * * * * * * * * * * * * * * * * * * *
** 函数名:USART1_Puts
** 功能描述:串口 1 发送一字符串
** 输入参数:指针 str
** 输出参数:无
* * * * * * * * * * * * * * * * * * * * * * * * * * * * * * * * * * * * * * * * * * * * * */
void USART1_Puts(char *str)
{
    while( *str)
    {
        USART1 ->DR = *str ++ ;
        while((USART1 ->SR&0X40) == 0);         //等待发送完成
    }
}
/ * * * * * * * * * * * * * * * * * * * * * * * * * * * * * * * * * * * * * * * * * * * * * *
** 函数名:UART_Send_Enter
** 功能描述:串口 1 发送一换行符
** 输入参数:无
** 输出参数:无
* * * * * * * * * * * * * * * * * * * * * * * * * * * * * * * * * * * * * * * * * * * * * */
void UART_Send_Enter(void)
{
    USART1_Putc(0x0d);
    USART1_Putc(0x0a);
}
/ * * * * * * * * * * * * * * * * * * * * * * * * * * * * * * * * * * * * * * * * * * * * * *
** 函数名:UART_Send_Str
** 功能描述:串口 1 发送一字符串,带回车换行功能
** 输入参数:指针 s
** 输出参数:无
* * * * * * * * * * * * * * * * * * * * * * * * * * * * * * * * * * * * * * * * * * * * * */
```

```
void UART_Send_Str(char *s)
{
    for(;*s;s++)
    {
        if( *s == '\n')
            UART_Send_Enter();
        else
            USART1_Putc( *s);
    }
}
/*******************************************************************
** 函数名:UART_Put_Num
** 功能描述:STM32F 的 USART 发送数值
** 输入参数:dat 为要发送的数值
** 输出参数:无
** 说明:函数中会将数值转换为相应的字符串,发送出去。比如 4567 转换为 "4567"
*******************************************************************/
void UART_Put_Num(unsigned long dat)
{
    char temp[20];
    u32tostr(dat,temp);
    UART_Send_Str(temp);
}
/*******************************************************************
** 函数名:UART_Put_Inf
** 功能描述:STM32F 的 USART 发送调试信息
** 输入参数:inf 为指向提示信息字符串的指针
            dat 为一个数值,前面的提示信息就是在说明这个数值的意义
** 输出参数:无
*******************************************************************/
void UART_Put_Inf(char *inf,unsigned long dat)
{
    UART_Send_Str(inf);
    UART_Put_Num(dat);
    UART_Send_Str("\n");
}
```

2. main. c 相关代码和注释

主函数程序 5.2.2　main. c

```
# include "stm32f10x. h"
# include "USART. h"
```

```
/*********************************************************************
**      函数名:main(void)
**      功能描述:串口基本操作,printf 格式化操作
**      输入参数:无
**      输出参数:无
**      说明:
*********************************************************************/
int main(void)
{
        u16 data = 13424;
        float fl = 3.141592653589;

        SystemInit();                         //系统时钟初始化
        Usart_Configuration();                //串口初始化配置

        USART1_Putc('S');                     //发送一字符 S
        USART1_Putc('T');                     //发送一字符 T
        USART1_Putc('M');                     //发送一字符 M
        UART_Send_Enter();                    //发送换行
        USART1_Puts("STM32F103VET6");         //发送一字符串
        UART_Send_Enter();                    //发送换行
        printf("The value is %d\t",data);     //格式化输出数据
        printf("The float is %.3f\n",fl);     //格式化输出数据,保留 3 位小数,输出后换行
        while(1);
}
```

5.3　USART 的中断操作

5.3.1　USART 的中断操作示例程序设计

1. 程序设计说明

本节的示例程序实现 USART 接收中断的功能,用 PC 上串口调试工具发送数据到 STM32F 的 USART 上,STM32F 的 USART 接收到数据后产生中断,中断服务程序中将接收到的数据再发送到 PC 串口调试工具上。串口数据发送采用查询方式。使用库文件程序移植方便,需要使用其他几个串口时只要简单移植一下即可。此程序在 USART1 上实现,同样也可以在 USART2 和 USART3 上实现,只要把相应的 US-ART1 改为 USART2、USART3 即可。另外,USART4、USART5 为半双工,使用库函数移植时,要把 USART1 改为 UART4 及 UART5,而不是修改 USART4 及 US-ART5,这点需要特别注意。

2. 程序流程

① 串口初始化配置,使能串口接收中断,实现函数为 Usart_Configuration()。

② 中断优先级配置,实现函数为 NVIC_Config()。

③ 配置串口中断服务程序,程序中实现函数为 USART1_IRQHandler()。

3. 程序实现

由于本节示例程序用到中断功能,因此需要添加中断管理的库函数。需要将工程目录下 Libraries→STM32F10x_StdPeriph_Driver→src→ misc. c 中断管理文件添加到工程的组 Lib 中,如图 5.3.1 所示。同样,不要忘记在 stm32f10x_conf. h 中使能对应的头文件 # include "misc. h",如图 5.3.2 所示。

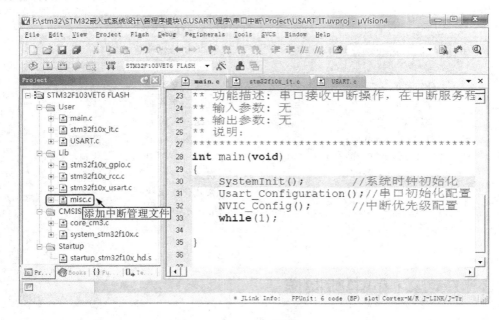

图 5.3.1　添加中断管理文件

5.3.2　USART 的中断操作示例程序

USART 的中断操作示例程序放在"示例程序→USART 程序→USART 中断"文件夹中。部分程序代码如下:

1. stm32f10x_it. c 相关代码和注释

USART1 中断服务程序 5.3.1　stm32f10x_it. c

```
# include "stm32f10x_it.h"
/*******************************************************************
** 函数名:void USART1_IRQHandler(void)
** 功能描述:串口中断服务程序
```

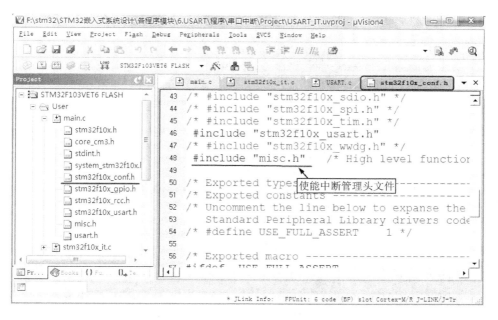

图 5.3.2　使能中断管理头文件

＊＊　输入参数:无

＊＊　输出参数:无

＊＊＊/

```
void USART1_IRQHandler(void)
{
    USART_ClearITPendingBit(USART1,USART1_IRQn);     //清除中断标志位
    if(USART1->SR&(1<<5))                             //接收中断
    {
        USART1_Putc(USART1->DR);                     //发送串口 1 接收到的数据
    }
}
```

2. USART.c 相关代码和注释

USART 程序 5.3.2　USART.c

/＊＊

＊＊　函数名:Usart_Configuration

＊＊　功能描述:串口 1 配置,包括串口时钟,GPIO 配置

＊＊　输入参数:无

＊＊　输出参数:无

＊＊＊/

```
void Usart_Configuration(void)
{
    GPIO_InitTypeDef GPIO_InitStructure;             //GPIO 库函数结构体
```

```
USART_InitTypeDef USART_InitStructure;                          //USART 库函数结构体
USART_ClockInitTypeDef USART_ClockInitStructure;
//使能串口 1,GPIOA,AFIO 总线
RCC_APB2PeriphClockCmd(RCC_APB2Periph_GPIOA|RCC_APB2Periph_AFIO|
RCC_APB2Periph_USART1,ENABLE);
/* Configure USART1 Tx (PA9) as alternate function push-pull */
GPIO_InitStructure.GPIO_Pin = GPIO_Pin_9;
GPIO_InitStructure.GPIO_Speed = GPIO_Speed_50MHz;              //PA9 时钟频率 50 MHz
GPIO_InitStructure.GPIO_Mode = GPIO_Mode_AF_PP;               //复用输出
GPIO_Init(GPIOA, &GPIO_InitStructure);
/* Configure USART1 Rx (PA10) as input floating */
GPIO_InitStructure.GPIO_Pin = GPIO_Pin_10;
GPIO_InitStructure.GPIO_Mode = GPIO_Mode_IPU;                 //上拉输入
GPIO_Init(GPIOA, &GPIO_InitStructure);

USART_InitStructure.USART_BaudRate = 115200;                  //波特率为 115 200
USART_InitStructure.USART_WordLength = USART_WordLength_8b;   //8 位数据
USART_InitStructure.USART_StopBits = USART_StopBits_1;        //1 个停止位
USART_InitStructure.USART_Parity = USART_Parity_No;          //奇偶校验不使能
USART_InitStructure.USART_HardwareFlowControl = USART_HardwareFlowControl_None;
                                                              //硬件流控制不使能
USART_InitStructure.USART_Mode = USART_Mode_Rx | USART_Mode_Tx;  //发送、接收使能

USART_ClockInitStructure.USART_Clock = USART_Clock_Disable;
USART_ClockInitStructure.USART_CPOL = USART_CPOL_Low;        //空闲时钟为低电平
USART_ClockInitStructure.USART_CPHA = USART_CPHA_2Edge;
                                                  //时钟第二个边沿进行数据捕获
USART_ClockInitStructure.USART_LastBit = USART_LastBit_Disable;
                                        //最后一位数据的时钟脉冲不从 SCLK 输出

USART_ClockInit(USART1, &USART_ClockInitStructure);
USART_Init(USART1,&USART_InitStructure);                     //初始化结构体
//使能串口 1 接收中断
USART_ITConfig(USART1, USART_IT_RXNE, ENABLE);
USART_Cmd(USART1, ENABLE);                                   //使能串口 1
}
```

3. main. c 相关代码和注释

主程序 5.3.3　main. c

```
# include "stm32f10x. h"
# include "USART. h"
```

```
/***************************************************************
**   函数名:NVIC_Config
**   功能描述:中断优先级配置
**   输入参数:无
**   输出参数:无
***************************************************************/
void NVIC_Config(void)
{
    NVIC_InitTypeDef NVIC_InitStructure;
    NVIC_PriorityGroupConfig(NVIC_PriorityGroup_2);            //采用组别 2

    NVIC_InitStructure.NVIC_IRQChannel = USART1_IRQn;          //配置串口中断
    NVIC_InitStructure.NVIC_IRQChannelPreemptionPriority = 0;//占先式优先级设置为 0
    NVIC_InitStructure.NVIC_IRQChannelSubPriority = 0;         //副优先级设置为 0
    NVIC_InitStructure.NVIC_IRQChannelCmd = ENABLE;            //中断使能
    NVIC_Init(&NVIC_InitStructure);                           //中断初始化
}
/***************************************************************
**   函数名:main
**   功能描述:串口接收中断操作,在中断服务程序中将串口接收到的数据发送出去
**   输入参数:无
**   输出参数:无
**   说明:
***************************************************************/
int main(void)
{
    SystemInit();                                             //系统时钟初始化
    Usart_Configuration();                                   //串口初始化配置
    NVIC_Config();                                           //中断优先级配置
    while(1);
}
```

5.4　USART 的 DMA 操作

5.4.1　STM32F 的 DMA

1. STM32F DMA 的主要特性

直接存储器存取(DMA)用来提供在外设与存储器之间或者存储器与存储器之间的高速数据传输。无须 CPU 干预,数据可以通过 DMA 快速地移动,这可以节省 CPU 的资源并用来做其他操作。

STM32F 的 DMA 是 AMBA 的先进高性能总线(AHB)上的设备,它有 2 个 AHB

端口：一个是从端口，用于配置 DMA；另一个是主端口，使得 DMA 可以在不同的从设备之间传输数据。

DMA 的作用是在没有 Cortex‐M3 核心的干预下，在后台完成数据传输。在传输数据的过程中，主处理器可以执行其他任务，只有在整个数据块传输结束后，需要处理这些数据时才会中断主处理器的操作。它可以在对系统性能产生较小影响的情况下，实现大量数据的传输。

DMA 主要用来为不同的外设模块实现集中的数据缓冲存储区（通常在系统的 SRAM 中）。与分布式的解决方法（每个外设需要实现自己的数据存储）相比，这种解决方法无论在芯片使用面积还是功耗方面都更胜一筹。

STM32F 的 DMA 控制器充分利用了 Cortex‐M3 哈佛架构和多层总线系统的优势，达到非常低的 DMA 数据传输延时和 CPU 响应中断延时。

STM32F10xxx 的 DMA 具有以下的特性：

➢ 7 个 DMA 通道（通道 1～7）支持单向的从源端到目标端的数据传输；
➢ 硬件 DMA 通道优先级和可编程的软件 DMA 通道优先级；
➢ 支持存储器到存储器、存储器到外设、外设到存储器、外设到外设的数据传输（存储器可以是 SRAM 或者闪存）；
➢ 能够对硬件/软件传输进行控制；
➢ 传输时自动增加存储器和外设指针；
➢ 可编程传输数据字长度；
➢ 自动的总线错误管理；
➢ 循环模式/非循环模式；
➢ 可传输高达 65 536 个数据字。

DMA 旨在为所有外设提供相对较大的数据缓冲区，这些缓冲区一般位于系统的 SRAM 中。

每一个通道在特定的时间里分配给唯一的外设，连接到同一个 DMA 通道的外设（表 5.4.1 中的通道 1～7）不能够同时使用 DMA 功能。

支持 DMA 的外设如表 5.4.1 所列，DMA 服务的外设和总线系统结构如图 5.4.1 所示。

表 5.4.1　DMA 服务的外设和 DMA 通道分配

外设模块		通道 1	通道 2	通道 3	通道 4	通道 5	通道 6	通道 7
ADC	ADC1	ADC1						
SPI	SPI1	SPI1_RX	SPI1_TX					
	SPI2				SPI_RX	SPI2_TX		
USART	USART1				USART1_TX	USART1_RX		
	USART2						USART2_TX	USART2_RX
	USART3		USART3_TX	USART3_RS				

续表 5.4.1

外设模块		通道 1	通道 2	通道 3	通道 4	通道 5	通道 6	通道 7
I²C	I2C1						I2C1_TX	I2C1_RX
	I2C2				I2C2_TX	I2C2_RX		
TIM	TIM1		TIM1_CH1	TIM1_CH2	TIM1_CH4 TIM1_TRIG TIM1_COM	TIM1_UP	TIM1_CH3	
	TIM2	TIM2_CH3	TIM2_UP			TIM2_CH1		TIM2_CH2 TIM2_CH4
	TIM3		TIM3_CH3	TIM3_CH4 TIM3_UP		TIM3_CH1 TIM3_TRIG		
	TIM4	TIM4_CH1			TIM4_CH2	TIM4_CH3		TIM4_UP

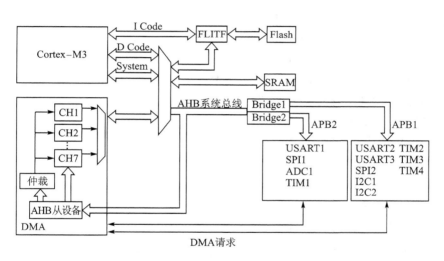

图 5.4.1　总线结构和支持 DMA 的外设

2. STM32F 的 DMA 的操作[11]

STM32F103VET6 两个 DMA 控制器有 12 个通道（DMA1 有 7 个通道，DMA2 有 5 个通道），每个通道专门用来管理来自于一个或多个外设对存储器访问的请求；还有一个仲裁器来协调各个 DMA 请求的优先级。

DMA 可以将数据直接从某个位置传输到另一个位置，不需要 CPU 参与操作。当使用 DMA 时，需要设置：

① 传输数据的起始位置。

② 数据传输的终止位置。

③ 数据以字节、半字、字的方式传输。

④ 每次传输数据的长度。

⑤ 启动 DMA，开始传输数据，整个传输数据的过程都不需要指令（CPU）的参与。

⑥ 检测数据何时传输完，可以扫描寄存器，也可以采用中断方式。

在 DMA 操作示例程序设计时：

① 示例程序中用到 USART 1 的 DMA 接收，即用到 DMA1 的通道 5。

示例程序中 USART DMA 初始化配置使用库函数实现，具体设置功能参见注释。需要注意：

```
DMA_InitStructure . DMA_PeripheralInc = DMA_PeripheralInc_Disable;
```

这是外设的地址，不递增。也就是说，每次传输数据都是从源头开始，也就是 US-ART1 的 DR 寄存器传输，但内存地址却是递增的。

```
DMA_InitStructure . DMA_MemoryInc = DMA_MemoryInc_Enable;
```

② 程序中通过 DMA1 通道 5 接收 USART 1 发送回来的数据，然后再将发送回来的数据发送出去。

在 DMA 数据接收处理上使用的是双缓冲(也叫乒乓缓冲)。因为一般情况下，串口的数据 DMA 传输进入 BUF1 的过程中，是不建议对 BUF1 进行操作的。但由于串口数据是一个连续传输的过程，所以不能等 BUF1 满了，才处理接收到的数据，因为这时串口数据依旧源源不断地进入。于是，需要使用双缓冲。当 BUF1 满了时，马上设置 DMA 的目标为 BUF2，这时就可处理 BUF1 的数据。当串口 DMA 写满了 BUF2 时，再设置 DMA 的目标为 BUF1，此时再操作 BUF2 的数据。如此一直循环，就好像打乒乓球那样，所以称为乒乓缓冲。

使用这个方法的速度极限就是必须确保以下两点：

① 当 DMA 灌满了 BUF1 时，会发生中断，此时切换 DMA 的目标缓冲为 BUF2，而且切换的过程必须在新的串口数据溢出之前完成。

② 在 DMA 的 BUF1 满之前，程序必须处理完 BUF2 中的数据。

5.4.2　USART 的 DMA 操作示例程序设计

示例程序流程如下：

① USART 初始化配置。

② DMA 初始化配置。

③ 中断向量优先级配置。

④ 中断服务程序设置。

打开工程模板，添加文件 USART.c，例程中用到 DMA 中断及串口功能，因此要添加库函数文件 stm32f10x_usart.c 和 stm32f10x_dma.c、misc.c。同时，使能对应的 *.h 头文件。工程建立后的界面如图 5.4.2 所示。

编译工程，下载程序。打开串口调试助手，用串口调试助手发送一 TXT 格式文件到 STM32 板上，发送完成后可看到串口上显示接收的文件内容。

注意：程序中定义了 DMA 数据传输长度 dma_len，串口调试助手发送文件的长度必须是 DMA 传输数据长度的整数倍(此例程文件为"串口 DMA 数据传输文件.txt")，

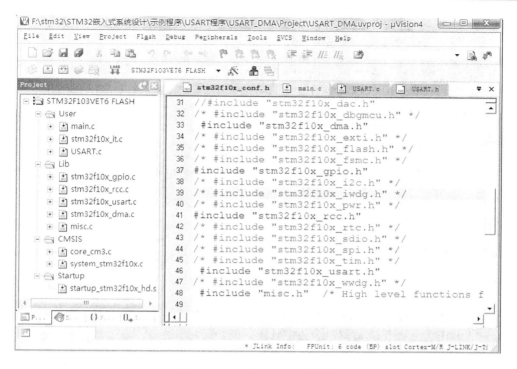

图 5.4.2　串口 DMA 工程界面

否则串口上显示文件内容会不完整。因为程序中 DMA 中断是接收完成中断,如果串口调试助手上最后一次发送数据没达到 DMA 一次传输的数据长度,最后一次就不会触发中断,导致最后的数据不能显示出来。此例程传输文件大小为 1 000 字节,DMA 数据长度 dma_len＝100。具体操作如图 5.4.3 所示。

　　单击发送后,串口上显示 STM32F 板接收到的数据,如图 5.4.4 所示。程序实现了串口 DMA 数据接收功能。

　　串口 DMA 操作示例程序流程图如图 5.4.5 所示。

5.4.3　USART 的 DMA 操作示例程序

　　USART 的 DMA 操作示例程序放在"示例程序→USART 程序→USART_DMA"文件夹中。部分程序代码如下:

1. USART.c 相关代码和注释

程序 5.4.1　USART.c

```
# include "stm32f10x.h"
# include <stdio.h>                          //下面 strlen 函数需要此头文件
# include "USART.h"
```

STM32F 32 位 ARM 微控制器应用设计与实践(第 2 版)

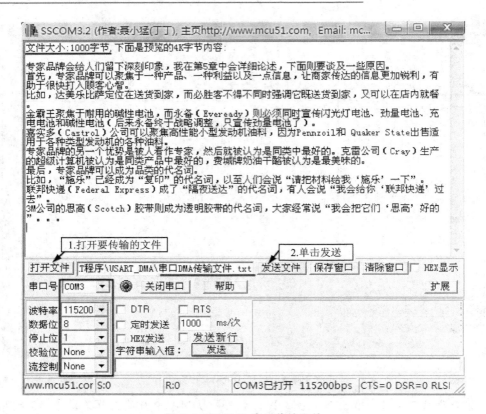

图 5.4.3　DMA 串口传输文件

```c
/**********************DMA 方式传输**************************/
#define SRC_USART1_DR        (&(USART1->DR))              //串口接收寄存器作为源头

//DMA 目标缓冲,这里使用双缓冲
u8 USART1_DMA_Buf1[dma_len];
u8 USART1_DMA_Buf2[dma_len];
bool Buf_Ok;                                              //BUF 是否已经可用
BUF_NO Free_Buf_No;                                       //空闲的 BUF 号


DMA_InitTypeDef DMA_InitStructure;
/*********************************************************
 **   函数名:USART_DMAToBuf1
 **   功能描述:USART DMA 初始化配置
 **   输入参数:无
 **   输出参数:无
 *********************************************************/
void USART_DMAToBuf1(void)
{
    RCC_AHBPeriphClockCmd(RCC_AHBPeriph_DMA1, ENABLE);          //使能 DMA 时钟
```

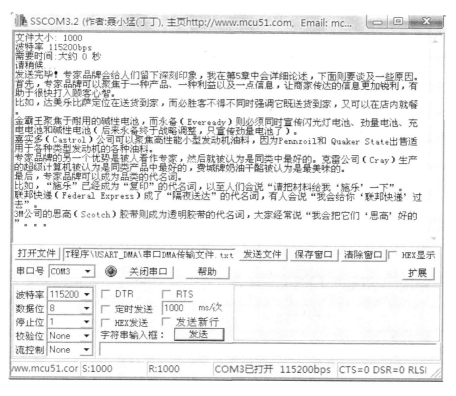

图 5.4.4　串口调试助手接收数据内容

```
DMA_DeInit(DMA1_Channel5);
DMA_InitStructure.DMA_PeripheralBaseAddr = (u32)SRC_USART1_DR;   //源头 BUF
DMA_InitStructure.DMA_MemoryBaseAddr = (u32)USART1_DMA_Buf1;  //目标 BUF
DMA_InitStructure.DMA_DIR = DMA_DIR_PeripheralSRC;              //外设作源头
DMA_InitStructure.DMA_BufferSize = dma_len;                    //BUF 大小
DMA_InitStructure.DMA_PeripheralInc = DMA_PeripheralInc_Disable;
                                               //外设地址寄存器不递增
DMA_InitStructure.DMA_MemoryInc = DMA_MemoryInc_Enable;       //内存地址递增
DMA_InitStructure.DMA_PeripheralDataSize = DMA_PeripheralDataSize_Byte;
                                               //外设字节为单位
DMA_InitStructure.DMA_MemoryDataSize = DMA_PeripheralDataSize_Byte;
                                               //内存字节为单位
DMA_InitStructure.DMA_Mode = DMA_Mode_Circular;               //循环模式
DMA_InitStructure.DMA_Priority = DMA_Priority_High;    //4 优先级之一的(高优先)
DMA_InitStructure.DMA_M2M = DMA_M2M_Disable;                  //非内存到内存
DMA_Init(DMA1_Channel5, &DMA_InitStructure);

DMA_ITConfig(DMA1_Channel5, DMA_IT_TC, ENABLE);      //DMA5 传输完成中断
USART_DMACmd(USART1,USART_DMAReq_Rx,ENABLE);         //使能串口接收 DMA
```

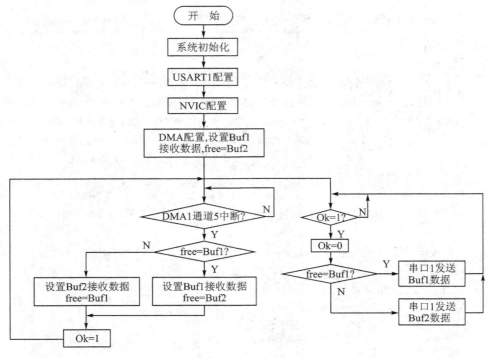

图 5.4.5 串口 DMA 操作示例程序流程图

//初始化 BUF 标志

Free_Buf_No = BUF_NO2;

Buf_Ok = FALSE;

DMA_Cmd(DMA1_Channel5, ENABLE);   //使能 DMA

}

2. USART. h 相关代码和注释

程序 5.4.2 USART. h

```
# ifndef__USART__H
# define__USART__H
# include "stm32f10x. h"

# define dma_len 100            //定义串口 DMA 传输数据长度
//串口 DMA
extern u8 USART1_DMA_Buf1[dma_len];
extern u8 USART1_DMA_Buf2[dma_len];
typedef enum {BUF_NO1 = 0, BUF_NO2 = 1}BUF_NO;
extern BUF_NO Free_Buf_No;
extern bool Buf_Ok;

# endif
```

3. main. c 相关代码和注释

主函数程序 5.4.3　main. c

```c
# include "stm32f10x.h"
# include "USART.h"


/***************************************************************
**  函数名:NVIC_Config
**  功能描述:中断向量优先级等配置
**  输入参数:无
**  输出参数:无
***************************************************************/
void NVIC_Config(void)
{
    NVIC_InitTypeDef NVIC_InitStructure;
    NVIC_PriorityGroupConfig(NVIC_PriorityGroup_2);                 //采用组 2

    NVIC_InitStructure.NVIC_IRQChannel = DMA1_Channel5_IRQn;        //DMA1 通道 5 中断
    NVIC_InitStructure.NVIC_IRQChannelPreemptionPriority = 0;       //先占式优先级设为 0
    NVIC_InitStructure.NVIC_IRQChannelSubPriority = 0;              //副优先级设为 0
    NVIC_InitStructure.NVIC_IRQChannelCmd = ENABLE;                 //中断向量使能
    NVIC_Init(&NVIC_InitStructure);                                //初始化结构体
}
/***************************************************************
**  函数名:main
**  功能描述:使用 DMA 通道接收串口数据
**  输入参数:无
**  输出参数:无
**  说明:
***************************************************************/
int main(void)
{
    u16 x1 = 0,x2 = 0;
    SystemInit();                                   //系统时钟初始化
    Usart_Configuration();                          //串口初始化配置
    NVIC_Config();                                  //中断等级配置
    USART_DMAToBuf1();                              //串口 DMA 配置
    for(;;)
    {
        if(Buf_Ok == TRUE)                          //BUF 可用
        {
            Buf_Ok = FALSE;
            x1 = 0;
```

```
                    x2 = 0;
                    if(Free_Buf_No == BUF_NO1)                        //如果 BUF1 空闲
                    {
                        while(x1<dma_len)
                        {
                            USART1_Putc(USART1_DMA_Buf1[x1 ++ ]);    //用串口 1 将 BUF1 中
                                                                     //数据发送出去
                        }
                    }
                    else                                             //如果 BUF2 空闲
                    {
                        while(x2<dma_len)
                        {
                            USART1_Putc(USART1_DMA_Buf2[x2 ++ ]);    //用串口 1 将 BUF2 中
                                                                     //数据发送出去
                        }
                    }
                }
            }
        }
```

4. stm32f10x_it.c 相关代码和注释

中断服务程序 5.4.4   stm32f10x_it.c

```
# include "stm32f10x_it.h"
# include "USART.h"
extern DMA_InitTypeDef DMA_InitStructure;
/ ***************************************************************
** 函数名:void DMA1_Channel5_IRQHandler(void)
** 功能描述:DMA 中断服务程序
** 输入参数:无
** 输出参数:无
 ***************************************************************/
void DMA1_Channel5_IRQHandler(void)
{
    if(DMA_GetITStatus(DMA1_IT_TC5))
    {
        //DataCounter = DMA_GetCurrDataCounter(DMA1_Channel5);    //获取剩余长度,一般
                                                                 //都为 0,调试用

        DMA_ClearITPendingBit(DMA1_IT_GL5);                      //清除全部中断标志
        //转换可操作的 BUF
        if(Free_Buf_No == BUF_NO1)                  //如果 BUF1 空闲,将 DMA 接收数据赋值给 BUF1
        {
```

```
        DMA_InitStructure.DMA_MemoryBaseAddr = (u32)USART1_DMA_Buf1;
        DMA_Init(DMA1_Channel5, &DMA_InitStructure);
        Free_Buf_No = BUF_NO2;
    }
    else      //如果 BUF2 空闲,将 DMA 接收数据赋值给 BUF2
    {
        DMA_InitStructure.DMA_MemoryBaseAddr = (u32)USART1_DMA_Buf2;
        DMA_Init(DMA1_Channel5, &DMA_InitStructure);
        Free_Buf_No = BUF_NO1;
    }
    Buf_Ok = TRUE;
    }
}
```

第6章

ADC 的使用

6.1 STM32F 的 ADC

6.1.1 STM32F 的 ADC 简介

STM32F 的 ADC 是一种逐次逼近型模/数转换器,具有 12 位的分辨率,有多达 18 个通道,可测量 16 个外部和 2 个内部信号源。各通道的 A/D 转换可以单次模式、连续模式、扫描模式或间断模式执行。ADC 输入范围:$V_{REF-} \leqslant V_{IN} \leqslant V_{REF+}$。ADC 转换时间:时钟为 56 MHz 时为 1 μs,时钟为 72 MHz 为 1.17 μs(STM32F103xx 增强型,STM32F105xx 和 STM32F107xx);时钟为 28 MHz 时为 1 μs,时钟为 36 MHz 时为 1.55 μs(STM32F101xx 基本型);时钟为 48 MHz 时为 1.2 μs(STM32F102xx USB 型)。ADC 的结果可以左对齐或右对齐方式存储在 16 位数据寄存器中。模拟看门狗特性允许应用程序检测输入电压是否超出用户定义的高/低阈值。ADC 的输入时钟不得超过 14 MHz。

STM32F 的 ADC 有 16 个多路通道,可以分为规则组和注入组:

➢ 规则组由多达 16 个转换组成。规则通道及其转换顺序在 ADC_SQRx 寄存器中选择。规则组中转换的总数应写入 ADC_SQR1 寄存器的 L[3:0]位中。

➢ 注入组由多达 4 个转换组成。注入通道及其转换顺序在 ADC_JSQR 寄存器中选择。注入组里的转换总数目应写入 ADC_JSQR 寄存器的 L[1:0]位中。

温度传感器和通道 ADC1_IN16 相连接,内部参考电压 V_{REFINT} 与 ADC1_IN17 相连接。可以按注入或规则通道对这两个内部通道进行转换。注意:温度传感器和 V_{REFINT} 只能出现在主 ADC1 中。

有关 STM32F 的 ADC 的更多内容请参考"STM32F 参考手册"中的相关章节。

6.1.2 ADC 模块自身相关的误差

ADC 模块自身相关的误差特性[12]示意图如图 6.1.1 所示。

在图 6.1.1 中:曲线(1)为实际的 ADC 转换曲线;曲线(2)为理想转换曲线;曲线(3)为实际转换终点连线。$1LSB_{IDEAL} = \dfrac{V_{REF+}}{4\ 096}$ 或者 $\dfrac{V_{DDA}}{4\ 096}$,由封装决定。

E_O:偏移误差。偏移误差定义为从第一次实际的转换至第一次理想的转换之间的偏差。当 ADC 模块的数字输出从 0 变为 1 的时刻,发生了第一次转换。理想情况下,当模拟输入信号在 0.5~1.5 LSB 的表达范围之内时,数字输出应该为 1,即理想情况下,第一次转换应该发生在输入信号为 0.5 LSB 时。

E_D:微分线性误差。微分线性误差(DLE)定义为实际步长与理想步长之间的最大偏差。这里的"理想"不是表示理想的转换曲线,而是表示 ADC 的分辨率。

$$E_D = 实际转换步长 - 1\ LSB$$

理想情况下,当模拟输入电压改变 1 LSB 时,在数字输出上应同时产生一次改变。如果数字输出上的改变需要输入电压大于 1 LSB 的改变,则 ADC 具有微分线性误差。因此,DLE 对应于需要改变一个数字输出所需的最大电压增量。

E_L:积分线性误差。积分线性误差(ILE)定义为所有实际转换点与终点连线之间的最大偏差。终点连线可以理解为在 A/D 转换曲线上,第一个实际转换与最后一个实际转换之间的连线。E_L 是每一个转换与这条线之间的偏差。因此,终点连线对应于实际转换曲线,而与理想转换曲线无关。ILE 也被称为积分非线性误差(INL),ILE 是 DLE 在所有范围内的积分。

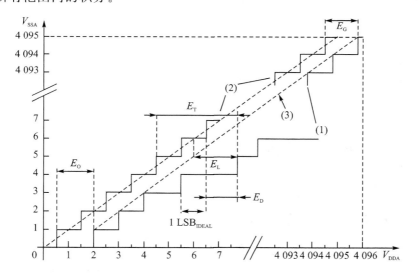

图 6.1.1　ADC 模块自身相关的误差特性示意图

E_T:综合误差。综合误差(TUE)定义为实际转换曲线和理想转换曲线之间的最大偏差。这个参数表示所有可能发生的误差,导致理想数字输出与实际数字输出之间的最大偏差。这是对 ADC 的任何输入电压,在理想数值与实际数值之间所记录到的最大偏差。TUE 不是 E_O、E_G、E_L、E_D 之和,偏移误差反映了数字结果在低电压端的误差,而增益误差反映了数字结果在高电压端的误差。

E_G:增益误差。增益误差定义为最后一次实际转换与最后一次理想转换之间的偏差。最后一次实际转换是从 FFEh 至 FFFh 的变换。理想情况下,当模拟输入电压等于 $V_{REF+} - 0.5\ LSB$ 时产生从 FFEh 至 FFFh 的变换,因此对于 $V_{REF+} = 3.3\ V$ 的情况,最后一次理想转换应该在 3.299 597 V。

如果 ADC 数字输出为 FFFh 时，$V_{AIN} < V_{REF+} - 0.5$ LSB，则增益误差为负值。

增益误差 $E_G = $ 最后一次实际转换 $-$ 最后一次理想转换

如果 $V_{REF+} = 3.3$ V 并且 $V_{AIN} = 3.298\,435$ V 时产生了从 FFEh 至 FFFh 的变换，则：

$$E_G = 3.298\,435\ \text{V} - 3.299\,597\ \text{V}$$

$$E_G = -1\,162\ \mu\text{V}$$

$$E_G = (-1\,162\ \mu\text{V}/805.6\ \mu\text{V})\ \text{LSB} = -1.44\ \text{LSB}$$

如果在 $V_{AIN} = V_{REF+}$ 时不能得到满量程的读数（FFFh），则增益误差是正值，即需要一个大于 V_{REF+} 的电压才能产生最后一次变换。

ADC 模块自身相关的误差值如表 6.1.1 所列。

表 6.1.1 ADC 模块自身相关的误差值

符 号	参 数	测试条件	典型值/LSB	最大值/LSB
E_T	综合误差	$f_{PCLK2} = 56$ MHz $f_{ADC} = 14$ MHz $R_{AIN} < 10$ kΩ $V_{DDA} = 2.4 \sim 3.6$ V 测量是在 ADC 校准之后进行的	± 2	± 5
E_O	偏移误差		± 1.5	± 2.5
E_G	增益误差		± 1.5	± 3
E_D	微分线性误差		± 1	± 2
E_L	积分线性误差		± 1.5	± 3

注意：需要避免在任何标准的模拟输入引脚上注入反向电流，因为这样会显著地降低另一个模拟输入引脚上正在进行的转换的精度。建议在可能产生反向注入电流的标准模拟引脚上，（引脚与地之间）增加一个肖特基二极管。

有关 ADC 模块自身相关的误差的更多内容请参考 "ST Microelectronics. AN2834 应用笔记如何在 STM32F10xxx 上得到最佳的 ADC 精度.www.st.com"。

6.1.3 ADC 的外部输入阻抗 R_{AIN}

ADC 的外部输入阻抗 R_{AIN} 示意图[12] 如图 6.1.2 所示。

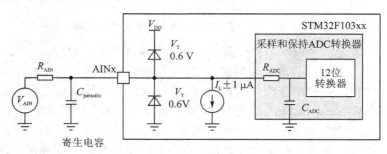

图 6.1.2 ADC 的外部输入阻抗 R_{AIN} 示意图

ADC 的外部输入阻抗 R_{AIN} 可以参考式（6.1.1）和表 6.1.2：

$$R_{\text{AIN}} < \frac{T_s}{f_{\text{ADC}} \times C_{\text{ADC}} \times \ln(2^{N+2})} - R_{\text{ADC}} \qquad (6.1.1)$$

式(6.1.1)用于决定最大的外部阻抗,可使得误差小于 1/4 LSB。其中 $N=12$(表示 12 位分辨率)。

表 6.1.2　$f_{\text{ADC}}=14$ MHz 时的最大 R_{AIN}

T_s/周期	采样时间 t_s/μs	最大 R_{AIN}/kΩ
1.5	0.11	1.2
7.5	0.54	10
13.5	0.96	19
28.5	2.04	41
41.5	2.96	60
55.5	3.96	80
71.5	5.11	104
239.5	17.1	350

6.1.4　采用独立 ADC 供电以及参考电压

为提高转换精度,ADC 有一个独立的电源供应,它可以被单独滤波和屏蔽以不受 PCB 噪声的干扰。采用一个独立的 VDDA 引脚给 ADC 供电,VSSA 引脚提供一个隔离的接地输入。当有 VREF-(取决于封装)引脚端时,它必须连到 VSSA。

对于 100 引脚和 144 引脚的封装,为保证低电压输入时能得到更好的精度,用户可以连接一个独立的外部参考电压到 VREF+引脚端,电压范围为 2.4 V 到 V_{DDA}。

对于 64 引脚及更小的封装,没有 VREF+和 VREF-引脚端,它们在内部分别被连接到 ADC 的供电电源(V_{DDA})和 ADC 的地(V_{SSA})。

6.2　ADC 的 DMA 连续转换模式

6.2.1　ADC 的 DMA 连续转换模式程序设计

本示例程序使用了 ADC1 的 6 个通道采集 6 路模拟值,将转换的值通过 DMA 移到变量地址,并配置了 DMA 传输完成中断,用串口将转换的值发送到 PC 机显示器上显示。

本示例程序采用库函数实现,在原来工程模板的基础上添加代码,库文件中需要添加 stm32f10x_adc.c 及 stm32f10x_dma.c,并在 stm32f10x_conf.h 中使能对应的头文件。

设置 ADC 的 DMA 转换模式需要以下几个步骤:

① 开启作为 A/D 转换输入的 GPIO 时钟,初始化 GPIO,方向设置为模拟输入。

② 使能 ADC1 及 DMA1 时钟。

③ DMA1 初始化配置。DMA 使用方法请参考 5.4 节"USART 的 DMA 操作"的有关内容,主要设置包括:

> 传输数据的起始位置。

> 数据传输的终止位置。

> 数据以字节、半字、字的方式传输。

> 每次传输数据的长度。

这里使用 ADC1,ADC1 对应 DMA1 的通道 1,ADC1 的物理地址作为传输数据的源头,目标地址为程序中定义的用于存放 A/D 转换值的变量的地址。程序代码如下:

```
/ * DMA1 的通道 1 配置 * /
DMA_DeInit(DMA1_Channel1);
DMA_InitStructure.DMA_PeripheralBaseAddr = ADC1_DR_Address;  //数据传输的源头地址
DMA_InitStructure.DMA_MemoryBaseAddr = (uint32_t)&ADCConvertedValue;
                                                            //数据存储的目标地址
DMA_InitStructure.DMA_DIR = DMA_DIR_PeripheralSRC;          //外设作源头
DMA_InitStructure.DMA_BufferSize = 6;                      //数据长度为 6
DMA_InitStructure.DMA_PeripheralInc = DMA_PeripheralInc_Disable;
                                                            //外设地址寄存器不递增
DMA_InitStructure.DMA_MemoryInc = DMA_MemoryInc_Enable;    //内存地址递增
DMA_InitStructure.DMA_PeripheralDataSize = DMA_PeripheralDataSize_HalfWord;
                                                            //外设传输以字节为单位
DMA_InitStructure.DMA_MemoryDataSize = DMA_MemoryDataSize_HalfWord;
                                                            //内存以字节为单位
DMA_InitStructure.DMA_Mode = DMA_Mode_Circular;            //循环模式
DMA_InitStructure.DMA_Priority = DMA_Priority_High;        //4 优先级之一的(高优先)
DMA_InitStructure.DMA_M2M = DMA_M2M_Disable;               //非内存到内存
DMA_Init(DMA1_Channel1, &DMA_InitStructure); //根据以上参数初始化 DMA_InitStructure
DMA_ITConfig(DMA1_Channel1, DMA_IT_TC, ENABLE);           //配置 DMA1 通道 1 传输完成中断
DMA_Cmd(DMA1_Channel1, ENABLE);                           //使能 DMA1
```

④ ADC 初始化基本配置如下:

> 工作模式:这里配置为独立模式。

> 模/数转换工作于单通道还是多通道模式:例程中采样 6 个通道,设置为多通道模式。

> 工作于单次还是连续模式。

> 外部触发转换还是软件使能转换。

> 数据对齐方式,右对齐还是左对齐。

> A/D 转换的通道数目。

⑤ 设置 A/D 通道的转换顺序及采样时间。其中转换时间为

$$T_{conv} = 采样时间 + 12.5 个周期$$

⑥ 使能 DMA 启动传输。

⑦ 使能 ADC。

⑧ 校准 ADC,ADC 的校准用到以下代码:

```
/* 重置 ADC1 的校准寄存器 */
ADC_ResetCalibration(ADC1);
/* 获取 ADC 重置校准寄存器的状态 */
while(ADC_GetResetCalibrationStatus(ADC1));
ADC_StartCalibration(ADC1);      /* 开始校准 ADC1 */
while(ADC_GetCalibrationStatus(ADC1));   //等待校准完成
```

⑨ 使能 ADC 软件触发转换。

⑩ 如果需要配置 DMA 中断,还需要设置 DMA 中断分组及优先级,并设置 DMA 中断服务程序。

A/D 转换工程界面如图 6.2.1 所示。

图 6.2.1　A/D 转换工程界面

6.2.2　ADC 的 DMA 连续转换模式程序

ADC 的 DMA 连续转换模式操作示例程序放在"示例程序→ADC_DMA"文件夹中。部分程序代码如下:

1. app.c 相关代码和注释

程序 6.2.1　app.c

```
#include "app.h"
#define ADC1_DR_Address ((uint32_t)0x4001244C)                    //定义硬件 ADC1 的物理地址
__IO uint16_t ADCConvertedValue[6];                               //转换的 6 通道 A/D 值


/**********************************************************
** 函数名:void All_GPIO_Config(void)
** 功能描述:在这里配置所有的 GPIO 口
** 输入参数:无
** 输出参数:无
**********************************************************/
void All_GPIO_Config(void)
{
    GPIO_InitTypeDef GPIO_InitStructure;                          //定义 GPIO 结构体
    RCC_APB2PeriphClockCmd(RCC_APB2Periph_GPIOB, ENABLE);         //使能 GPIOB 时钟
    /* 将 PB0 配置为推挽输出 */
    GPIO_InitStructure.GPIO_Pin = GPIO_Pin_0;                     //PB0
    GPIO_InitStructure.GPIO_Mode = GPIO_Mode_Out_PP;             //推挽输出
    GPIO_InitStructure.GPIO_Speed = GPIO_Speed_50MHz;           //50 MHz 时钟速度
    GPIO_Init(GPIOB, &GPIO_InitStructure);
}
/**********************************************************
** 函数名:ADC1_DMA_Config
** 功能描述:ADC1 的 DMA 方式配置
** 输入参数:无
** 输出参数:无
**********************************************************/
void ADC1_DMA_Config(void)
{
    ADC_InitTypeDef ADC_InitStructure;                           //定义 ADC 结构体
    DMA_InitTypeDef DMA_InitStructure;                           //定义 DMA 结构体
    GPIO_InitTypeDef GPIO_InitStructure;

    RCC_AHBPeriphClockCmd(RCC_AHBPeriph_DMA1, ENABLE);           //使能 DMA1 时钟
    RCC_APB2PeriphClockCmd(RCC_APB2Periph_ADC1| RCC_APB2Periph_GPIOA, ENABLE );
                                                                 //使能 ADC1 及 GPIOA 时钟
    /* 作为 ADC1 的 6 通道模拟输入的 GPIO 初始化配置 */
    //PA2,3,4,5,6,7 配置为模拟输入
    GPIO_InitStructure.GPIO_Pin = GPIO_Pin_2|GPIO_Pin_3|GPIO_Pin_4|GPIO_Pin_5|GPIO_
    Pin_6|GPIO_Pin_7;
    GPIO_InitStructure.GPIO_Mode = GPIO_Mode_AIN;               //模拟输入
```

```
GPIO_Init(GPIOA, &GPIO_InitStructure);

/* DMA1 的通道 1 配置 */
DMA_DeInit(DMA1_Channel1);
DMA_InitStructure.DMA_PeripheralBaseAddr = ADC1_DR_Address;      //传输数据的源头地址
DMA_InitStructure.DMA_MemoryBaseAddr = (uint32_t)&ADCConvertedValue;
                                                                //数据存储的目标地址
DMA_InitStructure.DMA_DIR = DMA_DIR_PeripheralSRC;              //外设作源头
DMA_InitStructure.DMA_BufferSize = 6;                          //数据长度为 6
DMA_InitStructure.DMA_PeripheralInc = DMA_PeripheralInc_Disable;
                                                                //外设地址寄存器不递增
DMA_InitStructure.DMA_MemoryInc = DMA_MemoryInc_Enable;        //内存地址递增
DMA_InitStructure.DMA_PeripheralDataSize = DMA_PeripheralDataSize_HalfWord;
                                                                //外设传输以字节为单位
DMA_InitStructure.DMA_MemoryDataSize = DMA_MemoryDataSize_HalfWord;
                                                                //内存以字节为单位
DMA_InitStructure.DMA_Mode = DMA_Mode_Circular;               //循环模式
DMA_InitStructure.DMA_Priority = DMA_Priority_High;           //4 优先级之一的(高优先)
DMA_InitStructure.DMA_M2M = DMA_M2M_Disable;                  //非内存到内存
DMA_Init(DMA1_Channel1, &DMA_InitStructure);  //根据以上参数初始化 DMA_InitStructure

DMA_ITConfig(DMA1_Channel1, DMA_IT_TC, ENABLE);               //配置 DMA1 通道 1 传输完成中断
DMA_Cmd(DMA1_Channel1, ENABLE);                              //使能 DMA1

/* 下面为 ADC1 的配置 */
ADC_InitStructure.ADC_Mode = ADC_Mode_Independent;          //ADC1 工作在独立模式
ADC_InitStructure.ADC_ScanConvMode = ENABLE;  //模/数转换工作在扫描模式(多通道)
ADC_InitStructure.ADC_ContinuousConvMode = ENABLE;  //模/数转换工作在连续模式
ADC_InitStructure.ADC_ExternalTrigConv = ADC_ExternalTrigConv_None;
                                                //转换由软件而不是外部触发启动
ADC_InitStructure.ADC_DataAlign = ADC_DataAlign_Right;      //ADC 数据右对齐
ADC_InitStructure.ADC_NbrOfChannel = 6;                    //转换的 ADC 通道的数目为 6
ADC_Init(ADC1, &ADC_InitStructure);                       //要把以下参数初始化 ADC_InitStructure

/* 设置 ADC1 的 6 个规则组通道,设置它们的转化顺序和采样时间 */
//转换时间 Tconv = 采样时间 + 12.5 个周期
ADC_RegularChannelConfig(ADC1, ADC_Channel_2, 1, ADC_SampleTime_7Cycles5);
                                //ADC1 通道 2 转换顺序为 1,采样时间为 7.5 个周期
ADC_RegularChannelConfig(ADC1, ADC_Channel_3, 2, ADC_SampleTime_55Cycles5);
                                //ADC1 通道 3 转换顺序为 2,采样时间为 55.5 个周期
ADC_RegularChannelConfig(ADC1, ADC_Channel_4, 3, ADC_SampleTime_55Cycles5);
                                                                //ADC1 通道 4
ADC_RegularChannelConfig(ADC1, ADC_Channel_5, 4, ADC_SampleTime_55Cycles5);
```

STM32F 32 位 ARM 微控制器应用设计与实践(第 2 版)

```
                                                            //ADC1 通道 5
ADC_RegularChannelConfig(ADC1, ADC_Channel_6, 5, ADC_SampleTime_55Cycles5);
                                                            //ADC1 通道 6
ADC_RegularChannelConfig(ADC1, ADC_Channel_7, 6, ADC_SampleTime_55Cycles5);
                                                            //ADC1 通道 7
    /* 使能 ADC1 的 DMA 传输方式 */
    ADC_DMACmd(ADC1, ENABLE);
    /* 使能 ADC1  */
    ADC_Cmd(ADC1, ENABLE);
    /* 重置 ADC1 的校准寄存器 */
    ADC_ResetCalibration(ADC1);
    /* 获取 ADC 重置校准寄存器的状态 */
    while(ADC_GetResetCalibrationStatus(ADC1));
    ADC_StartCalibration(ADC1);      /* 开始校准 ADC1 */
    while(ADC_GetCalibrationStatus(ADC1));                  //等待校准完成
    ADC_SoftwareStartConvCmd(ADC1, ENABLE);                 //使能 ADC1 软件转换
}

/*****************************************************************
**  函数名:void NVIC_Config(void)
**  功能描述:中断分组及优先级配置
**  输入参数:无
**  输出参数:无
*****************************************************************/
void NVIC_Config(void)
{
    NVIC_InitTypeDef NVIC_InitStructure;
    NVIC_PriorityGroupConfig(NVIC_PriorityGroup_2);              //采用组别 2
    /* DMA1 的通道 1 中断配置 */
    NVIC_InitStructure.NVIC_IRQChannel = DMA1_Channel1_IRQn;
    NVIC_InitStructure.NVIC_IRQChannelPreemptionPriority = 0; //占先式优先级设置为 0
    NVIC_InitStructure.NVIC_IRQChannelSubPriority = 1;         //副优先级设置为 1
    NVIC_InitStructure.NVIC_IRQChannelCmd = ENABLE;            //中断使能
    NVIC_Init(&NVIC_InitStructure);                           //按指定参数初始化中断
}
/*****************************************************************
**  函数名:u8 All_Init(void)
**  功能描述:在这里配置系统的所有初始化
**  输入参数:无
**  输出参数:初始化成功返回 1,否则返回 0
*****************************************************************/
u8 All_Init(void)
{
```

```
    SystemInit();                              //系统时钟初始化
    delay_init(72);                            //初始化 SysTick 延时
    All_GPIO_Config();                         //GPIO 初始化配置
    NVIC_Config();                             //中断分组及优先级配置
    Usart_Configuration();                     //串口初始化,波特率为 115 200
    ADC1_DMA_Config();                         //ADC1 的 DMA 初始化
    return 1;
}
```

2. stm32f10x_it. c 相关代码和注释

中断服务程序 6.2.2　stm32f10x_it. c

```
#include "stm32f10x_it.h"


/ * * * * * * * * * * * * * * * * * * * * * * * * * * * * * * * * * * * * * * * * *
**  函数名:DMA1_Channel1_IRQHandler
**  功能描述:ADC1 的 DMA 传输完成中断服务程序
**  输入参数:无
**  输出参数:无
* * * * * * * * * * * * * * * * * * * * * * * * * * * * * * * * * * * * * * * * */
void DMA1_Channel1_IRQHandler(void)
{
    if(DMA_GetITStatus(DMA1_IT_TC1))           //判断通道 1 是否传输完成
    {
        DMA_ClearITPendingBit(DMA1_IT_TC1);    //清除通道 1 传输完成标志位
        //ADC_Cmd(ADC1, DISABLE);              //不使能 ADC
        //NVIC_DisableIRQ(DMA1_IT_TC1);        //不使能中断
        GPIOB->ODR^= GPIO_Pin_0;               //将 PB0 电平反相
    }
}
```

133

3. main. c 相关代码和注释

主函数程序 6.2.3　main. c

```
#include "stm32f10x.h"
#include "app.h"


/ * * * * * * * * * * * * * * * * * * * * * * * * * * * * * * * * * * * * * * * * *
**  函数名:main
**  功能描述:ADC1 的 DMA 传输方式
**  输入参数:无
**  输出参数:无
**  说明:ADC1 转换由 DMA 通道传输至 ADCConvertedValue 数组中,无需 CPU 干预,
        在主函数中可以根据 DMA 传输完成中断处理转换值或直接读取转换数值
```

```
*************************************************************/
int main(void)
{
    All_Init();                        //系统所有初始化配置
    while(1)
    {
        //串口输出 ADC1 通道 2、通道 3 的转换值
        printf("| % d    % d\n",ADCConvertedValue[0],ADCConvertedValue[1]);
        delay_ms(10);                  //为了方便查看转换值,延时 10 ms
    }
}
```

6.3　角度位移传感器的使用

6.3.1　角度位移传感器简介

WDJ36 - 1/WDD35S 角度位移传感器实际上是一个高精度导电塑料电位器。WDJ36 - II 5K 的线性精度为 0.1%,阻值变化范围为 0.5~10 kΩ,阻值公差为 ±15%,独立线性精度为 ±0.1%,理论电气转角为 345°±2°,机械转角为 360°(连续),寿命为 3 000 万次,功率为 2 W(70 ℃),电阻温度系数(10^{-6}/℃)为 < ±400,工作温度范围为 -55~125 ℃。外径尺寸为 36.5 mm,轴径为 6 mm。

WDJ36 - 1/WDD35S 角度位移传感器应用示意图如图 6.3.1 所示。旋转角度传感器转轴时,其电阻值随之改变,当转轴转动 360°后,电阻值与旋转前的阻值相等。因此,通过读取电阻值的大小可以计算出旋转的角度,可利用 ADC 采样将电阻值转换为电压值来判断旋转角度。

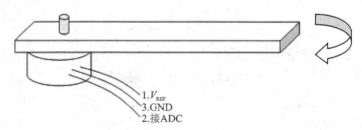

图 6.3.1　WDJ36 - 1/WDD35S 角度位移传感器应用示意图

将 WDJ36 - 1/WDD35S 角度传感器的引脚端 1 连接基准电压 V_{REF},引脚端 3 连接地(GND),引脚端 2 与控制器 ADC 输入引脚连接。当角度传感器在 0°~345°间变化时,引脚端 2 的电压从 0 V 到 V_{REF} 线性变化。

本示例采用 STM32F103VET6 内部 ADC 测量 WDJ36 - 1/WDD35S 旋转角度,ADC 为 12 位,当 WDJ36 在 0°~345°间变化时,采集的 ADC 数据在 0~4 095 间变化,

则理论上讲 1 个 ADC 值代表 345°/4 095，即采集的 ADC 值变化为 1，实际角度变化为 345°/4 095。

　　由于 WDJ36 - 1/WDD35S 角度传感器为 360°机械连续旋转的，但从最大值旋转到最小值的过程中有一定的死区角度，因此在安装使用时初始位置尽量不要安装在接近 0°或 345°处，以避开旋转时的死区角度。

　　在使用时先将角度传感器稳定在一个角度状态，采集测量 ADC 值，记下此角度状态，设稳定时采集的 ADC 值为 ADC1。将角度旋转至另一位置（旋转角度不超过 345°），采集其 ADC 值，记为 ADC2，若顺时针方向旋转时角度增加，则旋转的角度 $\theta =$ [（ADC2－ADC1）×345/4 095]°，正值表示顺时针旋转，负值表示逆时针旋转。若要连续多圈旋转，则可记下旋转的转数。

6.3.2　角度位移传感器操作示例程序

　　本示例程序采用 STM32F103VET6 的内部 ADC 采集 WDJ36 - 1/WDD35S 角度位移传感器的 A/D 值，计算测量其旋转的角度。在使用前先用 ADC 测量其初始状态的 A/D 值，以此值为基准计算旋转的角度。

　　WDJ36 - 1/WDD35S 角度位移传感器操作示例程序放在"示例程序→ADC→Angle_Sensor"文件夹中。部分程序代码和注释如下：

程序 6.3.1　main. c

```
# include "stm32f10x. h"
# include "USART. h"
# include "delay. h"
# define ADC1_DR_Address ((uint32_t)0x4001244C)      //定义硬件 ADC1 的物理地址
__IO uint16_t adc;      //转换的 1 个通道 A/D 值
u16 adc_bace = 1728;      //角度位移传感器稳定时初始状态采集的 A/D 值，根据实际测量确定


/ * * * * * * * * * * * * * * * * * * * * * * * * * * * * * * * * * * * * * * * *
* *  函数名:ADC1_DMA_Config
* *  功能描述:ADC1 的 DMA 方式配置
* *  输入参数:无
* *  输出参数:无
* * * * * * * * * * * * * * * * * * * * * * * * * * * * * * * * * * * * * * * */
void ADC1_DMA_Config(void)
{
  ADC_InitTypeDef ADC_InitStructure;                        //定义 ADC 结构体
  DMA_InitTypeDef DMA_InitStructure;                        //定义 DMA 结构体
  GPIO_InitTypeDef GPIO_InitStructure;

  RCC_AHBPeriphClockCmd(RCC_AHBPeriph_DMA1, ENABLE);        //使能 DMA1 时钟
  RCC_APB2PeriphClockCmd(RCC_APB2Periph_ADC1| RCC_APB2Periph_GPIOA, ENABLE );
                                                            //使能 ADC1 及 GPIOA 时钟
```

```
/*作为 ADC1 的 6 通道模拟输入的 GPIO 初始化配置*/
//PA2,3,4,5,6,7 配置为模拟输入
GPIO_InitStructure.GPIO_Pin = GPIO_Pin_2;
GPIO_InitStructure.GPIO_Mode = GPIO_Mode_AIN;                       //模拟输入
GPIO_Init(GPIOA, &GPIO_InitStructure);

/*DMA1 的通道 1 配置*/
DMA_DeInit(DMA1_Channel1);
DMA_InitStructure.DMA_PeripheralBaseAddr = ADC1_DR_Address;        //传输的源地址
DMA_InitStructure.DMA_MemoryBaseAddr = (uint32_t)&adc;             //目标地址
DMA_InitStructure.DMA_DIR = DMA_DIR_PeripheralSRC;                 //外设作源
DMA_InitStructure.DMA_BufferSize = 1;                             //数据长度为 1
DMA_InitStructure.DMA_PeripheralInc = DMA_PeripheralInc_Disable;
                                                    //外设地址寄存器不递增
DMA_InitStructure.DMA_MemoryInc = DMA_MemoryInc_Enable; //内存地址递增
DMA_InitStructure.DMA_PeripheralDataSize = DMA_PeripheralDataSize_HalfWord;
                                                    //外设传输以字节为单位
DMA_InitStructure.DMA_MemoryDataSize = DMA_MemoryDataSize_HalfWord;
                                                    //内存以字节为单位
DMA_InitStructure.DMA_Mode = DMA_Mode_Circular;                   //循环模式
DMA_InitStructure.DMA_Priority = DMA_Priority_High;               //4 优先级之一的(高优先)
DMA_InitStructure.DMA_M2M = DMA_M2M_Disable;                      //非内存到内存
DMA_Init(DMA1_Channel1, &DMA_InitStructure); //根据以上参数初始化 DMA_InitStructure

//DMA_ITConfig(DMA1_Channel1, DMA_IT_TC, ENABLE);      //配置 DMA1 通道 1 传输完成中断
DMA_Cmd(DMA1_Channel1, ENABLE);                        //使能 DMA1

/*下面为 ADC1 的配置*/
ADC_InitStructure.ADC_Mode = ADC_Mode_Independent;     //ADC1 工作在独立模式
ADC_InitStructure.ADC_ScanConvMode = DISABLE;          //模/数转换工作单通道模式
ADC_InitStructure.ADC_ContinuousConvMode = ENABLE;     //模/数转换工作在连续模式
ADC_InitStructure.ADC_ExternalTrigConv = ADC_ExternalTrigConv_None;
                                                    //转换由软件而不是外部触发启动
ADC_InitStructure.ADC_DataAlign = ADC_DataAlign_Right;  //ADC 数据右对齐
ADC_InitStructure.ADC_NbrOfChannel = 1;                //转换的 ADC 通道的数目为 1
ADC_Init(ADC1, &ADC_InitStructure);                    //要把以下参数初始化 ADC_InitStructure

/* 设置 ADC1 的 6 个规则组通道,设置它们的转化顺序和采样时间*/
//转换时间 $T_{conv}$ = 采样时间 + 12.5 个周期
ADC_RegularChannelConfig(ADC1, ADC_Channel_2, 1, ADC_SampleTime_7Cycles5);
                                      //ADC1 通道 2 转换顺序为 1,采样时间为 7.5 个周期

/*使能 ADC1 的 DMA 传输方式*/
```

```
ADC_DMACmd(ADC1，ENABLE)；
/* 使能 ADC1 */
ADC_Cmd(ADC1，ENABLE)；
/* 重置 ADC1 的校准寄存器 */
ADC_ResetCalibration(ADC1)；
/* 获取 ADC 重置校准寄存器的状态 */
while(ADC_GetResetCalibrationStatus(ADC1))；
ADC_StartCalibration(ADC1)；                  /* 开始校准 ADC1 */
while(ADC_GetCalibrationStatus(ADC1))；        //等待校准完成
ADC_SoftwareStartConvCmd(ADC1，ENABLE)；       //使能 ADC1 软件转换
}
/**********************************************************
** 函数名:main
** 功能描述:采用内部 ADC 测量 WDJ36 旋转角度
** 输入参数:无
** 输出参数:无
** 说明:使用时先测量好 WDJ36 角度位移传感器稳定时的初始 A/D 值,作为测量计算标准
**********************************************************/
int main(void)
{
  float angle；
  SystemInit()；                             //系统时钟初始化
  delay_init(72)；                           //初始化 SysTick 延时
  Usart_Configuration()；                    //串口初始化,波特率为 115 200
  ADC1_DMA_Config()；                        //ADC1 的 DMA 初始化
  while(1)
  {
      //先测试顺时针旋转时角度是增加还是减小,假设顺时针旋转角度增大,
      //则 angle 为正表示顺时针旋转,为负表示逆时针旋转
      angle = (float)(adc - adc_bace) * 345/4095；  //计算从初始位置旋转的角度值
      printf("angle = % f\n",angle)；          //串口打印旋转角度值
      delay_ms(10)；                          //为了方便串口查看转换值,延时 10 ms
  }
}
```

第 **7** 章

DAC 的使用

7.1　STM32F 的 DAC 简介

STM32F 的 DAC(数/模转换器)是 12 位数字输入、电压输出的 DAC。DAC 可以配置为 8 位或 12 位模式,也可以与 DMA 控制器配合使用。DAC 工作在 12 位模式时,数据可以设置成左对齐或右对齐。DAC 模块有 2 个输出通道,每个通道都有单独的转换器。在双 DAC 模式下,2 个通道可以独立地进行转换,也可以同时进行转换并同步更新 2 个通道的输出。DAC 具有同步更新功能、噪声波形生成、三角波形生成、外部触发转换等功能和多种工作模式。DAC 可以通过引脚输入参考电压 V_{REF+} 来获得更精确的转换结果〔$2.4\ V \leqslant V_{REF+} \leqslant V_{DDA}(3.3\ V)$〕。

有关 STM32F 的 DAC 的更多内容见请参考"STM32F 参考手册"的相关章节。

7.2　影响 DAC 精度的一些技术指标

7.2.1　DAC 的转换函数

如图 7.2.1 所示,理论上理想的 DAC 转换函数应该也是一条具有无限阶梯数的线,但是实际上是一系列落在这条理想直线上的点[13-14]。

DAC 把一个数目有限的离散数字输入编码转换成相应数值的离散模拟输出。如图 7.2.1 所示,DAC 的转换函数是一系列离散的点。对于 DAC,1 LSB 相应于连续模拟输出之间的步长高度,它的值与 ADC 中的定义相同。DAC 可以被视为一个数字控制的电位计,它的输出是由输入数字编码决定的模拟电压满刻度的一部分。

DAC 的静态误差定义与 ADC 相同,是指那些在转换直流(DC)信号时影响转换器精度的误差,包含有偏置误差、增益误差、积分非线性误差以及微分非线性误差。

7.2.2　DAC 的偏置误差

DAC 的偏置误差[13-14]如图 7.2.2 所示,它定义为标准偏置点和实际偏置点之间的差值。对于 DAC,当数字输入是零时,偏置点是步长值。这种误差以同样的值影响所有的编码并且通常是通过修正处理过程来补偿的。如果不能修正,则这种误差是指零尺度误差。

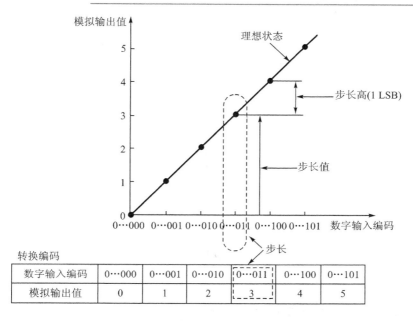

图 7.2.1　理想的 DAC 转换函数

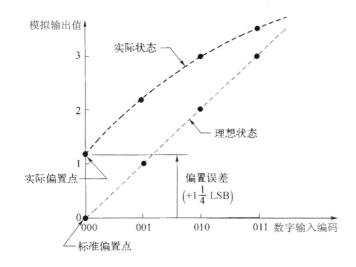

图 7.2.2　DAC 的偏置误差

7.2.3　DAC 的增益误差

　　DAC 的增益误差[13-14]如图 7.2.3 所示,它定义为偏置误差被修正为零后转换函数标准增益点和实际增益点之间的差值。对于 DAC,当数字输入是全标度时,增益点是步长值。这种误差表示实际转换函数和理想转换函数斜率的差值,以及每一步长中相应的同一百分比误差。通常,DAC 的增益误差可以通过修正的方法调整到零。

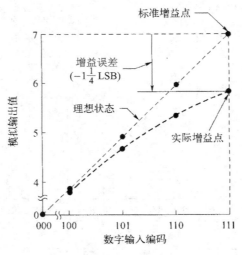

图 7.2.3　DAC 的增益误差

7.2.4　DAC 的微分非线性误差

DAC 的微分非线性误差(DNL)[13-14]如图 7.2.4 所示(有时视为简单的微分线性),对于 DAC,它是实际步长高度与 1 LSB 理想值之间的差值。因此,如果步长的宽度或者高度刚好是 1 LSB,那么微分非线性误差就是零。如果 DNL 超过了 1 LSB,那么转换器可能是非单调的。这意味着在输入编码增大的情况下,输出幅度反而变小。

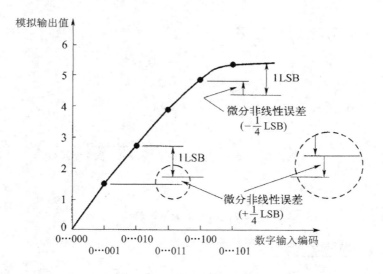

图 7.2.4　DAC 的微分非线性误差

7.2.5　DAC 的积分非线性误差

DAC 的积分非线性误差(INL)[13-14]如图 7.2.5 所示(有时视为简单的线性误差),

它是实际转换函数和理想直线的偏差,不考虑增益误差和偏置误差。对于 DAC,偏离量是按照步长函数之间的差值来度量的。

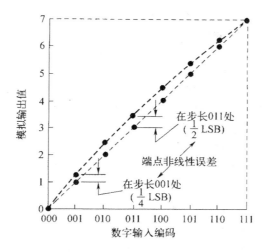

图 7.2.5　DAC 的积分非线性误差

7.2.6　DAC 的绝对精度误差

DAC 的绝对精度或者总误差[13-14]如图 7.2.6 所示,是指模拟输出值与理想步长中间值之间差的最大值。它包括偏置误差、增益误差及积分非线性误差,以及在 DAC 时的量化误差。

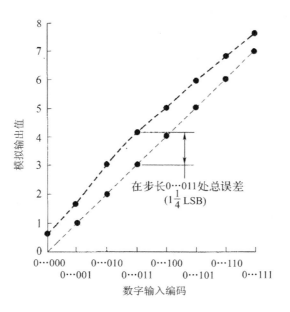

图 7.2.6　DAC 的绝对精度误差

7.3　DAC 软件触发模式示例程序设计

7.3.1　DAC 软件触发模式配置

DAC 可以使用定时器外部触发,也可以软件触发。软件触发模式配置步骤如下:

① 使能 DAC 时钟及 GPIO 的模拟复用时钟。

② 配置 DAC 电压输出的 GPIO 为 DAC 模拟复用模式。

③ DAC 有两个独立通道,设置需要使用的 DAC 通道工作模式,有以下几点设置:

➢ 配置 DAC 的触发模式:本示例程序设置为软件触发模式。

➢ 设置 DAC 输出波形类型:本示例程序设置为无波形产生。

➢ 设置 DAC 输出是否缓存:DAC 集成了 2 个输出缓存,可以用来减少输出阻抗,无需外部运放即可直接驱动外部负载,本示例程序使能 DAC 输出缓存。

④ 使能 DAC 相应通道。

⑤ 设置 DAC 相应通道的数据格式,本示例程序设置为 12 位右对齐。

⑥ 使能 DAC 相应通道软件触发功能,DAC 开始转换。

7.3.2　DAC 软件触发模式示例程序

打开工程模板,将库文件 stm32f10x_dac.c 添加到工程中,并在 stm32f10x_conf.h 中使能相应的头文件。例程使用了 DAC 的两个通道,使两个通道分别输出给定的电压值。

DAC 软件触发模式操作示例程序放在"示例程序→DAC→DAC 软件触发"文件夹中。主程序 main.c 相关代码和注释如下:

主程序 7.3.1　main.c

```
# include "stm32f10x.h"


/ ************************************************************
 * 函数名:DAC_Config()
 * 功能:软件触发 DAC 配置
 * 输入参数:无
 * 输出参数:无
 ************************************************************/
void DAC_Config(void)
{
    DAC_InitTypeDef   DAC_InitStructure;                   //库函数定义 DAC 结构体
    GPIO_InitTypeDef GPIO_InitStructure;                   //GPIO 结构体

    RCC_APB1PeriphClockCmd(RCC_APB1Periph_DAC, ENABLE);    //DAC 时钟使能
    RCC_APB2PeriphClockCmd(RCC_APB2Periph_GPIOA, ENABLE);  //使能 GPIOA 时钟
```

```
    /*将 GPIO 配置为 DAC 的模拟复用功能*/
    GPIO_InitStructure.GPIO_Pin = GPIO_Pin_4|GPIO_Pin_5;
    GPIO_InitStructure.GPIO_Mode = GPIO_Mode_AIN;                   //模拟输入
    GPIO_Init(GPIOA, &GPIO_InitStructure);

    /*DAC 通道 1 配置*/
    DAC_InitStructure.DAC_Trigger = DAC_Trigger_Software;          //配置为软件触发
    DAC_InitStructure.DAC_WaveGeneration = DAC_WaveGeneration_None; //无波形产生
    DAC_InitStructure.DAC_OutputBuffer = DAC_OutputBuffer_Enable;  //DAC 输出缓存使能
    DAC_Init(DAC_Channel_1, &DAC_InitStructure);        //根据以上参数初始化 DAC 结构体
    /*DAC 通道 2 配置*/
    DAC_InitStructure.DAC_Trigger = DAC_Trigger_Software;          //配置为软件触发
    DAC_InitStructure.DAC_WaveGeneration = DAC_WaveGeneration_None; //无波形产生
    DAC_InitStructure.DAC_OutputBuffer = DAC_OutputBuffer_Enable;  //DAC 输出缓存使能
    DAC_Init(DAC_Channel_2, &DAC_InitStructure);        //根据以上参数初始化 DAC 结构体
    /* 使能 DAC 通道 1:一旦通道 1 被使能,PA4 将自动连接到 DAC 转换器
          通道 2 被使能,PA5 将自动连接到 DAC 转换器*/
    DAC_Cmd(DAC_Channel_1, ENABLE);
    DAC_Cmd(DAC_Channel_2, ENABLE);
}
/*******************************************************************
*  函数名:main
*  功能:使用 DAC 的软件触发功能,使 DAC 两个通道输出两个给定的电压值
*  输入参数:无
*  输出参数:无
*******************************************************************/
int main(void)
{
    SystemInit();                       //STM32 系统初始化(包括时钟、倍频、Flash 配置)
    DAC_Config();                       //DAC 软件触发初始化配置
      //设置通道 1 的 DAC 数据为右对齐,这里 DAC 转换值设为 1028
    DAC_SetChannel1Data(DAC_Align_12b_R, 1028);
    DAC_SoftwareTriggerCmd(DAC_Channel_1, ENABLE);
                                        //软件触发使能 DAC 通道 1,开始转换
      //设置通道 2 的 D/A 转换值
    DAC_SetChannel2Data(DAC_Align_12b_R, 2047);
    DAC_SoftwareTriggerCmd(DAC_Channel_2, ENABLE);
                                        //软件触发使能 DAC 通道 2,开始转换
    while (1);
}
```

7.4　DAC 定时器触发模式示例程序设计

7.4.1　DAC 定时器触发配置

STM32F 的 DAC 转换可以由某外部事件触发(定时器计数器、外部中断线)。配置 DAC 控制寄存器(DAC_CR)的控制位 TSELx[2:0]可以选择 8 个触发事件之一触发 DAC 转换。下面介绍用定时器 2 触发 DAC,通过 DMA 通道将给定的转换数据送给 DAC 转换。

任一 DAC 通道都具有 DMA 功能。2 个 DMA 通道可以分别用于 2 个 DAC 通道的 DMA 请求。如果 DAC 控制寄存器(DAC_CR)的 DMAENx 位置 1,那么一旦有外部触发(而不是软件触发)发生,就产生一个 DMA 请求,然后 DAC_DHRx 寄存器的数据被传送到 DAC_DORx 寄存器(DAC 通道数据输出寄存器)。

在双 DAC 模式下,如果 2 个通道的 DMAENx 位(DAC 控制寄存器(DAC_CR))都为 1,则会产生 2 个 DMA 请求。如果实际只需要一个 DMA 传输,则应只选择其中一个 DMAENx 位置 1。这样,程序可以在只使用一个 DMA 请求,一个 DMA 通道的情况下,处理工作在双 DAC 模式的 2 个 DAC 通道。DAC 的 DMA 请求不会累计,因此如果第 2 个外部触发发生在响应第 1 个外部触发之前,则不能处理第 2 个 DMA 请求,也不会报告错误。

使用库函数配置定时器触发步骤如下:

① 配置作为 DAC 电压输出的模拟复用 GPIO 引脚的功能。DAC 的通道 1 对应 PA4,通道 2 对应 PA5,使能时钟,方向配置为模拟输入。

② DMA 配置。DAC 的 DMA 用到 DMA2,DAC 的通道 1 对应 DMA2 的第 3 通道,DAC 的通道 2 对应 DMA2 的第 4 通道,因此使能 DMA2 时钟,定义 DMA 结构体。DAC 的 DMA 具体设置与前面 USART 及 ADC 的 DMA 设置类似,注意有下面几点关键设置:

> 由于使用 DMA 将数据送到 DAC 转换,因此外设 DAC 是作为数据传输的目的地,要传输的数据地址作为源头。代码如下:

```
DMA_InitStructure.DMA_DIR = DMA_DIR_PeripheralDST;      //外设 DAC 作为数据传输的目的地
```

> 若 DAC 的数据格式使用 12 位右对齐,则外设地址就是 DAC_DHR12R1 寄存器映象的实际物理地址,DMA 配置中的部分代码如下:

```
//定义 DAC_DHR12R1 寄存器映象的实际物理地址,DAC 数据格式为 12 位右对齐
#define   DAC_DHR12R1_Address     0x40007408
DMA_InitStructure.DMA_PeripheralBaseAddr = DAC_DHR12R1_Address;
```

//外设地址 DAC 寄存器映像如图 7.4.1 所示

由图 7.4.1 可知,DAC_DHR12R1 的偏移地址为 0x08,而 DAC1 的起始地址为

偏移	寄存器	31	30	29	28	27	26	25	24	23	22	21	20	19	18	17	16	15	14	13	12	11	10	9	8	7	6	5	4	3	2	1	0
0x00	DAC_CR	保留			DMAEN2	MAMP2[3:0]				WAVE2[1:0]		TSEL2[2:0]			TEN2	BOFF2	EN2	保留			DMAEN1	MAMP1[3:0]				WAVE1[1:0]		TSEL1[2:0]			TEN1	BOFF1	EN1
	复位值				0	0	0	0	0	0	0	0	0	0	0	0	0				0	0	0	0	0	0	0	0	0	0	0	0	0
0x04	DAC_SWTRIGR	保留																														SWTRIG2	SWTRIG1
	复位值																															0	0
0x08	DAC_DHR12R1	保留																				DACC1DHR[11:0]											
	复位值																					0	0	0	0	0	0	0	0	0	0	0	0
0x0C	DAC_DHR12L1	保留																DACC1DHR[11:0]												保留			
	复位值																	0	0	0	0	0	0	0	0	0	0	0	0				
0x10	DAC_DHR8R1	保留																								DACC1DHR[7:0]							
	复位值																									0	0	0	0	0	0	0	0
0x14	DAC_DHR12R2	保留																				DACC2DHR[11:0]											
	复位值																					0	0	0	0	0	0	0	0	0	0	0	0
0x18	DAC_DHR12L2	保留																DACC2DHR[11:0]												保留			
	复位值																	0	0	0	0	0	0	0	0	0	0	0	0				
0x1C	DAC_DHR8R2	保留																								DACC2DHR[7:0]							
	复位值																									0	0	0	0	0	0	0	0
0x20	DAC_DHR12RD	保留				DACC2DHR[11:0]												保留				DACC1DHR[11:0]											
	复位值					0	0	0	0	0	0	0	0	0	0	0	0					0	0	0	0	0	0	0	0	0	0	0	0
0x24	DAC_DHR12LD	DACC2DHR[11:0]												保留				DACC1DHR[11:0]												保留			
	复位值	0	0	0	0	0	0	0	0	0	0	0	0					0	0	0	0	0	0	0	0	0	0	0	0				
0x28	DAC_DHR8RD	保留																DACC2DHR[7:0]								DACC1DHR[7:0]							
	复位值																	0	0	0	0	0	0	0	0	0	0	0	0	0	0	0	0
0x2C	DAC_DOR1	保留																				DACC1DOR[11:0]											
	复位值																					0	0	0	0	0	0	0	0	0	0	0	0
0x30	DAC_DOR2	保留																				DACC2DOR[11:0]											
	复位值																					0	0	0	0	0	0	0	0	0	0	0	0

图 7.4.1　DAC 寄存器映像

0x40007400，再加上偏移地址，DAC_DHR12R1 寄存器映像的实际物理地址为 0x40007408，即宏定义的地址。如果使用 12 位左对齐的数据格式，则 DMA 外设地址应为：

```
DMA_InitStructure.DMA_PeripheralBaseAddr = 0x4000740C;
```

- 根据需要设置传输的数据长度，设置外设寄存器地址不递增，内存地址递增。
- 由于采用 DAC 的 12 位模式，因此外设及内存传输数据应选择半字为单位传输，即每次传输 16 位数据。代码如下：

```
DMA_InitStructure.DMA_PeripheralDataSize = DMA_PeripheralDataSize_Word;
                                                     //外设传输以半字为单位
DMA_InitStructure.DMA_MemoryDataSize = DMA_MemoryDataSize_Word;  //内存以半字为单位
```

DAC 的其他 DMA 设置与前面 ADC 及 USART 的 DMA 设置类似,见示例程序清单。

③ 定时器触发配置。选择作为 DAC 触发的定时器,使能选择的定时器时钟,设置定时器预分频值及计数器溢出值,设置定时器触发模式,这里选择定时器溢出更新触发。代码如下:

```
/* TIM2 配置 */
TIM_PrescalerConfig(TIM2,36-1,TIM_PSCReloadMode_Update);    //设置 TIM2 预分频值
TIM_SetAutoreload(TIM2,200-1);    //设置定时器计数器值
/* TIM2 触发模式选择,选择定时器 2 溢出更新触发 */
TIM_SelectOutputTrigger(TIM2, TIM_TRGOSource_Update);
```

上面代码中预分频值为 $36-1$,计数器值为 $200-1$,则 $1/(72\ MHz\ /\ 36\ MHz/200)\mu s=0.1\ ms$,即 $0.1\ ms$ 触发一次。

④ DAC 基本配置。使能 DAC 时钟,设置 DAC 为定时器触发模式,定时器与上面配置的定时器一致,设置为无波形产生,根据需要设置输出缓存。

⑤ 使能 DAC 通道 1。

⑥ 使能 DAC 的 DMA 功能。

⑦ 如果用 DAC 的通道 1,则使能 DMA2 的通道 3;如果使用 DAC 的通道 2,则使能 DMA2 的通道 4。

⑧ 使能定时器。

7.4.2　DAC 定时器触发示例程序

打开工程模板,在此基础上添加代码,将库文件 stm32f10x_adc.c、stm32f10x_dma.c、stm32f10x_tim.c 添加到工程中,并使能相应头文件。

本示例程序使用定器 2 触发 DAC,$0.1\ ms$ 触发一次,触发到来时通过 DMA2 的通道 3 将数组 Escalator 16 位中 5 个数据送到 DAC 中去,在 DAC 的通道 1 对应引脚 PA4 输出其转换电平值。引脚上电平每隔 $0.1\ ms$ 变化一次。

工程建立后界面如图 7.4.2 所示。

DAC 定时器触发操作示例程序放在"示例程序→DAC→DAC 定时器触发"文件夹中。主程序 main.c 相关代码和注释如下:

主程序 7.4.1　main.c

```
#include "stm32f10x.h"

//定义 DAC_DHR12R1 寄存器映像的实际物理地址,DAC 数据格式为 12 位右对齐
#define DAC_DHR12R1_Address 0x40007408

const u16 Escalator16bit[5] = {0,511,1023,2047,4095};
/************************************************************
 * 函数名:DAC_Config()
```

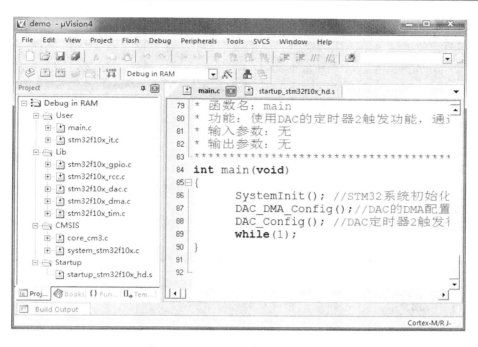

图 7.4.2　DAC 定时器触发

```
*   功能:定时器触发 DAC 配置
*   输入参数:无
*   输出参数:无
**************************************************************/
void DAC_Config(void)
{
```

`    DAC_InitTypeDef   DAC_InitStructure;`	`//库函数定义 DAC 结构体`
`    GPIO_InitTypeDef GPIO_InitStructure;`	`//GPIO 结构体`
`    RCC_APB1PeriphClockCmd(RCC_APB1Periph_DAC, ENABLE);`	`//DAC 时钟使能`
`    RCC_APB2PeriphClockCmd(RCC_APB2Periph_GPIOA, ENABLE);`	`//使能 GPIOA 时钟`
`    RCC_APB1PeriphClockCmd(RCC_APB1Periph_TIM2, ENABLE);`	`//使能定时器时钟`
`    /*将 GPIO 配置为 DAC 的模拟复用功能*/`	
`    GPIO_InitStructure.GPIO_Pin = GPIO_Pin_4;`	
`    GPIO_InitStructure.GPIO_Mode = GPIO_Mode_AIN;`	`//模拟输入`
`    GPIO_Init(GPIOA, &GPIO_InitStructure);`	
`    /* TIM2 配置*/`	
`    TIM_PrescalerConfig(TIM2,36-1,TIM_PSCReloadMode_Update);`	`//设置 TIM2 预分频值`
`    TIM_SetAutoreload(TIM2, 200-1);`	`//设置定时器计数器值`
`    /* TIM2 触发模式选择,这里为定时器 2 溢出更新触发*/`	
`    TIM_SelectOutputTrigger(TIM2, TIM_TRGOSource_Update);`	

```
    /* DAC 通道 1 配置 */
    DAC_InitStructure.DAC_Trigger = DAC_Trigger_T2_TRGO;              //定时器 2 触发
    DAC_InitStructure.DAC_WaveGeneration = DAC_WaveGeneration_None;   //无波形产生
    DAC_InitStructure.DAC_OutputBuffer = DAC_OutputBuffer_Disable;    //不使能输出缓存
    DAC_Init(DAC_Channel_1, &DAC_InitStructure);         //根据以上参数初始化 DAC 结构体


    /* 使能 DAC 通道 1 */
    DAC_Cmd(DAC_Channel_1, ENABLE);
    //使能 DAC 通道 1 的 DMA
    DAC_DMACmd(DAC_Channel_1, ENABLE);
    //使能定时器 2
    TIM_Cmd(TIM2, ENABLE);
}
/*******************************************************************
 * 函数名:DAC_DMA_Config
 * 功能:DAC 的 DMA 通道配置
 * 输入参数:无
 * 输出参数:无
 *******************************************************************/
void DAC_DMA_Config(void)
{
    DMA_InitTypeDef DMA_InitStructure;                           //定义 DMA 结构体
    RCC_AHBPeriphClockCmd(RCC_AHBPeriph_DMA2,ENABLE);           //使能 DMA2 时钟


    /* DMA2 通道 3 配置 */
    DMA_DeInit(DMA2_Channel3);                                  //根据默认设置初始化 DMA2
    DMA_InitStructure.DMA_PeripheralBaseAddr = DAC_DHR12R1_Address;   //外设地址
    DMA_InitStructure.DMA_MemoryBaseAddr = (u32)&Escalator16bit;      //内存地址
    DMA_InitStructure.DMA_DIR = DMA_DIR_PeripheralDST;     //外设 DAC 作为数据传输的目的地
    DMA_InitStructure.DMA_BufferSize = 5;                            //数据长度为 5
    DMA_InitStructure.DMA_PeripheralInc = DMA_PeripheralInc_Disable;
                                                        //外设地址寄存器不递增
    DMA_InitStructure.DMA_MemoryInc = DMA_MemoryInc_Enable;          //内存地址递增
    DMA_InitStructure.DMA_PeripheralDataSize = DMA_PeripheralDataSize_HalfWord;
                                                        //外设传输以半字为单位
    DMA_InitStructure.DMA_MemoryDataSize = DMA_MemoryDataSize_HalfWord;
                                                        //内存以半字为单位
    DMA_InitStructure.DMA_Mode = DMA_Mode_Circular;                 //循环模式
    DMA_InitStructure.DMA_Priority = DMA_Priority_High;   //4 优先级之一的(高优先级)
    DMA_InitStructure.DMA_M2M = DMA_M2M_Disable;                    //非内存到内存
```

```
    DMA_Init(DMA2_Channel3, &DMA_InitStructure);
                            //根据以上参数初始化 DMA_InitStructure
    /* 使能 DMA2 的通道 3 */
    DMA_Cmd(DMA2_Channel3, ENABLE);
}
/* **************************************************************
 * 函数名:main
 * 功能:使用 DAC 的定时器 2 触发功能,通过 DMA 通道将数组中值送给 DAC 转换,
 *      在 PA4 上产生梯形波
 * 输入参数:无
 * 输出参数:无
 * ************************************************************** */
int main(void)
{
    SystemInit();                      //STM32 系统初始化(包括时钟、倍频、Flash 配置)
    DAC_DMA_Config();                  //DAC 的 DMA 配置
    DAC_Config();                      //DAC 定时器 2 触发初始化配置
    while(1);
}
```

7.5　DAC 三角波生成模式示例程序设计

7.5.1　DAC 三角波生成模式配置

STM32F 的 DAC 可以设置为三角波生成模式,可以在 DC 或者缓慢变化的信号上加上一个小幅度的三角波。设置 DAC 控制寄存器(DAC_CR)的 WAVEx[1:0]位为 10,选择 DAC 的三角波生成功能。设置 DAC_CR 寄存器的 MAMPx[3:0]位来选择三角波的幅度。内部的三角波计数器每次触发事件之后 3 个 APB1 时钟周期后累加 1。计数器的值与 DAC_DHRx 寄存器的数值相加并丢弃溢出位后写入 DAC_DORx 寄存器(DAC 通道数据输出寄存器)。在传入 DAC_DORx 寄存器的数值小于 MAMP[3:0]位定义的最大幅度时,三角波计数器逐步累加。一旦达到设置的最大幅度,计数器就开始递减,达到 0 后再开始累加,周而复始。将 WAVEx[1:0]置 0,可以复位三角波的生成。具体配置步骤如下:

① 配置 DAC 的模拟复用 GPIO,DAC 的通道 1 对应 PA4,通道 2 对应 PA5;使能 GPIOA 时钟,方向为模拟输入;定时器 2 触发模式可以设置为溢出触发。

② 配置触发的定时器,使能其定时器时钟,设置定时器预分频数、溢出计数值、计数方向及采样分频等。

③ 配置 DAC,使能 DAC 时钟,DAC 配置有以下几点需要注意:

➢ 设置 DAC 触发方式,这里设置为定时器 2 触发。

➢ 设置每个通道的波形生成模式,这里设置为三角波发生模式。

➢ 设置三角波的最大幅值。幅值由 DAC_CR 寄存器的 MAMPx[3:0]位来选择三角波的幅度,共有 12 个幅值选择。

➢ 设置是否使能输出缓冲。

➢ 设置双通道数据格式及三角波幅值的基值。注意:DAC 的每个通道设置的基值加上设置的幅度数值不能超过 4 095,否则生成的三角波会变形。

➢ 使能 DAC 的相应通道。

④ 使能定时器。

下面介绍生成三角波波形周期的计算方法。

由于内部的三角波计数器每次触发事件之后 3 个 APB1 时钟周期后累加 1。定时器配置代码如下:

```
/* TIM2 配置 */
  TIM_TimeBaseStructInit(&TIM_TimeBaseStructure);
  TIM_TimeBaseStructure.TIM_Period = 20 - 1;               //计数器值
  TIM_TimeBaseStructure.TIM_Prescaler = 2 - 1;             //预分频值,2 分频
  TIM_TimeBaseStructure.TIM_ClockDivision = 0x0;           //采样分频
  TIM_TimeBaseStructure.TIM_CounterMode = TIM_CounterMode_Up; //向上计数
  TIM_TimeBaseInit(TIM2, &TIM_TimeBaseStructure);          //初始化定时器结构体
```

通道 1 三角波幅值为:

```
DAC_InitStructure.DAC_LFSRUnmask_TriangleAmplitude = DAC_TriangleAmplitude_2047;
```

若 APB1 时钟为 36 MHz,则 3 个 APB1 时钟周期为$(1/12)$ μs,三角波计数值加 1 的时间为

$$T_1 = 1/(72/2/20) \ \mu s + (1/12) \ \mu s$$

如果忽略 3 个 APB1 时钟周期的时间,则 $T_1 = 1/(72/2/20)$ μs。

由于幅值为 2 047,因此三角波从最低值第一次上升到峰值的时间为

$$T_{up} = 2 \ 047 \times T_1$$

生成三角波的周期为

$$T = T_{up} \times 2 = 2 \ 047 \times 2 \times T_1$$

7.5.2　DAC 三角波生成模式示例程序

打开工程模板,在此基础上添加代码,将库文件 stm32f10x_adc.c 和 stm32f10x_tim.c 添加到工程中,并使能相应头文件。

本示例程序使用定时器 2 触发 DAC,使 PA4、PA5 引脚分别输出两个三角波,工程建立后界面如图 7.5.1 所示。

DAC 三角波生成模式操作示例程序放在"示例程序→DAC→DAC 三角波"文件夹中。主程序 main.c 相关代码和注释如下:

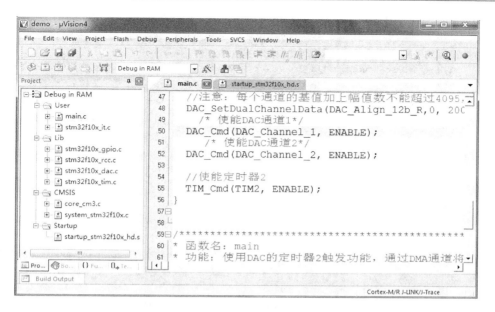

图 7.5.1　DAC 生成三角波工程界面

主程序 7.5.1　main.c

```c
#include "stm32f10x.h"
```

```
/****************************************************************
 * 函数名:DAC_Config()
 * 功能:定时器触发 DAC 产生三角波的相关配置
 * 输入参数:无
 * 输出参数:无
 ***************************************************************/
void DAC_Config(void)
{
    DAC_InitTypeDef   DAC_InitStructure;              //库函数定义 DAC 结构体
    GPIO_InitTypeDef GPIO_InitStructure;              //GPIO 结构体
    TIM_TimeBaseInitTypeDef     TIM_TimeBaseStructure;  //定时器结构体

    RCC_APB1PeriphClockCmd(RCC_APB1Periph_DAC, ENABLE);      //DAC 时钟使能
    RCC_APB2PeriphClockCmd(RCC_APB2Periph_GPIOA, ENABLE);    //使能 GPIOA 时钟
    RCC_APB1PeriphClockCmd(RCC_APB1Periph_TIM2, ENABLE);     //使能定时器时钟

    /* 将 GPIO 配置为 DAC 的模拟复用功能 */
    //PA4 对应 DAC 通道 1,PA5 对应 DAC 通道 2
    GPIO_InitStructure.GPIO_Pin = GPIO_Pin_4|GPIO_Pin_5;
    GPIO_InitStructure.GPIO_Mode = GPIO_Mode_AIN;           //模拟输入
    GPIO_Init(GPIOA, &GPIO_InitStructure);
```

```
    /* TIM2 配置 */
    TIM_TimeBaseStructInit(&TIM_TimeBaseStructure);
    TIM_TimeBaseStructure.TIM_Period = 20 - 1;                //计数器值
    TIM_TimeBaseStructure.TIM_Prescaler = 2 - 1;              //预分频值,2 分频
    TIM_TimeBaseStructure.TIM_ClockDivision = 0x0;            //采样分频
    TIM_TimeBaseStructure.TIM_CounterMode = TIM_CounterMode_Up;//向上计数
    TIM_TimeBaseInit(TIM2, &TIM_TimeBaseStructure);           //初始化定时器结构体

    /* TIM2 设置为溢出触发 */
    TIM_SelectOutputTrigger(TIM2, TIM_TRGOSource_Update);
    /* DAC 通道 1 配置 */
    DAC_InitStructure.DAC_Trigger = DAC_Trigger_T2_TRGO;      //定时器 2 触发
    DAC_InitStructure.DAC_WaveGeneration = DAC_WaveGeneration_Triangle;
                                                             //设置为产生三角波模式
    DAC_InitStructure.DAC_LFSRUnmask_TriangleAmplitude = DAC_TriangleAmplitude_2047;
                                                             //设置通道 1 三角波幅值
    DAC_InitStructure.DAC_OutputBuffer = DAC_OutputBuffer_Disable;  //不使能输出缓冲
    DAC_Init(DAC_Channel_1, &DAC_InitStructure);             //根据以上参数初始化 DAC 结构体
    /* DAC 通道 2 配置 */
    DAC_InitStructure.DAC_LFSRUnmask_TriangleAmplitude = DAC_TriangleAmplitude_1023;
                                                             //设置通道 2 三角波幅值
    DAC_Init(DAC_Channel_2, &DAC_InitStructure);
    /* 设置双通道数据格式及三角波幅值的基值 */
    //注意:每个通道的基值加上幅值数不能超过 4095,否则三角波会变形
    DAC_SetDualChannelData(DAC_Align_12b_R,0, 200);//通道 1 基值为 200,通道 2 基值为 0
    /* 使能 DAC 通道 1 */
    DAC_Cmd(DAC_Channel_1, ENABLE);
    /* 使能 DAC 通道 2 */
    DAC_Cmd(DAC_Channel_2, ENABLE);
    //使能定时器 2
    TIM_Cmd(TIM2, ENABLE);
}
/***********************************************************
 * 函数名:main
 * 功能:使用定时器 2 触发 DAC 生成三角波,在 PA4 及 PA5 上输出三角波
 * 输入参数:无
 * 输出参数:无
 ***********************************************************/
int main(void)
{
    SystemInit();                //STM32 系统初始化(包括时钟、倍频、Flash 配置)
    DAC_Config();                //DAC 初始化配置
    while(1);
}
```

第 **8** 章

定时器的使用

8.1 STM32F 的定时器简介

大容量的 STM32F103xx 增强型系列产品包含最多 2 个高级控制定时器(TIM1
和 TIM8)、4 个通用定时器(TIM2~TIM5)和 2 个基本定时器(TIM6 和 TIM7),以及
2 个看门狗定时器和 1 个系统嘀嗒定时器。

1. 高级控制定时器(TIM1 和 TIM8)

高级控制定时器(TIM1 和 TIM8)由一个 16 位的自动装载计数器组成,并由一个
可编程的预分频器驱动。它适合多种用途,包含测量输入信号的脉冲宽度(输入捕获),
或者产生输出波形(输出比较、PWM、嵌入死区时间的互补 PWM 等)。使用定时器预
分频器和 RCC 时钟控制预分频器,可以实现脉冲宽度和波形周期从几微秒到几毫秒的
调节。

高级控制定时器(TIM1 和 TIM8)和通用定时器(TIMx)是完全独立的,它们不共
享任何资源,但可以同步操作。

TIM1 和 TIM8 定时器的功能包括:

① 16 位向上、向下、向上/下自动装载计数器;

② 16 位可编程(可以实时修改)预分频器,计数器时钟频率的分频系数为 1~
65 535 之间的任意数值;

③ 多达 4 个独立通道,即输入捕获、输出比较、PWM 生成(边沿或中间对齐模式)、
单脉冲模式输出;

④ 死区时间可编程的互补输出;

⑤ 使用外部信号控制定时器和与定时器互联的同步电路;

⑥ 允许在指定数目的计数器周期之后更新定时器寄存器的重复计数器;

⑦ 刹车输入信号可以将定时器输出信号置于复位状态或者一个已知状态;

⑧ 如下事件发生时产生中断/DMA,即更新〔计数器向上溢出/向下溢出、计数器
初始化(通过软件或者内部/外部触发)〕、触发事件(计数器启动、停止、初始化或者由内
部/外部触发计数)、输入捕获、输出比较、刹车信号输入;

⑨ 支持针对定位的增量(正交)编码器和霍尔传感器电路;

⑩ 触发输入作为外部时钟或者按周期的电流管理。

2. 通用定时器(TIMx)

通用定时器是一个通过可编程预分频器驱动的 16 位自动装载计数器。它适用于多种场合,包括测量输入信号的脉冲长度(输入捕获)或者产生输出波形(输出比较和PWM)。使用定时器预分频器和 RCC 时钟控制器预分频器,脉冲长度和波形周期可以在几微秒到几毫秒间调整。每个定时器都是完全独立的,没有互相共享任何资源。它们可以同步操作。

通用 TIMx(TIM2、TIM3、TIM4 和 TIM5)定时器功能包括:

① 16 位向上、向下、向上/向下自动装载计数器;

② 16 位可编程(可以实时修改)预分频器,计数器时钟频率的分频系数为 1～65 536 之间的任意数值;

③ 4 个独立通道,即输入捕获、输出比较、PWM 生成(边缘或中间对齐模式)、单脉冲模式输出;

④ 使用外部信号控制定时器和定时器互连的同步电路;

⑤ 如下事件发生时产生中断/DMA,即更新〔计数器向上溢出/向下溢出,计数器初始化(通过软件或者内部/外部触发)〕、触发事件(计数器启动、停止、初始化或者由内部/外部触发计数)、输入捕获、输出比较;

⑥ 支持针对定位的增量(正交)编码器和霍尔传感器电路;

⑦ 触发输入作为外部时钟或者按周期的电流管理。

3. 基本定时器(TIM6 和 TIM7)

基本定时器(TIM6 和 TIM7)各包含一个 16 位自动装载计数器,由各自的可编程预分频器驱动。它们可以作为通用定时器提供时间基准,特别是可以为数/模转换器(DAC)提供时钟。实际上,它们在芯片内部直接连接到 DAC 并通过触发输出直接驱动 DAC。这 2 个定时器是互相独立的,不共享任何资源。

TIM6 和 TIM7 定时器的主要功能包括:

① 16 位自动重装载累加计数器;

② 16 位可编程(可实时修改)预分频器,用于对输入的时钟按系数为 1～65 536 之间的任意数值分频;

③ 触发 DAC 的同步电路;

④ 在更新事件(计数器溢出)时产生中断/DMA 请求。

8.2　基本定时器的使用

8.2.1　基本定时器的寄存器设置

1. 控制寄存器 1(TIMx_CR1)设置

控制寄存器 1(TIMx_CR1)的各位功能描述如图 8.2.1 所示。

15	14	13	12	11	10	9	8	7	6	5	4	3	2	1	0
保留								ARPE	保留			OPM	URS	UDIS	CEN
res								rw	res			rw	rw	rw	rw

位[15:8]	保留,始终读为0
位7	ARPE:自动重装载预装载使能(Auto-reload preload enable) 0:TIMx_ARR寄存器没有缓冲; 1:TIMx_ARR寄存器具有缓冲
位[6:4]	保留, 始终读为0。
位3	OPM:单脉冲模式(One-pulse mode) 0:在发生更新事件时,计数器不停止; 1:在发生下次更新事件时,计数器停止计数(清除CEN位)
位2	URS:更新请求源(Update request source) 该位由软件设置和清除,以选择UEV事件的请求源。 0:如果使能了中断或DMA,以下任一事件可以产生一个更新中断或DMA请求: 　-计数器上溢或下溢; 　-设置UG位; 　-通过从模式控制器产生的更新。 1:如果使能了中断或DMA,只有计数器上溢或下溢可以产生更新中断或DMA请求
位1	UDIS:禁止更新(Update disable) 该位由软件设置和清除,以使能或禁止UEV事件的产生。 0:UEV使能。更新事件(UEV)可以由下列事件产生: 　-计数器上溢或下溢; 　-设置UG位; 　-通过从模式控制器产生的更新。 　产生更新事件后,带缓冲的寄存器被加载为预加载数值。 1:禁止UEV。不产生更新事件(UEV),影子寄存器保持它的内容(ARR、PSC)。但是如果设置 　了UG位或从模式控制器产生了一个硬件复位,则计数器和预分频器将重新初始化
位0	CEN:计数器使能(Counter enable) 0:关闭计数器; 1:使能计数器 注:门控模式只能在软件已经设置了CEN位时有效,而触发模式可以自动由硬件设置CEN位; 　在单脉冲模式下,当产生更新事件时CEN被自动清除

图 8.2.1　寄存器 TIMx_CR1 各位功能描述

2. DMA /中断使能寄存器(TIMx_DIER)设置

DMA/中断使能寄存器(TIMx_DIER)是一个 16 位寄存器,其各位功能描述如图 8.2.2 所示。

设置位 8 使能更新 DMA 请求,不使用 DMA 时不需要设置此位。位 0 为允许更新中断位,通过置 1 来使能(允许)由于更新事件而产生的中断。

3. 状态寄存器(TIMx_SR)设置

状态寄存器(TIMx_SR)用来标记 TIM6 及 TIM7 的更新中断是否发生。该寄存器的各位功能描述如图 8.2.3 所示。

4. 计数器寄存器(TIMx_CNT)设置

计数器寄存器(TIMx_CNT)的各位功能描述如图 8.2.4 所示。

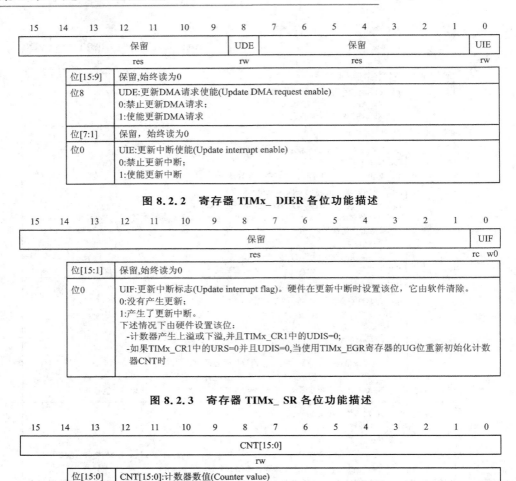

15	14	13	12	11	10	9	8	7	6	5	4	3	2	1	0
保留							UDE	保留							UIE
res							rw	res							rw

位[15:9]	保留,始终读为0
位8	UDE:更新DMA请求使能(Update DMA request enable) 0:禁止更新DMA请求; 1:使能更新DMA请求
位[7:1]	保留,始终读为0
位0	UIE:更新中断使能(Update interrupt enable) 0:禁止更新中断; 1:使能更新中断

图 8.2.2　寄存器 TIMx_ DIER 各位功能描述

15	14	13	12	11	10	9	8	7	6	5	4	3	2	1	0
保留															UIF
res															rc w0

位[15:1]	保留,始终读为0
位0	UIF:更新中断标志(Update interrupt flag)。硬件在更新中断时设置该位,它由软件清除。 0:没有产生更新; 1:产生了更新中断。 下述情况下由硬件设置该位: -计数器产生上溢或下溢,并且TIMx_CR1中的UDIS=0; -如果TIMx_CR1中的URS=0并且UDIS=0,当使用TIMx_EGR寄存器的UG位重新初始化计数器CNT时

图 8.2.3　寄存器 TIMx_ SR 各位功能描述

15	14	13	12	11	10	9	8	7	6	5	4	3	2	1	0
CNT[15:0]															
rw															

位[15:0]	CNT[15:0]:计数器数值(Counter value)

图 8.2.4　寄存器 TIMx_CNT 各位功能描述

5. 预分频寄存器(TIMx_PSC)设置

预分频寄存器(TIMx_PSC)通过设置实现对时钟进行分频,然后作为计数器的时钟,提供给计数器使用。该寄存器的各位功能描述如图 8.2.5 所示。

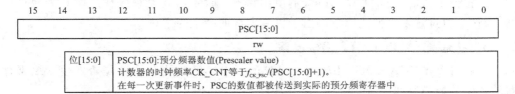

15	14	13	12	11	10	9	8	7	6	5	4	3	2	1	0
PSC[15:0]															
rw															

位[15:0]	PSC[15:0]:预分频器数值(Prescaler value) 计数器的时钟频率CK_CNT等于$f_{CK\_PSC}/(PSC[15:0]+1)$。 在每一次更新事件时, PSC的数值都被传送到实际的预分频寄存器中

图 8.2.5　寄存器 TIMx_PSC 各位功能描述

图 8.2.5 中的 CK_CNT 时钟是从 APB1 倍频来的,除非 APB1 的时钟分频数设置为 1,否则通用定时器 TIMx 的时钟是 APB1 时钟的 2 倍。当 APB1 的时钟不分频时,

基本定时器 TIMx 的时钟就等于 APB1 的时钟。而高级定时器的时钟不是来自 APB1,而是来自 APB2。

6. 自动重装载寄存器(TIMx_ARR)设置

自动重装载寄存器(TIMx_ARR)在物理上实际对应着 2 个寄存器:一个是程序员可以直接操作的;另一个是程序员看不到的,这个看不到的寄存器也称为影子寄存器。事实上真正起作用的是影子寄存器。

根据 TIMx_CR1 寄存器中 ARPE 位的设置:ARPE＝0 时,预装载寄存器的内容可以随时传送到影子寄存器,此时两者是连通的;而 ARPE＝1 时,在每一次更新事件(UEV)时,才把预装在寄存器中的内容传送到影子寄存器。

自动重装载寄存器 TIMx_ARR 的各位功能描述如图 8.2.6 所示。

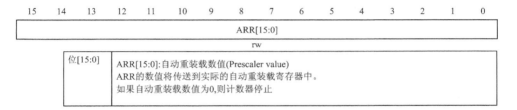

图 8.2.6　寄存器 TIMx_ARR 各位功能描述

8.2.2　定时器的时钟

只要使用默认的库函数配置时钟,无论是 TIM1 还是 TIMx,定时器的计数频率都是 72 MHz。尽管 APB1 最高只能是 36 MHz(TIM2～TIM7 用),APB2 最高是 72 MHz(TIM1 和 TIM8 用),但只要使用库默认配置,定时器的计数器一律采用 72 MHz 时钟。

STM32F 的时钟系统方框图如图 8.2.7 所示。

图 8.2.7 中是与定时器有关的时钟部分。其中有两个带虚线圈的方框,这两个方框中的语句分别是"如果 APB1 预分频系数＝1,则频率不变;否则频率×2(TIM2,3,4,5,6,7,12,13,14 timers If(APB1 prescaler ＝1)×1 else×2)"和"如果 APB2 预分频系数＝1,则频率不变;否则频率×2(TIM1,8,9,10,11 timers If(APB1 prescaler ＝1)×1 else×2)"。其意思是在 APBx 的分频里,无论是 APB1 还是 APB2,只要分频值为 1,它的值就不变,如果分频值为 2,就会自动乘以 2。利用这个机制可以让 APB1 上挂接的低速定时器的计数时钟变成 72 MHz。

打开库函数中的文件 system_stm32f10x.c,如果把系统时钟设置为 72 MHz,那么最终会运行这个函数 static void SetSysClockTo72(void)。

在这个函数中,有以下代码:

```
/ * ! < PCLK2 = HCLK * /
RCC -> CFGR |= (uint32_t)RCC_CFGR_PPRE2_DIV1;
/ * ! < PCLK1 = HCLK * /
```

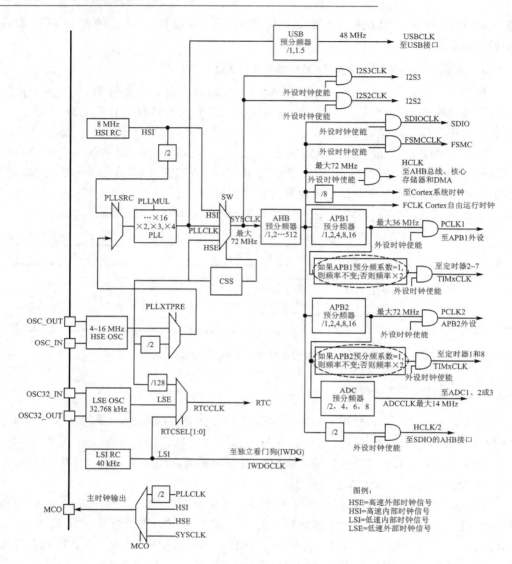

图8.2.7　STM32F 的时钟系统方框图

RCC->CFGR |= (uint32_t)RCC_CFGR_PPRE1_DIV2;

这是用来配置 APB 总线的频率,而 HCLK 此时的频率为 72 MHz。所以,以上配置就使得 PCLK2=72 MHz,PCLK1=36 MHz。

由于 PCLK1 使用了 DIV2 的分频,所以在定时器里又会自动乘以 2,最终使得定时器的计数时钟变成 72 MHz。

必须注意的是,不要把 PCLK1 的配置改为

RCC->CFGR |= (uint32_t)RCC_CFGR_PPRE1_DIV1;

如果这样,就直接把 APB1 超频成 72 MHz 了。当然,如果系统时钟设置为 16 倍

频到 128 MHz,TIM2 也可以到 128 MHz,但超频有时会导致系统不稳定,系统功耗也会增加。一般不建议超频使用,是否超频使用需要根据实际情况来确定。

如果要使 TIM2 的计数时钟为 36 MHz,就需要采用 4 分频,也就是把 APB1 变成 18 MHz,利用内部的乘以 2 的机制,即 18 MHz×2＝36 MHz。注意:需要修改 SetSysClockTo72()中的分频系数。

8.2.3　基本定时器的示例程序设计

本示例程序使用定时器 6 的定时更新中断功能,1 ms 产生一次中断,在中断服务程序中将 PB0 电平反向。可连接发光二极管观察其现象,否则用示波器观察引脚波形。

本示例程序使用库函数操作,使用基本定时器的定时功能需要进行以下设置:

① 使能定时器的时钟。

② 设置预分频数。

③ 设置计数器值。

④ 设置采样分频数。

⑤ 设置计数方式,向上还是向下计数,其中定时器 6 和定时器 7 只有向上计数功能。

⑥ 使能中断,配置中断分组及中断服务程序。

打开工程模板,添加 stm32f10x_tim.c 和 misc.c,并使能对应的头文件。建立好的工程如图 8.2.8 所示。

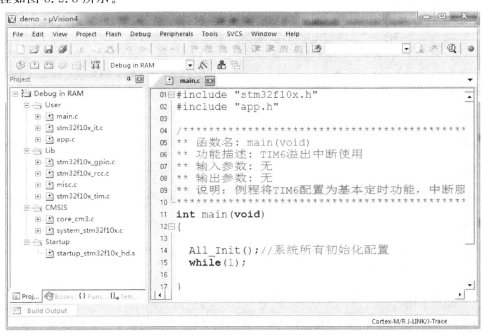

图 8.2.8　使用基本定时器的工程界面

8.2.4 基本定时器的示例程序

基本定时器操作示例程序放在"示例程序→ TIM→TimeBase"文件夹中。部分程序代码如下:

1. app.c 相关代码和注释

程序 8.2.1 app.c

```
#include "app.h"


/* ************************************************
** 函数名:All_GPIO_Config
** 功能描述:在这里配置所有的 GPIO 口
** 输入参数:无
** 输出参数:无
**************************************************/
void All_GPIO_Config(void)
{
    GPIO_InitTypeDef GPIO_InitStructure;                            //定义 GPIO 结构体

    RCC_APB2PeriphClockCmd(RCC_APB2Periph_GPIOB, ENABLE);          //使能 GPIOB 口时钟
    //将 PB0 配置为推挽输出
    GPIO_InitStructure.GPIO_Pin = GPIO_Pin_0;                       //PB0
    GPIO_InitStructure.GPIO_Mode = GPIO_Mode_Out_PP;               //推挽输出
    GPIO_InitStructure.GPIO_Speed = GPIO_Speed_50MHz;             //50 MHz 时钟频率
    GPIO_Init(GPIOB, &GPIO_InitStructure);
}
/* ************************************************
** 函数名:TIM6_Config
** 功能描述:基本定时器配置
** 输入参数:无
** 输出参数:无
** 说明:定时时间 = (预分频数 + 1) * (计数值 + 1)/TIM6 时钟(72 MHz),单位(s)
           这里溢出时间 t = [(7200 * 10000)/72000000]s = 1s
**************************************************/
void TIM6_Config(void)
{
    TIM_TimeBaseInitTypeDef  TIM_TimeBaseStructure;
    RCC_APB1PeriphClockCmd(RCC_APB1Periph_TIM6, ENABLE);          //使能 TIM6 时钟

    /* 基础设置 */
    TIM_TimeBaseStructure.TIM_Period = 10000 - 1;                //计数值 10 000
    TIM_TimeBaseStructure.TIM_Prescaler = 7200 - 1;      //预分频,此值 +1 为分频的除数
```

```
    TIM_TimeBaseStructure.TIM_ClockDivision = 0x0;                      //采样分频
    TIM_TimeBaseStructure.TIM_CounterMode = TIM_CounterMode_Up;   //向上计数
    TIM_TimeBaseInit(TIM6, &TIM_TimeBaseStructure);

    TIM_ITConfig(TIM6,TIM_IT_Update, ENABLE);
    TIM_Cmd(TIM6，ENABLE);
}
/* ********************************************************************
** 函数名:NVIC_Config
** 功能描述:中断优先级配置
** 输入参数:无
** 输出参数:无
********************************************************************/
void NVIC_Config(void)
{
    NVIC_InitTypeDef NVIC_InitStructure;
    NVIC_PriorityGroupConfig(NVIC_PriorityGroup_2);                    //采用组别 2

    NVIC_InitStructure.NVIC_IRQChannel = TIM6_IRQn;                    //TIM6 中断
    NVIC_InitStructure.NVIC_IRQChannelPreemptionPriority = 0; //占先式优先级设置为 0
    NVIC_InitStructure.NVIC_IRQChannelSubPriority = 0;              //副优先级设置为 0
    NVIC_InitStructure.NVIC_IRQChannelCmd = ENABLE;                //中断使能
    NVIC_Init(&NVIC_InitStructure);                                //中断初始化
}
/* ********************************************************************
** 函数名:All_Init
** 功能描述:系统的所有初始化配置放在这里
** 输入参数:无
** 输出参数:无
** 返回:成功返回 1,否则返回 0
********************************************************************/
u8 All_Init(void)
{
    SystemInit();                          //系统时钟初始化
    All_GPIO_Config();                     //所有 GPIO 配置
    TIM6_Config();                         //TIM6 初始化配置
    NVIC_Config();                         //中断优先级配置
    return 1;
}
```

2. stm32f10x_it. c 相关代码和注释

中断服务程序 8.2.2　stm32f10x_it. c

```c
#include "stm32f10x_it.h"


/****************************************************************
**  函数名:TIM6_IRQHandler
**  功能描述:定时器 6 的更新中断服务程序
**  输入参数:无
**  输出参数:无
****************************************************************/
void TIM6_IRQHandler(void)
{
    if (TIM_GetITStatus(TIM6, TIM_IT_Update) != RESET)
    {
        /* 必须清空标志位 */
        TIM_ClearITPendingBit(TIM6,TIM_IT_Update);        //清除更新中断标志位
        GPIOB->ODR ^= GPIO_Pin_0;                          //将 PB0 电平反相
    }
}
```

3. main. c 相关代码和注释

主程序 8.2.3　main. c

```c
#include "stm32f10x.h"
#include "app.h"


/****************************************************************
**  函数名:main
**  功能描述:TIM6 溢出中断使用
**  输入参数:无
**  输出参数:无
**  说明:例程将 TIM6 配置为基本定时功能,中断服务程序中将 PB0 电平反向,
**       产生 0.5 Hz 的方波,可连接发光二极管观察其现象
****************************************************************/
int main(void)
{
    All_Init();      //系统所有初始化配置
    while(1);
}
```

8.3 定时器的输入捕获模式

8.3.1 定时器的输入捕获模式简介

定时器 TIM1 和 TIM8 以及 TIM2～TIM5 具有输入捕获模式。

每一个捕获/比较通道都是围绕着一个捕获/比较寄存器(包含影子寄存器),包括捕获的输入部分(数字滤波、多路复用和预分频器)和输出部分(比较器和输出控制)。

输入部分对相应的 TIx 输入信号采样,并产生一个滤波后的信号 TIxF。然后,一个带极性选择的边沿检测器产生一个信号(TIxFPx),它可以作为从模式控制器的输入触发或者作为捕获控制。该信号通过预分频进入捕获寄存器(ICxPS)。

捕获/比较模块由一个预装载寄存器和一个影子寄存器组成。读/写过程仅操作预装载寄存器。在捕获模式下,捕获发生在影子寄存器上,然后再复制到预装载寄存器中。在比较模式下,预装载寄存器的内容被复制到影子寄存器中,然后影子寄存器的内容和计数器进行比较。

在输入捕获模式下,当检测到 ICx 信号上相应的边沿后,计数器的当前值被锁存到捕获/比较寄存器(TIMx_CCRx)中。当捕获事件发生时,相应的 CCxIF(x=1～4)标志(TIMx_SR 寄存器)置 1,如果使能了中断或者 DMA 操作,则产生中断或者 DMA 操作。如果捕获事件发生时 CCxIF 标志已经为高,那么重复捕获 CCxOF(x=1～4)标志(TIMx_SR 寄存器)置 1。写 CCxIF=0 可清除 CCxIF,或读取存储在 TIMx_CCRx 寄存器中的捕获数据也可清除 CCxIF。写 CCxOF=0 可清除 CCxOF。

在 TI1 输入上升沿时捕获计数器的值到 TIMx_CCR1 寄存器中的步骤如下:

① 选择有效输入端:TIMx_CCR1 必须连接到 TI1 输入,所以写入 TIMx_CCR1 寄存器中的 CC1S=01,只要 CC1S 不为 00,通道配置为输入,并且 TIM1_CCR1 寄存器变为只读。

② 根据输入信号的特点,配置输入滤波器为所需的带宽(即输入为 TIx 时,输入滤波器控制位是 TIMx_CCMRx 寄存器中的 ICxF 位)。假设输入信号在最多 5 个内部时钟周期的时间内抖动,须配置滤波器的带宽长于 5 个时钟周期。因此可以(以 f_{DTS} 频率)连续采样 8 次,以确认在 TI1 上一次真实的边沿变换,即在 TIMx_CCMR1 寄存器中写入 IC1F=0011。

③ 选择 TI1 通道的有效转换边沿,在 TIMx_CCER 寄存器中写入 CC1P=0(上升沿)。

④ 配置输入预分频器。在本例中,希望捕获发生在每一个有效的电平转换时刻,因此预分频器被禁止(写 TIMx_CCMR1 寄存器的 IC1PS=00)。

⑤ 设置 TIMx_CCER 寄存器的 CC1E=1,允许捕获计数器的值到捕获寄存器中。

⑥ 如果需要,可通过设置 TIMx_DIER 寄存器中的 CC1IE 位允许相关中断请求,通过设置 TIMx_DIER 寄存器中的 CC1DE 位允许 DMA 请求。

当发生一个输入捕获时:

➢ 产生有效的电平转换时,计数器的值被传送到 TIMx_CCR1 寄存器。

➢ CC1IF 标志被设置(中断标志)。当发生至少 2 个连续的捕获时,而 CC1IF 未曾被清除,CC1OF 也被置 1。

➢ 如设置了 CC1IE 位,则会产生一个中断。

➢ 如设置了 CC1DE 位,则还会产生一个 DMA 请求。

为了处理捕获溢出,建议在读出捕获溢出标志之前读取数据,以免丢失在读出捕获溢出标志之后和读取数据之前可能产生的捕获溢出信息。

8.3.2 定时器的输入滤波设置

如图 8.3.1 所示,STM32F 的所有定时器输入通道都有一个滤波单元,分别位于每个输入通路上和外部触发输入通路上,它们的作用是滤除输入信号上的高频干扰。

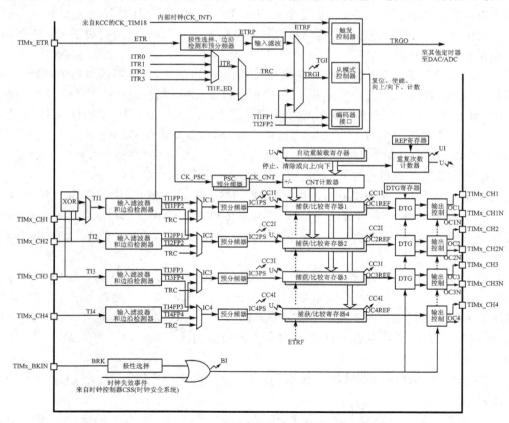

图 8.3.1 高级控制定时器框图

输入滤波的具体操作如下:

① 在 TIMx_CR1 中的 CKD[1:0]可以由用户设置对输入信号的采样频率基准,有 3 种选择:

采样频率基准 f_{DTS} ＝定时器输入频率 f_{CK_INT}

采样频率基准 f_{DTS} ＝定时器输入频率 $f_{CK\_INT}/2$

采样频率基准 f_{DTS} ＝定时器输入频率 $f_{CK\_INT}/4$

然后使用上述频率作为基准对输入信号进行采样，当连续采样到 N 次个有效电平时，才认为产生一次有效输入电平。实际的采样频率和采样次数可以由用户程序根据需要选择。

② 外部触发输入通道的滤波参数在从模式控制寄存器（TIMx_SMCR）的 ETF[3：0]中设置。

③ 每个输入通道的滤波参数在捕获/比较模式寄存器 1（TIMx_CCMR1）或捕获/比较模式寄存器 2（TIMx_CCMR2）的 IC1F[3:0]、IC2F[3:0]、IC3F[3:0]和 IC4F[3:0]中设置。捕获/比较模式寄存器 1 的 IC1F[3:0]的各位功能描述如图 8.3.2 所示。

位[7:4]	IC1F[3:0]：输入捕获滤波器1(Input capture 1 filter)	
	这几位定义了TI1输入的采样频率及数字滤波器长度。数字滤波器由一个事件计数器组成，它记录到N个事件后会产生一个输出的跳变：	
	0000：无滤波器，以 f_{DTS} 采样	1000：采样频率 $f_{SAMPLING}=f_{DTS}/8$，$N=6$
	0001：采样频率 $f_{SAMPLING}=f_{CK\_INT}$，$N=2$	1001：采样频率 $f_{SAMPLING}=f_{DTS}/8$，$N=8$
	0010：采样频率 $f_{SAMPLING}=f_{CK\_INT}$，$N=4$	1010：采样频率 $f_{SAMPLING}=f_{DTS}/16$，$N=5$
	0011：采样频率 $f_{SAMPLING}=f_{CK\_INT}$，$N=8$	1011：采样频率 $f_{SAMPLING}=f_{DTS}/16$，$N=6$
	0100：采样频率 $f_{SAMPLING}=f_{DTS}/2$，$N=6$	1100：采样频率 $f_{SAMPLING}=f_{DTS}/16$，$N=8$
	0101：采样频率 $f_{SAMPLING}=f_{DTS}/2$，$N=8$	1101：采样频率 $f_{SAMPLING}=f_{DTS}/32$，$N=5$
	0110：采样频率 $f_{SAMPLING}=f_{DTS}/4$，$N=6$	1110：采样频率 $f_{SAMPLING}=f_{DTS}/32$，$N=6$
	0111：采样频率 $f_{SAMPLING}=f_{DTS}/4$，$N=8$	1111：采样频率 $f_{SAMPLING}=f_{DTS}/32$，$N=8$

图 8.3.2　捕获/比较模式寄存器 1 的 IC1F[3:0]各位功能描述

例如：当 $f_{CK\_INT}＝72$ MHz 时，选择 $f_{DTS}＝f_{CK\_INT}/2＝36$ MHz，采样频率 $f_{SAMPLING}＝f_{DTS}/2＝18$ MHz 且 $N＝6$，则频率高于 3 MHz 的信号将被这个滤波器滤除，有效地屏蔽了高于 3 MHz 的干扰信号。

8.3.3　定时器的输入捕获模式示例程序设计

本示例程序采用库函数实现，设置定时器输入捕获功能步骤如下：

① 使能用于输入捕获的定时器时钟，以及使能作为输入捕获的 I/O 引脚时钟。

② 初始化输入捕获的 GPIO。引脚方向根据实际采样波形设置为上拉、下拉输入，若已上下外接电阻，也可设置为浮空输入。

③ 定义定时器输入捕获结构体，TIM_ICInitTypeDef　TIM_ICInitStructure。

④ 设置定时器输入捕获通道（与前面设置的 GPIO 相对应），捕获有效边沿，采样分频系数及滤波机制，例如：

```
/＊定时器3通道2输入捕获配置＊/
    TIM_ICInitStructure.TIM_Channel = TIM_Channel_2;    //选择通道2作为输入捕获通道
```

```
TIM_ICInitStructure.TIM_ICPolarity = TIM_ICPolarity_Rising;      //上升沿捕获
TIM_ICInitStructure.TIM_ICSelection = TIM_ICSelection_DirectTI;
                        //TIM 输入1,2,3或4选择与对应的 IC1、IC2、IC3 或 IC4 相连
TIM_ICInitStructure.TIM_ICPrescaler = TIM_ICPSC_DIV1;
                            //TIM 捕获,在捕获输入上每探测到一个边沿就执行一次
TIM_ICInitStructure.TIM_ICFilter = 0x03;                          //滤波值为3
TIM_ICInit(TIM3, &TIM_ICInitStructure);  //根据指定的参数初始化 TIM_ICInitStructure
```

⑤ 使能输入捕获通道中断。

⑥ 使能定时器。

⑦ 设置定时器中断分组及优先级。

⑧ 设置输入捕获中断服务程序,在中断服务程序中读取 2 次捕获值计算出波形频率。

本示例程序中使用定时器 3 的通道 2 作为外部输入捕获通道,在对应的输入捕获引脚 PA7 外接一定频率的方波,在中断服务程序中用串口输出频率值。

8.3.4　定时器的输入捕获模式示例程序

定时器的输入捕获模式操作示例程序放在"示例程序→TIM→InputCapture"文件夹中。部分程序代码如下:

1. app. c 相关代码和注释

程序 8.3.1　app. c

```
# include "app. h"


/ *************************************************************
** 函数名:TIM3_Input_Cap
** 功能描述:定时器 3 输入捕获模式设置
** 输入参数:无
** 输出参数:无
** 说明:外部输入信号连接到定时器 3 的第 2 通道 PA7 引脚,上升沿
        捕获,TIM3 的 CCR2 用于计算捕获频率值
 ************************************************************/
void TIM3_Input_Cap(void)
{
TIM_ICInitTypeDef   TIM_ICInitStructure;
GPIO_InitTypeDef GPIO_InitStructure;
RCC_APB1PeriphClockCmd(RCC_APB1Periph_TIM3, ENABLE);      //使能定时器 3 时钟
RCC_APB2PeriphClockCmd(RCC_APB2Periph_GPIOA, ENABLE);    //使能 GPIOA 时钟
/ * PA7 作为 TIM3 的输入捕获引脚 */
GPIO_InitStructure.GPIO_Pin = GPIO_Pin_7;
GPIO_InitStructure.GPIO_Mode = GPIO_Mode_IPD;            //下拉输入
GPIO_InitStructure.GPIO_Speed = GPIO_Speed_50MHz;
```

```
    GPIO_Init(GPIOA, &GPIO_InitStructure);

    /* 定时器 3 通道 2 输入捕获配置 */
    TIM_ICInitStructure.TIM_Channel = TIM_Channel_2;        //选择通道 2 作为输入捕获通道
    TIM_ICInitStructure.TIM_ICPolarity = TIM_ICPolarity_Rising;     //上升沿捕获
    TIM_ICInitStructure.TIM_ICSelection = TIM_ICSelection_DirectTI;
                            //TIM 输入 1,2,3 或 4 选择与对应的 IC1 或 IC2 或 IC3 或 IC4 相连
    TIM_ICInitStructure.TIM_ICPrescaler = TIM_ICPSC_DIV1;
                                //TIM 捕获,在捕获输入上每探测到一个边沿就执行一次
    TIM_ICInitStructure.TIM_ICFilter = 0x03;           //滤波值 3
    TIM_ICInit(TIM3, &TIM_ICInitStructure);   //根据指定的参数初始化 TIM_ICInitStructure

    TIM_Cmd(TIM3, ENABLE);                          //使能定时器 3
    TIM_ITConfig(TIM3, TIM_IT_CC2, ENABLE);         //使能 TIM3 的通道 2 捕获中断
}
/* ************************************************************
** 函数名:NVIC_Config
** 功能描述:中断分组及优先级配置
** 输入参数:无
** 输出参数:无
************************************************************/
void NVIC_Config(void)
{
    NVIC_InitTypeDef NVIC_InitStructure;

    /* 定时器 3 中断 */
    NVIC_InitStructure.NVIC_IRQChannel = TIM3_IRQn;
    NVIC_InitStructure.NVIC_IRQChannelPreemptionPriority = 0;
    NVIC_InitStructure.NVIC_IRQChannelSubPriority = 1;
    NVIC_InitStructure.NVIC_IRQChannelCmd = ENABLE;
    NVIC_Init(&NVIC_InitStructure);
}
/* ************************************************************
** 函数名:u8 All_Init(void)
** 功能描述:系统的所有初始化配置放在这里
** 输入参数:无
** 输出参数:无
** 返回:成功返回 1,否则返回 0
************************************************************/
u8 All_Init(void)
{
    SystemInit();      //系统时钟初始化
    Usart_Configuration();
```

```
      TIM3_Input_Cap();
      NVIC_Config();
      return 1;
}
```

2. stm32f10x_it.c 相关代码和注释

中断服务程序 8.3.2　　stm32f10x_it.c

```
#include "stm32f10x_it.h"
#include "USART.h"


__IO uint16_t IC3ReadValue1 = 0, IC3ReadValue2 = 0;
__IO uint16_t CaptureNumber = 0;
__IO uint32_t Capture = 0;
__IO uint32_t TIM3Freq = 0;
/*************************************************************
**　函数名:TIM3_IRQHandler
**　功能描述:TIM3 中断服务程序
**　输入参数:无
**　输出参数:无
*************************************************************/
void TIM3_IRQHandler(void)
{
  if(TIM_GetITStatus(TIM3, TIM_IT_CC2) == SET)        //判断通道2有无中断产生
  {
    TIM_ClearITPendingBit(TIM3, TIM_IT_CC2);          //清除TIM3捕获比较中断标志位
    if(CaptureNumber == 0)
    {
      IC3ReadValue1 = TIM_GetCapture2(TIM3);          //读取输入捕获比较值
      CaptureNumber = 1;
    }
    else if(CaptureNumber == 1)
    {
      IC3ReadValue2 = TIM_GetCapture2(TIM3);          //再次读取输入捕获比较值
      /*捕捉计算*/
      if (IC3ReadValue2 > IC3ReadValue1)
      {
        Capture = (IC3ReadValue2 - IC3ReadValue1);
      }
      else
      {
        Capture = ((0xFFFF - IC3ReadValue1) + IC3ReadValue2);
      }
```

```
/ * 频率计算 * /
TIM3Freq = 72000000/ Capture;
CaptureNumber = 0;
printf(" % d\n",TIM3Freq);                       //串口输出频率值
      }
   }
}
```

3. main. c 相关代码和注释

主程序 8.3.3　main. c

```
# include "stm32f10x. h"
# include "app. h"


/ * * * * * * * * * * * * * * * * * * * * * * * * * * * * * * * * * * * * * * * * * * * * * * * * *
* *  函数名:main(void)
* *  功能描述:定时器输入捕获功能实现捕捉输入的 PWM 方波
* *  输入参数:无
* *  输出参数:无
* *  说明:
* * * * * * * * * * * * * * * * * * * * * * * * * * * * * * * * * * * * * * * * * * * * * * * * * */
int main(void)
{
   All_Init();    //系统所有初始化配置
   while(1);
}
```

169

8.4　STM32F 定时器的输出比较模式

8.4.1　定时器输出比较模式库函数

定时器 TIM1 和 TIM8 以及 TIM2～TIM5 具有输出比较模式。

STM32F 定时器输出比较模式库函数使用步骤如下:

① 在工程中添加库文件 stm32f10x_tim. c 和 misc. c,并使能 stm32f10x_conf. h 中的 # include "stm32f10x_tim. h"和 # include"misc. h",然后使能定时器的总线:

```
RCC_APB1PeriphClockCmd(RCC_APB1Periph_TIM2, ENABLE);
```

通用定时器时钟采用 APB1,根据前面已介绍的 STM32F 定时器的时钟分配方式,由于系统时钟初始化函数 SystemInit()已把 APB1 的分频设置为 2,所以通用定时器的时钟就是 APB1 时钟的 2 倍,等于系统时钟。

② 设置自动重装的值、预分频系数以及采样分频系数。这 3 个参数加上时钟频率

决定了定时器的溢出时间。采样分频一般设置为 0。定时器是 16 位的，而且还有 16 位分频系数，因此定时的时间比较灵活，相关代码如下：

```
/* 基础设置 */
    TIM_TimeBaseStructure.TIM_Period = 8000 - 1;        //计数值
    TIM_TimeBaseStructure.TIM_Prescaler = 36000 - 1;    //此值 +1 为分频的除数，一次
                                                        //数 0.5 ms
    TIM_TimeBaseStructure.TIM_ClockDivision = 0x0;      //采样分频
    TIM_TimeBaseStructure.TIM_CounterMode = TIM_CounterMode_Up;    //向上计数
```

溢出时间计算公式如下：

$$t = (预分频数+1) \times (计数值+1)/T_{clk}$$

式中：T_{clk} 为定时器时钟周期，Hz，若采用默认系统时钟配置 72 MHz，则 $T_{clk}=72$ MHz；t 为溢出时间，s。

上面代码设置的溢出时间 $t = (36\,000 \times 8\,000/72\,000\,000)$ s $= 4$ s。

③ 设置计数方式，向上或向下计数。

④ 将定时器模式设置为输出比较非主动模式。

⑤ 输出比较各通道初始化配置，包括各通道捕获的比较值及输出极性设置。

⑥ 使能比较捕获中断及溢出中断，要按需要设置，并使能定时器。

⑦ 定时器中断分组及优先级设置。

⑧ 定时器中服务程序，通过该程序来处理定时器产生的相关中断。可以配置溢出中断及 4 路比较捕获中断，即 5 个中断，而这 5 个中断都共享同一个中断源，在中断产生后，通过状态寄存器的值来判断此次产生的中断属于什么类型，然后执行相关的操作。

8.4.2　定时器输出比较模式示例程序设计

本示例程序使用定时器 2 的输出比较模式，除了实现定时器 2（TIM2）的溢出中断外，还实现 4 路比较捕获中断。溢出计数值为 8 000，4 个通道的捕获比较值如下：

u16　CCR1_Val =500；

u16　CCR2_Val = 1 000；

u16　CCR3_Val = 2 000；

u16　CCR4_Val = 4 000；

第 1 个通道中断发生在第 0.25 s 时，中断服务程序中将 PB0 置 1；

第 2 个通道中断发生在第 0.5 s 时，中断服务程序中将 PB1 置 1；

第 3 个通道中断发生在第 1 s 时，中断服务程序中将 PD0 置 1；

第 4 个通道中断发生在第 2 s 时，中断服务程序中将 PD1 置 1；

溢出中断发生在第 4 s 时，将 PB0、PB1、PD0、PD1 都置 0。

可以在 4 个 I/O 口外连接 4 个发光二极管观察其现象。

在前面代码的基础上添加代码，工程建好后的界面如图 8.4.1 所示。

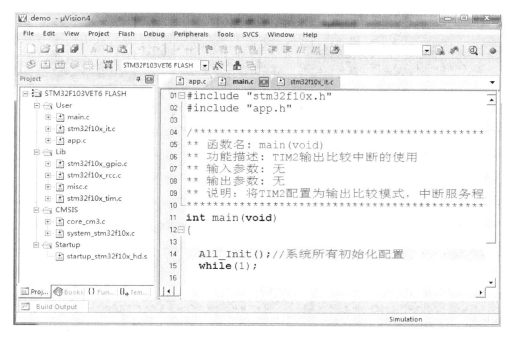

图 8.4.1 定时器输出比较模式的工程界面

8.4.3 定时器输出比较模式示例程序

定时器输出比较模式操作示例程序放在"示例程序→TIM→OCActive"文件夹中。部分程序代码如下:

1. app.c 相关代码和注释

程序 8.4.1 app.c

```c
#include "app.h"


/************************************************************
** 函数名:All_GPIO_Config
** 功能描述:在这里配置所有的 GPIO 口
** 输入参数:无
** 输出参数:无
************************************************************/
void All_GPIO_Config(void)
{
    GPIO_InitTypeDef GPIO_InitStructure;    //定义 GPIO 结构体

    RCC_APB2PeriphClockCmd(RCC_APB2Periph_GPIOB|RCC_APB2Periph_GPIOD, ENABLE);
                                            //使能 GPIOB 口时钟
```

```
                    /* 将 PB0、PB1、PB2、PB3 配置为推挽输出 */
                    GPIO_InitStructure.GPIO_Pin = GPIO_Pin_0|GPIO_Pin_1;
                    GPIO_InitStructure.GPIO_Mode = GPIO_Mode_Out_PP;              //推挽输出
                    GPIO_InitStructure.GPIO_Speed = GPIO_Speed_50MHz;            //50 MHz 时钟频率
                    GPIO_Init(GPIOB, &GPIO_InitStructure);

                    GPIO_InitStructure.GPIO_Pin = GPIO_Pin_0|GPIO_Pin_1;
                    GPIO_InitStructure.GPIO_Mode = GPIO_Mode_Out_PP;              //推挽输出
                    GPIO_InitStructure.GPIO_Speed = GPIO_Speed_50MHz;            //50 MHz 时钟频率
                    GPIO_Init(GPIOD, &GPIO_InitStructure);
                }
/* *********************************************************
** 函数名:TIM2_Config
** 功能描述:定时器 2 配置为输出比较模式
** 输入参数:无
** 输出参数:无
** 说明:溢出时间 t = 36000 * 8000/72000000 = 4 s
********************************************************** */
void TIM2_Config(void)
{
    TIM_TimeBaseInitTypeDef   TIM_TimeBaseStructure;
    TIM_OCInitTypeDef   TIM_OCInitStructure;
    /* TIM2 时钟使能 */
    RCC_APB1PeriphClockCmd(RCC_APB1Periph_TIM2, ENABLE);
    /* 基础设置 */
    TIM_TimeBaseStructure.TIM_Period = 8000 - 1;                //计数值
    TIM_TimeBaseStructure.TIM_Prescaler = 36000 - 1;            //此值 + 1 为分频的除数,
                                                                //一次数 0.5 ms
    TIM_TimeBaseStructure.TIM_ClockDivision = 0x0;              //采样分频
    TIM_TimeBaseStructure.TIM_CounterMode = TIM_CounterMode_Up;  //向上计数

    TIM_TimeBaseInit(TIM2, &TIM_TimeBaseStructure);
    TIM_OCInitStructure.TIM_OCMode = TIM_OCMode_Inactive;        //输出比较非主动模式
    /* 比较通道 1 配置 */
    TIM_OCInitStructure.TIM_Pulse = 500;                         //通道 1 捕获比较值
    TIM_OCInitStructure.TIM_OCPolarity = TIM_OCPolarity_High;    //TIM 输出比较极性为正
    TIM_OC1Init(TIM2, &TIM_OCInitStructure);
                                            //根据 TIM_OCInitStruct 中指定的参数初始化 TIM
    TIM_OC1PreloadConfig(TIM2, TIM_OCPreload_Disable);
                        //禁止 OC1 重装载,其实可以省掉这句,因为默认是 4 路都不重装的

    /* 比较通道 2 */
    TIM_OCInitStructure.TIM_Pulse = 1000;                       //通道 2 捕获比较值
```

```
    TIM_OC2Init(TIM2, &TIM_OCInitStructure);            //用指定的参数初始化 TIM2
    TIM_OC2PreloadConfig(TIM2, TIM_OCPreload_Disable);

    /* 比较通道 3 */
    TIM_OCInitStructure.TIM_Pulse = 2000;               //通道 3 捕获比较值
    TIM_OC3Init(TIM2, &TIM_OCInitStructure);
    TIM_OC3PreloadConfig(TIM2, TIM_OCPreload_Disable);

    /* 比较通道 4 */
    TIM_OCInitStructure.TIM_Pulse = 4000;               //通道 4 捕获比较值
    TIM_OC4Init(TIM2, &TIM_OCInitStructure);
    TIM_OC4PreloadConfig(TIM2, TIM_OCPreload_Disable);

    /* 使能预装载 */
    TIM_ARRPreloadConfig(TIM2, ENABLE);
    /* 预先清除所有中断位 */
    TIM_ClearITPendingBit(TIM2, TIM_IT_CC1 | TIM_IT_CC2 | TIM_IT_CC3 | TIM_IT_CC4|TIM_
IT_Update);

    /* 4 个通道和溢出都配置中断 */
    TIM_ITConfig(TIM2, TIM_IT_CC1 | TIM_IT_CC2 | TIM_IT_CC3 | TIM_IT_CC4|TIM_IT_Update,
ENABLE);
    TIM_Cmd(TIM2, ENABLE);                              //使能定时器 2
}
/* ****************************************************************
** 函数名:NVIC_Config
** 功能描述:中断优先级配置
** 输入参数:无
** 输出参数:无
*****************************************************************/
void NVIC_Config(void)
{
    NVIC_InitTypeDef NVIC_InitStructure;
    NVIC_PriorityGroupConfig(NVIC_PriorityGroup_2);         //采用组别 2

    NVIC_InitStructure.NVIC_IRQChannel = TIM2_IRQn;         //TIM2 中断
    NVIC_InitStructure.NVIC_IRQChannelPreemptionPriority = 1;//占先式优先级设置为 1
    NVIC_InitStructure.NVIC_IRQChannelSubPriority = 0;      //副优先级设置为 0
    NVIC_InitStructure.NVIC_IRQChannelCmd = ENABLE;         //中断使能
    NVIC_Init(&NVIC_InitStructure);                        //中断初始化
}

/* ****************************************************************
```

```
**  函数名:All_Init
**  功能描述:在这里配置系统的所有初始化
**  输入参数:无
**  输出参数:无
**  返回:成功返回 1,否则返回 0
**************************************************************/
u8 All_Init(void)
{
    SystemInit();                                    //系统时钟初始化
    All_GPIO_Config();                               //所有 GPIO 配置
    TIM2_Config();                                   //TIM2 初始化配置
    NVIC_Config();                                   //中断优先级配置
    return 1;
}
```

2. stm32f10x_it.c 相关代码和注释

中断服务程序 8.4.2   stm32f10x_it.c

```
#include "stm32f10x_it.h"


/****************************************************************
**  函数名:TIM2_IRQHandler
**  功能描述:定时器 2 中断服务程序
**  输入参数:无
**  输出参数:无
**************************************************************/
void TIM2_IRQHandler(void)
{
    if (TIM_GetITStatus(TIM2, TIM_IT_CC1) != RESET)   //判断 TIM2 的比较 1 通道是否有中断
    {
        /* 必须清空标志位 */
        TIM_ClearITPendingBit(TIM2, TIM_IT_CC1);      //清除比较 1 中断标志位
        GPIOB -> BSRR = GPIO_Pin_0;                   //PB0 = 1
    }
    else if (TIM_GetITStatus(TIM2, TIM_IT_CC2) != RESET) //判断 TIM2 的比较 2 通道是否
                                                         //有中断
    {
        TIM_ClearITPendingBit(TIM2, TIM_IT_CC2);      //清除比较 2 中断标志位
        GPIOB -> BSRR = GPIO_Pin_1;                   //PB1 = 1
    }
    else if (TIM_GetITStatus(TIM2, TIM_IT_CC3) != RESET) //判断 TIM2 的比较 3 通道是
                                                         //否有中断
    {
```

```
            TIM_ClearITPendingBit(TIM2，TIM_IT_CC3)；      //清除比较 3 中断标志位
            GPIOD−>BSRR = GPIO_Pin_0；                       //PD0 = 1
        }
        else if (TIM_GetITStatus(TIM2，TIM_IT_CC4) ! = RESET)  //判断 TIM2 的比较 4 通道
                                                               //是否有中断
        {
            TIM_ClearITPendingBit(TIM2，TIM_IT_CC4)；       //清除比较 4 中断标志位
            GPIOD−>BSRR = GPIO_Pin_1；                       //PD1 = 1
        }
        else if (TIM_GetITStatus(TIM2，TIM_IT_Update) ! = RESET)    //溢出中断
        {
            TIM_ClearITPendingBit(TIM2，TIM_IT_Update)；        //清除溢出中断标志位
            GPIOB−>BRR = GPIO_Pin_0；                        //PB0 = 0
            GPIOB−>BRR = GPIO_Pin_1；                        //PB1 = 0
            GPIOD−>BRR = GPIO_Pin_0；                        //PD0 = 0
            GPIOD−>BRR = GPIO_Pin_1；                        //PD1 = 0
        }
    }
}
```

3. main. c 相关代码和注释

主程序 8.4.3　　main.c

```
# include "stm32f10x. h"
# include "app. h"


/**********************************************************************
** 函数名:main
** 功能描述:TIM2 输出比较中断的使用
** 输入参数:无
** 输出参数:无
** 说明:将 TIM2 配置为输出比较模式,比较通道 1 中断将 PB0 置 1,比较通道 2 中断
        将 PB1 置 1,比较通道 3 中断将 PD0 置 1,比较通道 4 中断将 PD1 置 1,溢出中断都置 0
**********************************************************************/
int main(void)
{
   All_Init();    //系统所有初始化配置
   while(1);
}
```

8.5 STM32F 定时器的 PWM 输出

8.5.1 STM32F 的 PWM 设置

STM32F 的定时器除了 TIM6 和 TIM7。其他定时器都可以用来产生 PWM(脉冲宽度调制)输出。

PWM(脉冲宽度调制)的设置如下:

① 脉冲宽度调制模式可以产生一个由 TIMx_ARR 寄存器确定频率、由 TIMx_CCRx 寄存器确定占空比的信号。

② 在 TIMx_CCMRx 寄存器中的 OCxM 位写入 110(PWM 模式 1)或 111(PWM 模式 2),能够独立地设置每个 OCx 输出通道产生一路 PWM。必须通过设置 TIMx_CCMRx 寄存器的 OCxPE 位使能相应的预装载寄存器。

③ 设置 TIMx_CR1 寄存器的 ARPE 位,(在向上计数或中心对称模式中)使能自动重装载的预装载寄存器。仅当发生一个更新事件时,预装载寄存器才能被传送到影子寄存器,因此在计数器开始计数之前,必须通过设置 TIMx_EGR 寄存器中的 UG 位来初始化所有的寄存器。

④ OCx 的极性可以通过软件在 TIMx_CCER 寄存器中的 CCxP 位设置,它可以设置为高电平有效或低电平有效。OCx 的输出使能通过(TIMx_CCER 和 TIMx_BDTR 寄存器中)CCxE、CCxNE、MOE、OSSI 和 OSSR 位的组合控制。详见 TIMx_CCER 寄存器的描述。

⑤ 在 PWM 模式(模式 1 或模式 2)下,TIMx_CNT 和 TIMx_CCRx 寄存器始终在进行比较,(依据计数器的计数方向)以确定是否符合 TIMx_CCRx≤TIMx_CNT 或者 TIMx_CNT≤TIMx_CCRx。

⑥ 根据 TIMx_CR1 寄存器中 CMS 位的状态,定时器能够产生边沿对齐的 PWM 信号或中央对齐的 PWM 信号。

⑦ 要使 STM32F 的通用定时器 TIMx 产生 PWM 输出,除了前面介绍的寄存器外,还会使用到捕获/比较模式寄存器(TIMx_CCMR1/2)、捕获/比较使能寄存器(TIMx_CCER)、捕获/比较寄存器(TIMx_CCR1~4)等 3 个寄存器来控制 PWM。

1. 捕获/比较模式寄存器(TIMx_CCMR1/2)设置

捕获/比较模式寄存器(TIMx_CCMR1/2)共有 2 个,TIMx_CCMR1 和 TIMx_CCMR2。TIMx_CCMR1 控制 CH1 和 CH2,而 TIMx_CCMR2 控制 CH3 和 CH4。该寄存器的各位功能描述如图 8.5.1 所示。

通道可用于输入(捕获模式)或输出(比较模式),通道的方向由相应的 CCxS 位定义。该寄存器其他位的作用在输入和输出模式下不同。OCxx 描述了通道在输出模式下的功能,ICxx 描述了通道在输入模式下的功能。因此必须注意,同一个位在输出模式和输入模式下的功能是不同的。

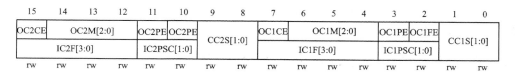

图 8.5.1　寄存器 TIMx_CCMR1 各位功能描述

该寄存器的有些位在不同模式下的功能不一样。图 8.5.1 中把寄存器分为 2 层，上面一层对应输出，而下面一层对应输入。有关该寄存器的详细说明，请参考"STM32F 参考手册"的相关章节。

注意:模式设置位 OCxM,此部分由 3 位组成。总共可以配置成 7 种模式,对于 PWM 模式,这 3 位必须设置为 110/111。这两种 PWM 模式的区别就是输出电平的极性相反。

2. 捕获 /比较使能寄存器(TIMx_CCER)设置

捕获/比较使能寄存器(TIMx_CCER)控制着各个输入/输出通道的开关。该寄存器的各位功能描述如图 8.5.2 所示。有关该寄存器的详细说明,请参考"STM32F 参考手册"的相关章节。

图 8.5.2　寄存器 TIMx_ CCER 各位功能描述

3. 捕获 /比较寄存器(TIMx_CCR1～4)设置

捕获/比较寄存器(TIMx_CCR1～4)共有 4 个,对应 4 个输通道 CH1～CH4。因为这 4 个寄存器差不多,这里以 TIMx_CCR1 为例进行介绍。该寄存器的各位功能描述如图 8.5.3 所示。

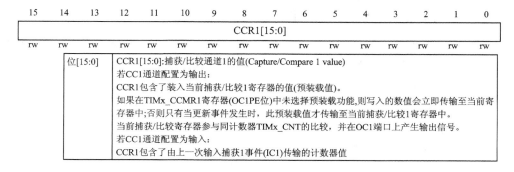

图 8.5.3　寄存器 TIMx_ CCR1 的各位功能描述

在输出模式下,该寄存器的值与 CNT 的值比较,根据比较结果产生相应动作。利用这功能,通过修改这个寄存器的值,就可以控制 PWM 的输出脉宽了。

177

STM32F 同一个定时器的 4 个通道产生 PWM 的频率是相同的，可以改变每个通道的输出比较值来得到不同的占空比。

8.5.2　STM32F 的 PWM 示例程序设计

本示例程序使用库函数实现，定时器的 PWM 方式与输出比较方式类似，通过以下几个步骤来设置：

① 使能复用为 PWM 输出的 GPIO 时钟，功能复用 I/O 时钟及定时器时钟，用到下面代码：

```
RCC_APB2PeriphClockCmd(RCC_APB2Periph_GPIOA|RCC_APB2Periph_AFIO, ENABLE);
//使能 GPIOA 及功能复用 I/O 时钟
RCC_APB1PeriphClockCmd(RCC_APB1Periph_TIM2, ENABLE);        //使能 TIM2 时钟
```

② 初始化复用为 PWM 输出的 I/O，这里 I/O 配置为复用推挽输出方式。

```
//GPIOA 配置为:定时器 2 的 PWM  4 个通道复用功能输出
GPIO_InitStructure.GPIO_Pin = GPIO_Pin_0|GPIO_Pin_1|GPIO_Pin_2|GPIO_Pin_3;
GPIO_InitStructure.GPIO_Mode = GPIO_Mode_AF_PP;        //复用推挽输出
GPIO_InitStructure.GPIO_Speed = GPIO_Speed_50MHz;    //I/O 时钟为 50 MHz
GPIO_Init(GPIOA, &GPIO_InitStructure);              //根据上面指定参数初始化 GPIO 结构体
```

③ 定时器基础设置，包括预分频系数、计数器值、采样分频系数及计数方式：

```
//定时器基本配置
TIM2_TimeBaseStructure.TIM_Period = 1000 - 1;              //计数值为 1 000
TIM2_TimeBaseStructure.TIM_Prescaler = 3 - 1;            //3 分频
TIM2_TimeBaseStructure.TIM_ClockDivision = 0;            //采样分频 0
TIM2_TimeBaseStructure.TIM_CounterMode = TIM_CounterMode_Up;    //向上计数
TIM_TimeBaseInit(TIM2, &TIM2_TimeBaseStructure);
```

以上配置的 PWM 频率＝72 MHz/3/1 000＝24 kHz。

④ 将定时器设置为 PWM1 输出模式，并设置输出比较极性：

```
TIM2_OCInitStructure.TIM_OCMode = TIM_OCMode_PWM1;            //定时器配置为 PWM1 模式
TIM2_OCInitStructure.TIM_OCPolarity = TIM_OCPolarity_High;    //TIM 输出比较极性高
```

⑤ 初始化 PWM 的输出比较通道，设置占空比，以通道 1 为例：

```
// PWM1 模式通道 1
TIM2_OCInitStructure.TIM_OutputState = TIM_OutputState_Enable;    //通道 1 输出使能
TIM2_OCInitStructure.TIM_Pulse = 200;                            //脉宽值为 200
//根据 TIM_OCInitStruct 中指定的参数初始化 TIM2
TIM_OC1Init(TIM2,&TIM2_OCInitStructure);
//使能 TIM2 在 CCR1 上的预装载寄存器
TIM_OC1PreloadConfig(TIM2, TIM_OCPreload_Enable);
```

上面配置脉宽值为 200,由于计数器值为 1 000,则通道 1 产生的 PWM 占空比为 0.2。

⑥ 使能 TIMx 在 ARR 上的预装载寄存器。

⑦ 使能定时器。

到此,STM32 硬件电路就会按上面的设置在复用的 I/O 口产生相应的 PWM 输出。

⑧ 如果要在某个通道上产生 PWM 中断,需要使能中断,进行中断分组设置,以及设置中断服务程序。PWM 中断功能可以输出一个周期的脉宽中断一次,这个功能在控制步进电机时比较有用,可以很方便地设置输出多少步的 PWM 方波。

8.5.3　STM32F 的 PWM 示例程序

本示例程序中使用定时器 2 的 4 个通道产生 4 个不同占空比的 PWM,并配置通道 1 产生 PWM 中断,在中断服务程序中将 PB0 电平反相。可用示波器或软件仿真观察复用 PWM 引脚的波形。

PWM 操作示例程序放在"示例程序→TIM→PWM_Output"文件夹中。部分程序代码如下:

1. app.c 相关代码和注释

程序 8.5.1　app.c

```
#include "app.h"

/*********************************************************
**　函数名:All_GPIO_Config
**　功能描述:在这里配置所有的 GPIO 口
**　输入参数:无
**　输出参数:无
*********************************************************/
void All_GPIO_Config(void)
{
    GPIO_InitTypeDef GPIO_InitStructure;                    //定义 GPIO 结构体

    RCC_APB2PeriphClockCmd(RCC_APB2Periph_GPIOB, ENABLE);   //使能 GPIOB 口时钟
    /* 将 PB0 配置为推挽输出 */
    GPIO_InitStructure.GPIO_Pin = GPIO_Pin_0;
    GPIO_InitStructure.GPIO_Mode = GPIO_Mode_Out_PP;        //推挽输出
    GPIO_InitStructure.GPIO_Speed = GPIO_Speed_50MHz;       //50 MHz 时钟速度
    GPIO_Init(GPIOB, &GPIO_InitStructure);
}


/*********************************************************
**　函数名:TIM2_Config
```

** 功能描述:定时器 2 配置为 PWM1 输出模式

** 输入参数:无

** 输出参数:无

**/

```c
void TIM2_Config(void)
{
    TIM_TimeBaseInitTypeDef   TIM2_TimeBaseStructure;          //定义结构体
    TIM_OCInitTypeDef   TIM2_OCInitStructure;
    GPIO_InitTypeDef GPIO_InitStructure;

    RCC_APB2PeriphClockCmd(RCC_APB2Periph_GPIOA|RCC_APB2Periph_AFIO, ENABLE);
                                            //使能 GPIOA 及功能复用 I/O 时钟
    RCC_APB1PeriphClockCmd(RCC_APB1Periph_TIM2, ENABLE);       //使能 TIM2 时钟
    //GPIOA 配置为:定时器 2 的 PWM4 个通道复用功能输出
    GPIO_InitStructure.GPIO_Pin = GPIO_Pin_0|GPIO_Pin_1|GPIO_Pin_2|GPIO_Pin_3;
    GPIO_InitStructure.GPIO_Mode = GPIO_Mode_AF_PP;           //复用推挽输出
    GPIO_InitStructure.GPIO_Speed = GPIO_Speed_50MHz;        //I/O 时钟为 50 MHz
    GPIO_Init(GPIOA, &GPIO_InitStructure);      //根据上面指定参数初始化 GPIO 结构体
    //定时器基本配置
    TIM2_TimeBaseStructure.TIM_Period = 1000-1;              //计数值为 1 000
    TIM2_TimeBaseStructure.TIM_Prescaler = 3-1;              //3 分频
    TIM2_TimeBaseStructure.TIM_ClockDivision = 0;            //采样分频 0
    TIM2_TimeBaseStructure.TIM_CounterMode = TIM_CounterMode_Up;   //向上计数
    TIM_TimeBaseInit(TIM2, &TIM2_TimeBaseStructure);
    TIM2_OCInitStructure.TIM_OCMode = TIM_OCMode_PWM1;        //定时器配置为 PWM1 模式
    TIM2_OCInitStructure.TIM_OCPolarity = TIM_OCPolarity_High;   //TIM 输出比较极性高


    // PWM1 模式通道 1
    TIM2_OCInitStructure.TIM_OutputState = TIM_OutputState_Enable;   //通道 1 输出使能
    TIM2_OCInitStructure.TIM_Pulse = 200;                    //脉宽值为 200
    TIM_OC1Init(TIM2, &TIM2_OCInitStructure);
                                    //根据 TIM_OCInitStruct 中指定的参数初始化 TIM2
    TIM_OC1PreloadConfig(TIM2, TIM_OCPreload_Enable);
                                    //使能 TIM2 在 CCR1 上的预装载寄存器


    // PWM1 模式通道 2
    TIM2_OCInitStructure.TIM_OutputState = TIM_OutputState_Enable;
    TIM2_OCInitStructure.TIM_Pulse = 400;                    //脉宽值为 400
    TIM_OC2Init(TIM2, &TIM2_OCInitStructure);
    TIM_OC2PreloadConfig(TIM2, TIM_OCPreload_Enable);
                                    //使能 TIM2 在 CCR2 上的预装载寄存器


    // PWM1 模式通道 3
```

```
    TIM2_OCInitStructure.TIM_OutputState = TIM_OutputState_Enable;
    TIM2_OCInitStructure.TIM_Pulse = 600;
    TIM_OC3Init(TIM2, &TIM2_OCInitStructure);
    TIM_OC3PreloadConfig(TIM2, TIM_OCPreload_Enable);

    // PWM1 模式通道 4
    TIM2_OCInitStructure.TIM_OutputState = TIM_OutputState_Enable;
    TIM2_OCInitStructure.TIM_Pulse = 800;
    TIM_OC4Init(TIM2, &TIM2_OCInitStructure);
    TIM_OC4PreloadConfig(TIM2, TIM_OCPreload_Enable);

    TIM_ARRPreloadConfig(TIM2, ENABLE);    //使能 TIM2 在 ARR 上的预装载寄存器
    TIM_ClearITPendingBit(TIM2, TIM_IT_CC1|TIM_IT_CC2|TIM_IT_CC3|TIM_IT_CC4);
                                            //预先清除所有中断位
    /* 配置输出比较通道 1 中断 */
    TIM_ITConfig(TIM2,TIM_IT_CC1,ENABLE);
    TIM_Cmd(TIM2, ENABLE);                                      //使能定时器 2
}
/* *********************************************************************
** 函数名:NVIC_Config
** 功能描述:中断优先级配置
** 输入参数:无
** 输出参数:无
********************************************************************** */
void NVIC_Config(void)
{
    NVIC_InitTypeDef NVIC_InitStructure;
    NVIC_PriorityGroupConfig(NVIC_PriorityGroup_2);            //采用组别 2
    NVIC_InitStructure.NVIC_IRQChannel = TIM2_IRQn;           //TIM2 中断
    NVIC_InitStructure.NVIC_IRQChannelPreemptionPriority = 1; //占先式优先级设置为 1
    NVIC_InitStructure.NVIC_IRQChannelSubPriority = 0;        //副优先级设置为 0
    NVIC_InitStructure.NVIC_IRQChannelCmd = ENABLE;          //中断使能
    NVIC_Init(&NVIC_InitStructure);                         //中断初始化
}
/* *********************************************************************
** 函数名:All_Init
** 功能描述:在这里配置系统的所有初始化
** 输入参数:无
** 输出参数:无
** 返回:成功返回 1,否则返回 0
********************************************************************** */
u8 All_Init(void)
{
```

STM32F 32 位 ARM 微控制器应用设计与实践(第 2 版)

```
    SystemInit();                                                //系统时钟初始化
    All_GPIO_Config();                                           //所有 GPIO 配置
    TIM2_Config();                                               //TIM2 初始化配置
    NVIC_Config();                                               //中断优先级配置
    return 1;
}
```

2. stm32f10x_it.c 相关代码和注释

中断服务程序 8.5.2　stm32f10x_it.c

```
# include "stm32f10x_it.h"


/* ************************************************************
**    函数名:TIM2_IRQHandler
**    功能描述:TIM2 中断服务程序
**    输入参数:无
**    输出参数:无
************************************************************/
void TIM2_IRQHandler(void)
{
    if (TIM_GetITStatus(TIM2,TIM_IT_CC1) != RESET)   //判断 TIM2 的比较 1 通道是否有中断
    {
        TIM_ClearITPendingBit(TIM2,TIM_IT_CC1);      //清除比较 1 中断标志位
        GPIOB->ODR = GPIO_Pin_0;                     //将 PB0 电平反相
    }
}
```

3. main.c 相关代码和注释

主程序 8.5.3　main.c

```
# include "stm32f10x.h"
# include "app.h"


/* ************************************************************
**    函数名:main(void)
**    功能描述:将 TIM2 配置为 PWM1 输出模式
**    输入参数:无
**    输出参数:无
**    说明:TIM2 配置 4 个比较通道 PWM 输出,使能比较通道 1 中断,中断中将 PB0 电平反向
************************************************************/
int main(void)
{
    All_Init();      //系统所有初始化配置
```

```
    while(1);
}
```

8.6 颜色传感器 TCS230 的使用

8.6.1 常用的色彩传感器

色彩传感器在终端设备中起着极其重要的作用,如色彩监视器的校准装置,彩色打印机和绘图仪,涂料、纺织品和化妆品制造,以及医疗方面的应用,如血液诊断、尿样分析和牙齿整形等。色彩传感器系统的复杂性在很大程度上取决于其用于确定色彩的波长谱带或信号通道的数量。此类系统从相对简单的三通道色度计到多频带频谱仪种类繁多。下面介绍一些目前常用的色彩传感器。

1. 具有滤色器的分立型光电二极管

感测色彩的传统做法是采用把 3~4 个光电二极管组合在一块芯片上的结构,而将红、绿、蓝滤色器置于光电二极管的表面(通常将两个蓝滤色器组合在一起以补偿硅片对于蓝光的低灵敏度)。独立的跨阻抗放大器将每个光电二极管的输出馈送到具有 8~12 位典型分辨率的 A/D 转换器中。A/D 转换器的输出随后被馈送至一个微控制器或其他类型的数字处理器中。

这种方法的主要优点是灵活性强,因为能够使放大器的增益和带宽以及 A/D 转换器的速度和分辨率适合具体应用的要求,从而可以对设计进行调整以实现性能与成本的折中。为获得这种灵活性所付出的代价是增加了设计复杂性,另外也使模拟电路的电路板布局变得非常苛刻。该方案的主要应用包括:工业控制中需要短暂响应时间的高速过程检验,或因光照条件不定而要求随意调节增益和速度的应用。

2. 集成光-电压转换器

集成光-电压转换器是将用于单一色彩谱带的一个光电二极管、滤色器和跨阻抗放大器组合在一块芯片上。与分离型实现方案一样,三个元件的输出被馈送到一个外部三通道 A/D 转换器中,接着进行数字处理。Texas Advanced Optoelectronic Solutions (TAOS)公司推出的 TSLR257、TSLG257 和 TSLB257 就是这些元件的实例。

这种方法所需的元件数量比分立型光电二极管的要少,由于对噪声敏感的模拟电路位于芯片之上,因此压缩了电路板的占用空间,降低了安装成本,并且简化了设计和电路板布局。缺点是传感器的增益和灵敏度不能动态地改变。该方法的应用实例有:具有定义明确的光照条件、空间约束条件、灵敏度要求的系统或那些对面市时间或设计周期有着较高要求的系统。

3. 集成光-频率转换器

集成光-频率转换器是将光强度直接转换为频率分别与每个红、绿、蓝通道的红、绿、蓝光分量的强度成正比的一个脉冲序列。脉冲序列可以直接提供给微处理器,而无须增设 A/D 转换器。TAOS 公司的 TCS230 就是此类器件的一个实例。它把红、绿和蓝传感器-滤波器组合（和一个没有滤波器的额外"干净"的传感器）划分为栅格状，从而将元素扩散到整个感测区域，因此不再需要光扩散器。将每种颜色的光电二极管并联起来最终可使任何不均匀的照度达到平衡。该方案取消了跨阻抗放大器和 A/D 转换器，处理器只是简单地测量周期或计算一个周期内来自传感器的脉冲数。传感器和微处理器之间的直接连接具有较高水平的抗噪声度，为将传感器放置在远处创造了条件。

　　RGB 频率转换法的局限性会在光强度较低的应用中显现出来。光强度较低，产生的频率也会随之降低，从而增加了转换时间。该方案的应用实例包括：空间因素至关重要的便携式系统和需要以低成本来实现更高分辨率的系统。

4. 集成的数字颜色光传感器

　　集成的数字颜色光传感器 TCS3404CS/TCS3414CS 具有可编程的中断功能和用户可设置阈值功能，芯片内部集成有光滤波器，采用 SMBus 100 kHz 或者采用 I²C 400 kHz 输出 16 位数字信号，可编程的模拟增益和集成的定时器支持 1～1 000 000 的动态范围，工作温度范围为 -40～85 ℃，采用单电源供电，电压范围为 2.7～3.6 V。

　　有关 TCS3404CS/TCS3414CS 的使用和更多内容请登录 www. taosinc. com 查询。

8.6.2　TCS230 可编程颜色光-频率转换器

1. TCS230 简介

　　TCS230 是 TAOS 公司推出的可编程彩色光到频率的转换器。它把可配置的硅光电二极管与电流频率转换器集成在一个单一的 CMOS 电路上，同时在单一芯片上集成了红绿蓝（RGB）三种滤光器，是业界第一个有数字兼容接口的 RGB 彩色传感器。TCS230 的输出信号是数字量，可以驱动标准的 TTL 或 CMOS 逻辑输入，因此可直接与微处理器或其他逻辑电路相连接。由于输出的是数字量，并且能够实现每个彩色信道 10 位以上的转换精度，因而不再需要 A/D 转换电路，使电路变得更简单。

2. TCS230 的内部结构与工作原理

　　TCS230 的封装形式与内部结构方框图[15] 如图 8.6.1 所示，图中，TCS230 采用 8 引脚的 SOIC 表面贴装式封装，在单一芯片上集成有 64 个光电二极管。这些二极管共分为四种类型：16 个光电二极管带有红色滤波器；16 个光电二极管带有绿色滤波器；16 个光电二极管带有蓝色滤波器；其余 16 个不带有任何滤波器，可以透过全部的光信息。这些光电二极管在芯片内是交叉排列的，能够最大限度地减少入射光辐射的不均匀性，从而增加颜色识别的精确度；另一方面，相同颜色的 16 个光电二极管是并联连接的，均匀分布在二极管阵列中，可以消除颜色的位置误差。

　　工作时，通过两个可编程的引脚来动态选择所需要的滤波器，如表 8.6.1 所列。该传感器的典型输出频率范围为 2 Hz～500 kHz，用户还可以通过两个可编程引脚来选择 100%、20% 或 2% 的输出比例因子或低功耗模式。输出比例因子使传感器的输出能够适应不同的测量范围，提高了它的适应能力。例如，当使用低速的频率计数器时，就可以选择小的定标值，使 TCS230 的输出频率和计数器相匹配。

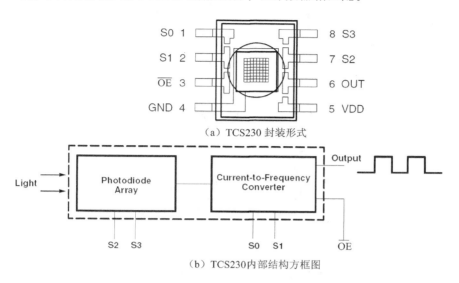

（a）TCS230 封装形式

（b）TCS230 内部结构方框图

图 8.6.1 TCS230 的封装形式与内部结构方框图

表 8.6.1 S0～S3 选择

S0	S1	模　式	S2	S3	滤波器类型
低电平	低电平	低功耗模式	低电平	低电平	红色
低电平	高电平	2％输出比例因子	低电平	高电平	蓝色
高电平	低电平	20％输出比例因子	高电平	低电平	无
高电平	高电平	100％输出比例因子	高电平	高电平	绿色

从图 8.6.1 可知：当入射光投射到 TCS230 上时，通过光电二极管控制引脚 S2、S3 的不同组合，可以选择不同的滤波器；经过电流到频率转换器后输出不同频率的方波（占空比是 50％），不同的颜色和光强对应不同频率的方波；还可以通过输出定标控制引脚 S0、S1，选择不同的输出比例因子，对输出频率范围进行调整，以适应不同的需求。

TCS230 的光敏二极管光谱响应如图 8.6.2 所示。有关 TCS230 的更多内容请登录 www.taosinc.com 查询。

8.6.3　TCS230 颜色识别的参数计算

1. TCS230 识别颜色的原理

通常所看到的物体颜色，实际上是物体表面吸收了照射到它上面的白光中的一部分有色光，而反射出的另一部分有色光在人眼中的反应。白色是由各种频率的可见光混合在一起构成的，即白光中包含着各种颜色的光。

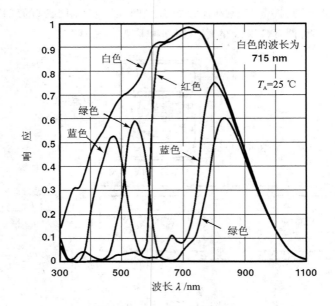

图 8.6.2　光敏二极管光谱响应

根据三原色理论可知,各种颜色是由不同比例的三原色(红、绿、蓝)混合而成的。如果知道构成各种颜色的三原色的值,就能知道所测试物体的颜色。对于 TCS230 而言,当选定一种颜色滤波器时,它只允许某种特定的原色通过,阻止其他原色通过。例如:当选择蓝色滤波器时,入射光中只有蓝色光可以通过,红色光和绿色光都被阻止,这样就可以得到蓝色光的光强;同理,当分别选择其他两种滤波器(红色光和绿色光)时,就可以得到红色光和绿色光的光强。通过这三个光强值,就可以分析出投射到 TCS230 传感器上的光的颜色。

2. TCS230 白平衡调整

从理论分析可知,白色是由等量的红色、绿色和蓝色混合而成的。但实际上,白色中的三原色并不完全相等,并且对于 TCS230 的光传感器来说,它对这三种基本色的敏感性是不相同的,导致 TCS230 的 RGB 三种颜色输出并不相等,因此为了得到相对准确的测量值,在测试前要进行白平衡调整,使得 TCS230 对所检测的"白色"中的三原色是相等的。进行白平衡调整是为了后面的颜色识别作准备。

白平衡调整方法:将空的试管放置在传感器的上方,试管的上方放置一个白色的光源,使入射光能够穿过试管照射到 TCS230 上,再依次选通红色、绿色、蓝色滤波器,分别测得红色、绿色、蓝色的值,然后计算出三个调整参数。如果没有试管及光源,可简单一点,直接找一张白纸,让传感器对着白纸测量。

3. 颜色识别参数的计算方法一

颜色识别参数的计算方法一:固定 TCS230 产生的脉冲数,分别测量计算在此脉冲数内选通每种颜色滤波器的时间。

　　首先进行白平衡调整,计算出基准值。让传感器对着白色物体或有光源照射的试管,软件编程控制 S2、S3 引脚电平,依次选通三种颜色的滤波器,然后对 TCS230 的输出脉冲依次进行计数,当计数到一个固定数值 count(例如 300)时停止计数,分别计算选通 RGB 三种颜色时所用的时间,分别记为 red_bace、green_bace、blue_bace,这三个时间对应于实际测量时 TCS230 每种滤波器所采用的时间基准。

　　进行白平衡调整得到三个基值后,就可以进行颜色识别了。让传感器对着要识别的颜色,同样依次选通 RGB 三种颜色滤波器,对 TCS230 输出脉冲进行计数,当计数到前面白平衡调整时的固定值 count 时停止计数。分别计算选通 RGB 三种滤波器时的时间,记为 red、green、blue。

　　以 24 位 RGB 颜色值为例,则实际的 RGB 颜色值分别为:

红色 R＝255×red / red_bace;

绿色 G＝255×green/ green_bace;

蓝色 B＝255×blue / blue_bace。

4. 颜色识别参数的计算方法二

　　颜色识别参数的计算方法二:设定固定时间,在此固定时间内分别测量计算选通每种颜色滤波器时 TCS230 产生的脉冲数。

　　同样,首先进行白平衡调整,计算出基准值。让传感器对着白色物体或有光源照射的试管,软件编程控制 S2、S3 引脚电平,依次选通 RGB 三种颜色的滤波器。设定一固定时间 time(如 20 ms),在 time 时间内分别测得计算选通每一种颜色滤波器时 TCS230 的 OUT 引脚产生的脉冲数,依次记为 red_bace、green_bace、blue_bace。

　　进行白平衡调整得到三个基值后,就可以进行颜色识别。让传感器对着要识别的颜色,同样依次选通 RGB 三种颜色滤波器,同样在 time 时间内分别测出选通每一种颜色滤波器时 TCS230 产生的脉冲数,分别记为 red、green、blue。

　　以 24 位 RGB 颜色值为例,则实际的 RGB 颜色值分别为:

红色 R＝255×red / red_bace;

绿色 G＝255×green/ green_bace;

蓝色 B＝255×blue / blue_bace。

5. 24 位 /16 位颜色值转换

　　通过上面两种方法之一得到实际的 RGB 颜色值是 24 位颜色值,可以将 24 位颜色值转换为 RGB565 格式的 16 位颜色值。转换代码如下:

```
/ *******************************************************************
**  函数名:RGB565
**  功能描述:将 RGB 三种颜色分量构成的 24 位颜色值转换为 RGB565 格式的 16 位颜色值
**  输入参数:red——红色值(0～255)
            green——绿色值(0～255)
            blue——蓝色值(0～255)
**  输出参数:无
```

** 返　　回:返回 RGB565 格式的 16 位颜色值

**/

```
u16 RGB565(u8 R1, u8 G1, u8 B1)
{
    unsigned char r,g,b;
    int RGB;
    RGB = (R1<<16)|(G1<<8)|B1;
    b = ( RGB >> (0 + 3) ) & 0x1f;          //取蓝色的高 5 位
    g = ( RGB >> (8 + 2) ) & 0x3f;          //取绿色的高 6 位
    r = ( RGB >> (16 + 3)) & 0x1f;          //取红色的高 5 位
    return( (r<<11) + (g<<5) + (b<<0));
}
```

8.6.4　TCS230 操作示例程序设计

本示例程序采用上面介绍的第二种方法实现颜色识别,即在固定时间内分别测量计算选通每种颜色滤波器时 TCS230 所产生的脉冲数。TCS230 与 STM32F103VET6 的连接如图 8.6.3 所示。

PB10、PB11 控制 S2、S3 选通三种颜色滤波器,OUT 接 PA2 作为外部中断引脚以测量 TCS230 产生的脉冲数。

依次选通 TCS230 的三种颜色滤波器值,通过定时器设定时间 20 ms,在 20 ms 内通过外部中断 PA2 引脚测量 TCS230 产生脉冲数。本示例实现将采集的颜色值实

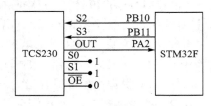

图 8.6.3　TCS230 与 STM32F103VET6 的连接

时显示在 TFT 屏上。TCS230 操作示例程序流程图如图 8.6.4 所示。

8.6.5　TCS230 操作示例程序

TCS230 操作示例程序放在"示例程序→TCS230"文件夹中。部分程序代码如下:

1. main. c 相关代码和注释

主程序 8.6.1　main. c

```
# include "stm32f10x.h"
# include "delay.h"
# include "R61509.h"


extern char flag;
extern int red,green,blue;
u16 red_bace = 1835,green_bace = 2198,blue_bace = 2185;   //三色基准值,根据实际测量确定
u16 redm,greenm,bluem;
/ *************************************************************
```

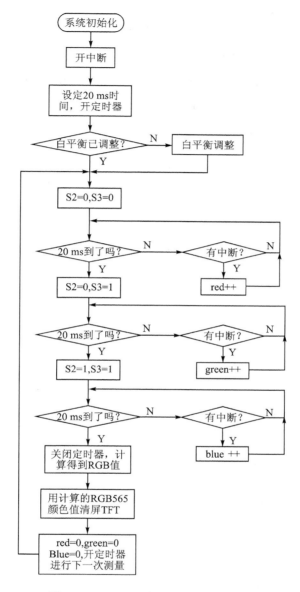

图 8.6.4 TCS230 操作示例程序流程图

```
**    函数名:TIM2_config
**    功能描述:定时器 2 配置
**    输入参数:无
**    输出参数:无
**    返    回:无
**********************************************************/
void TIM2_config(void)
{
```

STM32F 32 位 ARM 微控制器应用设计与实践（第 2 版）

```
    TIM_TimeBaseInitTypeDef   TIM_TimeBaseStructure;
    RCC_APB1PeriphClockCmd(RCC_APB1Periph_TIM2, ENABLE);          //使能 TIM6 时钟
    /*基础设置*/
    TIM_TimeBaseStructure.TIM_Period = 200-1;                     //计数值 200
    TIM_TimeBaseStructure.TIM_Prescaler = 7200-1;       //预分频,此值+1 为分频的除数
    TIM_TimeBaseStructure.TIM_ClockDivision = 0x0;                //采样分频系数 0
    TIM_TimeBaseStructure.TIM_CounterMode = TIM_CounterMode_Up; //向上计数
    TIM_TimeBaseInit(TIM2, &TIM_TimeBaseStructure);

    TIM_ITConfig(TIM2,TIM_IT_Update, ENABLE);          //使能更新溢出中断
    TIM_Cmd(TIM2, DISABLE);                            //不使能 TIM2
}
/*************************************************************
**  函数名:TCS230_GPIO_Config
**  功能描述:TCS230 的 GPIO 初始化配置
**  输入参数:无
**  输出参数:无
**  返    回:无
*************************************************************/
void TCS230_GPIO_Config(void)
{
    //PB10 -- S2,PB11 -- S3,推挽输出
    RCC->APB2ENR|= 1<<3;                               //使能 PORTB 时钟
    GPIOB->CRH& = 0XFFFF00FF;
    GPIOB->CRH|= 0X00003300;                           //PB10,PB11 推挽输出

    //PA2 -- TCS230 中断输入引脚,上拉输入
    RCC->APB2ENR|= 1<<2;                               //使能 PORTA 时钟
    GPIOA->CRL& = 0XFFFFF0FF;
    GPIOA->CRL|= 0X00000800;                           //PA0 上拉输入
    GPIOA->ODR|= 1<<2;                                 //PA2 置 1,上拉
}

/*************************************************************
**  函数名:EXTI_Config
**  功能描述:外部中断配置
**  输入参数:无
**  输出参数:无
**  返    回:无
*************************************************************/
void EXTI_Config(void)
{
    EXTI_InitTypeDef EXTI_InitStructure;
```

```
    GPIO_EXTILineConfig(GPIO_PortSourceGPIOA, GPIO_PinSource2);
                                                    //PA2 接 TCS230 的中断输入
    EXTI_ClearITPendingBit(EXTI_Line2);                         //外部中断线 2

    EXTI_InitStructure.EXTI_Mode = EXTI_Mode_Interrupt;
    EXTI_InitStructure.EXTI_Trigger = EXTI_Trigger_Falling;         //下降沿触发
    EXTI_InitStructure.EXTI_Line = EXTI_Line2;
    EXTI_InitStructure.EXTI_LineCmd = ENABLE;
    EXTI_Init(&EXTI_InitStructure);
}
/* ***************************************************************
** 函数名:NVIC_Config
** 功能描述:中断分组及优先级配置
** 输入参数:无
** 输出参数:无
** 返    回:无
*************************************************************** */
void NVIC_Config(void)
{
    NVIC_InitTypeDef NVIC_InitStructure;
    NVIC_PriorityGroupConfig(NVIC_PriorityGroup_2);

    NVIC_InitStructure.NVIC_IRQChannel = EXTI2_IRQn;              //外部中断线 2
    NVIC_InitStructure.NVIC_IRQChannelPreemptionPriority = 1;
    NVIC_InitStructure.NVIC_IRQChannelSubPriority = 0;
    NVIC_InitStructure.NVIC_IRQChannelCmd = DISABLE;
    NVIC_Init(&NVIC_InitStructure);

    NVIC_InitStructure.NVIC_IRQChannel = TIM2_IRQn;              //定时器 2 中断
    NVIC_InitStructure.NVIC_IRQChannelPreemptionPriority = 0;
    NVIC_InitStructure.NVIC_IRQChannelSubPriority = 0;
    NVIC_InitStructure.NVIC_IRQChannelCmd = ENABLE;
    NVIC_Init(&NVIC_InitStructure);
}
/* ***************************************************************
** 函数名:RGB565
** 功能描述:将采集的 R、G、B 三种分量颜色转换为 RGB565 格式的 16 位颜色值
** 输入参数:red——采集的红色颜色值
          green——采集的绿色颜色值
          blue——采集的蓝色颜色值
** 输出参数:无
** 返    回:返回 RGB565 格式的 16 位颜色值
```

```
 ********************************************************/
u16 RGB565(int red,int green,int blue)
{
    int R1,G1,B1;
    unsigned char r,g,b;
    int RGB;
    R1 = (int)(255 * (float)red/red_bace);              //red_bace 参考值 1835
    G1 = (int)(255 * (float)green/green_bace);          //green_bace 参考值 2198
    B1 = (int)(255 * (float)blue/blue_bace);            //blue_bace 参考值 2185
    RGB = (R1<<16)|(G1<<8)|B1;
    b = ( RGB >> (0 + 3) ) & 0x1f;                      //取蓝色的高 5 位
    g = ( RGB >> (8 + 2) ) & 0x3f;                      //取绿色的高 6 位
    r = ( RGB >> (16 +3)) & 0x1f;                       //取红色的高 5 位
    return( (r<<11) + (g<<5) + (b<<0) );
}
/ ************************************************************
** 函数名:main
** 功能描述:主函数,将采集到的颜色显示到 TFT 上
** 输入参数:无
** 输出参数:无
** 返   回:无
 ********************************************************/
int main(void)
{
    u16 i = 0;
    u16 rgb_value = 0;

    SystemInit();                                       //系统初始化
    delay_init(72);                                     //延时初始化
    Usart_Configuration();                              //串口初始化
    TCS230_GPIO_Config();                               //TCS230 的 GPIO 配置

    EXTI_Config();                                      //外部中断配置
    NVIC_Config();                                      //中断向量配置
    TIM2_config();                                      //TIM2 初始化

    TFT_GPIO_Config();                                  //TFT 的 GPIO 初始化
    FSMC_LCD_Init();                                    //FSMC 初始化
    TFT_Init_Config();                                  //TFT 初始化
    Back_Ground = 0x07e0;                               //设置 TFT 显示的背景色
    Txt_Color = 0xf800;                                 //设置 TFT 显示的前景色
    TFT_Clear(0x07e0);                                  //以 0x07e0 的颜色清屏
```

```
//下面进行光的白平衡调节,得到三色基准值作为采集其他颜色的基准
//在测量前,先将 TCS230 对准作为基准的白色物体等待测量
delay_ms(1000);                                    //延时,等待颜色传感器准备好
TIM_SetCounter(TIM2,0);                            //将 TIM2 计数始值设为 0
NVIC_EnableIRQ(EXTI2_IRQn);                        //使能外部中断 Line2 中断
TIM_Cmd(TIM2, ENABLE);                             //使能 TIM2

do                                                 //连续采集 10 次取平均值
{
    if(flag == 4)                                  //三种颜色采集完成
    {
        i++;
        if(i>=5)                                   //取后面测得的 6 个数据
        {
            redm += red;
            greenm += green;
            bluem += blue;
        }
        delay_ms(100);
        flag = 1;                                  //标志置 1,开始下一次测量
        red = 0;                                   //颜色分量计数值清 0
        green = 0;
        blue = 0;
        TIM_SetCounter(TIM2,0);                    //将 TIM2 计数初始值设为 0
        TIM_Cmd(TIM2, ENABLE);                     //使能 TIM2
    }
}while(i<10);
//得到白平衡调整的三色颜色分量,作为后面测量时的颜色基准值
red_bace = redm/6;                                 //红色基准值
green_bace = greenm/6;                             //绿色基准值
blue_bace = bluem/6;                               //蓝色基准值
//串口输出白平衡调整得到的三色颜色分量
printf(" rb = % d   gb = % d   bb = % d\n",red_bace,green_bace,blue_bace);
while(1)
{
    if(flag == 4)                                  //三种颜色采集完成
    {
        //printf(" r = % d   g = % d   b = % d\n",red,green,blue);
        rgb_value = RGB565(red,green,blue);        //将采集的三色颜色值分量转换为
                                                   //RGB565 格式的 16 位颜色值
        TFT_Clear(rgb_value);                      //用得到的颜色值清屏
        delay_ms(100);
        flag = 1;                                  //标志置 1,开始下一次测量
```

```
        red = 0;                                    //颜色分量计数值清 0
        green = 0;
        blue = 0;
        TIM_SetCounter(TIM2,0);                     //将 TIM2 计数初始值设为 0
        TIM_Cmd(TIM2, ENABLE);                      //使能 TIM2
      }
    }
}
```

2. stm32f10x.c 相关代码和注释

中断服务程序 8.6.2　stm32f10x.c

```
# include "stm32f10x.h"
int red,green,blue;
char flag = 1;


/ * * * * * * * * * * * * * * * * * * * * * * * * * * * * * * * * * * * * * * * * * * * * * * * * * *
** 　函数名:EXTI2_IRQHandler
** 　功能描述:外部中断线 2 中断处理程序
** 　输入参数:无
** 　输出参数:无
** 　返　　回:无
   * * * * * * * * * * * * * * * * * * * * * * * * * * * * * * * * * * * * * * * * * * * * * * * * * */
void EXTI2_IRQHandler(void)
{
    if(EXTI_GetITStatus(EXTI_Line2) ! = RESET)      //如果有中断产生
     {
        EXTI_ClearITPendingBit(EXTI_Line2);         //清除中断标志位
        if(flag = = 1)                              //允许红色通过
        {
           GPIOB -> BRR = GPIO_Pin_10;              //PB10 = 0,即 S2 = 0
           GPIOB -> BRR = GPIO_Pin_11;              //PB11 = 0,S3 = 0
           red + + ;                                //增加红色分量值
        }
        else if(flag = = 2)                         //允许蓝色通过
        {
           GPIOB -> BRR = GPIO_Pin_10;              //PB10 = 0,S2 = 0
           GPIOB -> BSRR = GPIO_Pin_11;             //PB11 = 1,S3 = 1
           blue + + ;                               //增加蓝色分量值
        }
        else if(flag = = 3)                         //允许绿色通过
        {
           GPIOB -> BSRR = GPIO_Pin_10;             //PB10 = 1,s2 = 1
```

```
        GPIOB −> BSRR = GPIO_Pin_11;                //PB11 = 1,s3 = 1
        green ++ ;                                   //增加绿色分量值
      }
    }
}
/ * * * * * * * * * * * * * * * * * * * * * * * * * * * * * * * * * * * * * * * * * * * * * *
* *  函数名:TIM2_IRQHandler
* *  功能描述:定时器 2 中断处理程序
* *  输入参数:无
* *  输出参数:无
* *  返  回:无
* * * * * * * * * * * * * * * * * * * * * * * * * * * * * * * * * * * * * * * * * * * * * */
void TIM2_IRQHandler(void)
{
    if (TIM_GetITStatus(TIM2, TIM_IT_Update) != RESET)//
    {
        / * 必须清空标志位 * /
        TIM_ClearITPendingBit(TIM2,TIM_IT_Update);
        flag ++ ;                                   //定时时间到,切换允许的颜色值
        if(flag>3)                          //三种颜色值已采集完成,关闭定时器,计算得到颜色
        {
            TIM_Cmd(TIM2, DISABLE);                 //不使能 TIM2
            flag = 4;
        }
    }
}
```

195

8.7　步进电机控制

8.7.1　TA8435H 简介

　　TA8435H 是一个单片正弦细分二相步进电机驱动专用芯片,芯片内部主要由 1 个斩波器、2 个桥式驱动电路、2 个输出电流控制电路、2 个最大电流限制电路等功能模块组成,外围电路简单,工作可靠,可以用来驱动二相步进电机。TA8435H 工作电压为 10～40 V,平均输出电流可达 1.5 A,峰值可达 2.5 A,具有整步、半步、1/4 细分、1/8 细分运行方式可供选择,采用脉宽调制式斩波驱动方式,具有正/反转控制功能,带有复位和使能引脚,可选择使用单时钟输入或双时钟输入。

　　TA8435H 采用 HZIP25 - P 封装,引脚功能定义如表 8.7.1 所列。

表 8.7.1 TA8435H 引脚功能定义

引脚号	引脚名称	引脚功能说明
1	S-GND	信号地
2	$\overline{RST}$	复位端,低电平有效
3	$\overline{EN}$	使能端,低电平有效,高电平时,各相输出被强制关闭
4	OSC	该引脚端外接电容的数值可以决定芯片内部驱动级的斩波频率
5	CW/$\overline{CCW}$	正/反转控制引脚,$\overline{CCW}$为低电平有效
6、7	CLK2、CLK1	时钟输入端,可选择单时钟输入或双时钟输入,最大输入时钟为 5 kHz
8、9	IM1、IM2	激励方式选择:00—整步;10—半步;01—1/4 细分;11—1/8 细分
10	Ref	V_{NF}控制输入,接高电平时 V_{NF} 为 0.8 V,低电平时为 0.5 V
11	$\overline{MO}$	输出监测,用于监测输出电流峰值
13	VCC	逻辑电路供电电源,电压一般为 5 V
15、24	VMB、VMA	B 相和 A 相负载电源,电压
16、19	B、$\overline{B}$	B 相输出引脚
17、22	PG-B、PG-A	B 相和 A 相负载地
18、21	NFB、NFA	B 相和 A 相电流检测端,由该引脚外接电阻和 REF 引脚电平状态控制输出电流。输出电流为 $I=V_{NF}/R_{NF}$
20、23	A、$\overline{A}$	A 相输出引脚

有关 TA8435H 的更多内容请登录 www.toshiba.com,参考"TA8435H/HQ PWM CHOPPER-TYPE BIPOLAR STEPPING MOTOR DRIVER"数据手册。

8.7.2 TA8435H 步进电机驱动电路

TA8435H 构成的步进电机驱动电路如图 8.7.1 所示。

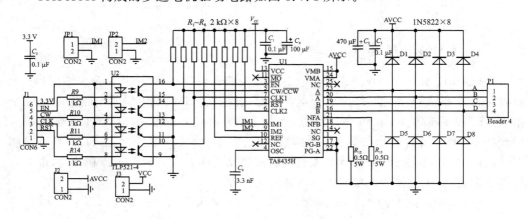

图 8.7.1 TA8435H 构成的步进电机驱动电路

TA8435H 的使能信号、正反转控制信号、时钟输入信号以及复位信号四路信号通过光耦器 TLP512－4 隔离后与 STM32F 微控制器的四个 I/O 口相连。

TA8435H 可以控制步进电机以整步、半步、1/4 细分、1/8 细分方式运动，由 TA8435H 的第 8、9 引脚 IM1、IM2 状态决定，在本电路设计中，采用硬件设计来选择激励方式，IM1 和 IM2 引脚分别接 2 kΩ 上拉电阻，同时通过 JP1 引出，可使用跳线帽将 IM1 和 IM2 接地，具体激励方式选择如表 8.7.2 所列。

表 8.7.2　激励方式选择

IM1 电平值	IM2 电平值	激励方式
低电平	低电平	整步
高电平	低电平	半步
低电平	高电平	1/4 细分
高电平	高电平	1/8 细分

TA8435H 具有控制电机正转或反转的功能，可通过时钟输入信号控制电机的运转速度。同时，TA8435H 还有一个使能控制端（$\overline{EN}$）和一个复位端（$\overline{RST}$），分别用于使能和复位 TA8435H 工作。这四路控制信号都通过光耦器 TLP512－4 隔离后，分别与 STM32F 微控制器的四个 I/O 口相连，因此改变 STM32F 微控制器的这四个 I/O 输出的电平，可以决定步进电机的运动状态，其中时钟输入信号 CLK 的频率不能超过 5 kHz，其他三个控制信号控制电机运动状态如表 8.7.3 所列。

表 8.7.3　步进电机运动状态控制

TA8435H 端口名称	微控制器 I/O 口电平	电机响应状态
复位端（$\overline{RST}$）	高电平	启动
	低电平	停止
使能端（$\overline{EN}$）	低电平	停止
	高电平	启动
正/反转控制端（CW/$\overline{CCW}$）	低电平	正转
	高电平	反转

电路中的 D1～D8 使用快速恢复二极管 1N5822 来泄放步进电机绕组的电流。

8.7.3　步进电机控制示例程序设计

在步进电机控制示例中，采用 TIM2 的通道 1 产生的 PWM 控制 TA8435H 驱动步进电机，PWM 输出引脚 PA0 接 TA8435H 的 CLK1 引脚。步进电机型号为 42BYGH4417，电源电压为 12 V，TA8435H 电源电压为 5 V。IM1 及 IM2 都接高电平，即选择 TA8435H 为 1/8 细分工作方式。采用的步进电机步进角为 1.8°，即给一个脉冲步进电机将转动 1.8°，由于采用 1/8 细分，则控制器给 8 个脉冲步进电机转动 1.8°，即一个脉冲转动 0.225°。

本示例程序控制步进电机转动180°后停止,因此需要给800个脉冲。本示例程序使能TIM2的比较通道1中断,即微控制器输出一个脉冲将中断一次,在中断服务程序中对脉冲数计数,当计数到800时关闭TIM2,使步进电机停止转动。要对步进电机速度进行控制时,只需要改变PWM的频率,频率越高,转速越快;频率越低,转速越慢。

注意:当时钟频率较高时,光耦隔离电路需要采用高速光耦合器。

步进电机控制示例程序流程图如图8.7.2所示。

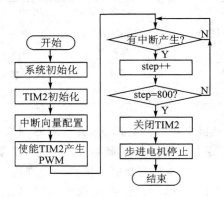

图 8.7.2 步进电机控制示例程序流程图

8.7.4 步进电机控制示例程序

步进电机控制示例程序放在"示例程序→TA8435H"文件夹中。部分程序代码如下:

主程序 8.7.1 main.c

```c
#include "stm32f10x.h"
u16 step = 0;                                          //控制步进电机转动步数
/*****************************************************
** 函数名:TIM2_Config
** 功能描述:定时器2配置为PWM1输出模式
** 输入参数:无
** 输出参数:无
*****************************************************/
void TIM2_Config(void)
{
    TIM_TimeBaseInitTypeDef  TIM2_TimeBaseStructure;  //定义结构体
    TIM_OCInitTypeDef  TIM2_OCInitStructure;
    GPIO_InitTypeDef GPIO_InitStructure;

    RCC_APB2PeriphClockCmd(RCC_APB2Periph_GPIOA|RCC_APB2Periph_AFIO, ENABLE);
                                         //使能GPIOA及功能复用I/O时钟
```

```
    RCC_APB1PeriphClockCmd(RCC_APB1Periph_TIM2,ENABLE);              //使能 TIM2 时钟
    //GPIOA 配置为:定时器 2 的 PWM4 个通道复用功能输出
        GPIO_InitStructure.GPIO_Pin  =  GPIO_Pin_0;
        GPIO_InitStructure.GPIO_Mode = GPIO_Mode_AF_PP;             //复用推挽输出
        GPIO_InitStructure.GPIO_Speed = GPIO_Speed_50MHz;          //I/O 时钟为 50 MHz
        GPIO_Init(GPIOA, &GPIO_InitStructure);       //根据上面指定参数初始化 GPIO 结构体
    //定时器基本配置
    TIM2_TimeBaseStructure.TIM_Period = 1000 - 1;               //计数值为 1 000
    TIM2_TimeBaseStructure.TIM_Prescaler = 72 - 1;              //72 分频
    TIM2_TimeBaseStructure.TIM_ClockDivision = 0;              //采样分频 0
    TIM2_TimeBaseStructure.TIM_CounterMode = TIM_CounterMode_Up;   //向上计数
    TIM_TimeBaseInit(TIM2, &TIM2_TimeBaseStructure);

    TIM2_OCInitStructure.TIM_OCMode = TIM_OCMode_PWM1;          //定时器配置为 PWM1 模式
    TIM2_OCInitStructure.TIM_OCPolarity = TIM_OCPolarity_High;  //TIM 输出比较极性高

    // PWM1 模式通道 1
    TIM2_OCInitStructure.TIM_OutputState = TIM_OutputState_Enable;//通道 1 输出使能
    TIM2_OCInitStructure.TIM_Pulse = 200;                      //脉宽值为 200
    TIM_OC1Init(TIM2,&TIM2_OCInitStructure);
                             //根据 TIM_OCInitStruct 中指定的参数初始化 TIM2
    TIM_OC1PreloadConfig(TIM2, TIM_OCPreload_Enable);
                                      //使能 TIM2 在 CCR1 上的预装载寄存器

    TIM_ARRPreloadConfig(TIM2, ENABLE);              //使能 TIM2 在 ARR 上的预装载寄存器
    TIM_ClearITPendingBit(TIM2, TIM_IT_CC1);              //预先清除所有中断位
    /* 配置输出比较通道 1 中断 */
    TIM_ITConfig(TIM2,TIM_IT_CC1,ENABLE);

    TIM_Cmd(TIM2, DISABLE);                              //失能定时器 2
}
/*****************************************************************
** 函数名:void NVIC_Config(void)
** 功能描述:中断优先级配置
** 输入参数:无
** 输出参数:无
****************************************************************/
void NVIC_Config(void)
{
    NVIC_InitTypeDef NVIC_InitStructure;
    NVIC_PriorityGroupConfig(NVIC_PriorityGroup_2);           //采用组别 2

    NVIC_InitStructure.NVIC_IRQChannel = TIM2_IRQn;           //TIM2 中断
```

```
        NVIC_InitStructure.NVIC_IRQChannelPreemptionPriority = 1;//占先式优先级设置为1
        NVIC_InitStructure.NVIC_IRQChannelSubPriority = 0;          //副优先级设置为0
        NVIC_InitStructure.NVIC_IRQChannelCmd = ENABLE;            //中断使能
        NVIC_Init(&NVIC_InitStructure);                            //中断初始化
}
/* **********************************************************
** 函数名:TIM2_IRQHandler
** 功能描述:TIM2中断服务程序
** 输入参数:无
** 输出参数:无
********************************************************** */
void TIM2_IRQHandler(void)
{
    if (TIM_GetITStatus(TIM2, TIM_IT_CC1) != RESET)   //判断TIM2的比较1通道是否有中断
    {
        TIM_ClearITPendingBit(TIM2, TIM_IT_CC1);       //清除比较1中断标志位
        step++;
        if(step==800)//TA8435H采用1/8细分,步进电机步进角为1.8°,即每个脉冲转动
                     //0.225°
        {
            TIM_Cmd(TIM2, DISABLE);       //关闭TIM2,步进电机转动180°后停止
        }
    }
}
/* **********************************************************
** 函数名:main(void)
** 功能描述:控制TA8435H驱动步进电机转动180°停止
** 输入参数:无
** 输出参数:无
** 说明:采用的步进电机步进角为1.8°,TA8435H采用1/8细分
********************************************************** */
int main(void)
{
    SystemInit();                         //系统时钟初始化
    TIM2_Config();                        //TIM2初始化配置
    NVIC_Config();                        //中断优先级配置

    TIM_Cmd(TIM2, ENABLE);                //开启TIM2,TIM2开始输出PWM
    while(1);
}
```

8.8 交流调压控制

8.8.1 交流调压电路

交流调压有多种方式。一个采用双向可控硅构成的交流调压电路如图 8.8.1 所示。

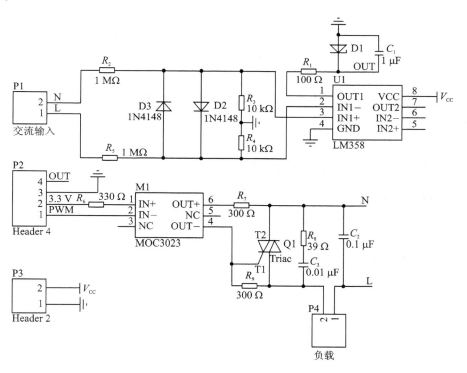

图 8.8.1 双向可控硅交流调压电路

在图 8.8.1 中,LM358 作为比较器使用,LM358 的 OUT 输出连接到 STM32F 微控制器的外部中断输入引脚,由此检测交流过零点。220 V 输入的交流电压经 1 MΩ 与 10 kΩ 电阻分压接入 LM358 两输入端。交流电压峰值为 380 V,经两电阻分压后进入 LM358 的最大电压值为

$$V_{\text{in}} = 380 \text{ V} \times \frac{10}{10 + 1\,000} \approx 3.76 \text{ V}$$

最大电流为

$$I = 380 \text{ V} \div (10 + 1\,000) \text{ k}\Omega \approx 0.376 \text{ mA}$$

则两电阻功率分别为

$$P_1 = I^2 R_2 = 0.376^2 \times 10^{-6} \times 1\,000\,000 \text{ W} = 0.14 \text{ W}$$

$$P_2 = I^2 R_3 = 0.376^2 \times 10^{-6} \times 10\,000 \text{ W} = 0.001\,4 \text{ W}$$

STM32F 32 位 ARM 微控制器应用设计与实践 (第 2 版)

在交流电压正半周时,N电压为正,L为0,即LM358正端输入为正,负端输入为0,则LM358的OUT1输出为高电平(V_{CC})。其中D1为3.3 V稳压管,将5 V的V_{CC}电压转换为3.3 V,用于STM32F I/O外部中断处理。在交流电压负半周时,N电压为0,L电压为正,即LM358正端输入为0,负端输入为正,则LM358的OUT1输出为低电平。

MOC3023是一个光隔离三端双向可控硅驱动器芯片。MOC3023包含一个砷化镓红外发光二极管和一个光敏硅双向开关,该开关具备与三端双向可控硅一样的功能。可在弱电信号控制强电过程中起隔离作用。MOC3023的触发电流是5 mA,隔离电压的有效值达到5 000 V,输出驱动电压达400 V。当检测到交流电压过零点时,微控制器可延时一段时间$T(0 \leqslant T \leqslant 10 \text{ ms})$再触发一个脉冲信号使MOC3023导通,从而使双向可控硅Q1的G极产生一个正电压使双向可控硅导通。假设交流市电为50 Hz,则半个周期时间为10 ms,因此可以控制延时触发时间T的大小,实现控制双向可控硅的导通角,从而调节输出交流电压的大小。实际使用时,可以通过软件补偿相位,达到相对精确的控制。

为了对双向可控硅进行保护,在图8.8.1中采用了RC吸收回路(R_8和C_3)。

8.8.2 交流调压控制示例程序设计

本示例中使用STM32F的PA2引脚端作为外部中断输入引脚,用于检测交流电压过零点。当检测到交流电压过零点时,通过TIM5延时一段时间$T(0 \leqslant T \leqslant 10 \text{ ms})$后再触发导通双向可控硅,触发脉冲输出引脚为STM32F的PA7。

交流调压控制示例程序流程图如图8.8.2所示。

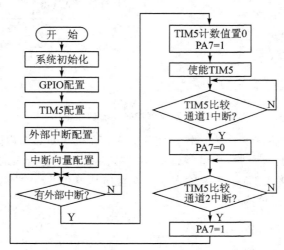

图8.8.2 交流调压控制示例程序流程图

8.8.3 交流调压控制示例程序

交流调压控制示例程序放在"示例程序→交流调压"文件夹中。部分程序代码如下:

1. stm32f10x. c 相关代码和注释

中断服务程序 8.8.1　　stm32f10x. c

```c
# include "stm32f10x.h"
# include "USART.h"
u8 once = 0;
/ * * * * * * * * * * * * * * * * * * * * * * * * * * * * * * * * * * * * * * * * * * * * * * *
* *   函数名:EXTI2_IRQHandler
* *   功能描述:外部中断线 2 中断服务程序
* *   输入参数:无
* *   输出参数:无
* * * * * * * * * * * * * * * * * * * * * * * * * * * * * * * * * * * * * * * * * * * * * * * */
void EXTI2_IRQHandler(void)
{
    if(EXTI_GetITStatus(EXTI_Line2) ! = RESET )
    {
        EXTI_ClearITPendingBit(EXTI_Line2);
        TIM_SetCounter(TIM5,0);                    //TIM5 计数值置为 0
        if(once == 0)
        {
            once = 1;
            TIM_Cmd(TIM5, ENABLE);                 //使能 TIM5
        }
        GPIOA ->BSRR = GPIO_Pin_7;                 //PA7 = 1
    }
}
/ * * * * * * * * * * * * * * * * * * * * * * * * * * * * * * * * * * * * * * * * * * * * * * *
* *   函数名:TIM5_IRQHandler
* *   功能描述:TIM5 中断服务程序
* *   输入参数:无
* *   输出参数:无
* * * * * * * * * * * * * * * * * * * * * * * * * * * * * * * * * * * * * * * * * * * * * * * */
void TIM5_IRQHandler(void)
{
    if(TIM_GetITStatus(TIM5, TIM_IT_CC1) ! = RESET)
    {
        TIM_ClearITPendingBit(TIM5, TIM_IT_CC1);    //清除中断标志位
        GPIOA ->BRR = GPIO_Pin_7;                   //PA7 = 0
    }
    else if(TIM_GetITStatus(TIM5, TIM_IT_CC2) ! = RESET)
    {
        TIM_ClearITPendingBit(TIM5, TIM_IT_CC2);
        GPIOA ->BSRR = GPIO_Pin_7;                  //PA7 = 1
```

```
        }
}
```

2. main. c 相关代码和注释

主程序 8.8.2   main. c

```
# include "stm32f10x.h"
# include "USART.h"


u16 Time = 7000;    //用于双向可控硅的触发延时时间(μs),可改变此值控制双向可控硅触
                    //发导通角
/ * * * * * * * * * * * * * * * * * * * * * * * * * * * * * * * * * * * * * * * * * *
**  函数名:GPIO_Config
**  功能描述:GPIO 初始化配置
**  输入参数:无
**  输出参数:无
**  返     回:无
* * * * * * * * * * * * * * * * * * * * * * * * * * * * * * * * * * * * * * * * * */
void GPIO_Config(void)
{
    RCC -> APB2ENR |= 1 << 2;                      //PORTA 时钟使能
    //PA2 - 外部中断输入,用于交流过零检测
    //PA7 - 推挽输出,用于双向可控硅的脉冲触发
    GPIOA -> CRL & =  0x0ffff0ff;
    GPIOA -> CRL |= 0x30000800;
    GPIOA -> ODR |= 1 << 2;                        //PA2 上拉
    GPIOA -> ODR |= 1 << 7;                        //PA7 置 1
}
/ * * * * * * * * * * * * * * * * * * * * * * * * * * * * * * * * * * * * * * * * * *
**  函数名:TIM5_Config
**  功能描述:TIM5 初始化配置
**  输入参数:无
**  输出参数:无
**  返     回:无
* * * * * * * * * * * * * * * * * * * * * * * * * * * * * * * * * * * * * * * * * */
void TIM5_Config(void)
{
    TIM_TimeBaseInitTypeDef   TIM_TimeBaseStructure;
    TIM_OCInitTypeDef   TIM_OCInitStructure;
    / * TIM5 时钟使能 * /
        RCC_APB1PeriphClockCmd(RCC_APB1Periph_TIM5, ENABLE);
    / * 基础设置 * /
    TIM_TimeBaseStructure.TIM_Period = 50000 - 1;      //计数值
    TIM_TimeBaseStructure.TIM_Prescaler = 72 - 1;      //预分频,此值 + 1 为分频的除数
```

```
    TIM_TimeBaseStructure.TIM_ClockDivision = 0x0;                    //采样分频
    TIM_TimeBaseStructure.TIM_CounterMode = TIM_CounterMode_Up;   //向上计数

    TIM_TimeBaseInit(TIM5, &TIM_TimeBaseStructure);

    /* 比较通道 1 */
    TIM_OCInitStructure.TIM_OCMode = TIM_OCMode_Inactive;    //输出比较非主动模式
    TIM_OCInitStructure.TIM_Pulse = Time;                    //Time 为延时的触发时间(μs)
    TIM_OCInitStructure.TIM_OCPolarity = TIM_OCPolarity_High;   //极性为正
    TIM_OC1Init(TIM5, &TIM_OCInitStructure);
    TIM_OC1PreloadConfig(TIM5, TIM_OCPreload_Disable);          //禁止 OC1 重装载

    /* 比较通道 2 */
    TIM_OCInitStructure.TIM_OCMode = TIM_OCMode_Inactive;      //输出比较非主动模式
    TIM_OCInitStructure.TIM_Pulse = Time + 50;              //50 μs 为触发脉冲的高电平时间
    TIM_OCInitStructure.TIM_OCPolarity = TIM_OCPolarity_High;   //极性为正
    TIM_OC2Init(TIM5, &TIM_OCInitStructure);
    TIM_OC2PreloadConfig(TIM5, TIM_OCPreload_Disable);         //禁止 OC1 重装载
    /* 使能预装载 */
    TIM_ARRPreloadConfig(TIM5, ENABLE);
    /* 预先清除所有中断位 */
    TIM_ClearITPendingBit(TIM5, TIM_IT_CC1|TIM_IT_CC2);
    //配置两个比较通道溢出中断
    TIM_ITConfig(TIM5, TIM_IT_CC1|TIM_IT_CC2, ENABLE);

    //TIM_Cmd(TIM5, ENABLE);
}
/***********************************************************
** 函数名:EXTI_Config
** 功能描述:外部中断配置
** 输入参数:无
** 输出参数:无
** 返    回:无
***********************************************************/
void EXTI_Config(void)
{
    EXTI_InitTypeDef EXTI_InitStructure;

    GPIO_EXTILineConfig(GPIO_PortSourceGPIOA,GPIO_PinSource2);     //PA2 引脚选择
    EXTI_ClearITPendingBit(EXTI_Line2);                           //清除 2 线标志位
    EXTI_InitStructure.EXTI_Mode = EXTI_Mode_Interrupt;
    EXTI_InitStructure.EXTI_Trigger = EXTI_Trigger_Rising_Falling; //边沿触发
    EXTI_InitStructure.EXTI_Line = EXTI_Line2;
    EXTI_InitStructure.EXTI_LineCmd = ENABLE;
```

```
        EXTI_Init(&EXTI_InitStructure);
}
/* ************************************************************
**  函数名:NVIC_Config
**  功能描述:中断优先级配置
**  输入参数:无
**  输出参数:无
**  返    回:无
************************************************************ */
void NVIC_Config(void)
{
    NVIC_InitTypeDef NVIC_InitStructure;
    NVIC_PriorityGroupConfig(NVIC_PriorityGroup_2);
    //EXTI2
    NVIC_InitStructure.NVIC_IRQChannel = EXTI2_IRQn;               //通道
    NVIC_InitStructure.NVIC_IRQChannelPreemptionPriority = 0;
    NVIC_InitStructure.NVIC_IRQChannelSubPriority = 0;
    NVIC_InitStructure.NVIC_IRQChannelCmd = ENABLE;
    NVIC_Init(&NVIC_InitStructure);

    NVIC_InitStructure.NVIC_IRQChannel = TIM5_IRQn;
    NVIC_InitStructure.NVIC_IRQChannelPreemptionPriority = 0;
    NVIC_InitStructure.NVIC_IRQChannelSubPriority = 1;
    NVIC_InitStructure.NVIC_IRQChannelCmd = ENABLE;
    NVIC_Init(&NVIC_InitStructure);
}
/* ************************************************************
**  函数名:main
**  功能描述:控制双向可控硅导通角,从而控制输出交流电压的有效值大小
**  输入参数:无
**  输出参数:无
**  返    回:无
************************************************************ */
int main(void)
{
    SystemInit();                                  //系统初始化
    GPIO_Config();                                 //GPIO 初始化
    TIM5_Config();                                 //TIM5 初始化配置
    NVIC_Config();                                 //中断向量配置
    EXTI_Config();                                 //外部中断配置
    while(1);
}
```

第**9**章

看门狗的使用

　　看门狗电路的功能是防止系统挂起(hang)。在系统达到超时值时,看门狗会产生不可屏蔽的中断或复位。当系统由于软件错误而无法响应或外部器件不能以期望的方式响应时,使用看门狗可使其重新被控制。

　　STM32F10xxx内置两个看门狗,提供了更高的安全性、时间的精确性和使用的灵活性。两个看门狗设备(独立看门狗IWDG和窗口看门狗WWDG)可用来检测和解决由软件错误引起的故障;当计数器达到给定的超时值时,触发一个中断(仅适用于窗口看门狗)或产生系统复位。

9.1　独立看门狗

9.1.1　独立看门狗的寄存器设置

　　独立看门狗(IWDG)由专用的低速时钟(LSI)驱动,即使主时钟发生故障,它仍然有效。IWDG最适用于那些需要看门狗作为一个在主程序之外,能够完全独立工作,并且对时间精度要求较低的场合。

　　独立看门狗的时钟不是准确的40 kHz,而是在30~60 kHz之间变化的一个时钟,可以40 kHz的频率来计算,最长时间理论计算为26 214.4 ms。

1. 独立看门狗的寄存器

　　独立看门狗有几个寄存器需要设置,下面分别介绍这几个寄存器。

(1) 键寄存器 IWDG_KR 设置

　　键寄存器IWDG_KR的各位功能描述如图9.1.1所示。

　　在键寄存器(IWDG_KR)中写入0xCCCC,开始启用独立看门狗;此时计数器开始从其复位值0xFFF递减计数。当计数器计数到末尾0x000时,会产生一个复位信号(IWDG_RESET)。无论何时,只要键寄存器IWDG_KR中被写入0xAAAA,IWDG_RLR中的值就会被重新加载到计数器中,从而避免产生看门狗复位。

　　IWDG_PR和IWDG_RLR寄存器具有写保护功能。要修改这两个寄存器的值,必须先向IWDG_KR寄存器中写入0x5555。以不同的值写入这个寄存器将会打乱操作顺序,寄存器将重新被保护。重装载操作(即写入0xAAAA)也会启动写保护功能。

31	30	29	28	27	26	25	24	23	22	21	20	19	18	17	16
保留															

15	14	13	12	11	10	9	8	7	6	5	4	3	2	1	0
KEY[15:0]															
w	w	w	w	w	w	w	w	w	w	w	w	w	w	w	w

位[31:16]	保留，始终读为0
位[15:0]	KEY[15:0]:键值（只写寄存器，读出值为0x0000）（Key value） 软件必须以一定的间隔写入0xAAAA，否则，当计数器为0时，看门狗会产生复位 写入0x5555表示允许访问IWDG_PR和WDG_RLR寄存器 写入0xCCCC，启动看门狗工作（若选择了硬件,看门狗则不受此命令限制）

图 9.1.1　键寄存器 IWDG_KR 的各位功能描述

(2) 预分频寄存器（IWDG_PR）设置

预分频寄存器（IWDG_PR）用来设置看门狗时钟的分频系数,最低为 4,最高为 256。该寄存器是一个 32 位的寄存器,但是只用了最低 3 位,其他都是保留位。预分频寄存器的各位功能描述如图 9.1.2 所示。

31	30	29	28	27	26	25	24	23	22	21	20	19	18	17	16
保留															

15	14	13	12	11	10	9	8	7	6	5	4	3	2	1	0
保留													PR[2:0]		
													rw	rw	rw

位[31:3]	保留，始终读为0
位[2:0]	PR[2:0]:预分频因子(Prescaler divider) 这些位具有写保护设置。通过设置这些位来选择计数器时钟的预分频因子。要改变预分频因子，IWDG_SR寄存器的PVU位必须为0。 000：预分频因子=4;　　100：预分频因子=64; 001：预分频因子=8;　　101：预分频因子=128; 010：预分频因子=16;　　110：预分频因子=256; 011：预分频因子=32;　　111：预分频因子=256 注意：对此寄存器进行读操作，将从V_{DD}电压域返回预分频值。如果写操作正在进行，则读回的值可能是无效的。因此，只有当IWDG_SR寄存器的PVU位为0时，读出的值才有效

图 9.1.2　寄存器 IWDG_ PR 的各位功能描述

(3) 重装载寄存器（IWDG_RLR）设置

重装载寄存器（IWDG_RLR）用来保存重装载到计数器中的值。该寄存器也是一个 32 位寄存器,但是只有低 12 位是有效的。该寄存器的各位功能描述如图 9.1.3 所示。

2. 启动独立看门狗

只要对以上三个寄存器进行相应的设置,就可以启动 STM32 的独立看门狗,启动过程可以按如下步骤实现:

31	30	29	28	27	26	25	24	23	22	21	20	19	18	17	16
保留														

15	14	13	12	11	10	9	8	7	6	5	4	3	2	1	0
保留				RL[11:0]											
				rw	rw	rw	rw	rw	rw	rw	rw	rw	rw	rw	rw

位[31:12]	保留，始终读为0
位[11:0]	RL[11:0]看门狗计数器重装载值(Watchdog counter reload value) 这些位具有写保护功能。用于定义看门狗计数器的重装载值，每当向IWDG_KR 寄存器写入0xAAAA时，重装载值会被传送到计数器中。随后计数器从这个值开始递减计数。 看门狗超时周期可通过此重装载值和时钟预分频值来计算 只有当IWDG_SR寄存器中的RUV位为0时，才能对此寄存器进行修改。 注：对此寄存器进行读操作，将从V_{DD}电压域返回预分频值。如果写操作正在进行，则读回的 值可能是无效的。因此，只有当IWDG_SR寄存器的RVU位为0时，读出的值才有效

图 9.1.3　重装载寄存器的各位功能描述

（1）向 IWDG_KR 写入 0x5555

向 IWDG_KR 写入 0x5555，取消 IWDG_PR 和 IWDG_RLR 的写保护，使后面可以操作这两个寄存器。

（2）设置 IWDG_PR 和 IWDG_RLR 的值

设置看门狗的分频系数和重装载的值，由此，就可以确定看门狗的喂狗时间。注意：因为时钟频率是在 30～60 kHz 之间变化的，这个值是个粗略的计算值，所以无法得到准确的喂狗时间。

（3）向 IWDG_KR 写入 0xAAAA

向 IWDG_KR 写入 0xAAAA，将使 STM32 重新加载 IWDG_RLR 的值到看门狗计数器，也可以用该命令来喂狗。

（4）向 IWDG_KR 写入 0xCCCC

向 IWDG_KR 写入 0xCCCC，启动看门狗工作。

通过以上的设置，就可以使用独立看门狗了。使能了看门狗，在程序中就必须间隔一定时间喂狗，否则将导致系统复位。

9.1.2　独立看门狗的示例程序设计

本示例程序中使用 PB0 口外接一只发光二极管指示独立看门狗工作状态。

在工程目录 User 文件夹下新建 wdg. c 及 wdg. h 两个文件，把 wdg. c 添加到工程中组 User 中。工程建好后文件清单如图 9.1.4 所示。

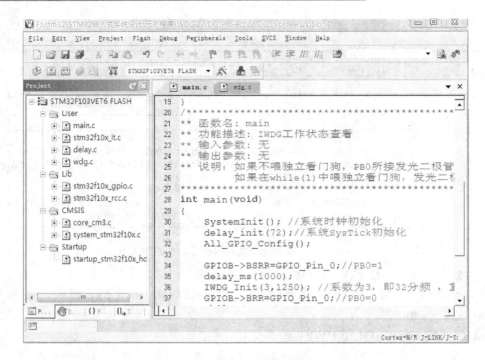

图 9.1.4　IWDG 工程界面

9.1.3　独立看门狗的示例程序

本示例程序实现功能:如果不喂独立看门狗,PB0 所接发光二极管将亮 1 秒灭 1 秒地闪烁,如果在 while(1)中喂独立看门狗,发光二极管将亮 1 秒后再熄灭。

独立看门狗操作示例程序放在"示例程序→ WDG→ IWDG"文件夹中。部分程序代码如下:

1. wdg. c 相关代码和注释

独立看门狗程序 9.1.1　wdg. c

```
# include "stm32f10x.h"
# include "wdg.h"
/**************************************************
** 函数名:IWDG_Init
** 功能描述:初始化独立看门狗
** 输入参数:prer 为分频数 0~7(只有低 3 位有效!)
          rlr 为重装载寄存器值,低 12 位有效
** 输出参数:无
** 说明:时间计算(大概):Tout = 40kHz/((4 * 2^prer) * rlr)值
        分频因子 = 4 * 2^prer.但最大值只能是 256
**************************************************/
```

```
void IWDG_Init(u8 prer,u16 rlr)
{
    IWDG->KR = 0X5555;              //使能对 IWDG_PR 和 IWDG_RLR 的写
    IWDG->PR = prer;                //LSI/32 = 40 kHz/4 * 2^prer
    IWDG->RLR = rlr;                //从加载寄存器 IWDG_RLR
    IWDG->KR = 0XAAAA;              //reload
    IWDG->KR = 0XCCCC;              //使能看门狗
}
/ * * * * * * * * * * * * * * * * * * * * * * * * * * * * * * * * * * * * * * * * * * * *
** 函数名:IWDG_Feed
** 功能描述:喂独立看门狗
** 输入参数:无
** 输出参数:无
* * * * * * * * * * * * * * * * * * * * * * * * * * * * * * * * * * * * * * * * * * * */
void IWDG_Feed(void)
{
        IWDG->KR = 0XAAAA;              //reload
}
```

2. main. c 相关代码和注释

主程序 9.1.2　main. c

```
# include "stm32f10x.h"
# include "wdg.h"
/ * * * * * * * * * * * * * * * * * * * * * * * * * * * * * * * * * * * * * * * * * * * *
** 函数名:All_GPIO_Config
** 功能描述:在这里配置所有的 GPIO 口
** 输入参数:无
** 输出参数:无
* * * * * * * * * * * * * * * * * * * * * * * * * * * * * * * * * * * * * * * * * * * */
void All_GPIO_Config(void)
{
    GPIO_InitTypeDef GPIO_InitStructure;                           //定义 GPIO 结构体

    RCC_APB2PeriphClockCmd(RCC_APB2Periph_GPIOB, ENABLE);         //使能 GPIOB 口时钟
    / * 将 PB0 配置为推挽输出 * /
    GPIO_InitStructure.GPIO_Pin = GPIO_Pin_0;                     //PB0
    GPIO_InitStructure.GPIO_Mode = GPIO_Mode_Out_PP;             //推挽输出
    GPIO_InitStructure.GPIO_Speed = GPIO_Speed_50MHz;           //50 MHz 时钟频率
    GPIO_Init(GPIOB, &GPIO_InitStructure);
}
/ * * * * * * * * * * * * * * * * * * * * * * * * * * * * * * * * * * * * * * * * * * * *
** 函数名:main
```

** 功能描述:IWDG 例程

** 输入参数:无

** 输出参数:无

** 说明:如果不喂独立看门狗,则 PB0 所接发光二极管将亮 1 秒灭 1 秒地闪烁

　　　　如果在 while(1)中喂独立看门狗,则发光二极管将亮 1 秒后再熄灭

**/

```
int main(void)
{
    SystemInit();                        //系统时钟初始化
    delay_init(72);                      //系统 SysTick 初始化
    All_GPIO_Config();
    GPIOB->BSRR = GPIO_Pin_0;            //PB0 = 1
    delay_ms(1000);
    IWDG_Init(3,1250);                   //系数为 3,即 32 分频,重载值为 625,溢出时间约
                                         //为 32/40 kHz * 1 250 = 1 s
    GPIOB->BRR = GPIO_Pin_0;             //PB0 = 0
    while(1)
    {
        //如果将此语句屏蔽,即不进行看门狗喂食,程序将在约 1 s 后复位
        //IWDG_Feed();                   //喂独立看门狗
    }
}
```

9.2 窗口看门狗

9.2.1 窗口看门狗的寄存器设置

STM32F10xxx 的窗口看门狗(WWDG)由 APB1 时钟分频后得到的时钟驱动,通过可配置的时间窗口来检测应用程序非正常的过迟或过早的操作。窗口看门狗最适合那些要求看门狗在精确计时窗口起作用的应用程序。

窗口看门狗通常用来监测由外部干扰或不可预见的逻辑条件造成的应用程序背离正常的运行序列而产生的软件故障。除非递减计数器的值在 T6 位变成 0 前被刷新,看门狗电路在达到预置的时间周期时,会产生一个 MCU 复位。在递减计数器达到窗口寄存器数值之前,如果 7 位的递减计数器数值(在控制寄存器中)被刷新,那么也将产生一个 MCU 复位。这表明递减计数器需要在一个有限的时间窗口中被刷新。

如果看门狗被启动(WWDG_CR 寄存器中的 WDGA 位置 1),并且当 7 位(T[6:0])递减计数器从 0x40 翻转到 0x3F(T6 位清零)时,则产生一个复位。如果软件在计数器值大于窗口寄存器中的数值时重新装载计数器,将产生一个复位。

对于一般的看门狗,程序可以在它产生复位前的任意时刻刷新看门狗,但这有一个隐患,有可能程序跑乱了又跑回到正常的地方,或跑乱的程序正好执行了刷新看门狗操作,遇到这样的情况,一般的看门狗无法检测出来。如果使用窗口看门狗,程序员可以根据程序正常执行的时间设置刷新看门狗的一个时间窗口,保证不会提前刷新看门狗,也不会滞后刷新看门狗,这样可以检测出程序是否按照正常的路径运行,或非正常地跳过了某些程序段的情况。

上面提到的 T6 是窗口看门狗的自减计数器的第 6 位(最高位),该计数器的时钟来自 PCLK1/4096/预设分频数。在该计数器的 T6 位变为 0 后(小于 0x40),就会引起一次复位。这是窗口的下限。而当计数器的值在大于窗口配置寄存器的窗口值之前就被修改时,也会引起一次复位。窗口值是窗口的上限,是由用户根据实际要求来设计的,但是一定要确保窗口值大于 0x40,否则窗口就不存在了。

1. 窗口看门狗的超时公式

窗口看门狗的超时公式如下:

$$T_{WWDG} = T_{PCLK1} \times 4\,096 \times 2^{WDGTB} \times (T[5:0] + 1) \tag{9.2.1}$$

其中:T_{WWDG} 为 WWDG 超时时间;T_{PCLK1} 为 APB1 以 ms 为单位的时间间隔。

根据公式(9.2.1),假设 PCLK1=36 MHz,那么可以得到最小-最大超时时间表如表 9.2.1 所列。

表 9.2.1　36 MHz 时钟下窗口看门狗的最小-最大超时时间表

WDGTB	最小超时值/μs	最大超时值/ms
0	113	7.28
1	227	14.56
2	455	29.12
3	910	58.25

2. 控制寄存器(WWDG_CR)设置

与窗口看门狗有关的寄存器有 3 个。首先介绍控制寄存器(WWDG_CR),该寄存器的各位功能描述如图 9.2.1 所示。

可以看出,WWDG_CR 只有低 8 位有效,T[6:0]用来存储看门狗的计数器值,是随时更新的,每个 PCLK1 周期(4 096×2^{WDGTB})减 1。当该计数器的值从 0x40 变为 0x3F 时,将产生看门狗复位。

WDGA 位则是看门狗的激活位,该位由软件置 1,以启动看门狗,并且一定要注意一旦该位设置,就只能在硬件复位后才能清零。

3. 配置寄存器(WWDG_CFR)设置

配置寄存器(WWDG_CFR)的各位功能描述如图 9.2.2 所示。

该寄存器中的 EWI 是提前唤醒中断位,即在快要产生复位的前一段时间来提醒用

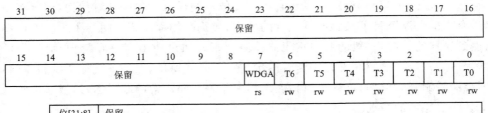

31	30	29	28	27	26	25	24	23	22	21	20	19	18	17	16
保留															

15	14	13	12	11	10	9	8	7	6	5	4	3	2	1	0
保留								WDGA	T6	T5	T4	T3	T2	T1	T0
								rs	rw	rw	rw	rw	rw	rw	rw

位[31:8]	保留
位7	WDGA：激活位(Activation bit) 此位由软件置1,但仅能由硬件在复位后清0。当WDGA=1时,看门狗可以产生复位。 0: 禁止看门狗; 1: 启用看门狗
位[6:0]	T[6:0]: 7位计数器(MSB至LSB)(7-bit counter) 这些位用来存储看门狗的计数器值。每($4\,096 \times 2^{\text{WDGTB}}$)个PCLK1周期减1。当计数器值从40h变为3Fh时(T6变成0),产生看门狗复位

图 9.2.1 寄存器 WWDG_CR 各位功能描述

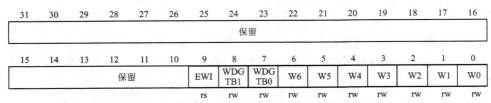

31	30	29	28	27	26	25	24	23	22	21	20	19	18	17	16
保留															

15	14	13	12	11	10	9	8	7	6	5	4	3	2	1	0
保留						EWI	WDG TB1	WDG TB0	W6	W5	W4	W3	W2	W1	W0
						rs	rw	rw	rw	rw	rw	rw	rw	rw	rw

位[31:8]	保留
位9	EWI：提前唤醒中断(Earlywakeup interrupt) 此位若置1,则当计数器值达到40h,即产生中断。 此中断只能由硬件在复位后清除
位[8:7]	WDGTB[1:0]: 时基(Timer base) 预分频器的时基可以设置如下： 00: CK计时器时钟(PCLK1除以4 096)除以1; 01: CK计时器时钟(PCLK1除以4 096)除以2; 10: CK计时器时钟(PCLK1除以4 096)除以4; 11: CK计时器时钟(PCLK1除以4 096)除以8
位[6:0]	W[6:0]:7位窗口值(7-bit window value) 这些位包含了用来与递减计数器进行比较用的窗口值

图 9.2.2 寄存器 WWDG_ CFR各位功能描述

户,需要喂狗了,否则将复位！因此,程序中一般用该位来设置中断,当窗口看门狗的计数器值减到 0x40 时,如果该位设置,并开启了中断,则会产生中断,可以在中断里设计 WWDG_CR 重新写入计数器的值来达到喂狗的目的。注意：当进入中断后,需要在不大于 113 μs 的时间(PCLK1 为 36 MHz 的条件下)内重新写 WWDG_CR,否则,看门狗将产生复位！

4. 状态寄存器(WWDG_SR)设置

状态寄存器(WWDG_SR)用来记录当前是否有提前唤醒的标志。该寄存器仅有位 0 有效,其他都是保留位。当计数器值达到 0x40 时,此位由硬件置 1。它必须通过软件写 0 来清除。对此位写 1 无效。若中断未使能,此位也会置 1。

只要对以上三个寄存器进行相应的设置,即可启动 STM32 的窗口看门狗。

下面介绍的是采用中断方式喂狗的方法。具体步骤如下:

① 使能 WWDG 时钟。WWDG 不同于 IWDG,IWDG 有自己独立的 40 kHz 时钟,不存在使能问题。而 WWDG 使用的是 PCLK1 的时钟,需要先使能时钟。

② 设置 WWDG_CFR 和 WWDG_CR 两个寄存器。在完成时钟使能后,设置 WWDG 的 CFR 和 CR 两个寄存器,对 WWDG 进行配置,包括使能窗口看门狗、开启中断、设置计数器的初始值、设置窗口值并设置分频数 WDGTB 等。

③ 开启 WWDG 中断并分组。在设置完成 WWDG 后,需要配置该中断的分组及使能。使用库函数 NVIC_Config() 即可实现。

④ 编写中断服务函数。通过该函数来喂狗,喂狗要快,否则当窗口看门狗计数器值减到 0x3F 时,就会引起软复位。在中断服务函数里也要将状态寄存器的 EWIF 位清空。

完成了以上 4 个步骤之后,就可以使用 STM32 的窗口看门狗了。

9.2.2　窗口看门狗的示例程序设计

本示例程序中使用 PB0 口外接一只发光二极管指示窗口看门狗工作状态,也可用示波器测量 PB0 引脚电平。

仍然在前例代码的基础上添加代码,工程建好后界面如图 9.2.3 所示。

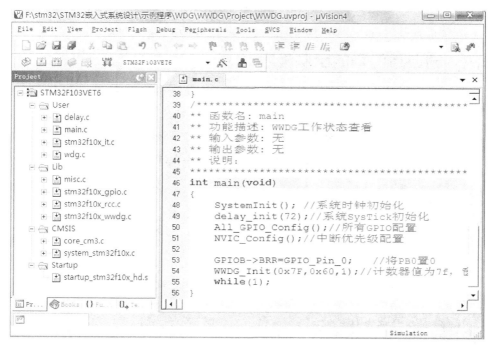

图 9.2.3　WWDG 工程界面

本示例程序实现功能：程序在窗口看门狗中断服务程序中将 PB0 电平取反，可用示波器测量 PB0 引脚波形查看 WWDG 的超时时间。可修改代码，如果在中断服务程序中不更新时间，程序将复位。亦可通过软件仿真在逻辑分析窗口中观察 PB0 波形。波形如图 9.2.4 所示。

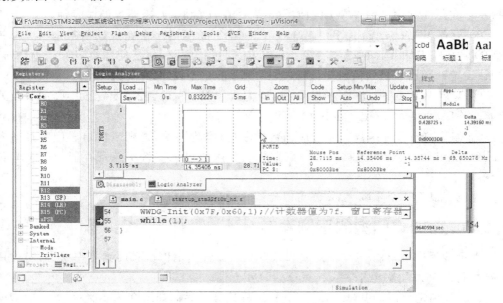

图 9.2.4　WWDG 软件仿真

从软件仿真可以看出 WWDG 超时时间约为 14.35 ms。

9.2.3　窗口看门狗的示例程序

窗口看门狗操作示例程序放在"示例程序→ WDG→WWDG"文件夹中。部分程序代码如下：

1. wdg.c 相关代码和注释

窗口看门狗程序 9.2.1　wdg.c

```
#include "stm32f10x.h"
#include "wdg.h"
/*****************************************************
** 函数名:WWDG_Set_Counter
** 功能描述:重设置 WWDG 计数器的值
** 输入参数:cnt
** 输出参数:无
*****************************************************/
void WWDG_Set_Counter(u8 cnt)
{
    WWDG->CR|=(cnt&0x7F);                //重设置 7 位计数器
```

```
}

u8 WWDG_CNT = 0X7F;
/* * * * * * * * * * * * * * * * * * * * * * * * * * * * * * * * * * * * * * * * * * * *
 ** 函数名:WWDG_Init
 ** 功能描述:初始化窗口看门狗
 ** 输入参数:tr:T[6:0],用于存储计数器的值
            wr:W[6:0],用于存储窗口值
            fprer:窗口看门狗的实际设置
 ** 输出参数:无
 ** 说明:低 2 位有效,Fwwdg = PCLK1/4096/2^fprer
         调用 WWDG_Init(0x7F,0x5F,3);//计数器值为 7F,窗口寄存器为 5F,分频数为 8
 * * * * * * * * * * * * * * * * * * * * * * * * * * * * * * * * * * * * * * * * * * */
void WWDG_Init(u8 tr,u8 wr,u8 fprer)
{
    RCC ->APB1ENR|= 1<<11;          //使能 WWDG 时钟
    WWDG_CNT = tr&WWDG_CNT;         //初始化 WWDG_CNT
    WWDG ->CFR|= fprer<<7;          //PCLK1/4096 再除 2^fprer 第 7、8 位为 fprer 的值
    WWDG ->CFR|= 1<<9;              //使能中断
    WWDG ->CFR& 0XFF80;
    WWDG ->CFR|= wr;                //设定窗口值
    WWDG ->CR|= WWDG_CNT|(1<<7);    //开启看门狗,设置 7 位计数器
}
/* * * * * * * * * * * * * * * * * * * * * * * * * * * * * * * * * * * * * * * * * * * *
 ** 函数名:WWDG_IRQHandler
 ** 功能描述:窗口看门狗中断服务程序
 ** 输入参数:无
 ** 输出参数:无
 * * * * * * * * * * * * * * * * * * * * * * * * * * * * * * * * * * * * * * * * * * */
void WWDG_IRQHandler(void)
{
    u8 wr,tr;
    wr = WWDG ->CFR&0X7F;           //读取配置寄存器的值
    tr = WWDG ->CR&0X7F;            //读取计数器的值
    //如果不更新时间,程序将复位
    if(tr<wr) WWDG_Set_Counter(WWDG_CNT);
                                    //只有当计数器的值小于窗口寄存器的值才能写 CR!!
    WWDG ->SR = 0X00;               //清除提前唤醒中断标志位
GPIOB ->ODR^= GPIO_Pin_0;          //将 PB0 电平取反
}
```

2. main. c 相关代码和注释

主程序 9. 2. 2 main. c

```
#include "stm32f10x.h"
#include "delay.h"
#include "wdg.h"
/***********************************************************************
**  函数名:All_GPIO_Config
**  功能描述:GPIO 口配置
**  输入参数:无
**  输出参数:无
***********************************************************************/
void All_GPIO_Config(void)
{
    GPIO_InitTypeDef GPIO_InitStructure;                        //定义 GPIO 结构体
    RCC_APB2PeriphClockCmd(RCC_APB2Periph_GPIOB, ENABLE);       //使能 GPIOB 口时钟
    /* 将 PB0 配置为推挽输出 */
    GPIO_InitStructure.GPIO_Pin = GPIO_Pin_0;                   //PB0
    GPIO_InitStructure.GPIO_Mode = GPIO_Mode_Out_PP;            //推挽输出
    GPIO_InitStructure.GPIO_Speed = GPIO_Speed_50MHz;          //50 MHz 时钟频率
    GPIO_Init(GPIOB, &GPIO_InitStructure);
}
/***********************************************************************
**  函数名:NVIC_Config
**  功能描述:WWDG 中断优先级配置
**  输入参数:无
**  输出参数:无
***********************************************************************/
void NVIC_Config(void)
{
    NVIC_InitTypeDef NVIC_InitStructure;
    NVIC_PriorityGroupConfig(NVIC_PriorityGroup_2);            //采用组别 2
    NVIC_InitStructure.NVIC_IRQChannel = WWDG_IRQn;           //配置串口中断
    NVIC_InitStructure.NVIC_IRQChannelPreemptionPriority = 1; //占先式优先级设置为 1
    NVIC_InitStructure.NVIC_IRQChannelSubPriority = 0;        //副优先级设置为 0
    NVIC_InitStructure.NVIC_IRQChannelCmd = ENABLE;           //中断使能
    NVIC_Init(&NVIC_InitStructure);                           //中断初始化
}
/***********************************************************************
**  函数名:main
**  功能描述:WWDG 工作状态查看
**  输入参数:无
**  输出参数:无
```

```
**  说明:
 ****************************************************************/
int main(void)
{
        SystemInit();                                    //系统时钟初始化
        delay_init(72);                                  //系统 SysTick 初始化
        All_GPIO_Config();                               //所有 GPIO 配置
        NVIC_Config();                                   //中断优先级配置

    GPIOB->BRR = GPIO_Pin_0;                             //将 PB0 置 0
    WWDG_Init(0x7F,0x60,1);             //计数器值为 7F,窗口寄存器为 60,分频数为 2
    while(1);
}
```

第 **10** 章

FSMC 的使用

10.1　STM32F 的 FSMC

10.1.1　STM32F 的 FSMC 简介

可变静态存储控制器 FSMC(Flexible Static Memory Controller)是 STM32F 系列中内部集成 256 KB 以上 Flash,是后缀为 xC、xD 和 xE 的微控制器特有的存储控制机制。通过对特殊功能寄存器的设置,FSMC 能够根据不同的外部存储器类型,发出相应的数据/地址/控制信号类型以匹配信号的速度,从而使 STM32F 系列微控制器不仅能够应用各种不同类型、不同速度的外部静态存储器,而且能够在不增加外部器件的情况下同时扩展多种不同类型的静态存储器,满足系统设计对存储容量、产品体积以及成本的综合要求。

FSMC 模块能够与同步或异步存储器及 16 位 PC 存储器卡接口,可以将 AHB 传输信号转换到适当的外部设备协议,满足访问外部设备的时序要求。所有的外部存储器共享控制器输出的地址、数据和控制信号,每个外部设备可以通过一个唯一的片选信号加以区分。FSMC 在任一时刻只访问一个外部设备。

FSMC 具有下列主要功能:

➢ 具有静态存储器接口的器件包括:静态随机存储器(SRAM)、只读存储器(ROM)、NOR 闪存、PSRAM(4 个存储器块)。

➢ 两个 NAND 闪存块,支持硬件 ECC 并可检测多达 8 KB 数据。

➢ 16 位的 PC 卡兼容设备。

➢ 支持对同步器件的成组(Burst)访问模式,如 NOR 闪存和 PSRAM。

➢ 8 位或 16 位数据总线。

➢ 每一个存储器块都有独立的片选控制。

➢ 每一个存储器块都可以独立配置。

➢ 时序可编程以支持各种不同的器件。其中:等待周期可编程(多达 15 个周期),总线恢复周期可编程(多达 15 个周期),输出使能和写使能延时可编程(多达 15 个周期),独立的读/写时序和协议,可支持宽范围的存储器和时序。

➢ PSRAM 和 SRAM 器件使用的写使能和字节选择输出。

➢ 将 32 位的 AHB 访问请求,转换到连续的 16 位或 8 位的访问。

> 具有 16 个字,每个字 32 位宽的写入 FIFO,允许在写入较慢存储器时释放 AHB 进行其他操作。在开始一次新的 FSMC 操作前,FIFO 要先清空。通常在系统复位或上电时,应设置好所有定义外部存储器类型和特性的 FSMC 寄存器,并保持其内容不变;当然,也可以在任何时候改变这些设置。

FSMC 具有以下技术优势:

① 支持多种静态存储器类型。STM32F 通过 FSMC 可以与 SRAM、ROM、PSRAM、NOR Flash 和 NAND Flash 存储器的引脚直接相连。

② 支持丰富的存储操作方法。FSMC 不仅支持多种数据宽度的异步读/写操作,而且支持对 NOR/PSRAM/NAND 存储器的同步突发访问方式。

③ 支持同时扩展多种存储器。在 FSMC 的映射地址空间中,不同的 BANK 是独立的,可用于扩展不同类型的存储器。当系统中扩展和使用多个外部存储器时,FSMC 会通过总线悬空以延迟时间参数的设置,防止各存储器对总线的访问冲突。

④ 支持更为广泛的存储器型号。通过对 FSMC 的时间参数设置,扩大系统中可用存储器的速度范围,为用户提供灵活的存储芯片选择空间。

⑤ 支持代码从 FSMC 扩展的外部存储器中直接运行,而不需要首先调入内部 SRAM。

10.1.2　FSMC 内部结构和映射地址空间

FSMC 包含 AHB 接口(包含 FSMC 配置寄存器)、NOR 闪存和 PSRAM 控制器、NAND 闪存和 PC 卡控制器、外部设备接口 4 个主要模块。在 STM32F 内部,FSMC 的一端通过内部高速总线 AHB 连接到内核 Cortex - M3,另一端则是面向扩展存储器的外部总线。内核对外部存储器的访问信号发送到 AHB 总线后,经过 FSMC 转换为符合外部存储器通信规约的信号,送到外部存储器的相应引脚,实现内核与外部存储器之间的数据交互。FSMC 起到桥梁作用,既能够进行信号类型的转换,又能够进行信号宽度和时序的调整,屏蔽掉不同存储类型的差异。

FSMC 内部包括 NOR Flash 和 NAND/PC Card 两个控制器,可以分别支持两种截然不同的存储器访问方式。

FSMC 管理 1 GB 的映射地址空间。该空间划分为 4 个大小为 256 MB 的 BANK,每个 BANK 又分为 4 个 64 MB 的子 BANK,如图 10.1.1 所示。FSMC 的 2 个控制器管理的映射地址空间不同。NOR Flash 控制器管理第 1 个 BANK,NAND/PC Card 控制器管理第 2～4 个 BANK。由于两个控制器管理的存储器类型不同,扩展时应根据选用的存储设备类型确定其映射位置。其中,BANK1 的 4 个子 BANK 拥有独立的片选线和控制寄存器,可分别扩展一个独立的存储设备,而 BANK2～BANK4 只有一组控制寄存器。

STM32F103xC、STM32F103xD 和 STM32F103xE 增强型系列集成了 FSMC 模块。它具有 4 个片选输出,支持 PC 卡/CF 卡、SRAM、PSRAM、NOR 和 NAND。

FSMC 的目标频率 f_{CLK} 为 HCLK/2,例如当 HCLK(系统时钟)为 72 MHz 时,外

STM32F 32 位 ARM 微控制器应用设计与实践（第 2 版）

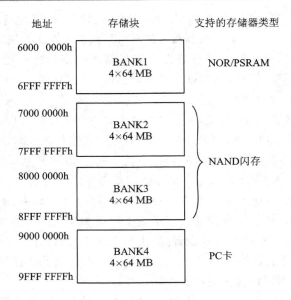

图 10.1.1　FSMC 存储块

部访问时钟是 36 MHz；当 HCLK（系统时钟）为 48 MHz 时，外部访问时钟是 24 MHz。

　　FSMC 可以配置成与多数图形 LCD 控制器实现无缝连接，它支持 Intel 8080 和 Motorola 6800 的模式，并能够灵活地与特定的 LCD 接口。使用这个 LCD 并行接口可以很方便地构建简易的图形应用环境。

　　有关 FSMC 的更多内容请参考"STM32F 参考手册"的相关章节。

10.1.3　FSMC 总线配置步骤

　　SRAM/ROM、NOR Flash 和 PSRAM 类型的外部存储器都是由 FSMC 的 NOR Flash 控制器管理的，扩展方法基本相同，其中 NOR Flash 最为复杂。通过 FSMC 扩展外部存储器时，除了存储器扩展所需要的硬件电路外，还需要进行 FSMC 初始化配置。FSMC 提供大量、细致的可编程参数，以便能够灵活地进行各种不同类型、不同速度的存储器扩展。外部存储器能否正常工作的关键在于：用户能否根据选用的存储器型号，对配置寄存器进行合理的初始化配置。

1. 确定映射地址空间

　　根据选用的存储器类型确定扩展使用的映射地址空间。选定映射子 BANK 后，需确定：

　　① 硬件电路中用于选中该存储器的片选线 FSMC_NEi（i 为子 BANK 号，$i =$ 1,…,4）；

　　② FSMC 配置中用于配置该外部存储器的特殊功能寄存器号，如表 10.1.1 所列。

表 10.1.1 FSMC 映射地址空间与特殊功能寄存器

内部控制器	BANK 号	映射地址范围	支持设备类型	特殊功能寄存器
NOR Flash 控制器	BANK1	60000 0000H~ 6FFF FFFFH	SRAM/ROM NOR Flash PSRAM	PSMC_BCR1~4 FSMC_BTR1~4 FSMC_BWTR1~4
NAND/ PC Card 控制器	BANK2	70000 0000H~ 7FFF FFFFH	NAND Flash	FSMC_PCR2~4 FSMC_SR2~4 FSMC_PMEM2~4 FSMC_PATT2~4 FSMC_PIO4
	BANK3	80000 0000H~ 8FFF FFFFH		
	BANK4	90000 0000H~ 9FFF FFFFH	PC Card	

2. 配置存储器基本特征

通过对 FSMC 特殊功能寄存器 FSMC_BCRi(i 为子 BANK 号,i=1,…,4)中对应控制位的设置,FSMC 根据不同存储器特征可灵活地进行工作方式和信号的调整。

根据选用的存储器芯片确定需要配置的存储器特征,主要包括:

① 确定存储器类型(MTYPE)是 SRAM/ROM、PSRAM,还是 NOR Flash;

② 确定存储芯片的地址和数据引脚是否复用(MUXEN),FSMC 可以直接与 AD0~AD15 复用的存储器相连,不需要增加外部器件;

③ 确定存储芯片的数据线宽度(MWID),FSMC 支持 8 位/16 位两种外部数据总线宽度;

④ 对于 NOR Flash(PSRAM),确定是否采用同步突发访问方式(B URSTEN);

⑤ 对于 NOR Flash(PSRAM),NWAIT 信号的特性说明(WAITEN、WAITCFG、WAITPOL);

⑥ 对于该存储芯片的读/写操作,确定是否采用相同的时序参数来确定时序关系(EXTMOD)。

3. 配置存储器时序参数

FSMC 通过使用可编程的存储器时序参数寄存器,拓宽了可选用的外部存储器的速度范围。FSMC 的 NOR Flash 控制器支持同步和异步突发两种访问方式。选用同步突发访问方式时,FSMC 将 HCLK(系统时钟)分频后,发送给外部存储器作为同步时钟信号 FSMC_CLK。此时需要设置的时间参数有两个:

① HCLK 与 FSMC_CLK 的分频系数(CLKDIV),可以为 2~16 分频;

② 同步突发访问中获得第 1 个数据所需要的等待延时(DATLAT)。

对于异步突发访问方式,FSMC 主要设置三个时间参数:地址建立时间(ADDSET)、数据建立时间(DATAST)和地址保持时间(ADDHLD)。

FSMC 综合了 SRAM/ROM、PSRAM 和 NOR Flash 产品的信号特点,定义了四种不同的异步时序模型。选用不同的时序模型时,需要设置不同的时序参数。在实际扩展时,根据选用存储器的特征确定时序模型,从而确定各时间参数与存储器读/写周期参数指标之间的计算关系;利用该计算关系和存储芯片数据手册中给定的参数指标,可计算出 FSMC 所需要的各时间参数,从而对时间参数寄存器进行合理的配置。

有关 FSMC 时间参数配置的更多内容请参考"STM32F 参考手册"的相关章节。

10.2　FSMC 驱动 TFT LCD

10.2.1　TFT LCD 简介

液晶显示器 LCD(Liquid Crystal Display)按照其液晶驱动方式,可分为 TN(Twist Nematic,扭转向列)型、STN(Super Twisted Nematic,超扭曲向列)型和 TFT(Thin Film Transistor,薄膜晶体管)型三大类。

TN 型 LCD 的分辨率很低,一般用于显示小尺寸黑白数字、字符等,广泛应用于手表、时钟、电话、传真机等一般家电用品的数字显示。

STN 型 LCD 的光线扭转可以达到 $180°\sim270°$,液晶单元按阵列排列,显示方式采用类似于 CRT 的扫描方式,驱动信号依次驱动每一行的电极,当某一行被选定时,列向上的电极触发位于行和列交叉点上的像素,控制像素的开关,在同一时刻只有一点(一个像素)受控。彩色 LCD 的每个像素点有 RGB 三个像素点,并在这三个像素点的光路上增加相关滤光片,利用三原色原理显示彩色图像。

STN 型 LCD 的像素单元如果通过的电流太大,则会影响附近的单元,产生虚影。如果通过的电流太小,则单元的开和关就会变得迟缓,降低对比度并丢失移动画面的细节。随着像素单元的增加,驱动电压也相应提高。STN 型 LCD 很难做出高分辨率的产品,一般应用于一些对图像分辨率和色彩要求不是很高、小尺寸电子显示的领域,如移动电话、PDA、掌上型电脑、汽车导航系统、电子词典等。

TFT 型 LCD 在 STN 型 LCD 的基础上,增加了一层薄膜晶体管(TFT)阵列,每一个像素都对应一个薄膜晶体管,像素控制电压直接加在这个晶体管上,再通过晶体管去控制液晶的状态,控制光线通过。TFT 型 LCD 的每个像素都相对独立,可直接控制,单元之间的电干扰很小,可以使用大电流,提供更好的对比度、更锐利和更明亮的图像,而不会产生虚影和拖尾现象,同时也可以非常精确地控制灰度。

TFT 型 LCD 响应快、显示品质好,适用于大型动画显示,被广泛应用于便携式计算机、计算机显示器、液晶电视、液晶投影机及各式大型电子显示器等产品。近年来也在手机、PDA、数码相机、数码摄像机等手持类设备上广泛应用。

10.2.2　TFT LCD 与 STM32F 的连接

本示例所采用的 TFT LCD 的控制 IC 为 R61509[16],显示面积为 3.0 in(英寸),240×400 点阵。R61509 IC 内部寄存器很多,要正常使用 TFT LCD,需要初始化一系列寄存器,如显示时钟、扫描方式、屏幕大小、对比度、亮度等。有关 R61509 IC 的更多内容,请查阅 R61509 IC 的数据手册。注意:每一种 TFT LCD 的控制 IC 的相关设置不同,可以参照 TFT LCD 出厂程序进行初始化配置。

　　TFT LCD 采用 16 位并口数据总线,可以把 TFT LCD 看做类似于 SRAM 的存储器,只能接在 BANK1 上,BANK1 对应基地址是 0x6000 0000,BANK1 划分为四个片选区,分别对应基地址为

NE1　0x60000000

NE2　0x64000000

NE3　0x68000000

NE4　0x6C000000

　　STM32F 的 100 引脚系列芯片的 FSMC 只有部分地址线(A16~A23),144 引脚系列芯片有 26 根地址线。

　　TFT LCD 与 STM32F103VET6 引脚连接如图 10.2.1 所示。

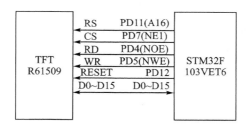

图 10.2.1　TFT LCD 与 STM32F 引脚连接

　　使用 NE1 连接到 TFT LCD 的片选 CS,FSMC 总线地址 A16 连接到 TFT LCD 的数据/命令引脚 RS,TFT LCD 的读使能引脚 RD 连接到 FSMC 的 NOE(PD4),写使能引脚 WR 连接到 FSMC 的 NEW(PD5)。TFT LCD 的 16 位并口数据引脚分别与 FSMC 的 D0~D15 相连。

　　注意:当使用 FSMC 控制 TFT LCD 时,RS、CS 及 RESET 可以根据需要连接,其他引脚必须接到 FSMC 对应引脚上。RS 可连接到 A0~A25 的任意一根引脚上,CS 可以连接到 NE1~NE4 的任意一根引脚上。

10.2.3　确定 FSMC 映射地址

　　本示例程序中定义了以下两个地址:

```
#define LCD_Data_Addr      ((uint32_t)0x60020000)      //数据地址
#define LCD_Reg_Addr       ((uint32_t)0x60000000)      //寄存器地址
```

　　由于选择 BANK1 的 NE1,则基地址为 0x60000000。两个地址的计算公式为

```
LCD_Data_Addr = 0x60000000 | (1<<(n+1))                //数据地址
LCD_Reg_Addr = 0x60000000                              //寄存器地址
```

　　如果 RS 接到地址线的 A0 上,那么当 RS 为 0 时对应的地址就是 LCD_Reg_Addr=

0x6000000(由于只用到一根地址线,用 0x6FFFFFF0 也是一样的),RS 为 1 时对应的地址就是 LCD_Data_Addr＝0x60000002(用 0x6FFFFFF2 也是一样的,因为同样对应 RS＝1)。

如果 RS 接到其他地址线上,比如 STM32F 的 100 引脚系列芯片只有地址 A16～A23,则 TFT LCD 的 RS 引脚只有接 FSMC 的地址 A16～A23 中的一根上。当 RS 接到 A16 时,两个地址为

```
LCD_Data_Addr = 0x60020000          //数据地址
LCD_Reg_Addr = 0x60000000           //寄存器地址
```

注意:这个地址不是唯一的,当这个地址能寻址到 BANK1 的 NE1 上,而且使 RS＝0,就是 LCD_Reg_Addr 的地址。而当这个地址能寻址到 BANK1 的 NE1 上,而且使 RS＝1,就是 LCD_Data_Addr 的地址。

如果将 TFT LCD 的片选引脚 CS 连接到 BANK1 的第 4 块区 NE4,即基地址为 0x6C000000,那么两个地址为

```
LCD_Data_Addr = 0x6C000000 | (1<<(n＋1))         //数据地址
LCD_Reg_Addr = 0x6C000000                        //寄存器地址
```

10.2.4　FSMC 驱动 TFT LCD 的示例程序设计

1. R61509 读/写寄存器的时序

R61509 写寄存器时序如图 10.2.2 所示。

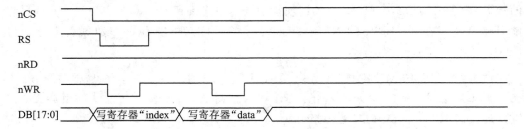

图 10.2.2　R61509 写寄存器时序

R61509 读寄存器时序如图 10.2.3 所示。

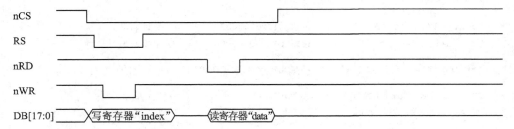

图 10.2.3　R61509 读寄存器时序

本示例程序中的代码如下：

```
#define LCD_Data_Addr      ((uint32_t)0x60020000)      //数据地址
#define LCD_Reg_Addr       ((uint32_t)0x60000000)      //寄存器地址
/* **************************************************************
** 函数名:TFT_WriteData
** 功能描述:写数据到 TFT LCD 的 GRAM
** 输入参数:val——TFT LCD 的 GRAM 的数据
** 输出参数:无
************************************************************** */
void   TFT_WriteData(unsigned int val)
{
      *(volatile uint16_t *)(LCD_Data_Addr) = val;
}
/* **************************************************************
** 函数名:TFT_WriteIndex
** 功能描述:写命令
** 输入参数:index——寄存器值
** 输出参数:无
************************************************************** */
void TFT_WriteIndex(unsigned int index)
{
      *(volatile uint16_t *)(LCD_Reg_Addr) = index;
}
/* **************************************************************
** 函数名:TFT_WriteRegister
** 功能描述:给寄存器赋值
** 输入参数:LCD_Reg——寄存器
            LCD_RegValue——送给寄存器的数据
** 输出参数:无
************************************************************** */
void TFT_WriteRegister(unsigned int LCD_Reg, unsigned int LCD_RegValue)
{
    *(volatile uint16_t *)(LCD_Reg_Addr) = LCD_Reg;
    *(volatile uint16_t *)(LCD_Data_Addr) = LCD_RegValue;
}
```

如果要向 TFT LCD 中某寄存器 0x01 中写入数据 0x003F，则调用函数：

```
TFT_WriteRegister(0x01,0x003F);
```

2. FSMC 的实现过程

从 R61509 的时序图可知，STM32F 与 TFT LCD 通信，如果不用 FSMC，而用
GPIO 操作 TFT LCD，且 TFT LCD 的 16 位并口数据引脚连接到 GPIOB，则时序代码

如下:

```
void TFT_WriteRegister(unsigned int LCD_Reg, unsigned int LCD_RegValue)
{
    / * --------写命令-----* /
    RD = 1;                             //置高为写操作
    CS = 0;                             //置低使能片选
    RS = 0;                             //置低为写命令
    WR = 1;
    WR = 0;
    GPIOB -> ODR = LCD_Reg;             //将寄存器值送给 PB0~PB15 并口线
    WR = 1;                             //WR 在上升沿将 GPIOB 上的寄存器值写入 TFT
    / * --------写数据-----* /
    RS = 1;                             //置高为写数据
    WR = 0;
    GPIOB -> ODR = LCD_RegValue;        //将数据送给 PB0~PB15 并口线
    WR = 1;                             //WR 在上升沿将 GPIOB 上的数据写入 TFT
    CS = 1;
}
```

3. FSMC 工作过程

FSMC 的工作过程如下:

通过 FSMC 总线看 TFT LCD 只有 2 个地址,分别对应 RS=1 和 RS=0 两种情况,即

RS=0:写命令;

RS=1:读/写数据。

写 REG(寄存器)分成 2 步:

① 写命令(寄存器地址);

② 写数据(寄存器数据)。

读 REG(寄存器)分成 2 步:

① 写命令(寄存器地址);

② 读数据(寄存器数据)。

所有的寄存器地址和寄存器数据,以及 GRAM 数据都是通过 D0~D15 完成传输的,而不是 FSMC 的地址。TFT LCD 的 FSMC 地址只有一个,就是 RS。

读存储器时,FSMC 控制器使能片选 CS,当给 LCD_Reg_Addr 赋值时将在地址总线上输出地址,同时总线自动将 RD=0,WR=1,TFT LCD 响应这些信号后,在数据总线上输出数据,然后 FSMC 在数据总线上读取该数据。

写存储器时,FSMC 控制器使能片选 CS,当给 LCD_Reg_Addr 赋值时将在地址总线上输出地址,当给 LCD_Data_Addr 赋值时将在数据总线上输出数据,同时自动将 RD=1,WR=0,TFT LCD 响应这些信号后,再把数据总线上的数据送入内部存储

单元。

也就是说,如果给 LCD_Reg_Addr 赋值则是写寄存器,此时 RS＝1,告诉 TFT LCD,此时在总线上输出的数据是寄存器的值。

如果给 LCD_Data_Addr 赋值则是写数据,此时 RS＝0,告诉 TFT LCD,此时在总线上输出的数据是寄存器的值或 GRAM 的数据。

因此,当写 0x003F 到 LCD_Data_Addr 地址 0x6002 0000 时,A16 会输出一个高电平到液晶的 RS 引脚上,告诉 TFT LCD 随后操作将写数据,然后数据总线上会输出 0x003F;之后按 FSMC 时序初始化设置,FSMC_NE4 和 FSMC_NWE 会往自动拉低再拉高,完成一个类似 SRAM 设备的写操作时序。这样就完成了对 TFT LCD 寄存器的写操作。

4. 程序实现

打开工程模板,在此基础上添加代码,程序中用到 FSMC 总线,因此将库文件 stm32f10x_fsmc.c 添加到工程中,并使能对应的头文件。工程建好的界面如图 10.2.4 所示。

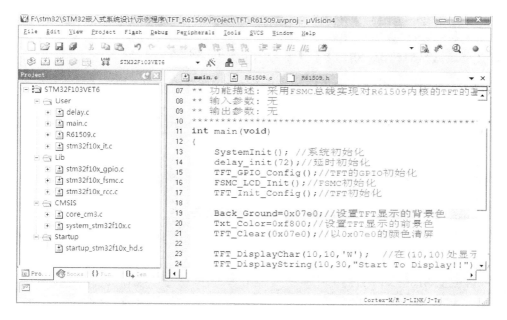

图 10.2.4　FSMC 驱动 TFT LCD 工程界面

对于不同的 TFT LCD,只要将 TFT LCD 的底层驱动配置好,例如初始化代码、读寄存器、写寄存器、置点函数等。其他功能如画直线、画矩形、画圆、显示图片等则可以很方便地移植。

本示例程序实现了 TFT LCD 操作的基本功能,TFT LCD 显示界面如图 10.2.5 所示。TFT 驱动程序流程图如图 10.2.6 所示。

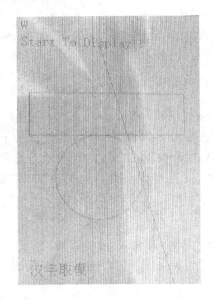

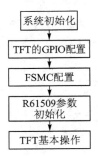

图 10.2.5　TFT LCD 显示界面例　　　图 10.2.6　示例程序流程图

10.2.5　FSMC 驱动 TFT LCD 的示例程序

　　FSMC 驱动 TFT LCD 操作示例程序放在"示例程序→ TFT_R61509"文件夹中。部分程序代码如下：

1. R61509.c 部分代码和注释

程序 10.2.1　R61509.c

```
# include "stm32f10x.h"
# include "R61509.h"
# include "stm32f10x.h"
# include "ascii.h"


u16 Txt_Color = 0xf800;                    //定义文本颜色
u16 Back_Ground = 0xffff;                  //定义背景色
u16 POINT_COLOR = 0x001f;                  //定义画笔绿色


# define LCD_Data_Addr    ((uint32_t)0x60020000)    //数据地址
# define LCD_Reg_Addr     ((uint32_t)0x60000000)    //寄存器地址
/ *************************************************************
 **  函数名:TFT_GPIO_Config
 **  功能描述:TFT 用到的 GPIO 初始化配置
 **  输入参数:无
 **  输出参数:无
 ************************************************************* /
```

```
void TFT_GPIO_Config(void)
{
    GPIO_InitTypeDef GPIO_InitStructure;
    RCC_AHBPeriphClockCmd(RCC_AHBPeriph_FSMC, ENABLE);      //使能 FSMC 总线
    RCC_APB2PeriphClockCmd(RCC_APB2Periph_GPIOA | RCC_APB2Periph_GPIOB |
             RCC_APB2Periph_GPIOC | RCC_APB2Periph_AFIO | RCC_APB2Periph_GPIOD,
             RCC_APB2Periph_GPIOE, ENABLE);
/*********************初始化 FSMC 总线用到的 GPIO********************/
    GPIO_InitStructure.GPIO_Pin = GPIO_Pin_0 | GPIO_Pin_1 | GPIO_Pin_8 | GPIO_Pin_9 |
GPIO_Pin_10 |GPIO_Pin_14 | GPIO_Pin_15;
    GPIO_InitStructure.GPIO_Speed = GPIO_Speed_50MHz;
    GPIO_InitStructure.GPIO_Mode = GPIO_Mode_AF_PP;
    GPIO_Init(GPIOD, &GPIO_InitStructure);

    GPIO_InitStructure.GPIO_Pin = GPIO_Pin_7 | GPIO_Pin_8 | GPIO_Pin_9 | GPIO_Pin_10 |
GPIO_Pin_11 |GPIO_Pin_12 | GPIO_Pin_13 | GPIO_Pin_14 | GPIO_Pin_15;
    GPIO_InitStructure.GPIO_Speed = GPIO_Speed_50MHz;
    GPIO_InitStructure.GPIO_Mode = GPIO_Mode_AF_PP;
    GPIO_Init(GPIOE, &GPIO_InitStructure);
    /* ------PD12 ->TFT 复位引脚------*/
    GPIO_InitStructure.GPIO_Pin = GPIO_Pin_12 ;
    GPIO_InitStructure.GPIO_Speed = GPIO_Speed_50MHz;
    GPIO_InitStructure.GPIO_Mode = GPIO_Mode_Out_PP;       //推挽输出
    GPIO_Init(GPIOD, &GPIO_InitStructure);
/*********************TFT 的控制引脚配置********************/
    //PD13 -> Light
    //PD4 -> RD,PD5 -> WR
    //PD7 -> CS,PD11 -> RS
    GPIO_InitStructure.GPIO_Pin = GPIO_Pin_13;
    GPIO_InitStructure.GPIO_Speed = GPIO_Speed_50MHz;
    GPIO_InitStructure.GPIO_Mode = GPIO_Mode_Out_PP;
    GPIO_Init(GPIOD, &GPIO_InitStructure);

    GPIO_InitStructure.GPIO_Pin = GPIO_Pin_4 |GPIO_Pin_5 | GPIO_Pin_7 | GPIO_Pin_11;
    GPIO_InitStructure.GPIO_Speed = GPIO_Speed_50MHz;
    GPIO_InitStructure.GPIO_Mode = GPIO_Mode_AF_PP;
    GPIO_Init(GPIOD, &GPIO_InitStructure);
    GPIOD ->BSRR = GPIO_Pin_13;                            //打开 TFT 的背光 LED
}


/*****************************************************************
**  函数名:FSMC_LCD_Init
**  功能描述:FSMC 总线初始化配置
```

```
 **  输入参数:无
 **  输出参数:无
 ****************************************************************/
 void FSMC_LCD_Init(void)
 {
    FSMC_NORSRAMInitTypeDef    FSMC_NORSRAMInitStructure;   //定义 NOR 初始化数据结构体
    FSMC_NORSRAMTimingInitTypeDef   FSMC_TimingInitStructure;
                                                //定义 NOR 初始化时间参数结构体
    FSMC_TimingInitStructure.FSMC_AddressSetupTime = 0;         //地址建立时间
    FSMC_TimingInitStructure.FSMC_AddressHoldTime = 0;          //地址保持时间
    FSMC_TimingInitStructure.FSMC_DataSetupTime = 2;            //数据建立时间
    FSMC_TimingInitStructure.FSMC_BusTurnAroundDuration = 0;    //总线恢复时间 0
    FSMC_TimingInitStructure.FSMC_CLKDivision = 0;             //时钟分割系数 0
    FSMC_TimingInitStructure.FSMC_DataLatency = 0;            //数据延时 0
    FSMC_TimingInitStructure.FSMC_AccessMode = FSMC_AccessMode_A;//异步突发访问模式 A
    FSMC_NORSRAMInitStructure.FSMC_Bank = FSMC_Bank1_NORSRAM1;   //选择存储块 1 片选 1
    FSMC_NORSRAMInitStructure.FSMC_DataAddressMux = FSMC_DataAddressMux_Disable;
                                        //不使用总线复用
    FSMC_NORSRAMInitStructure.FSMC_MemoryType = FSMC_MemoryType_SRAM;
                                                //扩展存储器类型为 SRAM
    FSMC_NORSRAMInitStructure.FSMC_MemoryDataWidth = FSMC_MemoryDataWidth_16b;
                                                //扩展总线宽度 16 位
    FSMC_NORSRAMInitStructure.FSMC_BurstAccessMode = FSMC_BurstAccessMode_Disable;
    FSMC_NORSRAMInitStructure.FSMC_WaitSignalPolarity = FSMC_WaitSignalPolarity_Low;
    FSMC_NORSRAMInitStructure.FSMC_WrapMode = FSMC_WrapMode_Disable;
    FSMC_NORSRAMInitStructure.FSMC_WaitSignalActive = FSMC_WaitSignalActive_
 BeforeWaitState;
    FSMC_NORSRAMInitStructure.FSMC_WriteOperation = FSMC_WriteOperation_Enable;
    FSMC_NORSRAMInitStructure.FSMC_WaitSignal = FSMC_WaitSignal_Disable;
    FSMC_NORSRAMInitStructure.FSMC_ExtendedMode = FSMC_ExtendedMode_Disable;
    FSMC_NORSRAMInitStructure.FSMC_WriteBurst = FSMC_WriteBurst_Disable;
    FSMC_NORSRAMInitStructure.FSMC_ReadWriteTimingStruct = &FSMC_TimingInitStructure;
    FSMC_NORSRAMInitStructure.FSMC_WriteTimingStruct = &FSMC_TimingInitStructure;

    FSMC_NORSRAMInit(&FSMC_NORSRAMInitStructure);
    FSMC_NORSRAMCmd(FSMC_Bank1_NORSRAM1, ENABLE);
 }
 /*************************************************************
 **  函数名:TFT_WriteData
 **  功能描述:写数据到 TFT 的 GRAM
 **  输入参数:val——TFT 的 GRAM 的数据
 **  输出参数:无
 ****************************************************************/
```

```
void   TFT_WriteData(unsigned int val)
{
    *(volatile uint16_t *)(LCD_Data_Addr) = val;
}
/* ****************************************************************
 ** 函数名:TFT_WriteIndex
 ** 功能描述:写命令
 ** 输入参数:index——寄存器值
 ** 输出参数:无
 ****************************************************************/
void TFT_WriteIndex(unsigned int index)
{
    * (volatile uint16_t * )(LCD_Reg_Addr) = index;
}
/* ****************************************************************
 ** 函数名:TFT_WriteRegister
 ** 功能描述:给寄存器赋值
 ** 输入参数:LCD_Reg——寄存器
             LCD_RegValue——送给寄存器的数据
 ** 输出参数:无
 ****************************************************************/
void TFT_WriteRegister(unsigned int LCD_Reg, unsigned int LCD_RegValue)
{
    * (volatile uint16_t * ) (LCD_Reg_Addr) = LCD_Reg;
    * (volatile uint16_t * ) (LCD_Data_Addr) = LCD_RegValue;
}
/* ****************************************************************
 ** 函数名:TFT_WriteRAM_Prepare
 ** 功能描述:写数据准备
 ** 输入参数:无
 ** 输出参数:无
 ****************************************************************/
void TFT_WriteRAM_Prepare(void)
{
    TFT_WriteIndex(0x0202);
}
/* ****************************************************************
 ** 函数名:TFT_ReadReg
 ** 功能描述:读出寄存器的值
 ** 输入参数:LCD_Reg——要读的寄存器
 ** 输出参数:无
 ** 返   回:读取寄存器的值
 ****************************************************************/
```

```c
u16 TFT_ReadReg(u8 LCD_Reg)
{
        * (volatile uint16_t *) (LCD_Reg_Addr) = LCD_Reg;
    return (* (volatile uint16_t *) (LCD_Data_Addr));
}
/****************************************************************
** 函数名:TFT_ReadRAM
** 功能描述:读出 RAM 的值
** 输入参数:无
** 输出参数:无
** 返    回:读到的 RAM 值
****************************************************************/
u16 TFT_ReadRAM(void)
{
        * (volatile uint16_t *) (LCD_Reg_Addr) = 0x202;
    return (* (volatile uint16_t *) (LCD_Data_Addr)); /* 读 16 位寄存器 */
}
/****************************************************************
* 名      称:TFT_DisplayChar
* 功      能:在坐标(x,y)处用文本颜色显示一 16×16 点阵的字符
* 入口参数:x  列坐标
            y  行坐标
            ascii  字符
* 出口参数:无
* 调用方法:TFT_DisplayChar(20,30,'W');          //在坐标(20,30)处显示一字符 W
****************************************************************/
void TFT_DisplayChar(unsigned int x, unsigned int y, unsigned char ascii)
{
    unsigned char i = 0, j = 0;
    unsigned int z = y;
    for (j = 0; j < 16; j++)
    {
        TFT_SetXY(x,z);
        for (i = 0; i < 8; i++)
        {
            if (font[ascii-32][j] & (0x80>>i)) //空格 ascii = 32
            {
                TFT_WriteData(Txt_Color);
            }
            else
            {
                TFT_WriteData(Back_Ground);
            }
```

```
        }
        z + + ;
    }
    TFT_SetXY(x + 8,y);                          //光标放到下一个字符起始处
}
/ * * * * * * * * * * * * * * * * * * * * * * * * * * * * * * * * * * * * * * * * *
 *  名      称:TFT_DisplayString
 *  功      能:在坐标(x,y)处用文本颜色显示一 16 × 16 点阵的字符串
 *  入口参数:x   列坐标
            y   行坐标
            string   指向存放字符串数据数组地址的指针
 *  出口参数:无
 *  调用方法:
 * * * * * * * * * * * * * * * * * * * * * * * * * * * * * * * * * * * * * * * * */
void TFT_DisplayString(unsigned int x, unsigned int y, unsigned char * string)
{
    while( * string)
    {
        TFT_DisplayChar(x,y, * string + + );
        x + = 8;
    }
    TFT_SetXY(x + 8,y);                          //光标放到下一个字符起始处
}
```

2. main.c 相关代码和注释

主程序 10.2.2　main.c

```
# include "stm32f10x.h"
# include "R61509.h"
# include "QM16.h"                              //汉字取模定义的文件
/ * * * * * * * * * * * * * * * * * * * * * * * * * * * * * * * * * * * * * * * * *
 * * 函数名:main
 * * 功能描述:采用 FSMC 总线实现对 R61509 内核的 TFT 的基本操作
 * * 输入参数:无
 * * 输出参数:无
 * * * * * * * * * * * * * * * * * * * * * * * * * * * * * * * * * * * * * * * * */
int main(void)
{
    SystemInit();                               //系统初始化
    delay_init(72);                             //延时初始化
    TFT_GPIO_Config();                          //TFT 的 GPIO 初始化
    FSMC_LCD_Init();                            //FSMC 初始化
    TFT_Init_Config();                          //TFT 初始化
```

235

```
    Back_Ground = 0x07e0;                          //设置 TFT 显示的背景色
    Txt_Color = 0xf800;                            //设置 TFT 显示的前景色
    TFT_Clear(0x07e0);                             //以 0x07e0 的颜色清屏

    TFT_DisplayChar(10,10,'W');                    //在(10,10)处显示一字符'W'
    TFT_DisplayString(10,30,"Start To Display!!"); //在(10,30)处显示字符串
    TFT_DrawLine(100,40,200,380);                  //起点(100,40),终点(200,380)画直线
    TFT_Rec(20,100,200,150);                       //起点(20,100),终点(200,150)画矩形
    TFT_DrawCircle(100,200,50);                    //以(100,200)为圆心,半径 50 画圆
    TFT_PutHZ16(20,300,han);                       //16×16 点阵"汉"
    TFT_PutHZ16(36,300,zi);                        //16×16 点阵"字"
    TFT_PutHZ16(52,300,qu);                        //16×16 点阵"取"
    TFT_PutHZ16(68,300,mo);                        //16×16 点阵"模"
    while(1);
}
```

## 第 11 章

SPI 的使用

11.1 STM32F 的 SPI

11.1.1 SPI 接口基本原理与结构

串行外围设备接口 SPI(Serial Peripheral Interface)是由 Motorola 公司开发的一个低成本、易使用的接口,主要用于微控制器与外围设备芯片之间的连接。SPI 接口可以用来连接存储器、A/D 转换器、D/A 转换器、实时时钟日历、LCD 驱动器、传感器、音频芯片,甚至其他处理器等。

SPI 是一个 4 线接口,主要使用 4 个信号:主机输出/从机输入(MOSI)、主机输入/从机输出(MISO)、串行 SCLK 或 SCK、外设芯片($\overline{\text{CS}}$)。有些处理器有 SPI 接口专用的芯片选择,称为从机选择($\overline{\text{SS}}$)。

MOSI 信号由主机产生,从机接收。在有些芯片上,MOSI 只简单地标为串行输入(SI)或串行数据输入(SDI)。MISO 信号由从机产生,不过还是在主机的控制下产生的。在一些芯片上,MISO 有时标为串行输出(SO)或串行数据输出(SDO)。外设片选信号通常只是由主机的备用 I/O 引脚产生的。

与标准的串行接口不同,SPI 是一个同步协议接口,所有的传输都参照一个共同的时钟,这个同步时钟信号由主机(处理器)产生,接收数据的外设(从设备)使用时钟来对串行比特流的接收进行同步化。可以将多个具有 SPI 接口的芯片连到主机的同一个 SPI 接口上,主机通过控制从设备的片选输入引脚来选择接收数据的从设备。

如图 11.1.1 所示,微处理器通过 SPI 接口与外设进行连接,主机和外设都包含一个串行移位寄存器,主机写入一个字节到它的 SPI 串行寄存器,SPI 寄存器通过 MOSI 信号线将字节传送给外设。外设也可以将自己移位寄存器中的内容通过 MISO 信号线传送给主机。外设的写操作和读操作是同步完成的,主机和外设的两个移位寄存器中的内容互相交换。

如果只是进行写操作,主机只需忽略收到的字节;反过来,如果主机要读取外设的一个字节,就必须发送一个空字节来触发从机的数据传输。

当主机发送一个连续的数据流时,有些外设能够进行多字节传输。例如,多数具有 SPI 接口的存储器芯片都以这种方式工作。在这种传输方式下,SPI 外设的芯片选择端必须在整个传输过程中保持低电平。比如,存储器芯片希望在一个"写"命令之后紧

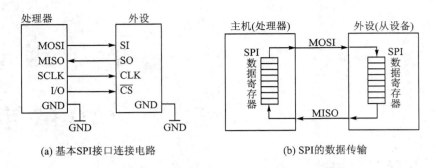

(a) 基本SPI接口连接电路　　　　　　　　(b) SPI的数据传输

图 11.1.1　微处理器通过 SPI 接口与外设进行连接

接着收到 4 个地址字节（起始地址），这样后面接收到的数据就可以存储到该地址。一次传输可能会涉及千字节的移位或更多的信息。

根据时钟极性和时钟相位的不同，SPI 有 4 种工作模式。时钟极性有高电平、低电平两种。时钟极性为低电平时，空闲时时钟（SCK）处于低电平，传输时跳转到高电平；时钟极性为高电平时，空闲时时钟处于高电平，传输时跳转到低电平。

时钟相位有两个：时钟相位 0 和时钟相位 1。对于时钟相位 0，如果时钟极性是低电平，则 MOSI 和 MISO 输出在（SCK）的上升沿有效；如果时钟极性为高电平，则这些输出在 SCK 的下降沿有效。MISO 输出的第 x 位是一个未定义的附加位，是 SPI 接口特有的情况。用户不必担心这个位，因为 SPI 接口将忽略该位。

11.1.2　STM32F SPI 简介

在 STM32F 大容量产品和互联型产品上，SPI 接口可以配置为支持 SPI 协议或者支持 I²S 音频协议。SPI 接口默认工作在 SPI 模式，可以通过软件把功能从 SPI 模式切换到 I²S 模式。在 STM32F 小容量和中容量产品上，不支持 I²S 音频协议。

SPI 允许芯片与外部设备以半/全双工、同步、串行方式通信。此接口可以配置成主模式，并为外部从设备提供通信时钟（SCK）。接口还能以多主配置方式工作。它可用于多种用途，包括使用一条双向数据线的双线单工同步传输，还可使用 CRC 校验的可靠通信。

I²S 也是一种 3 引脚的同步串行接口通信协议。它支持 4 种音频标准，包括飞利浦公司的 I²S 标准、MSB 和 LSB 对齐标准，以及 PCM 标准。它在半双工通信中，可以工作在主和从两种模式下。当它作为主设备时，通过接口向外部的从设备提供时钟信号。

注意：由于 SPI3/I2S3 的部分引脚与 JTAG 引脚共享（SPI3_NSS/I2S3_WS 与 JT-DI，SPI3_SCK/I2S3_CK 与 JTDO），因此这些引脚不受 I/O 控制器控制，它们（在每次复位后）被默认保留为 JTAG 用途。如果用户想把引脚配置给 SPI3/I2S3，必须（在调试时）关闭 JTAG 并切换至 SWD 接口，或者（在标准应用时）同时关闭 JTAG 和 SWD 接口。

SPI 通过 4 个引脚与外部器件相连：

➤ MISO：主设备输入/从设备输出引脚。该引脚在从模式下发送数据，在主模式下接收数据。

➤ MOSI：主设备输出/从设备输入引脚。该引脚在主模式下发送数据，在从模式下接收数据。

➤ SCK：串口时钟，作为主设备的输出，从设备的输入。

➤ NSS(CS)：从设备选择。这是一个可选的引脚，用来选择主/从设备。其功能是片选引脚，让主设备可以单独地与特定从设备通信，避免数据线上的冲突。从设备的 NSS 引脚可以由主设备的一个标准 I/O 引脚来驱动。一旦被使能（SSOE 位），NSS 引脚也可以作为输出引脚，并在 SPI 处于主模式时拉低。此时，所有的 SPI 设备，如果它们的 NSS 引脚连接到主设备的 NSS 引脚，则会检测到低电平，如果它们设置为 NSS 硬件模式，就会自动进入从设备状态。当配置为主设备、NSS 配置为输入引脚（MSTR＝1，SSOE＝0）时，如果 NSS 被拉低，则这个 SPI 设备进入主模式失败状态，即 MSTR 位被自动清除，此设备进入从模式。

SPI 模块为了与外设进行数据交换，根据外设工作要求，其输出串行同步时钟极性和相位可以进行配置，时钟极性（CPOL）对传输协议没有重大影响。如果 CPOL＝0，则串行同步时钟的空闲状态为低电平；如果 CPOL＝1，则串行同步时钟的空闲状态为高电平。时钟相位（CPHA）能够配置用于选择两种不同的传输协议之一进行数据传输。如果 CPHA＝0，则在串行同步时钟的第一个跳变沿（上升或下降）数据被采样；如果 CPHA＝1，则在串行同步时钟的第二个跳变沿（上升或下降）数据被采样。SPI 主模块的时钟和与之通信的外设的时钟相位和极性应一致。

不同时钟相位下的总线数据传输时序如图 11.1.2 所示。

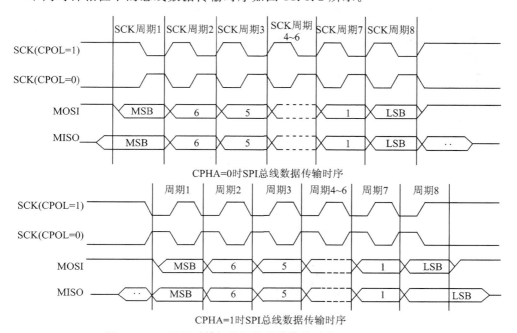

CPHA=0时SPI总线数据传输时序

CPHA=1时SPI总线数据传输时序

图 11.1.2　不同时钟相位下的总线传输时序（CPHA＝0/1）

有关 STM32F SPI 的更多内容请参考"STM32F 参考手册"的相关章节。

11.2　SPI 的示例程序设计

11.2.1　SPI 的配置步骤

本示例程序利用 STM32F 的 SPI 来控制 SPI 接口的数字电位器芯片 MAX5415。

本示例程序使用 STM32F 的主模式，用库函数实现，配置 SPI 的步骤如下：

① 使能 SPI1 时钟。STM32F 大容量系列有 3 个 SPI 接口，本示例程序使用 SPI1，SPI1 的时钟通过 APB2ENR 的第 12 位来设置。

② 配置相关引脚的复用功能。设置 SPI1 的相关引脚为复用输出，这样才会连接到 SPI1 上，否则这些 I/O 口会保持在默认的标准输入/输出口状态。这里使用 PA5、PA6、PA7 这 3 个〔SCK、MISO、MOSI，而 NSS（CS）使用软件管理方式〕I/O，设置这 3 个为复用 I/O。

③ 设置 SPI1 工作模式。SPI 设置为 2 线全双工模式，设置 SPI1 为主机模式，设置数据格式为 8 位；然后通过 CPOL 和 CPHA 位来设置 SCK 时钟极性及采样方式，并通过时钟分频设置 SPI1 的时钟频率（最大 18 MHz），以及数据的格式（MSB 在前，还是 LSB 在前）。

④ 使能 SPI1。

11.2.2　数字电位器 MAX5413 /MAX5414 /MAX5415 简介

MAX5413/MAX5414/MAX5415 是一个线性变化数字电位器[17]。每个器件有两个 3 端口电位器，其中 MAX5413 为 10 kΩ，MAX5414 为 50 kΩ，MAX5415 为 100 kΩ，256 抽头，采用 SPI 接口控制。器件采用 14 引脚 TSSOP 封装，+2.7～+5.5 V 单电源供电，0.1 μA 超低电源电流。

MAX5413/MAX5414/MAX5415 的内部结构如图 11.2.1 所示。

MAX5413/MAX5414/MAX5415 引脚功能如表 11.2.1 所列。

表 11.2.1　MAX5413/MAX5414/MAX5415 引脚功能

引脚号	引脚名	功　能
1	GND	接地
2	L_B	电位器 B 的低端
3	H_B	电位器 B 的高端
4	W_B	电位器 B 的抽头端
5，6，10	N. C.	未连接
7	$\overline{CS}$	SPI 片选

续表 11.2.1

引脚号	引脚名	功　能
8	DIN	SPI 串行数据输入
9	SCLK	SPI 时钟输入
11	VDD	电源电压＋2.7～＋5.5 V。连接一个 0.1 μF 电容器到 GND
12	W_A	电位器 A 的抽头端
13	H_A	电位器 A 的高端
14	L_A	电位器 A 的低端

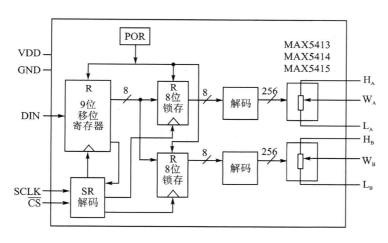

图 11.2.1　MAX5413/MAX5414/MAX5415 的内部结构

MAX5413/MAX5414/MAX5415 的 SPI 时序如图 11.2.2 所示。

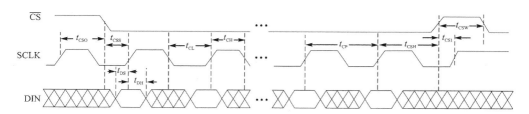

图 11.2.2　MAX5415 的 SPI 时序

由图 11.2.2 所示时序可知,MAX5415 的 SPI 时钟相位和极性为:CPOL＝0,
CPHA＝0。

MAX5413/MAX5414/MAX5415 的数据传输格式如图 11.2.3 所示。

由图 11.2.2 及图 11.2.3 可知,微控制器需发送 9 位数据至 MAX5413/
MAX5414/MAX5415,高位在前。第 1 位为两个数字电位器的片选位,第 1 位为 0 时
选中数字电位器 A,为 1 时选中 B;另外 8 位为 256 抽头的数值。

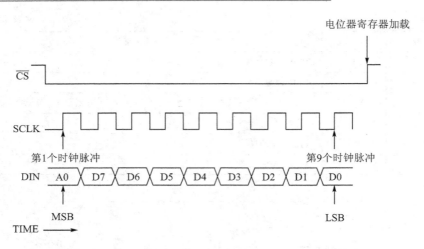

图 11.2.3　MAX5413/MAX5414/MAX5415 数据传输格式

11.2.3　SPI 的示例程序

本示例程序使用 SPI1 控制 MAX5413/MAX5414/MAX5415 内部的两个数字电位器输出两个电阻值。

注意: 在测量数字电位器的阻值时,不能用万用表电阻挡位直接测量电阻值,可以在电位器两端接上 3.3 V 电压,用万用表测量抽头引脚的电压值,再根据电压值计算出电阻值。

数字电位器操作示例程序放在"示例程序→SPI_MAX5415"文件夹中。部分程序代码如下:

程序 11.2.1　main.c

```
# include "stm32f10x.h"


/***********************************************************
* 函数名:SPI_Configuration
* 功能:MAX5415 的 SPI 配置函数,使用 SPI1
* 输入参数:无
* 输出参数:无
***********************************************************/
void SPI_Configuration(void)
{
    SPI_InitTypeDef   SPI_InitStructure;          //采用库函数 SPI 配置结构体
    GPIO_InitTypeDef GPIO_InitStructure;
//使能 SPI1 时钟、GPIOA 及 GPIOC 口时钟、引脚复用功能时钟
RCC_APB2PeriphClockCmd(RCC_APB2Periph_GPIOA|
```

```
                    RCC_APB2Periph_GPIOC |
                    RCC_APB2Periph_AFIO |
                    RCC_APB2Periph_SPI1,
                    ENABLE);
    /* 配置 SPI 引脚: NSS,SCK,MISO 和 MOSI */
    GPIO_InitStructure.GPIO_Pin = GPIO_Pin_5 | GPIO_Pin_6 | GPIO_Pin_7;
    GPIO_InitStructure.GPIO_Speed = GPIO_Speed_50MHz;
    GPIO_InitStructure.GPIO_Mode = GPIO_Mode_AF_PP;        //复用推挽输出
    GPIO_Init(GPIOA, &GPIO_InitStructure);

    /* 配置 PA4 为推挽输出,作为 MAX5415 片选引脚 */
    GPIO_InitStructure.GPIO_Pin = GPIO_Pin_4;
    GPIO_InitStructure.GPIO_Speed = GPIO_Speed_50MHz;
    GPIO_InitStructure.GPIO_Mode = GPIO_Mode_Out_PP;
    GPIO_Init(GPIOA, &GPIO_InitStructure);

    /*********************SPI 基本配置*********************/
    SPI_InitStructure.SPI_Direction = SPI_Direction_2Lines_FullDuplex;
                                                   //SPI 为 2 线全双工
    SPI_InitStructure.SPI_Mode = SPI_Mode_Master;        //SPI 主模式
    SPI_InitStructure.SPI_DataSize = SPI_DataSize_8b;    //SPI 发送接收 8 位帧结构
    SPI_InitStructure.SPI_CPOL = SPI_CPOL_Low;           //时钟空闲时为 0
    SPI_InitStructure.SPI_CPHA = SPI_CPHA_1Edge;         //数据捕获于第一个时钟沿
    SPI_InitStructure.SPI_NSS = SPI_NSS_Soft;            //内部 NSS 信号由软件控制
    SPI_InitStructure.SPI_BaudRatePrescaler = SPI_BaudRatePrescaler_32;
                                                   //波特率预分频值为 32
    SPI_InitStructure.SPI_FirstBit = SPI_FirstBit_MSB;   //数据传输从高位开始
    SPI_InitStructure.SPI_CRCPolynomial = 7;             //CRC 值计算的多项式最高为 7 次
    SPI_Init(SPI1, &SPI_InitStructure);                  //根据以上参数初始化 SPI 结构体

    SPI_Cmd(SPI1, ENABLE);                               //使能 SPI1
}
/*****************************************************************
*  函数名:SPI_ReadWriteByte
*  功能:SPI 发送及接收字节函数
*  输入参数:无
*  输出参数:无
*  说明:当 SPI 接收数据时 TxData 为 0xff
*****************************************************************/
u8 SPI_ReadWriteByte(u8 TxData)
{
    while((SPI1 -> SR&1 << 1) == 0);                     //等待发送区空
    SPI1 -> DR = TxData;                                 //发送一字节
```

```
        while((SPI1 ->SR&1<<0) == 0);                    //等待接收完一字节
        return SPI1 ->DR;                                //读数据,返回收到的数据
}
/ * * * * * * * * * * * * * * * * * * * * * * * * * * * * * * * * * * * * * * * * * * *
 * 函数名:main
 * 功能:SPI 总线驱动数字电位器 MAX5415
 * 输入参数:无
 * 输出参数:无
 * * * * * * * * * * * * * * * * * * * * * * * * * * * * * * * * * * * * * * * * * * */
int main(void)
{
        SystemInit();                    //STM32 系统初始化(包括时钟、倍频、Flash 配置)
        SPI_Configuration();             //SPI1 初始化配置
        GPIOA ->BRR = GPIO_Pin_4;        //使能 SPI 片选
        SPI_ReadWriteByte(0x00);         //选中第 1 个数字电位器
        SPI_ReadWriteByte(0x12);         //写电位器数值,抽头具体电阻值为 0x12/0xff * 100 kΩ
        GPIOA ->BSRR = GPIO_Pin_4;       //不使能 SPI

        //写第 2 个数字电位器,注意在写第 2 个时必须首先不使能 SPI 片选,再使能
        GPIOA ->BRR = GPIO_Pin_4;        //使能 SPI 片选
        SPI_ReadWriteByte(0x01);         //选中第 2 个数字电位器
        SPI_ReadWriteByte(0xfa);         //写电位器数值,抽头具体电阻值为 0xfa/0xff * 100 kΩ
        GPIOA ->BSRR = GPIO_Pin_4;
        while (1);
}
```

11.3　GPIO 模拟 SPI 控制触摸屏

11.3.1　触摸屏工作原理与结构

触摸屏附着在显示器的表面,根据触摸点在显示屏上对应坐标点的显示内容或图形符号进行相应的操作。

触摸屏按其工作原理可分为矢量压力传感式、电阻式、电容式、红外线式和表面声波式 5 类。在嵌入式系统中常用的是电阻式触摸屏。

电阻触摸屏结构如图 11.3.1(c)所示,最上层是一层外表面经过硬化处理、光滑防刮的塑料层,内表面涂有一层导电层(ITO 或镍金);基层采用一层玻璃或薄膜,内表面涂有叫做 ITO 的透明导电层;在两层导电层之间有许多细小(小于千分之一英寸)的透明隔离点把它们隔开绝缘。在每个工作面的两条边线上各涂一条银胶,称为该工作面的一对电极,一端加 5 V 电压,一端加 0 V,在工作面的一个方向上形成均匀连续的平行电压分布。当给 X 方向的电极对施加一确定的电压,而 Y 方向电极对不加电压时,

在与 X 方向平行电压场中,触点处的电压值可以在 $Y+$(或 $Y-$)电极上反映出来,通过测量 $Y+$ 电极对地的电压,再通过 A/D 转换,便可得知触点的 X 坐标。同理,当给 Y 电极对施加电压,而 X 电极对不加电压时,通过测量 $X+$ 电极的电压,再通过 A/D 转换,便可得知触点的 Y 坐标。

当手指或笔触摸屏幕时(如图 11.3.1(c)所示),两个相互绝缘的导电层在触摸点处接触,因其中一面导电层(顶层)接通 X 轴方向的 5 V 均匀电压场(如图 11.3.1(a)所示),使得检测层(底层)的电压由零变为非零,控制器检测到这个接通后,进行 A/D 转换,并将得到的电压值与 5 V 相比,即可得触摸点的 X 轴坐标为(原点在靠近接地点的那端):

$$X_i = L_x \times V_i / V(即分压原理)$$

同理也可以得出 Y 轴的坐标。

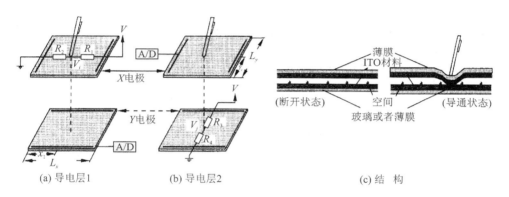

(a) 导电层1　　　　(b) 导电层2　　　　　　(c) 结　构

图 11.3.1　触摸屏坐标识别原理

电阻式触摸屏有 4 线式和 5 线式两种。

4 线式触摸屏的 X 工作面和 Y 工作面分别加在两个导电层上,共有 4 根引出线: $X+$、$X-$,$Y+$、$Y-$ 分别连到触摸屏的 X 电极对和 Y 电极对上。4 线电阻屏触摸寿命小于 100 万次。

5 线式触摸屏是 4 线式触摸屏的改进型。5 线式触摸屏把 X 工作面和 Y 工作面都加在玻璃基层的导电涂层上,工作时采用分时加电,即让两个方向的电压场分时工作在同一工作面上,而外导电层则仅仅用来充当导体和电压测量电极。5 线式触摸屏需要引出 5 根线。5 线触摸屏的触摸寿命可以达到 3 500 万次。5 线触摸屏的 ITO 层可以做得更薄,因此透光率和清晰度更高,几乎没有色彩失真。

注意:电阻触摸屏的外层复合薄膜采用的是塑胶材料,太用力或使用锐器触摸可能划伤触摸屏,从而导致触摸屏报废。

11.3.2　采用专用芯片的触摸屏控制电路

专用的触摸屏控制芯片有很多,例如:ADS7843、ADS7846、TSC2046、XPT2046 和 AK4182 等。

本示例采用 TSC2046 4 线制触摸屏控制器[18]。TSC2046 内含 12 位分辨率、125 kHz转换速率的逐步逼近型 A/D 转换器。TSC2046 支持 1.5～5.25 V 的低电压 I/O 接口。TSC2046 能通过执行两次 A/D 转换,检测出被按的屏幕位置,同时还可以测量加在触摸屏上的压力。芯片内部自带 2.5 V 参考电压可以作为辅助输入、温度测量和电池监测模式之用。电池监测的电压范围为 0～6 V。TSC2046 片内集成有一个温度传感器。在 2.7 V 的典型工作状态下,关闭参考电压,功耗可小于 0.75 mW。TSC2046 采用 TSSOP - 16、QFN - 16 和 VFBGA - 48 封装形式。工作温度范围为 -40～+85 ℃。

TSC2046 芯片完全与 ADS7843 和 ADS7846 兼容,有关 TSC2046 的更多内容请登录 www.ti.com 查询 TSC2046 数据手册。

TSC2046 TSSOP - 16 封装与触摸屏的连接电路如图 11.3.2 所示。

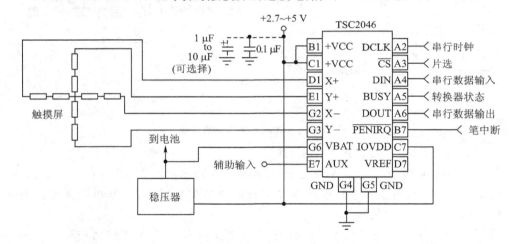

图 11.3.2　TSC2046 TSSOP - 16 封装与触摸屏的连接电路

TSC2046 QFN - 16 封装与触摸屏的连接电路和 PCB 如图 11.3.3 所示。

在图 11.3.3 中,X＋、X－、Y＋、Y－引脚端分别连接接触屏引出的 4 根连线,TSC2046采集触屏按下时的电阻值。

本示例采用 GPIO 模拟 SPI,TSC2046 触摸屏控制器有 5 根线与 STM32F 连接,其中忙检测信号引脚 BUSY 没使用,连接示意图如图 11.3.4 所示。

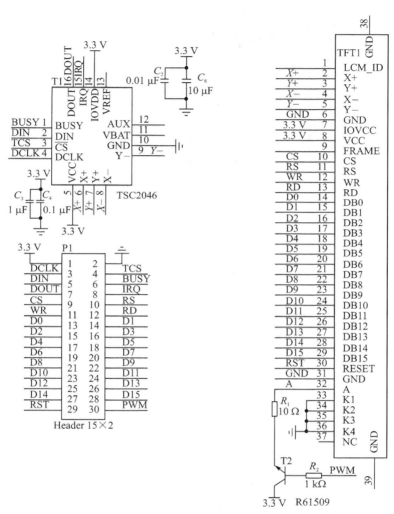

(a) TFT触屏电路原理图

图 11.3.3 TSC2046 QFN－16 封装与触摸屏的连接电路和 PCB 图

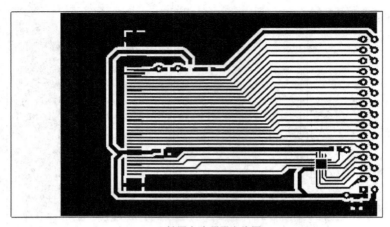

(b) TFT触屏电路顶层布线图

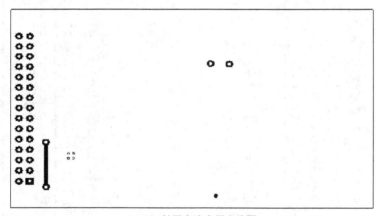

(c) TFT触屏电路底层布线图

图 11.3.3　TSC2046 QFN - 16 封装与触摸屏的连接电路和 PCB 图(续)

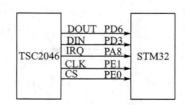

图 11.3.4　TSC2046 与 STM32F 的连接示意图

11.3.3　触摸屏控制示例程序设计

TSC2046 触屏控制芯片具有 QSPI 和 SPI 3 线接口,使用起来非常简单。根据 SPI 时序先发送要选择读取的 X、Y 方向,通道 X 的选择控制字为 0xd0,通道 Y 的选择控制字为 0x90。再分别读取 X、Y 方向 A/D 值。

电阻式触摸屏存在漂移现象，使用前需要校准，本示例程序中用到函数 Touch_Adjust()。读取 A/D 值时需要进行滤波处理。在具体操作时，需要将实际采集的 A/D 值转换为 TFT 的坐标点阵值，因为应用程序中使用的 LCD 坐标是以像素为单位的，而从触摸屏中读出的是点的物理坐标，其坐标轴的方向、XY 值的比例因子、偏移量都与 LCD 坐标不同，因此在程序中使用了一个函数（Point_Convert()函数）首先把物理坐标转换为像素坐标，然后再赋给 Pen_Point 结构体，达到坐标转换的目的。根据其坐标点阵值就可以进行相关操作了。

校正方法：如下面公式所示，将触屏的物理坐标转换为 LCD 的像素点阵坐标。

Pen_Point.X = Pen_Point.xfac * Pen_Point.X0 + Pen_Point.xoff ;

Pen_Point.Y = Pen_Point.yfac * Pen_Point.Y0 + Pen_Point.yoff ;

其中，Pen_Point.X 和 Pen_Point.Y 分别是在 LCD 上的像素坐标；Pen_Point.X0 和 Pen_Point.Y0 分别是从触摸屏读到的物理坐标；Pen_Point.xfac 和 Pen_Point.yfac 分别是 X 轴方向和 Y 轴方向的比例因子；Pen_Point.xoff 和 Pen_Point.yoff 分别是这两个方向的偏移量。

只要事先在屏幕上面显示 4 个点（这 4 个点的坐标是已知的），分别按这 4 个点就可以从触摸屏读到 4 个物理坐标，这样就可以通过待定系数法求出 xfac、yfac、xoff、yoff 这 4 个参数。

以竖屏显示为例，本示例程序中 4 个点坐标分别为(15,15)、(224,15)、(15,384)、(224,384)。在对每一个点校准时，用触笔一直压在该坐标点上，直到屏幕上显示"OK!"时再松开触笔，这样将得到 4 个点在屏幕上的 4 个物理坐标。

将 1、4 点的物理坐标的对角线距离记为 d_1，2、3 点的物理坐标的对角线距离记为 d_2。d_1 与 d_2 的比值记为 f_{ac}，即 $f_{ac} = d_1/d_2$。理论上讲，触屏的最好效果是两条对角线距离相等，但实际上不可能达到这种效果。使用时可以根据对屏幕精确度的要求，限定 f_{ac} 的范围，比如 $0.95 < f_{ac} < 1.05$，如果得到的物理坐标计算出的 f_{ac} 在这个范围内，就认为校准成功，否则重新校准 4 个点。

本示例程序中就是根据这个原理来确定是否校准成功的。

当 4 个坐标点校准成功后，串口输出 xfac、yfac、xoff、yoff 4 个参数。保存好这4 个参数，在以后的使用中，把所有得到的物理坐标按照这个关系式来计算，得到的就是准确的屏幕坐标，从而达到触摸屏校准的目的。

本示例程序实现在 TFT 上画画、写字的功能。

在原 TFT 驱动工程基础上添加代码，工程建好后的界面如图 11.3.5 所示。

图 11.3.5　TFT 触摸屏的工程界面

11.3.4　触摸屏控制示例程序

TFT 触摸屏操作示例程序放在"示例程序→TFT_TSC2046"文件夹中。部分程序代码如下：

1. Touch.c 相关代码和注释

程序 11.3.1　Touch.c 部分程序

```
# include "Touch.h"
# include "stm32f10x.h"
# include "math.h"
# include "R61509.h"
# include "USART.h"


Pen_Holder Pen_Point;      //定义笔实体
# define TRUE 1
# define FALSE 0
/ ****************************************************************
* 名      称：WR_CMD
* 功      能：向 TSC2046 触屏控制芯片写命令
* 入口参数：cmd 命令数据
* 出口参数：无
```

```
* * * * * * * * * * * * * * * * * * * * * * * * * * * * * * * * * * * * * * * * * * * * * * * * * * */
static void WR_CMD (unsigned char cmd)
{
    unsigned char buf;
    unsigned char i;
    TP_CS(1);
    TP_DIN(0);
    TP_DCLK(0);
    TP_CS(0);
    for(i = 0;i<8;i++)
    {
        buf = (cmd>>(7 - i))&0x1;
        TP_DIN(buf);
        delay_us(1);
        TP_DCLK(1);
        delay_us(1);
        TP_DCLK(0);
        delay_us(1);
    }
}
/ * * * * * * * * * * * * * * * * * * * * * * * * * * * * * * * * * * * * * * * * * * * * * * * * * * *
*   名      称:RD_AD
*   功      能:读出选中的 A/D 数值
*   入口参数:无
*   出口参数:无
*   返      回:buf   读出的 A/D 值
* * * * * * * * * * * * * * * * * * * * * * * * * * * * * * * * * * * * * * * * * * * * * * * * * * */
static unsigned short RD_AD(void)
{
    unsigned short buf = 0,temp;
    unsigned char i;
    TP_DIN(0);
    TP_DCLK(1);
    delay_us(1);
    for(i = 0;i<12;i++)
    {
        TP_DCLK(0);
        temp = (TP_DOUT) ? 1:0;
        buf |= (temp<<(11 - i));
        TP_DCLK(1);
        delay_us(1);
    }
    delay_us(1);
```

```
        TP_CS(1);
        buf& = 0x0fff;
        return(buf);
    }
/ * * * * * * * * * * * * * * * * * * * * * * * * * * * * * * * * * * * * * * * * * * * * * * * * * * *
 *  名      称:Read_X
 *  功      能:读出 TFT 液晶屏 X 方向 A/D 采样值
 *  入口参数:无
 *  出口参数:无
 *  返      回:i  读出的 X 方向 A/D 值
 * * * * * * * * * * * * * * * * * * * * * * * * * * * * * * * * * * * * * * * * * * * * * * * * * * */
int Read_X(void)
{
    int i;
    WR_CMD(CHX);  //通道 X + 的选择控制字
    // while(TP_BUSY);
    delay_us(3);
    i = RD_AD();
    return i;
}
/ * * * * * * * * * * * * * * * * * * * * * * * * * * * * * * * * * * * * * * * * * * * * * * * * * * *
 *  名      称:Read_Y
 *  功      能:读出 TFT 液晶屏 Y 方向 A/D 采样值
 *  入口参数:无
 *  出口参数:无
 *  返      回:i  Y 方向 A/D 值
 * * * * * * * * * * * * * * * * * * * * * * * * * * * * * * * * * * * * * * * * * * * * * * * * * * */
int Read_Y(void)
{
    int i;
    WR_CMD(CHY);     //通道 Y + 的选择控制字
    //while(TP_BUSY);
    delay_us(3);
    i = RD_AD();
    return i;
}
/ * * * * * * * * * * * * * * * * * * * * * * * * * * * * * * * * * * * * * * * * * * * * * * * * * * *
 *  名      称:Read_X
 *  功      能:读出 TFT 液晶屏 X、Y 方向 A/D 采样值
 *  入口参数:无
 *  出口参数:指向 X、Y 方向 A/D 值地址的指针
 *  返      回:成功返回 1,否则返回 0
 *  调用方法:TP_GetAdXY(&zx,&zy),将读取的 X、Y 方向 A/D 值赋给 zx,zy 两变量
```

```
************************************************************/
u8 TP_GetAdXY(int *x,int *y)
{
    int adx,ady;
    adx = Read_X();
    ady = Read_Y();
    if((adx>50)&&(adx<4000)&&(ady>50)&&(ady<4000))
    {
        *x = adx;
        *y = ady;
        return 1;                            //读数成功
    }
    else return 0;                           //读数失败
}
/************************************************************
*  名      称:read_once
*  功      能:读取一次 X,Y 值
*  入口参数:无
*  出口参数:X、Y 方向 A/D 值
*  返      回:成功返回 1,不成功返回 0
*  说      明:读数限制在 50～4 000 之间
************************************************************/
u8 read_once(void)
{
    #if(ID_Mode == 0x01)
    {
        Pen_Point.X = Read_Y();              //读 X 坐标,并转换
        Pen_Point.Y = 4096 - Read_X();       //读 Y 轴坐标
    }
    #elif(ID_Mode == 0x02)
    {
        Pen_Point.X = 4096 - Read_X();       //读 X 坐标,并转换
        Pen_Point.Y = 4096 - Read_Y();       //读 Y 轴坐标
    }
    #elif(ID_Mode == 0x03)
    {
        Pen_Point.X = 4096 - Read_Y();       //读 X 坐标,并转换
        Pen_Point.Y = Read_X();              //读 Y 轴坐标
    }
    #elif(ID_Mode == 0x04)
    {
        Pen_Point.X = Read_X();              //读 X 坐标,并转换
        Pen_Point.Y = Read_Y();              //读 Y 轴坐标
    }
```

```
    }
    # endif
    //限制触摸屏读数范围,个人根据实际情况定
    if(Pen_Point.X<4000&&Pen_Point.X>50&&Pen_Point.Y<4000&&Pen_Point.Y>50)return 1;
                                            //读数成功
    else return 0;                          //读数失败
}
/*******************************************************************
 * 名      称:Read_Touch
 * 功      能:连续读取 10 次数据,对 10 次数据排序,然后对中间 3 次取平均值,得到最终的
             X,Y 值
 * 入口参数:无
 * 出口参数:X、Y 方向 A/D 值
 * 返      回:成功返回 1,不成功返回 0
 * 说      明:读数限制在 50~4 000 之间
 *******************************************************************/
u8 Read_Touch(void)
{
    u8 t,t1,count = 0;
    u16 databuffer[2][10];                  //数据组
    u16 temp = 0;
    do                                      //循环读数 10 次
    {
        if(read_once())                     //读数成功
        {
            databuffer[0][count] = Pen_Point.X;
            databuffer[1][count] = Pen_Point.Y;
            count ++ ;
        }
    }while(PEN&&count<10);
    if(count == 10)                         //一定要读到 10 次数据,否则丢弃
    {
        do                                  //将数据 X 升序排列
        {
            t1 = 0;
            for(t = 0;t<count - 1;t ++ )
            {
                if(databuffer[0][t]>databuffer[0][t + 1])     //升序排列
                {
                    temp = databuffer[0][t + 1];
                    databuffer[0][t + 1] = databuffer[0][t];
                    databuffer[0][t] = temp;
                    t1 = 1;
```

```
            }
        }
    }while(t1);
    do                                           //将数据 Y 升序排列
    {
        t1 = 0;
        for(t = 0;t<count - 1;t ++ )
        {
            if(databuffer[1][t]>databuffer[1][t + 1])     //升序排列
            {
                temp = databuffer[1][t + 1];
                databuffer[1][t + 1] = databuffer[1][t];
                databuffer[1][t] = temp;
                t1 = 1;
            }
        }
    }while(t1);
    Pen_Point.X = (databuffer[0][3] + databuffer[0][4] + databuffer[0][5])/3;
    Pen_Point.Y = (databuffer[1][3] + databuffer[1][4] + databuffer[1][5])/3;
    return 1;
    }
    return 0;                                    //读数失败
}
/ * * * * * * * * * * * * * * * * * * * * * * * * * * * * * * * * * * * * * * * * * * * * * * *
 *  名      称:Draw_Anywhere
 *  功      能:将 X、Y 方向采集 A/D 转换为 TFT 的点阵坐标值
 *  入口参数:无
 *  出口参数:TFT 点阵 X、Y 坐标值
 *  返      回:无
 * * * * * * * * * * * * * * * * * * * * * * * * * * * * * * * * * * * * * * * * * * * * * * */
void Point_Convert(void)
{
    if(Read_Touch())
    {
        if(Pen_Point.xfac! = 0)                              //已经校准过了
        {
            Pen_Point.X0 = Pen_Point.xfac * Pen_Point.X + Pen_Point.xoff;
            Pen_Point.Y0 = Pen_Point.yfac * Pen_Point.Y + Pen_Point.yoff;
        }
        Pen_Point.X = Pen_Point.X0;
        Pen_Point.Y = Pen_Point.Y0;
    }
}
```

255

```
/ ***********************************************************
 *  名      称:Write_Where
 *  功      能:画笔写字功能
 *  入口参数:无
 *  出口参数:无
 *  返      回:无
 ***********************************************************/
void Write_Where(void)
{
    if(PEN)                             //如果有触笔按下
    {
        Point_Convert();                //将 X、Y 方向采集 AD 转换为 TFT 的点阵坐标值
        Draw2Point(Pen_Point.X,Pen_Point.Y);
        if(In_Area(max_x - 20,max_y - 20,max_x - 1,max_y - 1))
                                        //当单击这矩形区域时就清屏写字板内容
        {
            TFT_Clear( 0x07E0 );
            POINT_COLOR = 0x0000;
            TFT_Rec(max_x - 20,max_y - 20,max_x - 1,max_y - 1);          //画矩形
            TFT_Fill(max_x - 20,max_y - 20,max_x - 1,max_y - 1,0xf800);  //填充矩形
            POINT_COLOR = 0xf800;
        }
    }
}
/ ***********************************************************
 *  名      称:In_Area
 *  功      能:判断触笔是否点在指定矩形区域内
 *  入口参数:(x_1,y_1)——起始坐标
             (x_2,y_2)——结束坐标
 *  出口参数:无
 *  返      回:在矩形框内返回 1,否则返回 0
 ***********************************************************/
u8 In_Area(u16 x1,u16 y1,u16 x2,u16 y2)
{
    if((Pen_Point.X <= x2)&&(Pen_Point.X >= x1)&&(Pen_Point.Y <= y2)&&(Pen_Point.
Y >= y1))return 1;
    else return 0;
}
```

2. main.c 相关代码和注释

主程序 11.3.2　main.c

```
# include "stm32f10x.h"
```

```
# include "stm32f10x.h"
# include "delay.h"
# include "R61509.h"
# include "Touch.h"

void All_GPIO_Config(void)
{
    /*--------------------------触摸屏引脚配置--------------------------
    PD6 DOUT
    PE0 CS
    PA8 PENIRQ
    PD3 DIN
    PE1 CLK
    ---------------------------------------------------------------*/
    RCC->APB2ENR|=1<<2;                      //PORTA 时钟使能
    RCC->APB2ENR|=1<<5;                      //PORTD 时钟使能
    RCC->APB2ENR|=1<<6;                      //PORTE 时钟使能

    GPIOE->CRL &= 0xffffff00;
    GPIOE->CRL |= 0x00000033;                //将 PE0、PE1 设置为推挽输出
    //PA8 - PEN
    GPIOA->CRH &= 0xfffffff0;
    GPIOA->CRH |= 0x00000008;                //PA8 设置为上拉输入
    GPIOA->ODR|=1<<8;

    GPIOD->CRL &= 0xf0ff0fff;                //PD3、PD6 设置为推挽输出
    GPIOD->CRL |= 0x08003000;
}
/***************************************************************
** 函数名：main
** 功能描述：TFT 触摸屏写字板实验
** 输入参数：无
** 输出参数：无
***************************************************************/
int main(void)
{
    int zx,zy;
    SystemInit();                            //系统初始化
    All_GPIO_Config();
    Usart_Configuration();                   //串口初始化
    delay_init(72);                          //延时初始化
    TFT_GPIO_Config();                       //TFT 的 GPIO 初始化
    FSMC_LCD_Init();                         //FSMC 初始化
```

```
    TFT_Init_Config();                              //TFT 初始化

    if(ID_Mode==0x02)                               //触屏较准参数初始化
    {
        Pen_Point.xfac = 0.068049;
        Pen_Point.yfac = 0.106230;
        Pen_Point.xoff = -20;
        Pen_Point.yoff = -22;
    }
    Back_Ground = 0x07e0;                           //设置 TFT 显示的背景色
    Txt_Color = 0xf800;                             //设置 TFT 显示的前景色
    TFT_Clear(0x07e0);                              //以 0x07e0 的颜色清屏
    TFT_DisplayString(10,30,"Start To Display!!");  //在(10,30)处显示字符串
    //Touch_Adjust();                               //触屏较准
    for(;;)
    {
        Write_Where();                              //在 TFT 屏上画画
    }
}
```

11.4　加速度传感器 MMA7455L 的使用

11.4.1　MMA7455L 内部结构及工作原理

MMA7455L 系列传感器是数字输出的 3 轴（XYZ）加速度传感器[19]，具有数字输出接口（I^2C 和 SPI）。在 $2g$ 时灵敏度为 64 LSB/g，10 位模式下 $8g$ 时为 64 LSB/g，可选的重力加速度有 $2g$、$4g$ 或 $8g$。其电源电压为 2.4～3.6 V，在待机模式时电流只需 2.5 μA，正常运行的时候电流为 400 μA，具有低电压和低功耗的特性。

MMA7455L 可抗强度达 10 000g 的冲击，可编程的阈值中断输出，可用于移动识别的水平检测和单击或双击识别。MMA7455L 系列加速度传感器数字输出（I^2C 和 SPI）功能可以简化与 MCU 或微处理器的通信。其 3 个灵敏度（$2g$，$4g$，$8g$）重力选择（g-select）的特性，可以使设计人员灵活的选择特定应用所需的重力检测水平。

MMA7455L 系列加速度传感器是需要快速响应时间、高灵敏度、低电流、低电压运行和小封装的便携消费电子产品的理想解决方案，广泛应用于手机、平板电脑、mid、PMP、电子书阅读器、游戏手柄等移动消费类电子产品中。

MMA7455L 加速度传感器由 G-单元和信号调理 ASIC 电路两部分组成。G-单元是微机械结构，采用半导体制作技术制成。G-单元的等效电路如图 11.4.1 所示，它相当于在两个固定的电容极板中间放置一个可移动的极板。当有加速度作用于系统时，中间极板偏离静止位置。用中间极板偏离静止位置的距离测量加速度，极板与其中

一个固定极板的距离增加,同时与另一个固定极板的距离减小,且距离变化值相等。距离的变化使得两个极板的电容改变,电容值的计算公式是:

$$C = A\varepsilon / D$$

其中:A 是极板的面积;D 是极板间的距离;ε 是介电常数。信号调理 ASIC 电路由积分、放大、滤波、温度补偿、振荡器、时钟生成器、控制逻辑和 EEPROM 以及自检等电路组成,完成 G-单元测量的电容值到电压输出的转换。用户可以通过 I²C 或 SPI 接口读取 MMA7455L 内部寄存器的值,判断运动的方向。自检单元用于保证 G-单元和加速计芯片中的电路工作正常。

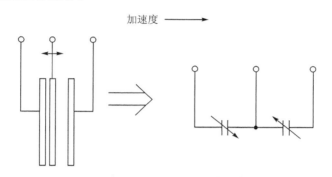

图 11.4.1　G-单元等效原理图

11.4.2　MMA7455L 引脚功能及应用电路

MMA7455L 引脚封装形式如图 11.4.2 所示,引脚功能如表 11.4.1 所列。

表 11.4.1　MMA7455L 引脚功能定义

引脚号	引脚名	状　态	功能描述
1	DVDD_IO	输入	3.3 V 数字电源输入端
2	GND	输入	地
3	N/C	输入	空引脚,不接或接地
4	IADDR0	输入	I²C 地址 0 位
5	GND	输入	地
6	AVDD	输入	3.3 V 模拟电源输入端
7	CS	输入	SPI 使能(0),I²C 使能(1)
8	INT1/DRDY	输出	中断 1/数据就绪
9	INT2	输出	中断 2
10	N/C	输入	空引脚,不接或接地
11	N/C	输入	空引脚,不接或接地
12	SDO	输出	SPI 串行数据输出

续表 11.4.1

引脚号	引脚名	状　态	功能描述
13	SDA/SDI/SDO	开漏/输入/输出	I²C 串行数据（SDA）/SPI 串行数据输入（SDI）/3 线接口串行数据输出（SDO）
14	SCL/SPC	输入	I²C 时钟信号（SCL）/SPI 时钟信号（SPC）

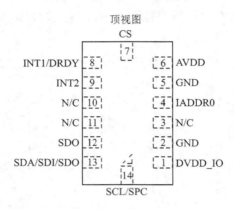

图 11.4.2　MMA7455L 引脚封装形式

MMA7455L 提供 I²C 及 SPI 两种数字输出接口,用户可直接读取 MMA7455L 的寄存器得到输出数字量。SPI 接口电路如图 11.4.3 所示。

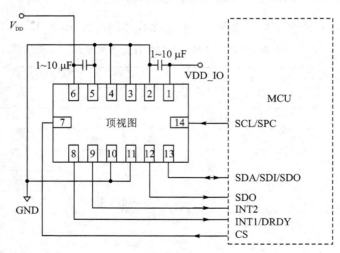

图 11.4.3　MMA7455L 与 MCU 的 SPI 接口电路

I²C 接口电路如图 11.4.4 所示。

MMA7455L 与 STM32F 连接电路如图 11.4.5 所示。

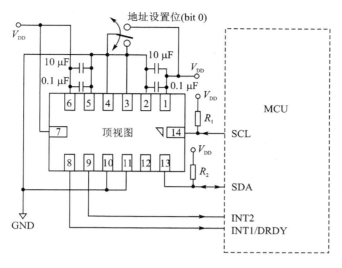

图 11.4.4　MMA7455L 与 MCU 的 I²C 接口电路

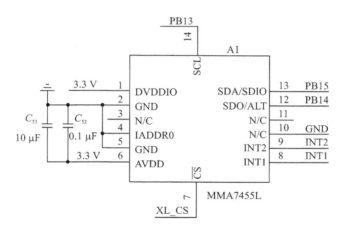

图 11.4.5　MMA7455L 与 STM32F 连接电路

11.4.3　MMA7455L 工作模式

　　MMA7455L 有待机、测量、电平、脉冲四种工作模式。待机模式可节省功耗；测量模式可实时测量 XYZ 三轴加速度值；电平模式下可设定 MMA7455L 的加速度阈值，产生中断通过控制器进行相应处理；脉冲模式下可实现震动、单击等检测功能。

　　MMA7455L 有一个 10 位的 ADC 用于采样、转换，并在得到请求时传输数据。在时钟信号的下降沿，8 位的命令字开始传输，传输命令字需要 8 个时钟。数据回传时，高位在前，低位在后。MMA7455L 提供 8 位数据或 10 位数据输出模式。当采用 10 位数据时，可以读取寄存器 0x00 得到 X 轴低 8 位数据，读取 0x01 寄存器可得到 X 轴高 8 位数据；读取寄存器 0x02 得到 Y 轴低 8 位数据，读取 0x03 寄存器可得到 Y 轴高 8 位数据;读取寄存器 0x04 得到 Z 轴低 8 位数据,读取 0x05 寄存器可得到 Z 轴高 8 位数据。

当采用 8 位数据模式时,读取寄存器 0x06 得到 X 轴低 8 位数据,读取 0x07 寄存器可得到 Y 轴低 8 位数据,读取寄存器 0x08 得到 Z 轴低 8 位数据。

寄存器 0x16 用于配置 MMA7455L 的工作模式、加速度灵敏度等。

8 位数据模式下加速度和输出数值的关系如表 11.4.2 所列。

表 11.4.2　加速度与输出数值的关系

FS模式	加速度	输　出
2g 模式	$-2g$	$\$ 80$
	$-1g$	$\$ C1$
	$0g$	$\$ 00$
	$+1g$	$\$ 3F$
	$+2g$	$\$ 7F$
4g 模式	$-4g$	$\$ 80$
	$-1g$	$\$ E1$
	$0g$	$\$ 00$
	$+1g$	$\$ 1F$
	$+4g$	$\$ 7F$
8g 模式	$-8g$	$\$ 80$
	$-1g$	$\$ F1$
	$0g$	$\$ 00$
	$+1g$	$\$ 0F$
	$+8g$	$\$ 7F$

由表 11.4.2 可见,数值输出为补码形式,以 $2g$ 量程为例,测量范围为 $-2g \sim +2g$,数值输出为 $-128 \sim +127$。

INT1 引脚一般作为数据准备好中断 DRDY,用于提示测量数据已经准备好,同时在状态寄存器(STATUS 地址 0x09)中的 DRDY 位也会置位,中断时输出高电平,并一直维持高电平直到三个输出寄存器中的一个被读取。如果下一个测量数据在上一个数据读取前写入,那么状态寄存器中的 DOVR 位将置位。默认情况下,三轴 X、Y、Z 都被启用,也可被禁用。可以选择检测信号的绝对值或信号的正负值。

检测运动时,可采用 $X or Y or Z >$ 阈值。检测自由落体,可采用 $X \& Y \& Z <$ 阈值。

电平检测模式下,一旦一个加速度电平达到了设定阈值,中断引脚将变为高电平并一直维持高电平,直到中断被清除。

可以检测绝对值或正/负值,在 CONTROL1 寄存器中(地址 0x18)设置,阈值在 LDTH 寄存器(地址 0x1A)中设置。如果 CONTROL1 寄存器中的 THOPT 位为 0,则

LDTH 中的数为无符号数，表示绝对值。反之，LDTH 中的数为有符号数。

1. 运动检测 1

条件 $X >$ 阈值或 $Y >$ 阈值或 $Z >$ 阈值

THOPT＝1(有符号数)，LDPL＝0(检测极性为正，检测条件为三轴做"或"运算)，若阈值为 $3g$，量程为 $8g(127,0x7F)$，则可设置 LDTH 寄存器＝0x2F(地址 0x1A)。

2. 运动检测 2

条件 $|X| >$ 阈值或 $|Y| >$ 阈值或 $|Z| >$ 阈值

THOPT＝0(无符号数)，LDPL＝0(检测极性为正，检测条件为三轴做"或"运算)，若阈值为 $3g$，量程为 $8g(127,0x7F)$，则可设置 LDTH 寄存器＝0x2F(地址 0x1A)。

3. 自由落体检测 1

条件 $X <$ 阈值且 $Y <$ 阈值且 $Z <$ 阈值

THOPT＝1(有符号数)，LDPL＝1(检测极性为负，检测条件为三轴做"与"运算)，若阈值为 $0.5g$，量程为 $8g$，则可设置 LDTH 寄存器＝0x07(地址 0x1A)。

4. 自由落体检测 2

条件 $|X| <$ 阈值且 $|Y| <$ 阈值且 $|Z| <$ 阈值

THOPT＝0(无符号数)，LDPL＝1(检测极性为负，检测条件为三轴做"与"运算)，若阈值为 $0.5g$，量程为 $8g$，则可设置 LDTH 寄存器＝0x07(地址 0x1A)。

5. 脉冲检测

在脉冲检测模式下，所有功能都可以使用，包括测量电平，电平检测中断。有两个中断引脚分别分配给电平检测中断和脉冲检测中断。

中断引脚的分配在寄存器 CONTROL1 中指定，中断引脚的分配有三种组合形式，通过 CONTROL1 寄存器中的 INTREG[1:0]设置，如表 11.4.3 所列。

表 11.4.3　中断引脚分配

INTREG[1:0]	INT1	INT2
00	电平检测	脉冲检测
01	脉冲检测	电平检测
10	单个脉冲检测	单个或双个脉冲检测

11.4.4　MMA7455L 加速度校准方法

读取的加速度值需要校准，可以配置 6 个寄存器分别用于 X、Y、Z 轴加速度校准。0x10、0x11 寄存器设定 X 轴校准的低、高位，0x12、0x13 寄存器设定 Y 轴校准的低、高位，0x14、0x15 寄存器设定 Z 轴校准的低、高位。

1. 校准方法

当加速度芯片 XY 平面水平静止放置，Z 轴方向与重力方向一致时，理论上讲 Z

轴加速度值应为 g,当采用 10 位数据模式且量程为 $\pm 8g$ 时,Z 轴输出值应为 63,采用 8 位数据模式且量程为 $\pm 8g$ 时,Z 轴输出值应为 0x0F。假设采用 10 位数据输出模式, 量程选择 $8g$ 时,校准分下面两种情况:

① 如果得到的 Z 轴值比 g(值为 63)小,比如得到 Z 轴数据为 43,则写入 Z 轴校准 寄存器的值为 $(63-43) \times 2 = 40$,0x14 寄存器赋值 40,0x15 寄存器赋值 0。

② 如果得到的 Z 轴值比 g(值为 63)大,比如得到 Z 轴数据为 80,则需要将其补码 写入寄存器中,高位校准寄存器赋值 0xFF。$(80-63) \times 2 = 34$,则 0x14 寄存器赋值 为 $255-34$,0x15 寄存器赋值 0xFF。

校准 X 轴时,可将 MMA7455L 的 X 轴所在平面静止放置为与重力方向一致,则 此时得到的 X 轴加速度值理论上应为 g(即 63),根据其得到的实际值进行校准,方法 与上面 Z 轴校准方法一样。

校准 Y 轴时,可将 MMA7455L 的 Y 轴所在平面静止放置为与重力方向一致,则此 时得到的 Y 轴加速度值理论上应为 g(即 63),根据其得到的实际值进行校准,方法与 Z 轴校准方法一样。

2. 角度计算方法

当 MMA7455L 静止放置时,设 X、Y、Z 三轴读取的加速度值分别为 a_X、a_Y、a_Z,设 X 轴平面与水平方向夹角为 θ,Y 轴平面与水平方向夹角为 β,则重力加速度在 X 轴上 的分加速度即为 X 轴的加速度,重力加速度在 Z 轴的分加速度即为 Z 轴的加速度 值,则

$$\sin \theta = a_X/g$$
$$\cos \theta = a_Z/g$$

于是 $\tan \theta = a_X/a_Z$,$\theta = \arctan(a_X/a_Z)$,单位为弧度。

同理:$\tan \beta = a_Y/a_Z$,则 $\beta = \arctan(a_Y/a_Z)$,单位为弧度。

11.4.5　MMA7455L 应用示例程序设计

1. MMA7455L 工作时序

MMA7455L 提供两种数字接口,下面介绍 SPI 接口的具体使用。

MMA7455L 提供标准的 4 线或 3 线模式 SPI 接口,4 线 SPI 模式下工作时序如 图 11.4.6 所示。

在通信时,MMA7455L 作为 slave(从属)设备,单片机作为 master 设备。4 线 SPI 模式下,由时序图可知,SPI 接口包含两根控制线和两根数据线,分别是片选线 CS、时 钟线 SCL、输入线 SDI 和输出线 SDO。片选线 CS 低电平有效,由单片机提供片选信 号。传输结束后,片选线回到高电平。SCL 线提供传输时的同步时钟脉冲。数据传输 高位在前,时钟空闲时为 0,即 CPOL=0,数据捕获于第一个时钟沿,即 CPHA=0。 SDO 和 SDI 线上的数据在时钟信号下降沿时启动,并在上升沿时被读取。

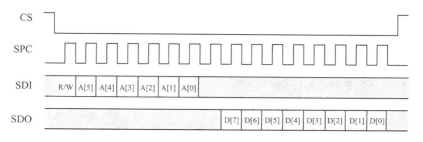

图 11.4.6　4 线 SPI 寄存器读/写时序

读/写寄存器命令至少需要 16 个时钟脉冲,如多字节传送,则需要 8 的倍数个时钟脉冲才能完成。

2. SPI 读操作

一次 SPI 读操作的传输包括 1 位读/写信号、6 位地址和 1 个多余的位。在下一次传送时,被读取的数据将由 SPI 接口送出。代码如下:

```
/*****************************************************
* 函数名:MMA7455_Read
* 功　能:MMA7455L 读寄存器数据
* 输　入:add 寄存器地址
* 输　出:无
* 返　回:读取的数据
*****************************************************/
u8 MMA7455_Read(u8 add)
{
    u8 dat = 0;
    GPIOB->BRR = GPIO_Pin_0;                    //使能 MMA7455L 片选
    SPI2_ReadWriteByte(((add&0x3f)<<1));        //写寄存器地址
    dat = SPI2_ReadWriteByte(0x0);              //读取数据
    GPIOB->BSRR = GPIO_Pin_0;                   //不使能 MMA7455L 片选
    return dat;
}
```

3. SPI 写操作

写寄存器需要先向 MMA7455L 发送 1 个 8 位的写命令。该写命令包括最高位 1 位(0 表示读,1 表示写)用于表示操作类型,后续 6 位表示地址,还有 1 个多余的位。然后再发送 1 个 8 字节的数据。代码如下:

```
/*****************************************************
* 函数名:MMA7455_Write
* 功　能:MMA7455L 写寄存器数据
* 输　入:add 寄存器地址
* 输　出:dat 写的数据
```

```
*  返  回:无
*****************************************************************/
void MMA7455_Write(u8 add,u8 dat)
{
    GPIOB->BRR = GPIO_Pin_0;                          //使能 MMA7455L 片选
    delay_ms(20);
    SPI2_ReadWriteByte(((add&0x3f)<<1)|0x80);         //写寄存器地址
    SPI2_ReadWriteByte(dat);                          //写数据
    GPIOB->BSRR = GPIO_Pin_0;                         //不使能 MMA7455L 片选
}
```

　　本例程使用 STM32F 的 SPI2 与 MMA7455L 通信,MMA7455L 工作于测量模式,将读取到的三轴加速度值及计算的倾角值用串口打印出来。

11.4.6　MMA7455L 应用示例程序

　　MMA7455L 操作示例程序放在"示例程序→MMA7455"文件夹中。主程序 main.c 相关代码和注释如下:

主程序 11.4.1　main.c

```
/* Includes -------------------------------------------------*/
# include "stm32f10x.h"
# include "MMA7455.h"
# include "USART.h"
# include "delay.h"


/*****************************************************************
** 函数名:main
** 功能描述:加速度传感器工作于测量模式,串口输出三轴加速度值及 X、Y 轴倾角
** 输入参数:无
** 输出参数:无
*****************************************************************/
int main(void)
{
    SystemInit();                        //系统初始化
    delay_init(72);                      //延时初始化
    Usart_Configuration();               //串口初始化配置
    SPI2_Config();                       //MMA7455L 的 SPI 配置及 GPIO 配置
    delay_ms(10);
    MMA7455_Init();                      //MMA7455L 初始化
    delay_ms(10);
    while (1)
    {
        MMA7455_Measure();               //串口输出三轴加速度值
```

```
            MMA7455_Angle();                    //输出 X、Y 轴所在平面与水平方向的夹角
            delay_ms(100);
        }
    }
```

11.5　音频编解码器 VS1003 的使用

11.5.1　VS1003 简介

VS1003 是一个单片的 MP3/WMA/MIDI 音频解码器和 ADPCM 编码器[20]，芯片内部包含有一个高性能的低功耗 DSP 处理器核 VS_DSP4，可以为用户应用提供 5 KB 的指令 RAM 和 0.5 KB 的数据 RAM，具有串行的控制和数据接口（4 个常规用途的 I/O 口，一个 UART），高品质可变采样率的 ADC 和立体声 DAC，一个能驱动 30 Ω 负载的耳机放大器等。

VS1003 通过一个串行接口来接收输入的比特流，能解码 MPEG1 和 MPEG2 音频层 III(CBR＋VBR＋ABR)、WMA 4.0/4.1/7/8/9 5～384 kb/s、WAV(PCM＋IMA AD-PCM)文件，产生 MIDI/SP-MIDI 文件。它可以作为一个微控制器系统的从机，对话筒输入或线路输入的音频信号进行 IMA ADPCM 编码。VS1003 提供标准的 SPI 接口，UART 可用于调试。

VS1003 的模拟电路、数字电路、I/O 接口采用单独供电形式。AVDD(模拟部分)：最大不得超过 3.6 V，推荐值为 2.8 V，最小为 2.5 V。CVDD(数字部分，内核)：最大不得超过 2.7 V，推荐值为 2.5 V，最小为 2.4 V。IOVDD(I/O 电压)：最大不得超过 3.6 V，推荐值为 2.8 V，最小值为 CVDD－0.6 V。VS1003 采用 LQFP-48 和 BGA-49 两种封装形式。

11.5.2　VS1003 与 STM32F 连接

VS1003 应用电路如图 11.5.1 所示。

VS1003 与 STM32F 连接需要 7 个 I/O 口，连接示意图如图 11.5.2 所示。

MOSI、MISO、SCLK 为 SPI 接口，XCS 为命令片选引脚，XDCS 为数据片选引脚，DREQ 为数据请求信号引脚，DREQ＝1 表示 VS1003 空闲，DREQ＝0 表示 VS1003 处于忙状态，XRESET 芯片低电平复位。

11.5.3　VS1003 的常用寄存器

VS1003 共有 16 个 16 位的寄存器，地址分别为 0x0～0xF；除了模式寄存器(MODE,0x0)和状态寄存器(STATUS,0x1)在复位后的初始值分别为 0x800 和 0x3C 外，其余的寄存器在 VS1003 初始化后的值均为 0。下面介绍几个常用的寄存器。

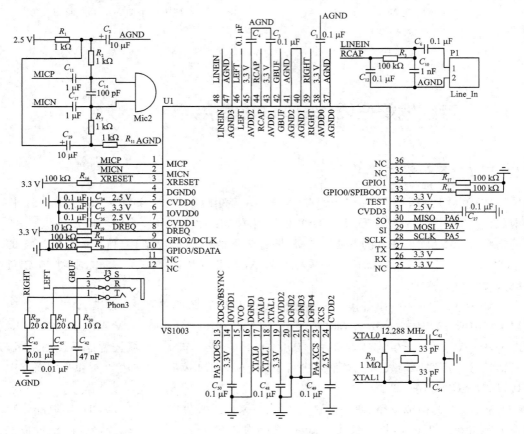

图 11.5.1　VS1003 应用电路

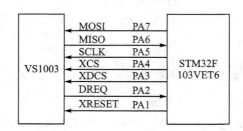

图 11.5.2　VS1003 与 STM32F 连接示意图

1. MODE(地址 0x0;RW,可读/写)

MODE(模式寄存器)在 VS1003 中是一个较为重要的寄存器,其每一位都对应着 VS1003 的不同设置。

➤ 位 0:SM_DIFF

SM_DIFF = 0,正常音频相位;

SM_DIFF = 1,左声道反转。

当 SM_DIFF 置位时,VS1003 将左声道反相输出,立体声输入将产生环绕效果,对于单声道输入将产生差分(反相)左/右声道信号。

➢ 位 1:SM_SETTOZERO

置零。

➢ 位 2:SM_RESET

SM_RESET = 1,VS1003 软复位。软复位之后该位会自动清零。

➢ 位 3:SM_OUTOFWAV

SM_OUTOFWAV = 1,停止 WAW 解码。

当要中途停止 WAV、WMA 或者 MIDI 文件的解码时,置位 SM_OUTOF-WAV,并向 VS1003 持续发送数据(对于 WAV 文件发送 0)直到将 SM_OUT-OFWAV 清零;同时 SCI_HDAT1 也将清零。

➢ 位 4:SM_PDOWN

SM_PDOWN = 1,软件省电模式。

该模式不如硬件省电模式(由 VS1003 的 XRESET 激活)。

➢ 位 5:SM_TESTS

SM_TESTS = 1,进入 SDI 测试模式。

➢ 位 6:SM_STREAM

SM_STREAM = 1,使能 VS1003 的流模式。

➢ 位 7:SM_PLUSV

SM_PLUSV = 1,MP3 + V 解码使能。

➢ 位 8:SM_DACT

SM_DACT = 0,SCLK 上升沿有效;

SM_DACT = 1,SCLK 下降沿有效。

➢ 位 9:SM_SDIORD

SM_SDIORD = 0,SDI 总线字节数据 MSB 在前,即须先发送 MSB;

SM_SDIORD = 1,SDI 总线字节数据 LSB 在前,即须先发送 LSB;

该位的设置不会影响 SCI 总线。

➢ 位 10:SM_SDISHARE

SM_SDISHARE = 1,SDI 与 SCI 将共用一个片选信号(同时 SM_SDINEW = 1),即将 xDCS 与 xCS 这两条信号线合为一条,能省去一个 I/O 口。

➢ 位 11:SM_SDINEW

SM_SDINEW = 1,VS1002 本地模式(新模式)。VS1003 在启动后默认进入该模式。

注:这里的模式指的是总线模式。

➢ 位 12:SM_ADPCM

SM_ADPCM = 1,ADPCM 录音使能。

同时置位 SM_ADPCM 和 SM_RESET 将使能 VS1003 的 IMA ADPCM 录

音功能。

> 位 13:SM_ADPCM_HP

SM_ADPCM_HP = 1,使能 ADPCM 高通滤波器。

同时置位 SM_ADPCM_HP、SM_ADPCM 和 SM_RESET 将开启 ADPCM 录音用高通滤波器,对录音时的背景噪声有一定的抑制作用。

> 位 14:SM_LINE_IN

录音输入选择:

SM_LINE_IN = 1,选择线入(line in);

SM_LINE_IN = 0,选择麦克风输入(默认)。

2. SCI_STATUS(0x1,RW)

SCI_STATUS 为 VS1003 的状态寄存器,提供 VS1003 当前状态信息。

3. SCI_BASS(重音/高音设置寄存器)(0x2,RW)

SCI_BASS 为 VS1003 的重音/高音设置寄存器。VS1003 内置的重音增强器 VSBE 是一种高质量的重音增强 DSP 算法,能够最大限度的避免音频削波。当 SB_AMPLITUDE(位[7:4])不为零时,重音增强器将使能。可以根据个人需要来设置SB_AMPLITUDE。例如,SCI_BASS = 0x00f6,即对 60 Hz 以下的音频信号进行 15 dB 的增强。当 ST_AMPLITUDE(位[15:12])不为零时,高音增强将使能。例如,SCI_BASS = 0x7a00,即 10 kHz 以上的音频信号进行 10.5 dB 的增强。

4. SCI_CLOCKF(0x3,RW)

在 VS1003 中对该寄存器的操作有别于 VS10x1 和 VS1002。

> SC_MULT(位[15:13])

时钟输入 XTALI 的倍频设置,设置之后将启动 VS1003 内置的倍频器。

> SC_ADD(位[12:11])

用于在 WMA 流解码时给倍频器增加的额外的倍频值。

> SC_FREQ(位[10:0])

当 XTALI 输入的时钟不是 12.288 MHz 时才需要设置该位段,其默认值为 0,即 VS1003 默认使用的是 12.228 MHz 的输入时钟。

5. SCI_DECODE_TIME(0x4,RW)

SCI_DECODE_TIME 为 VS1003 的解码时间寄存器。当进行正确的解码时,读取该寄存器可以获得当前的解码时长(单位为 s)。可以更改该寄存器的值,但是新值须要对该寄存器进行两次写操作。在每次软件复位或是 WAV(PCM、IMA ADPCM、WMA、MIDI)解码开始与结束时,SCI_DECODE_TIME 的值都将清零。

6. SCI_AUDATA(0x5,RW)

当进行正确的解码时,SCI_AUDATA 寄存器的值为当前的采样率(位[15:1])和所使用的声道(位 0)。采样率须为 2 的倍数;位 0=0,单声道数据,位 0=1,立体声数据。写该寄存器将直接改变采样率。

7. SCI_WRAM(0x6,RW)

SCI_WRAM 寄存器用来加载用户应用程序和数据到 VS1003 的指令和数据 RAM 中。起始地址在 SCI_WRAMADDR 中进行设置,且必须首先读/写 SCI_WRAM。对于 16 位的数据可以在进行一次 SCI_WRAM 的读/写中完成;而对于 32 位的指令字来说则需要进行两次连续读/写。字节顺序是大端模式,即高字节在前,低字节在后。在每一次完成全字读/写后,内部指针将自动增加。

8. SCI_WRAMADDR(0x7,RW)

SCI_WRAMADDR 寄存器用于设置 RAM 读/写的首地址。地址范围见 VS1003 的数据手册。

9. SPI_HDAT0 和 SPI_HDAT1(0x8,0x9,R)

SPI_HDAT0 和 SPI_HDAT1 两个寄存器用来存放所解码的音频文件的相关信息,为只读寄存器。

- ➤ 当为 WAV 文件时,SPI_HDAT0 = 0x7761,SPI_HDAT1 = 0x7665。
- ➤ 当为 WMA 文件时,SPI_HDAT0 的值为解码速率(字节/秒),若要转换为位率,则将 SPI_HDAT0 的值乘以 8 即可,SPI_HDAT1 = 0x574D。
- ➤ 当为 MIDI 文件时,SPI_HDAT0 的值参见 VS1003 的数据手册,SPI_HDAT1 = 0x4D54。
- ➤ 当为 MP3 文件时,SPI_HDAT0 和 SPI_HDAT1 包含较为复杂的信息(来自于解压之后的 MP3 文件头),包括当前正在解码的 MP3 文件的采样率、位率等,具体请参考 VS1003 的数据手册。复位后 SPI_HDAT0 和 SPI_HDAT1 将清零。

10. SCI_AIADDR(0xA,RW)

用户应用程序的起始地址,初始化先于 SCI_WRAMADDR 和 SCI_WRAM。如果没有使用任何用户应用程序,则该寄存器不应进行初始化,或是将其初始化为零,具体请参考 VS1003 的应用笔记 VS10XX。

11. SCI_VOL(0xB,RW)

SCI_VOL 为音量控制寄存器。高 8 位用于设置左声道,低 8 位用于设置右声道。设置值为最大音量的衰减倍数,步进值为 0.5 dB,范围为 0~255。最大音量的设置值为 0x0000,而静音为 0xFFFF。例如,左声道为 −2.0 dB,右声道为 −3.5 dB,则

$$SCI\_VOL = (4 \times 256) + 7 = 0x0407$$

硬件复位将使 SCI_VOL 清零(最大音量),而软件复位将不改变音量设置值。

注:设置静音(SCI_VOL = 0xFFFF)将关闭模拟部分的供电。

12. SCI_AICTRL[x](0xC~0xF,RW)

用于访问用户应用程序。

11.5.4　VS1003 的寄存器读/写操作

　　VS1003 的 DREQ 配置为浮空输入,XCS、XDCS、XRESET 配置为推挽输出。MI-SO、MOSI、SCLK 为标准的 SPI 接口,接 STM32F 的 PA6、PA7、PA5,所有对 VS1003 的操作将通过 SPI 总线来完成的。在默认情况下,数据位将在 SCLK 的上升沿有效(被读入 VS1003),因此需要在 SCLK 的下降沿更新数据;并且字节发送以 MSB 在先。VS1003 的 SPI 总线的输入时钟最大值为 CLKI/6 MHz,其中 CLKI(内部时钟)＝ XTALI×倍频值。(注:CLKI/6 为 SCI 读的时钟最大值,SCI 和 SDI 写的时钟最大值为 CLKI/4)。

1. 读 VS1003 的寄存器

　　VS1003 的寄存器读取命令为 0x03,寄存器读取时序如图 11.5.3 所示。

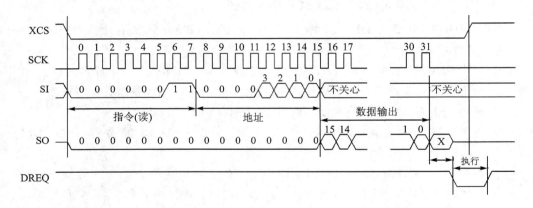

图 11.5.3　VS1003 的寄存器读取时序

　　VS1003 的寄存器读取代码如下:

```
/******************************************************
 * 名    称:Vs1003_REG_Read
 * 功    能:读 VS1003 的寄存器
 * 入口参数:address
 * 出口参数:无
 * 返    回:temp
 * 说    明:不要用倍速读取,会出错
 ******************************************************/
u16 Vs1003_REG_Read(u8 address)
{
    u16 temp = 0;
    while((GPIOA->IDR&MP3_DREQ) == 0);              //非等待空闲状态
    SPI1_SetSpeed(0);                               //低速
    MP3_DCS_SET(1);                                 //XDCS = 1;
```

```
    MP3_CCS_SET(0);                               //XCS = 0;
    SPI1_ReadWriteByte(VS_READ_COMMAND);          //发送 VS1003 的读命令
    SPI1_ReadWriteByte(address);                  //地址
    temp = SPI1_ReadWriteByte(0xff);              //读取高字节
    temp = temp<<8;
    temp += SPI1_ReadWriteByte(0xff);             //读取低字节
    MP3_CCS_SET(1);                               //MP3_CMD_CS = 1;
    SPI1_SetSpeed(1);                             //高速
    return temp;
}
```

2. 写 VS1003 的寄存器

VS1003 的寄存器写命令为 0x02,寄存器写时序如图 11.5.4 所示。

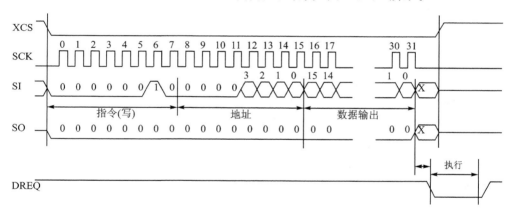

图 11.5.4　VS1003 的寄存器写时序

VS1003 的写寄存器的代码如下:

```
/****************************************************************
*  名称:Vs1003_CMD_Write
*  功能:向 VS1003 写命令
*  入口参数:address——命令地址
           data——命令数据
*  出口参数:无
****************************************************************/
void Vs1003_CMD_Write(u8 address,u16 data)
{
    while((GPIOA->IDR&MP3_DREQ) == 0);            //等待空闲
    SPI1_SetSpeed(0);                             //低速

    MP3_DCS_SET(1);                               //MP3_DATA_CS = 1;
    MP3_CCS_SET(0);                               //MP3_CMD_CS = 0;
```

STM32F 32 位 ARM 微控制器应用设计与实践(第 2 版)

```
SPI1_ReadWriteByte(VS_WRITE_COMMAND);        //发送 VS1003 的写命令
SPI1_ReadWriteByte(address);                 //地址
SPI1_ReadWriteByte(data>>8);                 //发送高 8 位
SPI1_ReadWriteByte(data);                    //低 8 位
MP3_CCS_SET(1);                              //MP3_CMD_CS = 1
SPI1_SetSpeed(1);                            //高速
}
```

11.5.5　VS1003 应用示例程序设计

1. VS1003 模块初始化

GPIO 及 SPI 初始化完成后,采用 SPI 总线对 VS1003 进行初始化,具体步骤如下:

① 硬复位,XRESET = 0;

② 延时,xDCS、xCS、xReset 置 1;

③ 等待 DREQ 为高;

④ 软件复位:SPI_MODE = 0x0804;

⑤ 等待 DREQ 为高(软件复位结束);

⑥ 设置 VS1003 的时钟:SCI_CLOCKF = 0x9800,设置为 3 倍频;

⑦ 设置 VS1003 的采样率:SPI_AUDATA = 0xBB81,采样率为 48 kHz,立体声;

⑧ 设置重音:SPI_BASS = 0x00f0,这里设置为低音加强,可以根据需要设定;

⑨ 设置音量:SCI_VOL = 0x3232,可以根据需要设定;

⑩ 向 VS1003 发送 4 字节无效数据,用以启动 SPI 发送。

2. VS1003 正弦测试

VS1003 的 SPI 总线用来传送 MP3 数据和控制命令。当要传送 MP3 数据时 XDCS 须置为低电平,且 XCS 置 1。VS1003 有以下几种测试模式:存储器测试、SCI 总线测试和正弦测试。这些测试都有相同的步骤:硬件复位,置位模式寄存器 SPI_MODE 的位 5(SM_TESTS),发送测试命令到 SDI 总线上。测试命令总共包含 8 字节数据,前 4 字节为命令代码,后 4 字节为 0。正弦测试属于芯片内部的测试功能,如果写 SPI 总线无误,可以从耳机里听到单一频率的正弦音(可以通过命令更改频率),强烈建议大家进行此步骤测试时不要将耳塞直接塞入耳中,因为频率不同导致声音大小不同,有可能极其刺耳。

向 VS1003 发送正弦测试命令:0x53 0xEF 0x6E N 0x00 0x00 0x00 0x00,其中 N 为设定 VS1003 所产生的正弦波的频率值,可以改变此值得到不同频率的声音。正弦测试步骤如下:

① 进入 VS1003 的测试模式:SPI_MODE = 0x0820;

② 等待 DREQ 为高;

③ XDCS 置 0,XCS 置 1,选择 VS1003 的数据接口;

④ 向 VS1003 发送正弦测试命令:0x53 0xEF 0x6E 0x30 0x00 0x00 0x00 0x00;

⑤ 延时 200 ms；

⑥ 退出正弦测试，发送命令：0x45 0x78 0x69 0x74 0x00 0x00 0x00 0x00；

⑦ 延时 200 ms；

⑧ 循环。

3. VS1003 播放音乐

如果正弦测试通过了，就可以将音频文件不断地发送给 VS1003 解码，播放出音乐。

由于 VS1003 有 32 字节的数据缓冲区，因此可以一次最多发送 32 字节给 VS1003，当发送完 32 字节后需要判断 DREQ 数据请求引脚电平。如果 DREQ＝0，则表明 VS1003 正在进行解码，处于忙状态，这时处理器可以处理别的事情；如果 DREQ＝1，则表明 VS1003 空闲，立即发送下一个 32 字节数据，否则音频输出会断断续续的。

MP3 音频文件的存储介质可以是 U 盘、SD 卡、MMC 卡或是移动硬盘等。存储介质对于 VS1003 来说都是一样的，只要将 MP3 文件按照正确的方法发给 VS1003，就可以播放出音乐。

刚开始调试 VS1003 模块时，可以先将音频文件转换为 C 语言数组，以程序的形式放在单片机的 Flash 上，由于 MP3 文件较大，而 STM32F103VET6 的 Flash 只有 512 KB，可以用专业软件，比如 cool2.1 软件，将 MP3 音频文件的比特率降低，再从中截取一段音频文件，这样经过处理的 MP3 文件就完全可以存放在 512 KB 的 Flash 上。然后再将此音频数据发送给 VS1003 即可。

如果存储介质是 SD 卡等，则可以按下面流程发送数据：

① 打开指定的 MP3 文件。

② 读取一个扇区的数据，FAT32 文件系统的一个扇区一般为 512 字节。

③ 发送 32 字节数据到 VS1003。

④ 检测 DREQ，当 DREQ 为高时继续发送下一个 32 字节数据。

⑤ 是否发送完一扇区数据，否则回到③，继续发送数据。如果发完一个扇区，则回到②继续读取下一个扇区数据，直到发送完指定的 MP3 音频文件。

⑥ 发送完 MP3 文件的数据，则关闭 MP3 文件。

11.5.6 VS1003 应用示例程序

本示例程序中音频文件已转换为数组的形式，存放在 temp. h 文件中，只要将 temp. h 中的数据连续不断地发送给 VS1003 解码即可。

VS1003 操作示例程序放在"示例程序→VS1003"文件夹中。部分程序代码如下：

1. VS1003. h 相关代码和注释

程序清单 11.5.1 VS1003. h

```
#ifndef __VS1003_H__
#define __VS1003_H__
```

```
＃include "stm32f10x.h"

＃define VS_WRITE_COMMAND        0x02
＃define VS_READ_COMMAND         0x03
//VS1003 寄存器定义
＃define SPI_MODE                0x00              //模式控制
＃define SPI_STATUS              0x01              //VS1003 状态
＃define SPI_BASS                0x02              //内置低音/高音增强器
＃define SPI_CLOCKF              0x03              //时钟频率＋倍频数
＃define SPI_DECODE_TIME         0x04              //每秒解码次数
＃define SPI_AUDATA              0x05              //Misc. 音频数据
＃define SPI_WRAM                0x06              //RAM 写/读
＃define SPI_WRAMADDR            0x07              //RAM 写/读基址
＃define SPI_HDAT0               0x08              //流头数据 0
＃define SPI_HDAT1               0x09              //流头数据 1

＃define SPI_AIADDR             0x0a              //用户代码起始地址
＃define SPI_VOL                0x0b              //音量控制
＃define SPI_AICTRL0            0x0c              //应用控制寄存器 0
＃define SPI_AICTRL1            0x0d              //应用控制寄存器 1
＃define SPI_AICTRL2            0x0e              //应用控制寄存器 2
＃define SPI_AICTRL3            0x0f              //应用控制寄存器 3
＃define SM_DIFF                0x01              //微分,0 正常同相音频,1 左声道反相
＃define SM_JUMP                0x02              //设置为 0
＃define SM_RESET               0x04              //软件复位
＃define SM_OUTOFWAV            0x08              //跳出 WAV 解码
＃define SM_PDOWN               0x10              //掉电
＃define SM_TESTS               0x20              //允许 SDI 测试
＃define SM_STREAM              0x40              //流模式
＃define SM_PLUSV               0x80              //激活 MP3＋V 解码
＃define SM_DACT                0x100             //DCLK 有效沿
＃define SM_SDIORD              0x200             //SDI 位顺序
＃define SM_SDISHARE            0x400             //共享 SPI 片选
＃define SM_SDINEW              0x800             //VS1002 自身 SPI 模式
＃define SM_ADPCM               0x1000            //ADPCM 录音允许
＃define SM_ADPCM_HP            0x2000            //ADPCM 高通滤波允许
    /＊  PA4 ->XCS
       PA1 ->XRESET
       PA3 ->XDCS,all low lever avalible
       PA2 ->DREQ
    ＊/
＃define MP3_CMD_CS             (1<<4)            //PA4
＃define MP3_XREST              (1<<1)            //PA1
```

```
#define MP3_DREQ           (1<<2)                    //PA2
#define MP3_DATA_CS        (1<<3)                    //PA3
#define MP3_CCS_SET(x)   GPIOA->ODR=(GPIOA->ODR&~MP3_CMD_CS)|(x ? MP3_CMD_CS:0)
                                                     //命令片选
#define MP3_RST_SET(x)   GPIOA->ODR=(GPIOA->ODR&~MP3_XREST)|(x ? MP3_XREST:0)
                                                     //复位
#define MP3_DCS_SET(x)   GPIOA->ODR=(GPIOA->ODR&~MP3_DATA_CS)|(x ? MP3_DATA_CS:0)
                                                     //数据片选


u8 SPI1_ReadWriteByte(u8 TxData);
u16  Vs1003_REG_Read(u8 address);                    //读寄存器
void Vs1003_DATA_Write(u8 data);                     //写数据
void Vs1003_CMD_Write(u8 address,u16 data);          //写命令
void Vs1003_DATA_Write(u8 data);                     //向 VS1003 写数据
void Mp3Reset(void);                                 //硬复位
void Vs1003SoftReset(void);                          //软复位
void VsRamTest(void);                                //RAM 测试
void VsSineTest(void);                               //正弦测试
u16 GetDecodeTime(void);                             //得到解码时间
u16 GetHeadInfo(void);                               //得到比特率
void ResetDecodeTime(void);                          //重设解码时间
void LoadPatch(void);                                //加载频谱分析代码
void GetSpec(u8 * p);                                //得到分析数据
void Set_Vol(char flag);
void VS_Flush_Buffer();
void VS1003_GPIO_Config(void);
void VS1003_SPI_Config(void);
#endif
```

2. main. c 相关代码和注释

主程序 11.5.2　main. c

```
#include "stm32f10x.h"
#include "VS1003.h"
#include "delay.h"
#include "temp.h"                    //存放音乐文件


/********************************************************************
*  名    称:main
*  功    能:将 temp.h 中的音乐文件发送给 VS1003 解码
*  入口参数:无
*  出口参数:无
*  说    明:temp.h 中是以数组形式存放的 MP3 音频文件
```

```
*********************************************************/
int main(void)
{
    u32   i,n = 0;
    /* Setup STM32 system (clock, PLL and Flash configuration) */
    SystemInit();
    delay_init(72);
    VS1003_GPIO_Config();                      //VS1003 的 GPIO 初始化
    VS1003_SPI_Config();                       //VS1003 的 SPI1 接口配置
    delay_ms(20);
    Vs1003SoftReset();                         //VS1003 软复位
    VsSineTest();                              //正弦测试
    while(1)
    {
        Mp3Reset();                            //VS1003 复位
        MP3_DCS_SET(0);                        //写数据使能
          do                                   //连续发送 temp.h 中的音频文件
          {
                while(! (GPIOA -> IDR&MP3_DREQ));
                                    //DREQ 为 0 时,正在解码中,可以处理其他事情
                {

                }
                //如果 DREQ = 1,则空闲,发送下一个 32 字节数据
                for(n = 32;n;n -- )
                      SPI1_ReadWriteByte(music[i ++ ]);    //发送音频数据
        }while(i<500000);
        MP3_DCS_SET(1);                        //MP3_DATA_CS = 1;
        MP3_CCS_SET(1);                        //MP3_CMD_CS = 1;
        VS_Flush_Buffer();                     //清空 VS1003 的数据缓冲区
    }
}
```

11.6　MF RC522 和 Mifare standard 卡的使用

11.6.1　MF RC522 简介

　　MF RC522 是一款应用于 13.56 MHz 非接触式读/写卡芯片[22-23],内部结构示意图如图 11.6.1 所示。

　　MF RC522 利用了先进的调制和解调概念,完全集成了在 13.56 MHz 下所有类型的被动非接触通信方式和协议,支持 ISO 14443A 的多层应用,支持 ISO/IEC 14443

TypeA 和 MIF ARE 通信协议,支持 ISO 14443 212 kb/s 和 424 kb/s 的更高传输速率的通信,支持 MIF ARE Classic 加密。其内部发送器部分可驱动读/写器天线与 ISO 14443A/MIF ARE 卡和应答机的通信,无需其他电路。接收器部分提供一个坚固而有效的解调和解码电路,用于处理 ISO 14443A 兼容的应答器信号。数字部分处理 ISO 14443A 帧和错误检测(奇偶 &CRC)。此外,它还支持快速 CRYPTO1 加密算法,用于验证 MIF ARE 系列产品。MF RC522 支持 MIF ARE 更高速的非接触式通信,双向数据传输速率高达 424 kb/s。

　　MF RC522 与主机间的通信采用连线较少的串行通信,且可根据不同的用户需求,选取 SPI(10 Mb/s)、I²C(快速模式的速率为 400 kb/s,高速模式的速率为 3 400 kb/s)或串行 UART(类似 RS - 232,传输速率高达 1 228.8 kb/s)模式之一,有利于减少连线,缩小 PCB 板体积,降低成本。

　　MF RC522 采用 32 引脚 HVQFN 封装(5 mm×5 mm×0.85 mm),2.5~3.6 V 的低电压供电,具有低功耗模式。

　　MF RC522 是 NXP 公司针对"三表"应用推出的一款低电压、低成本、体积小的非接触式读/写卡芯片,是智能仪表和便携式手持设备研发的较好选择,可广泛应用于门禁安防、身份识别、公共交通等众多领域。

　　有关 MF RC522 的更多内容请参考"广州周立功单片机发展有限公司. MF RC522 非接触式读写卡芯片. www.zlgmcu.com"和"NXP Semiconductor. MFRC522 contactless Reder IC. www.nxp.com"。

279

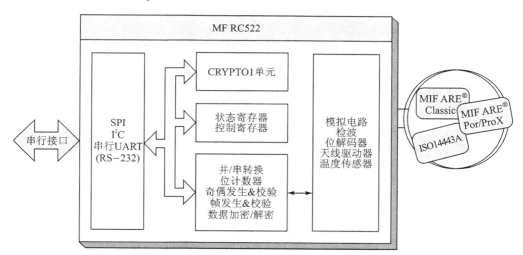

图 11.6.1　MF RC522 内部结构示意图

　　MF RC522 提供 SPI、UART、I²C 数字接口可选择,在每次上电或硬件复位后,MF RC522 也复位其接口模式并检测当前微处理器的接口类型。如表 11.6.1 所列,与接口模式有关的两个引脚为 IIC 和 EA。当 IIC 引脚接高电平"1"时,表示当前模式为 I²C 方式,当 I²C 引脚接低电平"0"时,再通过 EA 引脚电平来区分,当 EA 为高电平"1"表示为 SPI 模式,为低电平"0"表示为 UART 模式。

表 11.6.1 MF RC522 接口模式控制

MF RC522 引脚	串行接口类型		
	UART	SPI	I²C
SDA	RX	NSS	SDA
IIC	0	0	1
EA	0	1	EA
D7	TX	MISO	SCL
D6	MX	MOSI	ADR_0
D5	DTRQ	SCK	ADR_1
D4	—	—	ADR_2
D3	—	—	ADR_3
D2	—	—	ADR_4
D1	—	—	ADR_5

MF RC522 采用 SPI 模式时的应用电路如图 11.6.2 所示。

13.56 MHz 射频天线包括有天线线圈、匹配电路(LC 谐振电路)和 EMC 滤波电路[24]。在天线的匹配设计中必须保证产生一个尽可能强的电磁场,以使卡片能够获得足够的能量给自己供电,而且考虑到调谐电路的带通特性,天线的输出能量必须保证足够的通带范围来传送调制后的信号。

天线线圈就是一个特定谐振频率的 LC 电路,其输入阻抗是输入端信号电压与信号电流之比,输入阻抗具有电感分量和电抗分量,电抗分量的存在会减少天线从馈线对信号功率的提取,因此在设计中应当尽可能使电抗分量为零,即让天线表现出纯电阻特性,这时电路实现谐振,谐振频率与 LC 参数有关。

在发送部分,引脚 TX1 和 TX2 上发送的信号可直接用来驱动天线,TX1 和 TX2 上的信号可通过寄存器 TxSelReg 来设置,系统默认为内部米勒脉冲编码后的调制信号。调制系数可通过调整驱动器的阻抗(通过设置寄存器 CWGsPReg、ModGsPReg、GsNReg 来实现)来设置,同样采用默认值即可。接收信号通过 R_1 和 C_1 输入到芯片内部。

有关天线设计的更多内容请参考"广州周立功单片机发展有限公司. 设计 MF RC500 的匹配电路和天线的应用指南. www.zlgmcu.com"。

11.6.2 Mifare standard 卡简介

Mifare standard 卡也简称为 Mifare 1 或 MF1 卡。Mifare 1 卡片除了微型芯片 IC 及一个高效率天线外,无任何其他元件。卡片电路不用任何电池供电,工作时的能量由读/写器天线发送频率为 13.56 MHz 无线电载波信号,以非接触方式耦合到卡片天线

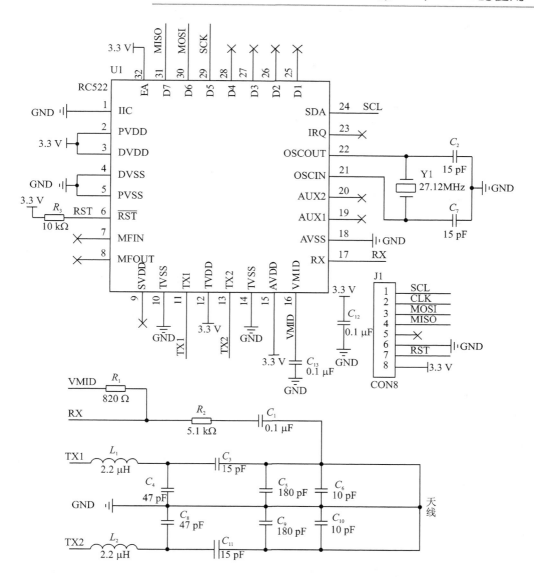

图 11.6.2　MF RC522 采用 SPI 模式时的应用电路

上面产生电能,通常可达 2 V 以上。标准操作距离高达 10 cm,卡与读/写器之间的通信速率高达 106 kb/s。芯片设计有增/减值的专项数学运算电路,非常适合公共交通、地铁车站等行业的检票/收费系统,或充值钱包等多项应用,其典型交易时间最长不超过 100 ms。

芯片内建 8 kb 的 E^2PROM 存储器。其空间被划分为可由用户单独使用的 16 个扇区。数据的擦/写能力超过 10 万次以上,数据保存期大于 10 年,抗静电保护能力达 2 kV。

Mifare 1 卡的芯片在制造时具有全球唯一的序列号。具有先进的数据通信加密和双向密码验证功能。具有防冲突功能,可以在同一时间处理重叠在读/写器天线有效工作距离内的多张卡片。

　　Mifare 1 芯片内部结构如图 11.6.3 所示,可分为射频接口、数字处理单元、E^2PROM(1 KB)三部分。

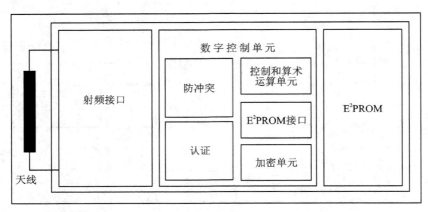

图 11.6.3　Mifare 1 芯片内部结构

1. 射频接口

　　在 RF 射频接口电路中,包括有波形转换模块。它可接收读/写器上的 13.56 MHz的无线电调制频率,一方面送调制/解调模块,另一方面进行波形转换,然后对其整流滤波,接着对电压进行稳压等进一步的处理,最终输出供给卡片上的电路工作。

2. 防冲突模块

　　如果有多张 Mifare 1 卡处在读/写器天线的工作范围之内时,防冲突模块的防冲突功能将被启动工作:根据卡片的序列号来选定一张卡片。被选中的卡片将直接与读/写器进行数据交换,未被选择的卡片处于等待状态,准备与读/写器进行通信。

3. 认证模块

　　在选中一张卡片后,任何对卡片上存储区的操作都必须要经过认证过程,只有经过密码校验才可对数据块进行访问。Mifare 1 卡片上有 16 个扇区,每个扇区都可分别设置各自的密码,互不干涉。因此,每个扇区可独立地应用于一个应用场合。整个卡片可以设计成"一卡通"形式来应用。

4. 控制和算术运算单元

　　控制和算术运算单元是整个卡片的控制中心,是卡片的"大脑"。它主要对整个卡片的各个单位进行微操作控制,协调卡片的各个步骤;同时还对各种收/发的数据进行算术运算处理、CRC 运算处理等。

5. E^2PROM 接口

　　连接到 E^2PROM。

6. 加密单元

Mifare 1 卡的 CRYPTO1 数据流加密算法将保证卡片与读/写器通信时的数据安全。

7. E²PROM

1 KB,分 16 个扇区。每扇区 4 个块,每块 16 字节。

11.6.3　Mifare 1 卡的读/写操作

1. 存储器组织结构

Mifare 1 卡片的存储容量为 8 192×1 位字长(即 1024×8 位字长),采用 E²PROM 作为存储介质。整个结构划分为 16 个扇区(0~15 扇区)。每个扇区有 4 个块(Block),分别为块 0、块 1、块 2 和块 3。每个块有 16 字节(Byte)。一个扇区共有 16 B×4 = 64 B。存储器组织结构示意图如图 11.6.4 所示。

每个扇区的块 3(即第四块)也称为尾块,包含了该扇区的密码 A(6 字节)、存取控制(4 字节)、密码 B(6 字节)。其余三个块是一般的数据块。

扇区 0 的块 0 是特殊的块,包含了厂商代码信息,在生产卡片时写入,不可改写。其中:第 0~4 字节为卡片的序列号,第 5 字节为序列号的校验码;第 6 字节为卡片的容量"SIZE"字节;第 7,8 字节为卡片的类型号字节,即 Tagtype 字节;其他字节由厂商另加定义。

扇区	块	描述
15	63	第15扇区尾块
	62	数据块
	61	数据块
	60	数据块
14	59	第14扇区尾块
	58	数据块
	57	数据块
	56	数据块
⋮		
1	7	第1扇区尾块
	6	数据块
	5	数据块
	4	数据块
0	3	第0扇区尾块
	2	数据块
	1	数据块
	0	厂商标志块

图 11.6.4　Mifare 1 卡存储器组织结构示意图

2. Mifare 1 卡的读/写控制

每个扇区的尾块(16 字节)包含了该扇区的两个密码信息以及对本扇区中各块的读/写权限信息,是扇区的控制块。控制块使用两个密码,为用户提供多重控制方式。

例如,用户可以用一个密码控制对数据块的读操作,用另一个密码控制对数据块的写操作。尾块的组成结构(见图 11.6.5)中,前 6 字节为 A 密码(KeyA),KeyA 是永远不能读出的,但在满足一定条件下,可被改写;后 6 字节为 B 密码(KeyB),KeyB 当密钥使用时,也是不可读的,但 KeyB 的 6 字节可用来存储数据,此时 KeyB 可读;中间 4 字节为权限位(Access Bits),存放本扇区的 4 个数据块的访问条件。

图 11.6.5 中,用 C1、C2、C3 三个数据位表达各块的具体访问权限,下标 0、1、2、3 分别表示在扇区内的块号。$C1_3$、$C2_3$、$C3_3$ 即为扇区第 3 块(尾块)的访问权限。为了可靠,访问条件的每一位都同时用原码和反码存储,存储了两遍。尾块的读/写权限的意义见表 11.6.2。

字节	0	1	2	3	4	5	6	7	8	9	10	11	12	13	14	15
	密码A						权限位				密码B					

位:	7	6	5	4	3	2	1	0
6	$\overline{C2_3}$	$\overline{C2_2}$	$\overline{C2_2}$	$\overline{C2_0}$	$\overline{C1_3}$	$\overline{C1_2}$	$\overline{C1_1}$	$\overline{C1_0}$
7	$C1_3$	$C1_2$	$C1_1$	$C1_1$	$\overline{C3_3}$	$\overline{C3_2}$	$\overline{C3_1}$	$\overline{C3_0}$
8	$C3_3$	$C3_2$	$C3_1$	$C3_0$	$C2_3$	$C2_2$	$C2_1$	$C2_0$
9								

图 11.6.5 尾块组成及访问权限字节结构

表 11.6.2 尾块的权限代码与访问权限

权限代码			访问权限						说 明
			密码A		权限字节		密码B		
$C1_3$	$C2_3$	$C3_3$	读	写	读	写	读	写	—
0	0	0	N	A	A	N	A	A	密码B可读
0	1	0	N	N	A	N	A	N	密码B可读
1	0	0	N	B	A/B	N	N	B	—
1	1	0	N	N	A/B	N	N	N	—
0	0	1	N	A	A	A	A	A	密码B可读
0	1	1	N	B	A/B	B	N	B	—
1	0	1	N	N	A/B	B	N	N	—
1	1	1	N	N	A/B	N	N	N	—

注:N 表示不能,A 表示 KeyA,B 表示 KeyB,A/B 表示 KeyA 或者 KeyB。

在空卡状态下每个扇区的尾块数据(十六进制)为:0x 000000000000 FF078069 FFFFFFFFFFFF。空卡时的密码 A 和密码 B 均为 0xFFFFFF,由于 A 密码不可读,读出的数据显示为 0x000000。在空卡默认读/写权限下可以利用密码 A 对所有块进行读/写操作,以及更改各块的读/写权限。但不可以利用密码 B 进行读/写操作(此时 B 密码可读)。权限位为:0xFF078069,由图 11.6.5 有:

$C1_3=0$ $C1_2=0$ $C1_1=0$ $C1_0=0$

$C2_3=0$ $C2_2=0$ $C2_1=0$ $C2_0=0$

$C3_3=1$ $C3_2=0$ $C3_1=0$ $C3_0=0$

"$C1_3$、$C2_3$、$C3_3$"=001,对应表 11.6.2 的第 5 行,表示 A 密码不可读,可用 A 密码改写(即通过 A 密码校验后,可改写 A 密码),权限字节及 B 密码的读/写权限均可用 A 密码读/写。

由表 11.6.2 可知尾块的下列属性:密码 A 永远不可读,因此一旦设定就必须记住,不过在 000、100、001、011 几种情况下可以改写;访问权限字节仅在 001、011、101 三种状态下可写;密码 B 在 000、100、001、011 四种状态下可写,在 000、010、001 三种状态下可读(此时 B 密码的 6 字节用于存储数据,不再作为密钥)。

数据块的读/写权限如表 11.6.3 所列。对数据块的增值、减值操作,仅在状态 110 和 001 时可进行。而第 0 块(厂商数据块)虽然也属数据块,但是它不受权限字节影响,永远只读。在空卡情况下,数据块的读/写权限代码:$C1_i$、$C2_i$、$C3_i$＝0 0 0(对应于表 11.6.3 中第 1 行),A 密码和 B 密码读/写均为 A/B,表示可用密码 A 或者是密码 B 对各数据块进行读/写,但实际上由于在空卡默认状态下 B 密码是可读的,所以不可用 B 密码读/写数据。

表 11.6.3 数据块($i=0$、1、2)的权限代码与访问权限

权限代码			访问权限				应 用
$C1_i$	$C2_i$	$C3_i$	读	写	增 值	减 值	
0	0	0	A/B	A/B	A/B	A/B	空卡默认状态
0	1	0	A/B	N	N	N	读/写块
1	0	0	A/B	B	N	N	读/写块
1	1	0	A/B	B	B	A/B	数/值块
0	0	1	A/B	N	N	A/B	数/值块
0	1	1	B	B	N	N	读/写块
1	0	1	B	N	N	N	读/写块
1	1	1	N	N	N	N	读/写块

11.6.4 MF RC522 的 SPI 接口操作

1. STM32F1 与 MF RC522 的连接

MF RC522 的 SPI 工作在 SPI 从模式,最高传输速率为 10 Mb/s,数据与时钟相位关系满足"空闲时钟为低电平,在时钟上升沿同步接收和发送数据,在下降沿数据转换"的约束条件。本示例采用 STM32F1 的 GPIO 模拟 SPI 驱动 MF RC522,STM32F1 与 MF RC522 的连接如图 11.6.6 所示。

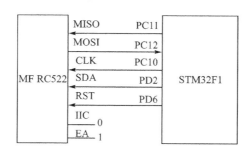

图 11.6.6 STM32F1 与 MF RC522 的连接

2. STM32F1 的 GPIO 模拟 SPI 读取一字节数据

STM32F1 的 GPIO 模拟 SPI 读取一字节数据代码如下:

```
/*****************************************************************
 ** 函数名:SPIReadByte
 ** 功能描述:GPIO 模拟 SPI,读一字节
 ** 输入参数:无
 ** 输出参数:无
```

```
** 返    回:dat——读取的字节
****************************************************************/
unsigned char SPIReadByte(void)
{
  char i;
  u8 dat = 0;
  SET_SPI_CK;              //CLK = 1
  for(i = 0;i<8;i++)
  {
    CLR_SPI_CK;           //CLK = 0,CLK 下降沿将寄存器中数据送到 MISO 数据线上
    dat<<= 1;
    if(STU_SPI_MISO)      //读取 MISO 线上数据
    {
      dat|= 0x01;
    }
    SET_SPI_CK;           //CLK = 1
  }
  return (dat);
}
```

3. STM32F1 的 GPIO 模拟 SPI 写一字节数据

STM32F1 的 GPIO 模拟 SPI 写一字节数据代码如下:

```
/****************************************************************
** 函数名:SPIWriteByte
** 功能描述:GPIO 模拟 SPI,写一字节
** 输入参数:dat——写入的字节数据
** 输出参数:无
** 返    回:无
****************************************************************/
void SPIWriteByte(u8 dat)
{
  char i;
  CLR_SPI_CK;              //CLK = 0
  for(i = 8;i;i--)
  {
    if(dat&0x80)
        SET_SPI_MOSI;       //MOSI = 1
    else
        CLR_SPI_MOSI;       //MOSI = 0
    CLR_SPI_CK;             //CLK = 0
    delay_us(1);
    SET_SPI_CK;             //CLK = 1,CLK 上升沿把数据写入 RC522
```

```
        dat<<= 1;
    }
}
```

4. 读 MF RC522 寄存器操作

控制器向 MF RC522 发送的第一字节定义操作模式和所要操作的寄存器地址,最高位代表操作模式,1 表示读,0 表示写,中间 6 位(位 1~位 6),最低位预留不用,默认为 0。

读 MF RC522 寄存器代码如下:

```
/****************************************************************
**  函数名:Read_Reg
**  功能描述:读 MFRC522 寄存器
**  输入参数:Address:寄存器地址
**  输出参数:无
**  返      回:dat——读出的值
****************************************************************/
unsigned char Read_Reg(unsigned char Address)
{
    unsigned char dat = 0;
    CLR_SPI_CS;                        //CS = 0,使能片选
    SPIWriteByte(((Address<<1)&0x7E)|0x80);
    dat = SPIReadByte();
    SET_SPI_CS;
    return dat;
}
```

5. 写 MF RC522 寄存器操作

写 MF RC522 寄存器代码如下:

```
/****************************************************************
**  函数名:Write_Reg
**  功能描述:写 MF RC522 寄存器
**  输入参数:Address——寄存器地址
             value——写入的值
**  输出参数:无
**  返      回:无
****************************************************************/
void Write_Reg(unsigned char Address, unsigned char value)
{
    CLR_SPI_CS;              //CS = 0,使能片选
    SPIWriteByte((Address<<1)&0x7E);
    SPIWriteByte(value);
```

```
        SET_SPI_CS;              //CS = 1
}
```

11.6.5　MF RC522 与 Mifare 1 操作示例程序设计

1. MF RC522 的通信流程

MF RC522 的通信流程如图 11.6.7 所示。

MF RC522 与 Mifare 1 卡通信过程中会出现不同的控制流数据，可读取状态寄存器得到与 Mifare 1 卡的不同通信状态，根据不同的状态作相应处理。MF RC522 通过两条基本命令（TRANSCEIVE 及 AUTHENT）处理通信过程中出现的不同通信状态，这两个命令分别实现向 MIFARE 卡发送/接收数据和加密认证功能。通过这两条命令可完成对 Mifare 卡的 Request、Anticollision、Select、Read、Write 等操作。

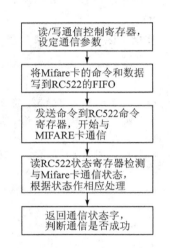

图 11.6.7　MF RC522 的通信流程

2. MF RC522 命令实现

MF RC522 主要的状态指示寄存器包括 ComIrqReg、Er-rorReg、Status2Reg 和 FIFOLevel-Reg 等。软件处理的思路：通过 ComIrgReg 得到 MF RC522 内部中断请求状态；由状态判断 MF RC522 与 Mifare 1 卡的通信流程信息，从而决定是否进行下一流程处理；若中断指示有错误发生，则需进一步读取 ErrorReg 的内容，据此返回错误字。

（1）Transceive 命令

Transceive 命令（发送/接收数据）的具体执行过程：读取 MF RC522 FIFO 中的所有数据，经基带编码和数字载波调制后通过通信接口以射频形式发送到 Mifare 1 卡；发送完毕后通过通信接口检测有无 Mifare 1 卡发送的射频信号回应，并将收到的信号解调、解码后放入 FIFO 中。Transceive 命令的执行程序流程图如图 11.6.8 所示。

为了处理 Mifare 1 卡在读卡器产生的电磁场中激励后，未完成处理且卡从激励场中拿开的情况，软件中启用了 MF RC522 芯片内部的定时器。若超过设定的时间未得到卡片应答，则中止与卡的通信，返回"卡无反应"的错误信息。

从图 11.6.8 中可以看出，Transceive 命令的核心处理方法：根据相关通信状态指示寄存器的内容返回各种错误状态字，若有位冲突错误，则进一步返回位冲突位置。Transceive 命令不处理面向比特的帧，这种帧只可能在 Mifare 1 卡防冲突循环中出现。为了保持 Transceive 命令对各种 Mifare 1 卡命令的普适性，该命令只完成帧的发送和接收，不对帧信息作处理，所有位冲突处理留在函数外进行。

需要注意的是，Transceive 命令不能自动中止，在任何情况下从该命令返回时必须

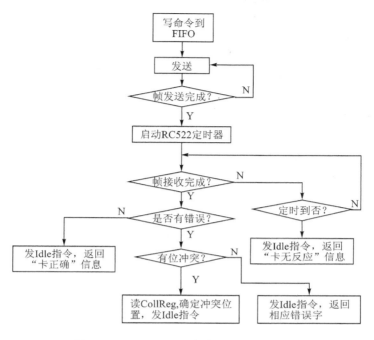

图 11.6.8　Transceive 命令执行程序流程图

先执行 Idle 指令使 MF RC522 转入空闲状态。

(2) Authent 命令

MF RC522 简化了与 Mifare 卡的加密认证操作,用一个 Authent 命令(验证密钥)代替了原来 MF RC500 需要的 Authentl 和 Authent2 两条命令。Authent 命令执行的最终目的在于开启 MF RC522 的加密认证单元。该指令执行成功后,MF RC522 芯片与 Mifare 1 卡间的通信信息将首先加密,然后再通过射频接口发送。从本质上讲,Authent 是一条变相的 Transceive 命令,其算法流程图与图 11.6.8 一致。但 MF RC522 芯片内部已经对通信过程中的各种通信状态作了相应处理,且该命令执行完后自动中止,因此用户只须检测定时器状态和错误寄存器状态来判断执行情况。实际上,Authent 只可能有一种错误状态(MF RC522 与 Mifare 1 卡通信帧格式错误),此时该命令不能打开加密认证单元,用户必须重新执行认证操作。

Authent 执行过程中 MF RC522 将依次从 FIFO 中读取 1 字节认证模式、1 字节要认证的 E^2 PROM 块号、6 字节密钥和 4 字节射频卡 UID 号等信息,在命令执行前必须保证这 12 字节数据完整地保存在 FIFO 中。认证模式有 A 密钥认证和 B 密钥认证两种,一般选用 A 密钥认证。

一次 Autllent 认证只能保证对 Mifare 1 卡的一个扇区中的 4 个数据块解密,若要操作其他扇区的数据用户还须另外启动对该扇区的认证操作。

3. MF RC522 卡操作指令

读卡器的软件设计思路是利用 MF RC522 的 Transceive 命令作为标准函数,通过调用此函数实现 Mifare 卡操作指令。对 Mifare 1 卡常用的操作指令包括查询、防冲突、选卡、读/写 E^2PROM 块等。下面举例介绍几条重要的指令：

(1) 防冲突指令

ISO 14443A 标准定义的防冲突算法本质上是一种基于信道时分复用的信道复用方法。在某一时刻，若多个射频卡占用射频信道与读卡器通信，则读卡器将会检测到比特流的冲突位置；然后重新启动另一次与射频卡的通信过程，在过程中将冲突位置上的比特值置为确定值（一般为 1）后展开二进制搜索，直到没有冲突错误被检测到为止。Mifare 1 卡内有 4 字节的全球唯一序列号 UID，而 MF RC522 防冲突处理的目的就在于最终确定 Mifare 1 卡的 UID。ISO 14443A 标准的防冲突指令格式如图 11.6.9 所示。

| 0x93 | Nbit | UID(0~32位) | BCC字节 |

图 11.6.9　MF RC522 防冲突格式

其中：命令代码"0x93"代表要处理的射频卡，UID 只有 4 字节；Nbit 表示此次防冲突命令的 UID 域中正确的比特数；BCC 字节只有在 Nbit 为 70（即 UID 的 4 字节都正确）时才存在，表示此时整个 UID 都被识别，防冲突流程结束。

防冲突程序流程图如图 11.6.10 所示。

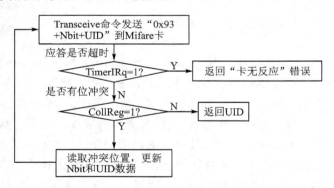

图 11.6.10　防冲突程序流程图

Nbit 初始值为 0x20，表示该命令只含有 2 字节，即"0x93＋0x20"，不含 UID 数据，Mifare 卡须返回全部 UID 字节作为响应。若返回的 UID 数据有位冲突的情况发生，则根据冲突位置更新 Nbit 值。可知在搜索循环中，随着 UID 已知比特数的加入，Nbit 不断增加，直到 0x70 为止。它表示除了"0x93＋0x70"两个命令字节外，还有 UID0～UID3 和 BCC 5 个 UID 数据字节。此时，命令字节共有 7 个，防冲突命令转变为卡片选择命令。

防冲突流程中若遇到须发送和接收面向比特的帧的情况，则必须预先设置通信控制寄存器 BitFramingReg。该寄存器可指明发送帧中最后一字节和接收帧第一字节中不完整的比特的位数。

（2）读卡和写卡指令

ISO 14443A 协议中并没有具体规定对射频卡的读/写操作方式，故对每种卡的读/写操作都必须考虑该卡的存储区域的组织形式和应答形式。Mifare 1 卡内部存储器是由 E^2PROM 组成的，共划分为 16 个扇区，每个扇区 4 个块，每块 16 字节。对 E^2PROM 的读/写都以块为单位进行，即每次读/写 16 字节。

（3）写数据块步骤

① 将两字节数据"写数据块命令＋地址"进行 CRC 较验。

② 查询块状态：使用 Transceive 命令将经 CRC 较验的数据发送至 Mifare 1 卡，若块准备好，则 Mifare 卡返回 4 比特应答。若值为 1010，则可进行下一步操作；若值非 1010，则表示块未准备好，必须等待直至块准备好为止。

③ 写数据：使用 Transceive 命令将要写入的块数据发送至 Mifare 1 卡，如果写入成功，Mifare 卡返回 4 比特应答，值仍为 1010；若非 1010，则表示写入失败。

（4）读数据块步骤

① 要发送的 2 字节数据"读数据块命令＋寄存器地址"进行 CRC 较验。

② 使用 Transceive 命令发送 CRC 较验后的数据，若执行成功，则 Mifare 1 卡返回 18 字节应答比特。需要注意的是，其中只有 16 字节是读取的块数据，另外 2 字节为填充字节。若字节数不为 18，则可判断读卡操作错误。

MF RC522 的其他操作，如选卡、密码验证等类似，具体看程序清单说明。

4. 程序设计

MF RC522 芯片在每次使用前都必须复位，除了在复位引脚 NRSTPD 输入从低电平至高电平的跳变沿外，还必须向 RC522 的命令寄存器 CommandReg 写入软复位命令代码 0x01 进行软复位。在利用 MF RC522 操作 Mifare 1 卡之前，用户必须正确设置芯片模拟部分的工作状态。一般情况下 MF RC522 调制、解调方式采用默认设置即可；在 106 kb/s 通信速率下可正常使用，使用前必须开启天线驱动接口，可以通过设置 Tx-controlReg 寄存器实现。另外，由于 ISO 14443A 协议采用调制深度为 100% 的 ASK 调制，这一点与默认设置不同，因此必须相应地设置 TxASKRc 来实现该种调制方式。

MF RC522 的通信参数设置很复杂，可以调控调制相位、调制位宽、射频信号检测强度、发送/接收速度等设置。在硬件调试过程中，用户可根据实际情况选用适合自身使用的设置形式。

本示例程序使用 STM32F1 的 GPIO 模拟 SPI 接口驱动 MF RC522，实现对 Mifare 1 卡读/写数据块、修改密码、读取 ID 等功能。

本示例程序中数组 PassWd[6]用于存放卡的原始密码，新卡密码一般默认为 6 个 0xFF；数组 Read_Data[16]存放读取到的数据；数组 WriteData[16]用于存放要写入的数据；数组 NewKey[16]中前 6 个值 NewKey[0]～ NewKey[5]存放要写入的新的6位密码值，NewKey[6]～ NewKey[9]为控制信息，分别为 0xff, 0x07, 0x80, 0x69。NewKey[10]～ NewKey[15]的数值与 NewKey[0]～ NewKey[5]数值相同。

KuaiN 表示对卡的第 KuaiN 块数据进行操作。

11.6.6 MF RC522 与 Mifare 1 卡操作示例程序

MF RC522 与 Mifare 1 卡操作示例程序放在"示例程序→MF RC522"文件夹中,部分程序代码如下所示,其他代码请读者查阅放在"示例程序→MF RC522"文件夹中的电子文档。

本示例程序总流程图如图 11.6.11 所示。函数 RC522_Process()实现对卡的读/写数据块、修改密码、读取 ID 的功能,对 oprationcard 赋不同值实现不同的功能。

函数 PcdComMF522()实现 RC522 与 ISO 14443 卡之间数据发送/接收通信及加密认证的功能,加密认证算法流程与数据发送及接收程序流程相同,数据发送及接收程序流程图如图 11.6.12 所示。

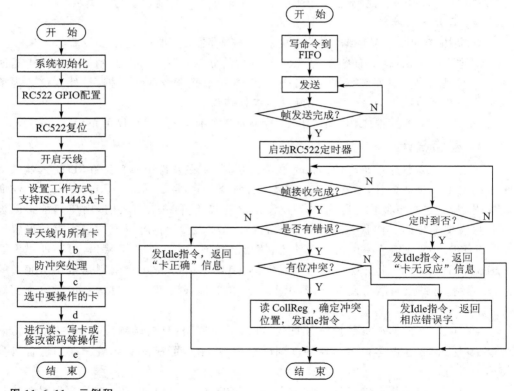

图 11.6.11 示例程序总流程图

图 11.6.12 数据发送/接收程序流程图

函数 PcdRequest()实现寻卡的功能,可选择寻天线范围内所有卡或未进入休眠状态的卡。

函数 PcdAnticoll()实现卡防冲突的功能,程序流程图如图 11.6.13 所示。

函数 PcdSelect()实现选卡的功能。

卡操作程序流程图如图 11.6.14 所示。

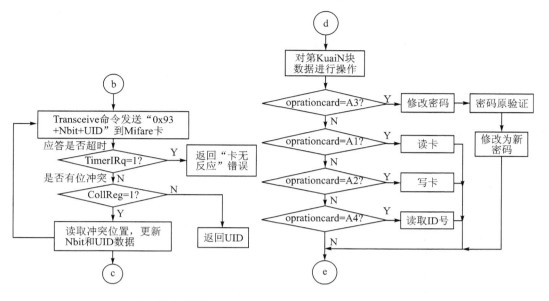

图 11.6.13　防冲突程序流程图　　　　　图 11.6.14　卡操作程序流程图

主程序 main.c 相关代码和注释如下:

主程序 11.6.1　　main.c

```
#include "stm32f10x.h"
#include "MFRC522.h"
#include "delay.h"
#include "USART.h"
```

```
/* *******************************************************************
** 函数名:RC522_GPIO_Config
** 功能描述:MFRC522 的 GPIO 初始化
** 输入参数:无
** 输出参数:无
** 返    回:无
********************************************************************/
void RC522_GPIO_Config(void)
{
    RCC->APB2ENR |= 1<<4;          //PORTC 时钟使能
    RCC->APB2ENR |= 1<<5;          //PORTD 时钟使能
    //RC522:RST--PD6  CS--PD2  CLK--PC10  MISO--PC11  MOSI--PC12
    GPIOD->CRL &= 0xf0fff0ff;      //PD2,PD6 推挽输出
    GPIOD->CRL |= 0x03000300;
    //PC11 输入,PC10、PC12 推挽输出
    GPIOC->CRH &= 0xfff000ff;
```

```
    GPIOC->CRH |= 0x00038300;
}
/ *****************************************************************
** 函数名:main
** 功能描述:实现 MF RC522 读取 Mifare 1 卡 ID,读/写数据块,修改密码等功能,
            将其值通过串口打印出来
** 输入参数:无
** 输出参数:无
** 返    回:无
   *****************************************************************/
int main(void)
{
    / * Setup STM32 system (clock, PLL and Flash configuration) * /
    SystemInit();
    delay_init(72);
    RC522_GPIO_Config();              //MF RC522 的 GPIO 初始化
    InitRC522();                      //RC522 初始化
    Usart_Configuration();            //串口初始化
    delay_ms(10);
    oprationcard = READCARD;          //读卡操作
    //oprationcard = SENDID;          //发送卡 ID 号
    //oprationcard = WRITECARD;       //向卡的某一块写入数据
    //oprationcard == KEYCARD         //修改密码
    RC522_Process();                  //根据 oprationcard 值进行不同处理
    while(1);
}
```

11.7　Flash 存储器 W25X16 的使用

11.7.1　W25X16 简介

W25X16、W25X32 和 W25X64 系列 Flash 存储器可以为用户提供灵活的存储方案,非常适合作为存储声音、文本、数据等应用[25]。

W25X16 存储容量为 16 Mb/2 MB,W25X32 存储容量为 32 Mb/4 MB,W25X64 存储容量为 64 Mb/8 MB。W25X16、W25X32 和 W25X64 分别有 8192、16384、32768 可编程页,每页 256 字节。用"页编程指令"每次就可以编程 256 字节。用"扇区擦除指令"每次可以擦除 16 页。用"块擦除指令"每次可以擦除 256 页。用"整片擦除指令"即可以擦除整个芯片。W25X16、W25X32 和 W25X64 分别有 512、1024 和 2048 个可擦除"扇区(Sector)"或 32、64、128 个可擦除"块(Blocks)"。

W25X16、W25X32 和 W25X64 具有 8 引脚 SOIC 208 mil、PDIP 300 mil、WSON

6 mm×5 mm 等多种封装形式,支持标准的 SPI 接口,工作时钟频率最高为 75 MHz。

W25X16、W25X32 和 W25X64 四线制 SPI 接口:串行时钟引脚 CLK,芯片选择引脚 CS,串行数据输出引脚 DO,串行数据输入输出引脚 DIO。注意:在一般情况下,"串行数据输入输出引脚 DIO"引脚是"串行输入引脚(DI)",当使用快读输出指令时,这根引脚就变成了 DO 引脚,在这种情况下,芯片就有两个 DO 引脚(即双输出形式),这时,相当于与芯片通信的速率翻了 1 倍,传输速率可以达到 150 Mb/s(时钟频率为 75 MHz)。

W25X16、W25X32 和 W25X64 芯片还具有保持引脚(HOLD)、写保护引脚(WP)、可编程写保护位、顶部和底部块控制等特征,使得芯片的控制更灵活。

W25X16、W25X32 和 W25X64 工作电压为 2.7~3.6 V,正常工作状态下电流消耗 0.5 mA,掉电状态下电流消耗 1 μA。

有关 W25X16、W25X32 和 W25X64 的更多内容请参考"W25X16、W25X32 和 W25X64 数据手册(www.winbond.com.tw)"。

11.7.2　W25X16 操作示例程序设计

1. W25X16、W25X32 和 W25X64 的工作模式

W25X16、W25X32 和 W25X64 具有多种工作模式。

(1) SPI 方式

W25X16、W25X32 和 W25X64 通过 4 线制(CLK\CS\DIO\DO)SPI 总线访问。支持模式 0(CPOL=0,CPHA=0)和模式 3(CPOL=1,CPHA=1)两种 SPI 通信方式。模式 0 和模式 3 的主要区别是:当 SPI 主机的 SPI 口处于空闲或者是没有数据传输的时,CLK 的电平是高电平还是低电平。对于模式 0,CLK 处于低电平,对于模式 3,CLK 处于高电平。但在两种模式下,芯片都是在 CLK 的上升沿采集输入数据,下降沿输出数据。

(2) 双输出 SPI 方式

W25X16、W25X32 和 W25X64 支持 SPI 双输出方式,利用"快读双输出指令(指令 0x3B)",传输速率相当于两倍于标准的 SPI 传输速率。"快读双输出指令(指令 0x3B)"适合在需要一上电就快速下载代码到内存中的情况下,或者需要缓冲代码段到内存中运行的情况下使用。在使用"快读双输出指令"后,DIO 引脚变为输出引脚。

(3) 保持功能($\overline{\text{HOLD}}$)

W25X16、W25X32 和 W25X64 芯片处于使能状态下($\overline{\text{CS}}$=0)时,把 HOLD 引脚拉低可以使芯片"暂停"工作。保持功能($\overline{\text{HOLD}}$)适用当存储器芯片和其他器件共享 SPI 主机上的 SPI 口的时的操作。例如,当 SPI 主机接收到一个更高优先级的中断抢占了 SPI 主机的 SPI 口时,而这时芯片的"页缓冲区"还有一部分没有写完,这时,保持功能就可以使得芯片当中的"页缓冲区"保存好数据,等到那个 SPI 从机释放 SPI 口时,将继续完成刚才没有完成的工作。

使用保持功能,$\overline{CS}$引脚必须为低电平。在 HOLD 的下降沿以后,如果时钟引脚 CLK 处于低电平,保持功能开始;如果 CLK 引脚为高电平,保持功能在 CLK 的下一个下降沿后开始。在$\overline{HOLD}$的上升沿以后,如果 CLK 引脚为低电平,保持功能结束;如果 CLK 为高电平,在 CLK 引脚的下一个下降沿,保持功能结束。

在保持功能起作用期间,DO 引脚处于高阻抗状态,DIO 引脚和 DO 引脚上的信号忽略。而且,在此期间,$\overline{CS}$引脚也必须保持低电平。如果在此期间$\overline{CS}$拉高,芯片内部逻辑将会被重置。

(4) 写保护功能($\overline{WR}$)

写保护功能($\overline{WR}$)主要应用在芯片处于存在干扰噪声(主要是电磁干扰)等恶劣环境下工作的时候。

2. 状态寄存器

W25X16、W25X32 和 W25X64 的状态寄存器位功能描述如表 11.7.1 所列。

表 11.7.1　状态寄存器位功能描述

S7	S6	S5	S4	S3	S2	S1	S0
SRP	(Reservd)	TB	BP2	BP1	BP0	WEL	BUSY

通过"读状态寄存器指令"读出的状态数据可以知道芯片存储阵列可写或不可写,或是否处于写保护状态。通过"写状态寄存器指令"可以配置芯片写保护特征。

有关 W25X16、W25X32 和 W25X64 状态寄存器位功能更多的内容请参考 "W25X16、W25X32 和 W25X64 数据手册(www.winbond.com.tw)"。

3. 指　令

如表 11.7.2 所列,W25X16、W25X32 和 W25X64 有 15 个基本的操作指令。利用这 15 个指令,通过 SPI 总线可以完全控制整个芯片。指令在$\overline{CS}$引脚的下降沿开始传送,在 DIO 引脚上数据的第一字节就是指令代码。在时钟引脚的上升沿采集 DIO 数据,高位在前。

指令的长度从一字节到多字节,有时还会跟随有地址字节、数据字节、伪字节等。在$\overline{CS}$引脚的上升沿完成指令传输。所有的读指令都可以在任意的时钟位完成。

当芯片正在被编程、擦除或写状态寄存器时,除了"读状态寄存器"指令,其他所有指令都会被忽略,直到擦/写周期结束。

表 11.7.2　W25X16 指令集

指令名称	字节 1	字节 2	字节 3	字节 4	字节 5	字节 6	下一字节
写使能	06h						
写禁能	04h						
读状态寄存器	05h	(S7～S0)					
写状态寄存器	01h	S7～S0					

续表 11.7.2

指令名称	字节 1	字节 2	字节 3	字节 4	字节 5	字节 6	下一字节
读数据	03h	A23～A16	A15～A8	A7～A0	(D7～D0)	下一字节	继续
快读	0Bh	A23～A16	A15～A8	A7～A0	伪字节	D7～D0	下一字节
快读双输出	3Bh	A23～A16	A15～A8	A7～A0	伪字节	I/O＝(D6,D4,D2,D0) O＝(D7,D5,D3,D1)	每 4 个时钟一字节
页编程	02h	A23～A16	A15～A8	A7～A0	(D7～D0)	下一字节	直到 256 字节
块擦除(64 KB)	D8h	A23～A16	A15～A8	A7～A0			
扇区擦除(4 KB)	20h	A23～A16	A15～A8	A7～A0			
芯片擦除	C7h						
掉电	B9h						
释放掉电/器件 ID	ABh	伪字节	伪字节	伪字节	(ID7～ID0)		
制造/器件 ID	90h	伪字节	伪字节	00h	(M7～M0)	(ID7～ID0)	
JEDEC ID	9Fh	(M7～M0)	(ID15～ID8)	(ID7～ID0)			

在对 Flash 进行写数据操作时，应注意：

① 要取消写保护。写状态需要 15 ms 的时间，写状态之前要打开写使能，状态写完后会自动关闭写使能。

② 擦除（最小可以擦除一个扇区 4 KB，需要时间 300 ms；其他区域可以擦除 64 KB，需要 2 s，也可整个芯片擦除，但需要 80 s），擦除之前要打开写使能，擦除完后会自动关闭写使能。

③ 写数据，在写数据之前要打开写使能，写完一次后会自动关闭写使能，所以在下一次写之前又需要再次打开写使能。每次写数据的间隔时间要 3 ms，读数据不需要延时。

④ 由于芯片分了页、扇区、块，所以连写多字节时会涉及跨页和跨扇区。跨页和跨扇区是不能连写的，如果每次写的字节是不定的，则只能拆开写。

有关 W25X16、W25X32 和 W25X64 指令更多的内容请参考"W25X16、W25X32 和 W25X64 数据手册（www.winbond.com.tw）"。

4. 示例程序中的一些函数

本示例程序采用 STM32F103VET6 的 SPI1 驱动 W25X16，片选引脚为 PC5。可以实现对 W25X16 的操作。

在本示例程序中：

函数 void SPI_Flash_Read(u8 * pBuffer, u32 ReadAddr, u16 NumByteToRead) 可以实现在任意地址读取任意字节数据。

函数 void SPI_Flash_Write_Page(u8 * pBuffer, u32 WriteAddr, u16 NumByteTo-

Write)只能在写一页内写入少于 256 字节的数据,不能跨页写。

　　函数 void SPI_Flash_Write_NoCheck(u8 * pBuffer,u32 WriteAddr,u16 Num-ByteToWrite)可以实现自动跨页写入数据,具有自动换页功能,但必须确保所写的地址范围内的数据全部为 0xFF,否则在非 0xFF 处写入的数据将失败。

　　函数 void SPI_Flash_Write(u8 * pBuffer,u32 WriteAddr,u16 NumByteTo-Write)无须关心所写的地址范围内的数据是否为 0xFF,可以跨页、跨扇区写数据,实现在任意地址写入任意数据。

11.7.3　W25X16 操作示例程序

　　W25X16 操作示例程序放在"示例程序→W25X16"文件夹中。部分程序代码如下:

1. w25x16.c 相关代码和注释

程序 11.7.1　w25x16.c

```
# include "w25x16.h"
# include "delay.h"
//W25X16 驱动函数
//4 kB 为一个 Sector
//16 个扇区为 1 个 Block
//W25X16
//容量为 2 MB,共有 32 个 Block,512 个 Sector


/ **************************************************************
**　函数名:SPIx_Init
**　功能描述:SPI1 初始化
**　输入参数:无
**　输出参数:无
**　返　　回:无
***************************************************************/
void SPIx_Init(void)
{
    RCC ->APB2ENR|= 1<<2;                    //PORTA 时钟使能
    RCC ->APB2ENR|= 1<<12;                   //SPI1 时钟使能
    //这里仅针对 SPI 口初始化
    GPIOA ->CRL& = 0X000FFFFF;
    GPIOA ->CRL|= 0XBBB00000;                //PA5.6.7 复用
    GPIOA ->ODR|= 0X7<<5;                    //PA5.6.7 上拉
    SPI1 ->CR1|= 0<<10;                      //全双工模式
    SPI1 ->CR1|= 1<<9;                       //软件 nss 管理
    SPI1 ->CR1|= 1<<8;
    SPI1 ->CR1|= 1<<2;                       //SPI 主机
```

```
    SPI1 ->CR1 |= 0<<11;                      //8 位数据格式
    //W25X16 有两种工作模式,但必须在 CLK 上升沿采样,即 CPHA = 1 且 CPOL = 1 或者 CPHA = 0
    //且 CPOL = 0
    SPI1 ->CR1 |= 1<<1;                       //空闲模式下 SCK 为 1 CPOL = 1
    SPI1 ->CR1 |= 1<<0;                       //数据采样从第二个时间边沿开始,CPHA = 1
    SPI1 ->CR1 |= 7<<3;                       //Fsck = Fcpu/256
    SPI1 ->CR1 |= 0<<7;                       //MSBfirst
    SPI1 ->CR1 |= 1<<6;                       //SPI 设备使能
    SPIx_ReadWriteByte(0xff);                 //启动传输
}
/* *************************************************************
** 函数名:SPIx_SetSpeed
** 功能描述:SPI1 时钟速度设置
** 输入参数:SpeedSet——SPI1 时钟分频系数
** 输出参数:无
** 返    回:无
************************************************************* */
void SPIx_SetSpeed(u8 SpeedSet)
{
    SPI1 ->CR1& = 0XFFC7;                     //Fsck = Fcpu/256
    if(SpeedSet == SPI_SPEED_2)               //2 分频
    {
        SPI1 ->CR1 |= 0<<3;                   //Fsck = Fpclk/2 = 36 MHz
    }
    else if(SpeedSet == SPI_SPEED_8)          //8 分频
    {
        SPI1 ->CR1 |= 2<<3                    //Fsck = Fpclk/8 = 9 MHz
    }
    else if(SpeedSet == SPI_SPEED_16)         //16 分频
    {
        SPI1 ->CR1 |= 3<<3;                   //Fsck = Fpclk/16 = 4.5 MHz
    }
    else                                      //256 分频
    {
        SPI1 ->CR1 |= 7<<3;                   //Fsck = Fpclk/256 = 281.25 kHz 低速模式
    }
    SPI1 ->CR1 |= 1<<6;                       //SPI 设备使能
}
/* *************************************************************
** 函数名:SPIx_ReadWriteByte
** 功能描述:SPI1 读/写一字节数据
** 输入参数:TxData——要写入的字节
** 输出参数:无
```

```
   **　返　　回:SPI1 ->DR——读取到的字节
   *******************************************************************/
   u8 SPIx_ReadWriteByte(u8 TxData)
   {
       u8 retry = 0;
       while((SPI1 ->SR&1<<1) == 0)              //等待发送区空
       {
           retry ++ ;
           if(retry>200)return 0;                //等待超时退出
       }
       SPI1 ->DR = TxData;                        //发送 1 字节
       retry = 0;
       while((SPI1 ->SR&1<<0) == 0)              //等待接收完 1 字节
       {
           retry ++ ;
           if(retry>200)return 0;                //等待超时退出
       }
       return SPI1 ->DR;                          //返回收到的数据
   }
   /*******************************************************************
   **　函数名:SPI_Flash_Init
   **　功能描述:W25X16 的 GPIO 初始化
   **　输入参数:无
   **　输出参数:无
   **　返　　回:无
   *******************************************************************/
   void SPI_Flash_Init(void)
   {
       RCC ->APB2ENR|= 1<<4;                     //PORTC 时钟使能
       //PC5 -- CS
       GPIOC ->CRL& = 0XFF0FFFFF;
       GPIOC ->CRL|= 0X00300000;                 //PC5 推挽输出
       GPIOC ->ODR|= 1<<5;                       //PC5 上拉
       SPIx_Init();                              //初始化 SPI1
   }
   /*******************************************************************
   **　函数名:SPI_Flash_ReadSR
   **　功能描述:读取 Flash 的状态寄存器
   **　输入参数:无
   **　输出参数:无
   **　返　　回:byte——读取的寄存器值
   **　说　　明:位 7    6    5    4    3    2    1    0
                  SPR   RV   TB   BP2  BP1  BP0  WEL  BUSY
```

```
          SPR:默认 0,状态寄存器保护位,配合 WP 使用
          RV:保留位
          TB,BP2,BP1,BP0:Flash 区域写保护设置
          WEL:写使能锁定
          BUSY:忙标记位(1,忙;0,空闲)
**********************************************************/
u8 SPI_Flash_ReadSR(void)
{
    u8 byte = 0;
    SPI_FLASH_CS(0);                                  //使能器件
    SPIx_ReadWriteByte(W25X_ReadStatusReg);           //发送读取状态寄存器命令
    byte = SPIx_ReadWriteByte(0Xff);                  //读取 1 字节
    SPI_FLASH_CS(1);                                  //取消片选
    return byte;
}
/ *********************************************************
**   函数名:SPI_FLASH_Write_SR
**   功能描述:写 Flash 状态寄存器
**   输入参数:sr——写入状态寄存器的数据
**   输出参数:无
**   返    回:无
**   说    明:只有 SPR,TB,BP2,BP1,BP0(位 7,5,4,3,2)可以写
**********************************************************/
void SPI_FLASH_Write_SR(u8 sr)
{
    SPI_FLASH_CS(0);                                  //使能器件
    SPIx_ReadWriteByte(W25X_WriteStatusReg);          //发送写取状态寄存器命令
    SPIx_ReadWriteByte(sr);                           //写入 1 字节
    SPI_FLASH_CS(1);                                  //取消片选
}
/ *********************************************************
**   函数名:SPI_FLASH_Write_Enable
**   功能描述:Flash 写使能
**   输入参数:无
**   输出参数:无
**   返    回:无
**********************************************************/
void SPI_FLASH_Write_Enable(void)
{
    SPI_FLASH_CS(0);                                  //使能器件
    SPIx_ReadWriteByte(W25X_WriteEnable);             //发送写使能
    SPI_FLASH_CS(1);                                  //取消片选
}
```

301

```
/* ***********************************************************
**  函数名:SPI_FLASH_Write_Disable
**  功能描述:Flash 写禁止
**  输入参数:无
**  输出参数:无
**  返    回:无
*********************************************************** */
void SPI_FLASH_Write_Disable(void)
{
    SPI_FLASH_CS(0);                                    //使能器件
    SPIx_ReadWriteByte(W25X_WriteDisable);              //发送写禁止指令
    SPI_FLASH_CS(1);                                    //取消片选
}
/* ***********************************************************
**  函数名:SPI_Flash_ReadID
**  功能描述:读取芯片 ID,W25X16 的 ID 为 0xEF14
**  输入参数:无
**  输出参数:无
**  返    回:Temp——读取的 ID
*********************************************************** */
u16 SPI_Flash_ReadID(void)
{
    u16 Temp = 0;
    SPI_FLASH_CS(0);
    SPIx_ReadWriteByte(0x90);                           //发送读取 ID命令
    SPIx_ReadWriteByte(0x00);
    SPIx_ReadWriteByte(0x00);
    SPIx_ReadWriteByte(0x00);
    Temp|= SPIx_ReadWriteByte(0xFF)<<8;                 //读取高 8 位
    Temp|= SPIx_ReadWriteByte(0xFF);                    //读取低 8 位
    SPI_FLASH_CS(1);
    return Temp;
}
/* ***********************************************************
**  函数名:SPI_Flash_Read
**  功能描述:在指定地址开始读取指定长度的数据
**  输入参数:* pBuffer——数据存储区地址指针
             ReadAddr——开始读取的地址(24 位)
             NumByteToRead——要读取的字节数(最大 65535)
**  输出参数:无
**  返    回:无
*********************************************************** */
void SPI_Flash_Read(u8 *pBuffer,u32 ReadAddr,u16 NumByteToRead)
```

```
{
    SPI_FLASH_CS(0);                              //使能器件
    SPIx_ReadWriteByte(W25X_ReadData);            //发送读取命令
    SPIx_ReadWriteByte((ReadAddr)>>16);           //发送 24 位地址
    SPIx_ReadWriteByte((ReadAddr)>>8);
    SPIx_ReadWriteByte(ReadAddr);
    while(NumByteToRead -- )
    {
        *pBuffer ++ = SPIx_ReadWriteByte(0Xff);   //循环读数
    }
    SPI_FLASH_CS(1);                              //取消片选
}


/ * * * * * * * * * * * * * * * * * * * * * * * * * * * * * * * * * * * * * * * * * * * * * *
* *  函数名:SPI_Flash_Write_Page
* *  功能描述:在指定地址开始写入最大 256 字节的数据
               在一页(0~65535)内写入少于 256 字节的数据
* *  输入参数: * pBuffer——数据存储区地址指针
               WriteAddr——开始写入的地址(24 位)
               NumByteToWrite——要写入的字节数(最大 256),该数不应该超过该页的剩余字
                                节数
* *  输出参数:无
* *  返    回:无
* * * * * * * * * * * * * * * * * * * * * * * * * * * * * * * * * * * * * * * * * * * * * */
void SPI_Flash_Write_Page(u8 * pBuffer,u32 WriteAddr,u16 NumByteToWrite)
{
    u16 i;
    SPI_FLASH_Write_Enable();                     //SET WEL
    SPI_FLASH_CS(0);                              //使能器件
    SPIx_ReadWriteByte(W25X_PageProgram);         //发送写页命令
    SPIx_ReadWriteByte((u8)((WriteAddr)>>16));    //发送 24 位地址
    SPIx_ReadWriteByte((u8)((WriteAddr)>>8));
    SPIx_ReadWriteByte((u8)WriteAddr);
    while(NumByteToWrite -- )
    {
        SPIx_ReadWriteByte( *pBuffer);            //循环写数
        pBuffer ++ ;
    }
    SPI_FLASH_CS(1);                              //取消片选
    SPI_Flash_Wait_Busy();                        //等待写入结束
}
/ * * * * * * * * * * * * * * * * * * * * * * * * * * * * * * * * * * * * * * * * * * * * * *
* *  函数名:SPI_Flash_Write_NoCheck
```

```
** 功能描述:无检验写 SPI Flash
             必须确保所写的地址范围内的数据全部为 0xFF,否则在非 0xFF 处写入的数据
             将失败!
             具有自动换页功能
             在指定地址开始写入指定长度的数据,但是要确保地址不越界!
** 输入参数: * pBuffer——数据存储区地址指针
             WriteAddr——开始写入的地址(24 位)
             NumByteToWrite——要写入的字节数(最大 65535)
** 输出参数:无
** 返    回:无
***********************************************************/
void SPI_Flash_Write_NoCheck(u8 * pBuffer,u32 WriteAddr,u16 NumByteToWrite)
{
    u16 pageremain;
    pageremain = 256 - WriteAddr % 256;                   //单页剩余的字节数
    if(NumByteToWrite<= pageremain)
        pageremain = NumByteToWrite;                      //不大于 256 字节
    while(1)
    {
        SPI_Flash_Write_Page(pBuffer,WriteAddr,pageremain);
        if(NumByteToWrite == pageremain)
                break;                                    //写入结束了
        else                                              //NumByteToWrite>pageremain
        {
            pBuffer += pageremain;
            WriteAddr += pageremain;
            NumByteToWrite -= pageremain;                 //减去已经写入的字节数
            if(NumByteToWrite>256)
                pageremain = 256;                         //一次可以写入 256 字节
            else
                pageremain = NumByteToWrite;              //不够 256 字节
        }
    };
}


u8 SPI_FLASH_BUF[4096];
/***********************************************************
** 函数名:SPI_Flash_Write
** 功能描述:在任意指定地址开始写入指定长度的数据,该函数带擦除操作!
** 输入参数: * pBuffer——数据存储区地址指针
             WriteAddr——开始写入的地址(24 位)
             NumByteToWrite——要写入的字节数(最大 65535)
** 输出参数:无
```

```
**  返    回:无
*********************************************************/
void SPI_Flash_Write(u8 * pBuffer,u32 WriteAddr,u16 NumByteToWrite)
{
    u32 secpos;
    u16 secoff;
    u16 secremain;
    u16 i;
    secpos = WriteAddr/4096;                        //扇区地址 0~511 for W25X16
    secoff = WriteAddr % 4096;                       //在扇区内的偏移
    secremain = 4096 - secoff;                       //扇区剩余空间大小
    if(NumByteToWrite<= secremain)secremain = NumByteToWrite;   //不大于 4 096 字节
    while(1)
     {
        SPI_Flash_Read(SPI_FLASH_BUF,secpos * 4096,4096);    //读出整个扇区的内容
        for(i = 0;i<secremain;i++ )                    //校验数据
        {
            if(SPI_FLASH_BUF[secoff + i]! = 0XFF)break;     //需要擦除
        }
        if(i<secremain)                          //需要擦除
        {
            SPI_Flash_Erase_Sector(secpos);             //擦除这个扇区
            for(i = 0;i<secremain;i++ )                //复制
            {
                SPI_FLASH_BUF[i + secoff] = pBuffer[i];
            }
            SPI_Flash_Write_NoCheck(SPI_FLASH_BUF,secpos * 4096,4096);
                                                //写入整个扇区
        }
        else
            SPI_Flash_Write_NoCheck(pBuffer,WriteAddr,secremain);
                                //写已经擦除了的、直接写入扇区剩余区间
        if(NumByteToWrite == secremain)break;            //写入结束
        else                                //写入未结束
        {
            secpos ++ ;                        //扇区地址增 1
            secoff = 0;                        //偏移位置为 0
            pBuffer += secremain;                    //指针偏移
            WriteAddr += secremain;                   //写地址偏移
            NumByteToWrite -= secremain;               //字节数递减
            if(NumByteToWrite>4096)
                secremain = 4096;                  //下一个扇区还是写不完
            else
```

```
                    secremain = NumByteToWrite;              //下一个扇区可以写完
        }
    };
}
/ *******************************************************************
** 函数名:SPI_Flash_Erase_Chip
** 功能描述:擦除整个芯片,等待时间比较长...
** 输入参数:无
** 输出参数:无
** 返    回:无
*******************************************************************/
void SPI_Flash_Erase_Chip(void)
{
    SPI_FLASH_Write_Enable();                            //SET WEL
    SPI_Flash_Wait_Busy();
    SPI_FLASH_CS(0);                                     //使能器件
    SPIx_ReadWriteByte(W25X_ChipErase);                 //发送片擦除命令
    SPI_FLASH_CS(1);                                     //取消片选
    SPI_Flash_Wait_Busy();                              //等待芯片擦除结束
}
/ *******************************************************************
** 函数名:SPI_Flash_Erase_Sector
** 功能描述:擦除一个扇区
** 输入参数:Dst_Addr——扇区地址 0～511 for W25X16
** 输出参数:无
** 返    回:无
*******************************************************************/
void SPI_Flash_Erase_Sector(u32 Dst_Addr)
{
    Dst_Addr *= 4096;
    SPI_FLASH_Write_Enable();                            //SET WEL
    SPI_Flash_Wait_Busy();
    SPI_FLASH_CS(0);                                     //使能器件
    SPIx_ReadWriteByte(W25X_SectorErase);               //发送扇区擦除指令
    SPIx_ReadWriteByte((u8)((Dst_Addr)>>16));           //发送 24 位地址
    SPIx_ReadWriteByte((u8)((Dst_Addr)>>8));
    SPIx_ReadWriteByte((u8)Dst_Addr);
    SPI_FLASH_CS(1);                                     //取消片选
    SPI_Flash_Wait_Busy();                              //等待擦除完成
}
/ *******************************************************************
** 函数名:SPI_Flash_Wait_Busy
** 功能描述:等待 Flash 处于空闲状态
```

```
**  输入参数:无
**  输出参数:无
**  返    回:无
*******************************************************/
void SPI_Flash_Wait_Busy(void)
{
    while ((SPI_Flash_ReadSR()&0x01) == 0x01);              //等待 BUSY 位清空
}
/***********************************************************
**  函数名:SPI_Flash_PowerDown
**  功能描述:进入掉电模式
**  输入参数:无
**  输出参数:无
**  返    回:无
*******************************************************/
void SPI_Flash_PowerDown(void)
{
    SPI_FLASH_CS(0);                                        //使能器件
    SPIx_ReadWriteByte(W25X_PowerDown);                     //发送掉电命令
    SPI_FLASH_CS(1);                                        //取消片选
    delay_us(3);                                            //等待 TPD
}


/***********************************************************
**  函数名:SPI_Flash_WAKEUP
**  功能描述:唤醒
**  输入参数:无
**  输出参数:无
**  返    回:无
*******************************************************/
void SPI_Flash_WAKEUP(void)
{
    SPI_FLASH_CS(0);                                        //使能器件
    SPIx_ReadWriteByte(W25X_ReleasePowerDown);             //发送 W25X 低功耗指令 0xAB
    SPI_FLASH_CS(1);                                        //取消片选
    delay_us(3);                                            //等待 TRES1
}
```

2. main.c 相关代码和注释

主程序 11.7.2　main.c

```
#include "stm32f10x.h"
#include "w25x16.h"
```

```
#include "delay.h"
const u8 TEXT_Buffer[] = {"且说魏将先锋常雕,领精兵来取濡须城,遥望城上并无军马。雕催
军急进,离城不远,一声炮响,旌旗齐竖。"};
#define SIZE sizeof(TEXT_Buffer)          //数组长度


/****************************************************************
**  函数名:main
**  功能描述:在 W25X16 任意地址写入数据,用串口打印出读取的数据
**  输入参数:无
**  输出参数:串口输出写入的数据
**  返    回:无
****************************************************************/
int main(void)
{
    u16 ii;
    u32 i = 0;
    u8 datatemp[SIZE];
    SystemInit();                     //系统总初始化
    delay_init(72);                   //时钟初始化倍频至 72MHz
    Usart_Configuration();            //串口初始化
    SPI_Flash_Init();                 //SPI 初始化

    i = SPI_Flash_ReadID();           //读取 W25X16 内部序列号
    printf(" %d\n",i);                //串口输出 ID 序列号
    //SPI_Flash_Erase_Chip();         //整个芯片擦除
    SPI_Flash_Write((u8 *)TEXT_Buffer,100,SIZE);
                                      //从 100 地址处写入 TEXT_Buffer 数组中的数据
    SPI_Flash_Read(datatemp,0,SIZE);  //从 0 地址开始,读出 SIZE 个字节
    while(ii<SIZE)
        USART1_Putc(datatemp[ii++]);  //串口输出写入的数据
    while(1);
}
```

11.8　nRF24L01 的使用

11.8.1　nRF24L01 简介

　　nRF24L01 是一款真正的、工作在 2.4~2.5 GHz ISM 频段的 GFSK 单片无线收发器芯片[26]。芯片内部包括频率发生器、增强型 SchockBurst 模式控制器、功率放大器、晶体振荡器、调制器、解调器、输出功率频道选择和协议的设置等功能模块。具有内置链路层,增强型 ShockBurst,自动应答及自动重发功能,地址及 CRC 检验功能,数据

传输率为 1 Mb/s 或 2 Mb/s,SPI 接口数据速率 0~8 Mb/s,可接收 5 V 电平的输入,具有 125 个可选工作频道,很短的频道切换时间(可用于跳频),与 nRF24xx 系列完全兼容。

nRF24L01 工作电源电压为 1.9~3.6 V,工作在发射模式时,电流消耗为 9.0 mA(发射功率为−6 dBm);工作在接收模式时,电流消耗为 12.3 mA;也可以通过 SPI 接口设置为极低的电流消耗模式,在掉电模式时电流消耗为 900 nA,在待机模式时电流消耗为 22 μA。

nRF24L01 采用 20 引脚 QFN 4 mm×4 mm 封装,引脚功能如表 11.8.1 所列。

表 11.8.1　nRF24L01 引脚功能

引脚号	引脚名	引脚功能	描　述
1	CE	数字输入	RX 或 TX 模式选择
2	CSN	数字输入	SPI 片选信号
3	SCK	数字输入	SPI 时钟
4	MOSI	数字输入	从 SPI 数据输入脚
5	MISO	数字输出	从 SPI 数据输出脚
6	IRQ	数字输出	可屏蔽中断脚
7	VDD	电源	电源(+3 V)
8	VSS	电源	接地(0 V)
9	XC2	模拟输出	晶体震荡器 2 脚
10	XC1	模拟输入	晶体震荡器 1 脚/外部时钟输入脚
11	VDD_PA	电源输出	给 RF 的功率放大器提供的+1.8 V 电源
12	ANT1	天线	天线接口 1
13	ANT2	天线	天线接口 2
14	VSS	电源	接地(0 V)
15	VDD	电源	电源(+3 V)
16	IREF	模拟输入	参考电流
17	VSS	电源	接地(0 V)
18	VDD	电源	电源(+3 V)
19	DVDD	电源输出	去耦电路电源正极端
20	VSS	电源	接地(0 V)

nRF24L01 典型应用电路如图 11.8.1 所示。注:目前网上有 nRF24L01 成品模块可以购买。

有关 nRF24L01 的更多内容请参考"Nordic Semiconductor. nRF24L01 Single Chip 2.4GHz Transceiver Product Specification. www. nordicsemi. no"。

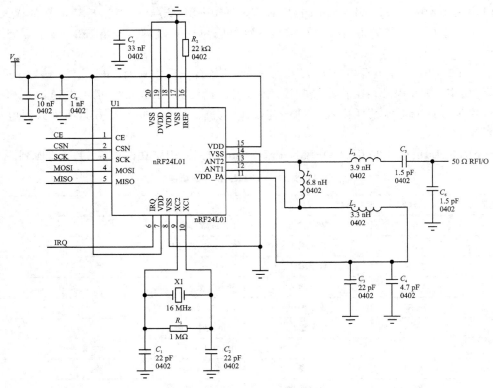

图 11.8.1　nRF24L01 典型应用电路

11.8.2　nRF24L01 的 SPI 时序

nRF24L01 提供标准的 SPI 接口,最大的数据传输率为 8 Mb/s。nRF24L01 SPI 接口读/写操作时序如图 11.8.2 所示。

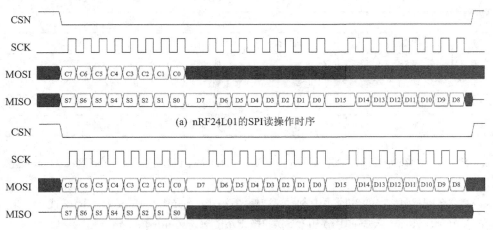

图 11.8.2　nRF24L01 SPI 接口读/写操作时序

从图 11.8.2 的时序图可见,SPI 接口的 CLK 在空闲时为低电平,即 CPOL＝0。在第一个上升沿开始数据采样,即 CPHA＝0。在 CLK 上升沿将数据写入 nRF24L01 寄存器,在 CLK 下降沿将数据从寄存器读出。数据传输高位字节在前。在写寄存器之前一定要进入待机模式或掉电模式。

11.8.3　nRF24L01 SPI 接口指令设置

nRF24L01 的所有配置通过 SPI 接口完成,SPI 接口用到的指令如表 11.8.2 所列。CSN 为低后 SPI 接口等待执行指令。每一条指令的执行都必须通过一次 CSN 由高到低的变化。

SPI 指令格式:

〈命令字:由高位到低位(每字节)〉

〈数据字节:低字节到高字节,每一字节高位在前〉

表 11.8.2　nRF24L01 SPI 指令设置

指令名称	指令格式	操　作
R_REGISTER	00A　AAAA	读配置寄存器。AAAAA 指出读操作的寄存器地址
W_REGISTER	001A　AAAA	写配置寄存器。AAAAA 指出写操作的寄存器地址 只有在掉电模式和待机模式下可操作
R_RX_PAYLOAD	0110　0001	读 RX 有效数据;1~32 字节。读操作全部从字节 0 开始。当读 RX 有效数据完成后,FIFO 寄存器中有效数据被清除 应用于接收模式下
W_RX_PAYLOAD	1010　0000	写 TX 有效数据;1~32 字节。写操作从字节 0 开始 应用于发射模式下
FLUSH_TX	1110　0001	清除 TX FIFO 寄存器,应用于发射模式下
FLUSH_RX	1110　0010	清除 RX FIFO 寄存器,应用于接收模式下 在传输应答信号过程中不应执行此指令。也就是说,若传输应答信号过程中执行此指令,将使应答信号不能被完整传输
REUSE_TX_PL	1110　0011	重新使用上一包有效数据。当 CE 为高过程中,数据包被不断地重新发射 在发射数据包过程中必须禁止数据包重利用功能
NOP	1111　1111	空操作。可以用来读状态寄存器

R_REGISTER 和 W_REGISTER 寄存器可能操作单字节或多字节寄存器。当访问多字节寄存器时首先要读/写最低字节的高位。在所有多字节寄存器被写完之前可以结束写 SPI 操作,在这种情况下没有写完的高字节保持原有内容不变。例如:RX_ADDR_P0 寄存器的最低字节可以通过写一字节给寄存器 RX_ADDR_P0 来改变。在 CSN 状态由高变低后可以通过 MISO 来读取状态寄存器的内容。

nRF24L01 的中断引脚(IRQ)为低电平触发,当状态寄存器中 TX_DS RX_DR 或 MAX_RT 为高时触发中断。当 MCU 给中断源写 1 时,中断引脚被禁止。可屏蔽中断可以被 IRQ 中断屏蔽。通过设置可屏蔽中断位为高,使中断响应被禁止。默认状态下所有的中断源是被禁止的。

有关 nRF24L01 寄存器配置和工作模式设置的更多内容请参考"Nordic Semiconductor. nRF24L01 Single Chip 2.4GHz Transceiver Product Specification. www.nordicsemi.no"。

11.8.4　nRF24L01 的 ShockBurst 模式

nRF24L01 的数据包处理有下面两种方式,即 ShockBurst 模式(与 nRF2401、nRF24E1、nRF2402、nRF24E2 数据传输率为 1 Mb/s 时相同)和增强型 ShockBurst 模式。

1. ShockBurst 模式

在 ShockBurst 模式下,nRF24L01 可以与成本较低的低速 MCU 相连。高速信号处理是由芯片内部的射频协议处理的,nRF24L01 提供 SPI 接口,数据率取决于 MCU 本身接口速度。ShockBurst 模式通过允许与 MCU 低速通信而无线部分高速通信,减小通信的平均消耗电流。

在 ShockBurst 接收模式下,当接收到有效的地址和数据时 IRQ 通知 MCU,随后 MCU 可将接收到的数据从 RX FIFO 寄存器中读出。

在 ShockBurst 发送模式下,nRF24L01 自动生成前导码及 CRC 校验。数据发送完毕后 IRQ 通知 MCU。缩短了 MCU 的查询时间,也就意味着减少了 MCU 的工作量,同时缩短了软件的开发时间。nRF24L01 内部有 3 个不同的 RX FIFO 寄存器(6 个通道共享此寄存器)和 3 个不同的 TX FIFO 寄存器。在掉电模式下、待机模式下和数据传输的过程中 MCU 可以随时访问 FIFO 寄存器,这就允许 SPI 接口可以以低速进行数据传送,并且可以应用于 MCU 硬件上没有 SPI 接口的情况。

ShockBurst 的配置字可以分为以下 4 个部分:

① 数据宽度:声明射频数据包中数据占用的位数。这使得 nRF24L01 能够区分接收数据包中的数据和 CRC 校验码。

② 地址宽度:声明射频数据包中地址占用的位数。这使得 nRF24L01 能够区分地址和数据。

③ 地址:接收数据的地址,包括通道 0 到通道 5 的地址。

④ CRC:使 nRF24L01 能够生成 CRC 校验码和解码。

当使用 nRF24L01 片内的 CRC 技术时,要确保在配置字(CONFIG 的 EN_CRC)中 CRC 校验被使能,并且发送和接收使用相同的协议。

2. 增强型的 ShockBurst 模式

增强型 ShockBurst 模式可以使双向链接协议执行起来更为容易、有效。典型的双向链接为发送方要求终端设备在接收到数据后有应答信号,以便于发送方检测有无数据丢失。一旦数据丢失,就通过重新发送功能将丢失的数据恢复。增强型的 Shock-Burst 模式可以同时控制应答及重发功能而无需增加 MCU 工作量。

如图 11.8.3 所示,nRF24L01 在接收模式下可以接收 6 路不同通道的数据,每一个数据通道使用不同的地址,但是共用相同的频道。也就是说,6 个不同的 nRF24L01 设置为发送模式后可以与同一个设置为接收模式的 nRF24L01 进行通信,而设置为接收模式的 nRF24L01 可以对这 6 个发射端进行识别。数据通道 0 是唯一一个可以配置为 40 位自身地址的数据通道。1～5 数据通道都为 8 位自身地址和 32 位公用地址,即通道 1～5 的 32 位公用地址一旦确定,就只有 8 位数据可改变,所有的数据通道都可以设置为增强型 ShockBurst 模式。

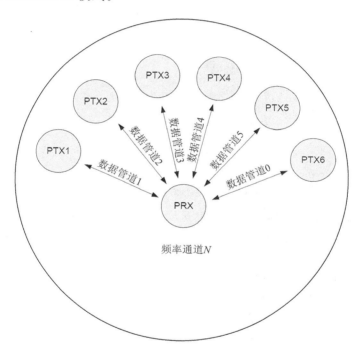

图 11.8.3　nRF24L01 在星形网络中的结构图

nRF24L01 在确认收到数据后记录地址,并以此地址为目标地址发送应答信号。在发送端,数据通道 0 被用做接收应答信号。因此,数据通道 0 的接收地址要与发送端地址相等以确保接收到正确的应答信号。

nRF24L01 的通道地址如图 11.8.4 所示。

比如有 6 个发送点 TX1、TX2、TX3、TX4、TX5、TX6,一个接收点 RX。TX1 对应 RX 的接收通道 0,TX2 对应 RX 的接收通道 1,TX3 对应 RX 的接收通道 2,TX4 对应 RX 的接收通道 3,TX5 对应 RX 的接收通道 4,TX6 对应 RX 的接收通道 5。

接收通道 0 的地址,即 TX1 的发送地址可为任意 40 位数据,即 5 字节长度的数

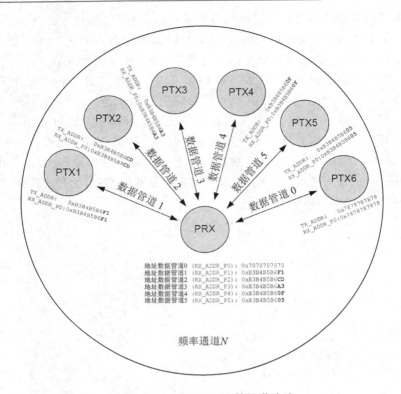

图 11.8.4　nRF24L01 的通道地址

据。而 TX2、TX3、TX4、TX5、TX6 的发送地址的高 32 位数据要相同,但可为任意的 32 位数据。TX2、TX3、TX4、TX5、TX6 的发送地址的低 8 位可各不相同。

例如:

共 5 字节,由低字节到高字节:　　　　0　　　1　　　2　　　3　　　4

TX1 地址 = RX 通道 0 地址 = 　{0x10,0x19,0x90,0x04,0x19}

TX2 地址 = RX 通道 1 地址 = 　{0x21,0x11,0x34,0x33,0x96}

TX3 地址 = RX 通道 2 地址 = 　{0x32,0x11,0x34,0x33,0x96}

TX4 地址 = RX 通道 3 地址 = 　{0x43,0x11,0x34,0x33,0x96}

TX5 地址 = RX 通道 4 地址 = 　{0x54,0x11,0x34,0x33,0x96}

TX6 地址 = RX 通道 5 地址 = 　{0x65,0x11,0x34,0x33,0x96}

nRF24L01 配置为增强型的 ShockBurst 发送模式时,只要 MCU 有数据要发送,nRF24L01 就会启动 ShockBurst 模式来发送数据。在发送完数据后 nRF24L01 转到接收模式并等待终端的应答信号。如果没有收到应答信号,nRF24L01 将重发相同的数据包,直到收到应答信号或重发次数超过 SETUP_RETR_ARC 寄存器中的设定值为止,如果重发次数超过了设定值,则产生 MAX_RT 中断。

只要收到确认信号,nRF24L01 就认为最后一包数据已经发送成功(接收方已经收到数据),把 TX FIFO 中的数据清除掉并产生 TX_DS 中断(IRQ 引脚置高)。

11.8.5　增强型 ShockBurst 发送/接收模式操作

1. 增强型 ShockBurst 发送模式操作

增强型 ShockBurst 发送模式操作步骤如下:

① 配置寄存器位 PRIM_RX 为 0。

② 当 MCU 有数据要发送时,接收节点地址 TX_ADDR 和有效数据(TX_PLD)通过 SPI 接口写入 nRF24L01。发送数据的长度以字节计数从 MCU 写入 TX FIFO。当 CSN 为低电平时,数据被不断写入。发送端发送完数据后,将通道 0 设置为接收模式来接收应答信号,其接收地址(RX_ADDR_P0)与接收端地址(TX_ADDR)相同。例如,在图 11.8.4 中数据通道 5 的发送端(TX5)及接收端(RX)地址设置如下:

TX5:TX_ADDR 　　 = { 0x54, 0x11, 0x34, 0x33, 0x96 }

TX5:RX_ADDR_P0 = { 0x54, 0x11, 0x34, 0x33, 0x96 }

RX：RX_ADDR_P5 = { 0x54, 0x11, 0x34, 0x33, 0x96 }

③ 设置 CE 为高电平,启动发射。CE 高电平持续时间最短为 10 μs。

④ nRF24L01 ShockBurst 模式:

> 无线系统上电。

> 启动内部 16 MHz 时钟。

> 无线发送数据打包。

> 高速发送数据(由 MCU 设定为 1 Mb/s 或 2 Mb/s)。

⑤ 如果启动了自动应答模式(自动重发计数器不等于 0,ENAA_P0 = 1),则无线芯片立即进入接收模式。如果在有效应答时间范围内收到应答信号,则认为数据成功发送到接收端,此时状态寄存器的 TX_DS 位置高并把数据从 TX FIFO 中清除掉。如果在设定时间范围内没有接收到应答信号,则重新发送数据。如果自动重发计数器(ARC_CNT)溢出(超过了编程设定的值),则状态寄存器的 MAX_RT 位置高。不清除 TX FIFO 中的数据。当 MAX_RT 或 TX_DS 为高电平时,IRQ 引脚产生中断。IRQ 中断通过写状态寄存器来复位。如果重发次数在达到设定的最大重发次数时还没有收到应答信号,则在 MAX_RX 中断清除之前不会重发数据包。数据包丢失计数器(PLOS_CNT)在每次产生 MAX_RT 中断后加 1。也就是说,重发计数器 ARC_CNT 计算重发数据包次数,PLOS_CNT 计算在达到最大允许重发次数时仍没有发送成功的数据包个数。

⑥ 如果 CE 置低电平,则系统进入待机模式Ⅰ。如果不设置 CE 为低电平,则系统会发送 TX FIFO 寄存器中下一包数据。如果 TX FIFO 寄存器为空并且 CE 为高电平,则系统进入待机模式Ⅱ。

⑦ 如果系统在待机模式Ⅱ,则当 CE 置低电平时,系统立即进入待机模式Ⅰ。

2. 增强型 ShockBurst 接收模式操作

增强型 ShockBurst 接收模式操作步骤如下:

① ShockBurst 接收模式是通过设置寄存器中 PRIM_RX 位为 1 来选择的。准备接收数据的通道必须使能（EN_RXADDR 寄存器），所有工作在增强型 ShockBurst 模式下的数据通道的自动应答功能是由（EN_AA 寄存器）来使能的，有效数据宽度是由 RX_PW_Px 寄存器来设置的。

② 接收模式由设置 CE 为高电平来启动。

③ 130 μs 后 nRF24L01 开始检测空中信息。

④ 接收到有效的数据包后（地址匹配、CRC 检验正确），数据存储在 RX_FIFO 中，同时 RX_DR 位置高，并产生中断。状态寄存器中 RX_P_NO 位显示数据是由哪个通道接收到的。

⑤ 如果使能自动确认信号，则发送确认信号。

⑥ MCU 设置 CE 引脚为低电平，进入待机模式 I（低功耗模式）。

⑦ MCU 将数据以合适的速率通过 SPI 口将数据读出。

⑧ 芯片准备好进入发送模式、接收模式或掉电模式。

3. 两种数据双向通信

如果想要数据在双方向上通信，PRIM_RX 寄存器必须紧随芯片工作模式的变化而变化。处理器必须保证 PTX 和 PRX 端的同步性。在 RX_FIFO 和 TX_FIFO 寄存器中可能同时存有数据。在配置完成后，在 nRF24L01 工作的过程中，只需改变其最低一字节中的内容，以实现接收模式和发送模式之间切换。

4. 自动应答功能

自动应答功能减少了外部 MCU 的工作量，并且在鼠标/键盘等应用中也可以不要求硬件一定有 SPI 接口，因此降低成本，减少电流消耗。自动重应答功能可以通过 SPI 口对不同的数据通道分别进行配置。

在自动应答模式使能的情况下，收到有效的数据包后，系统将进入发送模式并发送确认信号。发送完确认信号后，系统进入正常工作模式（工作模式由 PRIM_RX 位和 CE 引脚决定）。

5. 自动重发功能

自动重发功能是针对自动应答系统的发送方。SETUP_RETR 寄存器设置启动重发数据的时间长度。在每次发送结束后系统都会进入接收模式并在设定的时间范围内等待应答信号。接收到应答信号后，系统转入正常发送模式。如果 TX FIFO 中没有待发送的数据且 CE 引脚为低电平，则系统将进入待机模式 I。如果没有收到确认信号，则系统返回到发送模式并重发数据，直到收到确认信号或重发次数超过设定值（达到最大的重发次数）。有新的数据发送或 PRIM_RX 寄存器配置改变时丢包计数器复位。

11.8.6 nRF24L01 操作示例程序设计

STM32F103VET6 与 nRF24L01 引脚连接如图 11.8.5 所示。

本示例程序采用 nRF24L01 的增加型 ShockBurst 模式，发送端将采集的温度值通

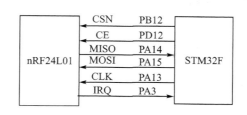

图 11.8.5　STM32F 与 nRF24L01 引脚连接

过 nRF24L01 发送到接收端。无线发送端采用广播的形式发送,接收端根据地址来确定是否是需要的数据。

nRF24L01 数据发送完成及接收到数据时都将产生中断,IRQ 将从高电平变成低电平,即采用下降沿中断。例程采用中断方式,接收端采用接收通道 4 通信,用到函数 RX_Mode(4)。如果需要采用其他通道接收,需要添加相应通道并使能相应通道的自动应答及设置允许通道的接收地址。

要实现双向通信,发送端和接收端需要同时切换模式,接收模式调用函数 RX_Mode(channel),channel 表示配置的接收通道。发送模式调用函数 TX_Mode()。

本示例发送端程序流程图如图 11.8.6 所示。

本示例接收端程序流程图如图 11.8.7 所示。

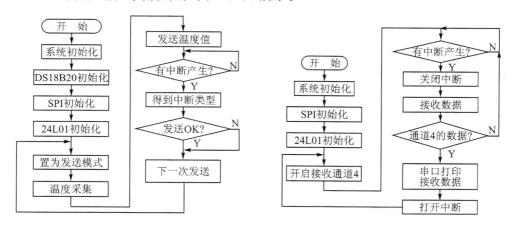

图 11.8.6　发送端程序流程图　　　　**图 11.8.7　接收端程序流程图**

11.8.7　nRF24L01 发送操作示例程序

nRF24L01 发送端操作示例程序放在"示例程序→nRF24L01→TX"文件夹中。部分程序代码如下:

1. 发送程序 RF24L01.c 相关代码和注释

发送程序 11.8.1　RF24L01.c

```
# include "stm32f10x.h"
```

```
#include "RF24L01.h"

u8   TX_ADDRESS[RX_ADR_WIDTH] = {0x54,0x11,0x34,0x33,0x96};   //发送到接收点的地址

u8 Rx_Address0[TX_ADR_WIDTH] = {0x10,0x19,0x90,0x04,0x19};   //接收通道 0 的地址
u8 Rx_Address1[TX_ADR_WIDTH] = {0x21,0x11,0x34,0x33,0x96};   //接收通道 1 的地址
u8 Rx_Address2[TX_ADR_WIDTH] = {0x32,0x11,0x34,0x33,0x96};   //接收通道 2 的地址
u8 Rx_Address3[TX_ADR_WIDTH] = {0x43,0x11,0x34,0x33,0x96};   //接收通道 3 的地址
u8 Rx_Address4[TX_ADR_WIDTH] = {0x54,0x11,0x34,0x33,0x96};   //接收通道 4 的地址
u8 Rx_Address5[TX_ADR_WIDTH] = {0x65,0x11,0x34,0x33,0x96};   //接收通道 5 的地址


/*******************************************************************
**   函数名:RF_SPI_Init
**   功能描述:nRF2401 的 SPI 接口及用到的 GPIO 初始化配置
**   输入参数:无
**   输出参数:无
**   返    回:无
********************************************************************/
void RF_SPI_Init(void)
{
    RCC->APB2ENR|= 1<<2;                    //PORTA 时钟使能
    RCC->APB2ENR|= 1<<3;                    //PORTB 时钟使能
    RCC->APB2ENR|= 1<<5;                    //PORTD 时钟使能
    RCC->APB1ENR|= 1<<14;                   //SPI2 时钟使能
    RCC->APB2ENR|= 1<<0;                    //AFIO 辅助时钟时钟使能
    //PA3 -- IRQ,上拉输入
    GPIOA->CRL& = 0XFFFF0FFF;
    GPIOA->CRL|= 0X00008000;                //上/下拉输入
    GPIOA->ODR|= 1<<3;                      //PA3 上拉
    //PD12 -- CE,推挽输出
    GPIOD->CRH& = 0XFFF0FFFF;
    GPIOD->CRH|= 0X00030000;


    //下面为 SPI2 接口初始化配置
    //引脚:MISO - PA14,MOSI - PA15,CLK - PA13,CSN - PA12
    GPIOB->CRH& = 0X0000FFFF;               //PB13.14.15 复用输出
    GPIOB->CRH|= 0XBBB30000;                //PB12 推挽输出
    GPIOB->ODR|= 0XF000;                    //PB12.13.14.15 上拉


    SPI2->CR1|= 0<<10;                      //全双工模式
    SPI2->CR1|= 1<<9;                       //软件 nss 管理
    SPI2->CR1|= 1<<8;
```

```
    SPI2 ->CR1|= 1<<2;              //SPI 主机模式
    SPI2 ->CR1|= 0<<11;             //8 位数据格式
    SPI2 ->CR1|= 0<<1;              //空闲模式下 SCK 为 1,CPOL = 0
    SPI2 ->CR1|= 0<<0;              //数据采样从第一个时间边沿开始,CPHA = 0
    SPI2 ->CR1|= 1<<3;              //F_sck = 36 MHz/4(nRF24L01 的最大 SPI 时钟为 10 MHz)
    SPI2 ->CR1|= 0<<7;              //MSBfirst

    SPI2 ->CR1|= 1<<6;              //SPI 设备使能
}


/ * * * * * * * * * * * * * * * * * * * * * * * * * * * * * * * * * * * * * * *
** 函数名:SPIx_ReadWriteByte
** 功能描述:SPI2 读/写 1 字节函数
** 输入参数:data——需要发送的 1 字节数据
** 输出参数:无
** 返    回:返回读取的 1 字节数据
* * * * * * * * * * * * * * * * * * * * * * * * * * * * * * * * * * * * * * */
u8 SPIx_ReadWriteByte(u8 data)
{
    while((SPI2 ->SR&1<<1) == 0);   //等待发送区空
    SPI2 ->DR = data;               //发送 1 字节
    while((SPI2 ->SR&1<<0) == 0);   //等待接收完 1 字节
    return SPI2 ->DR;               //返回接收的数据
}
/ * * * * * * * * * * * * * * * * * * * * * * * * * * * * * * * * * * * * * * *
** 函数名:RF_Write_Reg
** 功能描述:写 nRF24L01 的寄存器
** 输入参数:reg——寄存器地址
             value——写入的数据
** 输出参数:无
** 返    回:无
* * * * * * * * * * * * * * * * * * * * * * * * * * * * * * * * * * * * * * */
void RF_Write_Reg(u8 reg, u8 value)
{
    CSN_L;                          //CSN = 0,使能 nRF24L01 片选
    SPIx_ReadWriteByte(reg);        //写寄存器地址
    SPIx_ReadWriteByte(value);      //写数据
    CSN_H;                          //CSN = 1,不使能 nRF24L01 片选
}
/ * * * * * * * * * * * * * * * * * * * * * * * * * * * * * * * * * * * * * * *
** 函数名:RF_Read_Reg
** 功能描述:读 nRF24L01 的寄存器
** 输入参数:reg——要读取的寄存器地址
```

```
**    输出参数:无
**    返    回:reg_val——读取的寄存器数据
*********************************************************/
u8 RF_Read_Reg(u8 reg)
{
    u8 reg_val;
    CSN_L;                                      //CSN = 0
    SPIx_ReadWriteByte(reg);                    //选择要读取的寄存器
    reg_val = SPIx_ReadWriteByte(0xff);         //读取数据
    CSN_H;                                      //CSN = 1
    return(reg_val);                            //返回读取的数据
}
/ *********************************************************
**    函数名:RF_Read_Buf
**    功能描述:读 nRF24L01 的缓冲区数据
**    输入参数:reg——要读取的寄存器地址
                * pBuf——存储数据的数组地址指针
                bytes——读取的数据字节数
**    输出参数:无
**    返    回:status——返回状态字节
*********************************************************/
u8 RF_Read_Buf(u8 reg, u8 * pBuf, u8 bytes)
{
    u8 status,i;
    CSN_L;                                      //CSN = 0
    status = SPIx_ReadWriteByte(reg);           //选择寄存器
    for(i = 0;i<bytes;i + + )
        pBuf[i] = SPIx_ReadWriteByte(0Xff);     //连续读取 bytes 个字节数据
    CSN_H;                                      // CSN = 1
    return(status);
}
/ *********************************************************
**    函数名:RF_Write_Buf
**    功能描述:写数据到 nRF24L01 的数据缓冲区
**    输入参数:reg——要写入的寄存器地址
                * pBuf——写入数据的数组地址指针
                bytes——写入的数据字节数
**    输出参数:无
**    返    回:status——返回状态字节
*********************************************************/
u8 RF_Write_Buf(u8 reg, u8 * pBuf,u8 bytes)
{
    u8 status,i;
```

```
        CSN_L;
        status = SPIx_ReadWriteByte(reg);              //选择要写入的寄存器
        for(i = 0; i<bytes; i++)                        //连续写入 bytes 个字节数据
            SPIx_ReadWriteByte(*pBuf++);
        CSN_H;
        return(status);
    }
/ * * * * * * * * * * * * * * * * * * * * * * * * * * * * * * * * * * * * * * * * * * *
** 函数名:init_24L01
** 功能描述:nRF24L01 配置的初始化函数
** 输入参数:无
** 输出参数:无
** 返    回:无
** 备    注:没有用到的配置使用内部默认值
* * * * * * * * * * * * * * * * * * * * * * * * * * * * * * * * * * * * * * * * * * */
void init_24L01(void)
{
        RF_Write_Reg(WRITE_REG + EN_AA, 0x3f);          //数据通道自动应答允许
        RF_Write_Reg(WRITE_REG + EN_RXADDR, 0x3f);      //接收数据通道允许
        RF_Write_Reg(WRITE_REG + SETUP_AW, 0x03);
                                                //设置地址宽度(所有数据通道),5 字节宽度
        RF_Write_Reg(WRITE_REG + SETUP_RETR, 0x1a);
                        //设置自动重发间隔时间:500 μs + 86 μs;最大自动重发次数:10 次
        RF_Write_Reg(WRITE_REG + RF_CH, 0);             //选择射频通道(0)
        RF_Write_Reg(WRITE_REG + RF_SETUP, 0X0f);
                    //射频寄存器,数据传输率(2 Mb/s),发射功率(0 dBm),低噪声放大器增益
        RF_Write_Reg(WRITE_REG + CONFIG, 0x0e);         //初始化为数据发送模式
}
/ * * * * * * * * * * * * * * * * * * * * * * * * * * * * * * * * * * * * * * * * * * *
** 函数名:RX_Mode
** 功能描述:将 nRF24L01 置为接收模式
** 输入参数:channel——接收通道
** 输出参数:无
** 返    回:无
* * * * * * * * * * * * * * * * * * * * * * * * * * * * * * * * * * * * * * * * * * */
void RX_Mode(u8 channel)
{
    CE_L;
      if(channel == 0)                                  //配置接收通道 0 地址
      {
        RF_Write_Buf((WRITE_REG + RX_ADDR_P0), Rx_Address0, TX_ADR_WIDTH);
        RF_Write_Reg(WRITE_REG + RX_PW_P0, 32);
                            //接收数据通道 0 的有效数据宽度(1~32 字节)
```

```
    }
    if(channel == 1)                                    //配置接收通道 1 地址
    {
        RF_Write_Buf((WRITE_REG + RX_ADDR_P1), Rx_Address1, TX_ADR_WIDTH);
        RF_Write_Reg(WRITE_REG + RX_PW_P1, 32);
                                        //接收数据通道 1 的有效数据宽度(1~32 字节)
    }
    if(channel == 2)                                    //配置接收通道 2 地址
    {
        RF_Write_Buf(WRITE_REG + RX_ADDR_P1, Rx_Address1, 5);
        RF_Write_Buf((WRITE_REG + RX_ADDR_P2), Rx_Address2, TX_ADR_WIDTH);
        RF_Write_Reg(WRITE_REG + RX_PW_P2, 32);
                                        //接收数据通道 2 的有效数据宽度(1~32 字节)
        RF_Write_Reg((WRITE_REG + RX_ADDR_P2) , 0x32);
    }
    if(channel == 3)                                    //配置接收通道 3 地址
    {
        RF_Write_Buf(WRITE_REG + RX_ADDR_P1, Rx_Address1, 5);
        RF_Write_Buf((WRITE_REG + RX_ADDR_P3), Rx_Address3, TX_ADR_WIDTH);
        RF_Write_Reg(WRITE_REG + RX_PW_P3, 32);
                                        //接收数据通道 3 的有效数据宽度(1~32 字节)
        RF_Write_Reg((WRITE_REG + RX_ADDR_P3), 0x43);
    }
    if(channel == 4)
    {
        RF_Write_Buf(WRITE_REG + RX_ADDR_P1, Rx_Address1, 5);
        RF_Write_Buf((WRITE_REG + RX_ADDR_P4), Rx_Address4, TX_ADR_WIDTH);
        RF_Write_Reg(WRITE_REG + RX_PW_P4, 32);
                                        //接收数据通道 4 的有效数据宽度(1~32 字节)
        RF_Write_Reg((WRITE_REG + RX_ADDR_P4), 0x54);
    }
    if(channel == 5)
    {
        RF_Write_Buf(WRITE_REG + RX_ADDR_P1, Rx_Address1, 5);
        RF_Write_Buf((WRITE_REG + RX_ADDR_P5), Rx_Address5, TX_ADR_WIDTH);
        RF_Write_Reg(WRITE_REG + RX_PW_P5, 32);
                                        //接收数据通道 5 的有效数据宽度(1~32 字节)
        RF_Write_Reg((WRITE_REG + RX_ADDR_P5), 0x65);
    }
    RF_Write_Reg(WRITE_REG + EN_AA,0x3f);               //使能所有通道的自动应答
    RF_Write_Reg(WRITE_REG + EN_RXADDR,0x3f);           //使能所有通道的接收地址
    RF_Write_Reg(WRITE_REG + RF_CH,0);                  //设置 RF 通道为 0
    RF_Write_Reg(WRITE_REG + RF_SETUP,0x0f);
```

```
                                    //设置 TX 发射参数,0 db 增益,2 Mb/s,低噪声增益开启
    RF_Write_Reg(WRITE_REG + CONFIG, 0x0f);
                        //配置基本工作模式的参数;PWR_UP,EN_CRC,16BIT_CRC,接收模式
    CE_H;                                          //CE 置高,进入接收模式
}
/*************************************************************
** 函数名:TX_Mode
** 功能描述:将 nRF24L01 置为发送模式
** 输入参数:无
** 输出参数:无
** 返    回:无
*************************************************************/
void TX_Mode(void)
{
    CE_L;
    RF_Write_Buf((WRITE_REG + TX_ADDR), TX_ADDRESS, TX_ADR_WIDTH);
                                            //写 TX_Address 到 nRF24L01
    RF_Write_Buf((WRITE_REG + RX_ADDR_P0), TX_ADDRESS, TX_ADR_WIDTH);
                            //设置自动应答通道 0 地址;RX_Addr0 与 TX_Adr 要相同
    RF_Write_Reg(WRITE_REG + EN_AA,0x3f);        //使能所有通道的自动应答
    RF_Write_Reg(WRITE_REG + EN_RXADDR,0x3f);    //使能所有通道的接收地址
    RF_Write_Reg(WRITE_REG + SETUP_RETR,0x1a);
                    //设置自动重发间隔时间:500 μs + 86 μs;最大自动重发次数:10 次
    RF_Write_Reg(WRITE_REG + RF_CH,0);           //设置 RF 通道为 0
    RF_Write_Reg(WRITE_REG + RF_SETUP,0x0f);
                                //设置 TX 发射参数,0dB 增益,2Mb/s,低噪声增益开启
    RF_Write_Reg(WRITE_REG + CONFIG,0x0e);
            //配置基本工作模式的参数;PWR_UP,EN_CRC,16BIT_CRC,接收模式,开启所有中断
    CE_H;                                          //CE 置高,10 μs 后启动发送
}
/*************************************************************
** 函数名:nRF24L01_RxPacket
** 功能描述:nRF24L01 数据包接收,采用硬等待方式
** 输入参数:* rx_buf——存储数据的数组地址指针
** 输出参数:无
** 返    回:0xFF,错误;0~5 为相应通道值
*************************************************************/
u8 nRF24L01_RxPacket(u8 * rx_buf)
{
    u8 status;
    status = RF_Read_Reg(STATUS);                //读取状态寄存器的值
    RF_Write_Reg(WRITE_REG + STATUS,status);
    if(status&RX_OK)                             //接收到数据
```

```
    {
        RF_Read_Buf(RD_RX_PLOAD,rx_buf,RX_PLOAD_WIDTH);    //读取数据
        RF_Write_Reg(FLUSH_RX,0xff);        //清除 RX FIFO 寄存器
        if(status&Ch0)    //通道 0 接收到数据
            return Ch0;
        if(status&Ch1)        //通道 1 接收到数据
            return Ch1;
        if(status&Ch2)        //通道 2 接收到数据
            return Ch2;
        if(status&Ch3)        //通道 3 接收到数据
            return Ch3;
        if(status&Ch4)
            return Ch4;
        if(status&Ch5)
            return Ch5;
    }
    else
        return 0xff;        //没收到任何数据
}
/* ***********************************************************
**    函数名:nRF24L01_TxPacket
**    功能描述:nRF24L01 发送数据
**    输入参数:* tx_buf——要发送的数据首地址指针
**    输出参数:无
**    返　　回:发送完成状态
*********************************************************** */
u8 nRF24L01_TxPacket(u8 * tx_buf)
{
    u8 status;
    CE_L;                                //CE = 0
    RF_Write_Buf(WR_TX_PLOAD, tx_buf, TX_PLOAD_WIDTH);    // 装载数据
    RF_Write_Reg(WRITE_REG + CONFIG, 0x0e);  // IRQ 收发完成中断响应,16 位 CRC,主发送
    CE_H;                            //置高 CE,激发数据发送
    while(RF_IRQ! = 0);                //等待发送完成
    status = RF_Read_Reg(STATUS);        //读取状态寄存器的值
    RF_Write_Reg(WRITE_REG + STATUS,status);//清除 TX_DS 或 MAX_RT 中断标志
    if(status&MAX_TX)                //达到最大重发次数
    {
        RF_Write_Reg(FLUSH_TX,0xff);        //清除 TX FIFO 寄存器
        return MAX_TX;
    }
    else if(status&TX_OK)                //发送完成
    {
```

```
        return TX_OK;
    }
    else
        return 0xff;        //其他原因发送失败
}
```

2. 发送主程序 main. c 相关代码和注释

发送主程序 11.8.2　main. c

```
#include "stm32f10x. h"
#include "RF24L01. h"
#include "DS18B20. h"


u8 irq_flag = 1;                        //中断标志
u8 status;                              //状态标志
u8 Tx_Buf[3];                           //存储要发送的温度数据
u8 Rx_Buf[32];
/ ********************************************************
** 函数名:DS18B20_GPIO_Config
** 功能描述:DS18B20 的 GPIO 初始化配置
** 输入参数:无
** 输出参数:无
** 返    回:无
******************************************************** /
void DS18B20_GPIO_Config(void)
{
    RCC ->APB2ENR|= 1<<6;               //PORTE 时钟使能
    //PE2 - - 18B20 数据引脚
    GPIOE ->CRL & = 0xfffff0ff;
    GPIOE ->CRL |= 0x00000300;          //PE2 推挽输出
}
/ ********************************************************
** 函数名:EXTI_Config
** 功能描述:外部中断配置
** 输入参数:无
** 输出参数:无
** 返    回:无
******************************************************** /
void EXTI_Config(void)
{
    EXTI_InitTypeDef EXTI_InitStructure;
    //PA3 接 nRF24L01 的中断引脚 IRQ
    GPIO_EXTILineConfig(GPIO_PortSourceGPIOA,GPIO_PinSource3);     //PA3
```

```
        EXTI_ClearITPendingBit(EXTI_Line3);                          //清除 3 线标志位
        EXTI_InitStructure.EXTI_Mode = EXTI_Mode_Interrupt;
        EXTI_InitStructure.EXTI_Trigger = EXTI_Trigger_Falling;      //下降沿触发中断
        EXTI_InitStructure.EXTI_Line = EXTI_Line3;
        EXTI_InitStructure.EXTI_LineCmd = ENABLE;
        EXTI_Init(&EXTI_InitStructure);
}
/ *************************************************************
** 函数名:NVIC_Config
** 功能描述:中断向量配置
** 输入参数:无
** 输出参数:无
** 返    回:无
************************************************************* /
void NVIC_Config(void)
{
        NVIC_InitTypeDef NVIC_InitStructure;
        NVIC_PriorityGroupConfig(NVIC_PriorityGroup_2);

        NVIC_InitStructure.NVIC_IRQChannel = EXTI3_IRQn;             //外部中断线 3
        NVIC_InitStructure.NVIC_IRQChannelPreemptionPriority = 0;
        NVIC_InitStructure.NVIC_IRQChannelSubPriority = 1;
        NVIC_InitStructure.NVIC_IRQChannelCmd = ENABLE;
        NVIC_Init(&NVIC_InitStructure);
}
/ *************************************************************
** 函数名:EXTI3_IRQHandler
** 功能描述:外部中断线 3 中断服务程序
** 输入参数:无
** 输出参数:无
** 返    回:无
************************************************************* /
void EXTI3_IRQHandler(void)
{
        if(EXTI_GetITStatus(EXTI_Line3) != RESET )
        {
                EXTI_ClearITPendingBit(EXTI_Line3);                  //清除中断标志位
                NVIC_DisableIRQ(EXTI3_IRQn);                         //关闭 EXTI_Line3 中断
                irq_flag = 1;                                        //中断标志置位
        }
}
/ *************************************************************
** 函数名:main
```

```
**  功能描述:用 nRF24L01 将采集的温度数据发送出去
**  输入参数:无
**  输出参数:无
**  返    回:无
**  说      明:temp_value 值为 234,代表实际温度值为 23.4 摄氏度
********************************************************************/
int main(void)
{
    SystemInit();                   //系统时钟初始化
    delay_init(72);                 //滴嗒时钟延时初始化
    DS18B20_GPIO_Config();          //DS18B20 的 GPIO 初始化
    Usart_Configuration();          //串口初始化
    RF_SPI_Init();                  //nRF24L01 的 GPIO 口及 SPI 接口配置
    init_24L01();                   //nRF24L01 寄存器初始化

    EXTI_Config();                  //外部中断配置
    NVIC_Config();                  //中断向量配置

    TX_Mode();                      //将 nRF24L01 置为发送模式
    irq_flag = 1;
    while(1)
     {
        Temp_Convert();             //DS18B20 采集温度,采集的温度数存入 temp_value 变量中
        delay_ms(50);
        if(irq_flag)                //有中断产生
         {
            irq_flag = 0;
            Tx_Buf[0] = temp_value/100 + 0x30;
            Tx_Buf[1] = temp_value % 100/10 + 0x30;
            Tx_Buf[2] = temp_value % 100 % 10 + 0x30;
            status = nRF24L01_TxPacket(Tx_Buf);            //发送温度数据
            printf(" Rx = % x\n",status);                  //串口打印发送状态

            NVIC_EnableIRQ(EXTI3_IRQn);                    //使能 EXTI_Line3 中断
         }
     }
}
```

11.8.8　nRF24L01 接收操作示例程序

nRF24L01 接收操作示例程序放在"示例程序→nRF24L01→Receive"文件夹中。
部分程序代码如下:

1. 接收程序 RF24L01. c 相关代码和注释

接收程序 11. 8. 3　RF24L01. c

```c
# include "stm32f10x.h"
# include "RF24L01.h"


u8   TX_ADDRESS[RX_ADR_WIDTH] = {0x54,0x11,0x34,0x33,0x96};        //发送到接收点的地址
u8 Rx_Address0[TX_ADR_WIDTH] = {0x10,0x19,0x90,0x04,0x19};         //接收通道 0 的地址
u8 Rx_Address1[TX_ADR_WIDTH] = {0x21,0x11,0x34,0x33,0x96};         //接收通道 1 的地址
u8 Rx_Address2[TX_ADR_WIDTH] = {0x32,0x11,0x34,0x33,0x96};         //接收通道 2 的地址
u8 Rx_Address3[TX_ADR_WIDTH] = {0x43,0x11,0x34,0x33,0x96};         //接收通道 3 的地址
u8 Rx_Address4[TX_ADR_WIDTH] = {0x54,0x11,0x34,0x33,0x96};         //接收通道 4 的地址
u8 Rx_Address5[TX_ADR_WIDTH] = {0x65,0x11,0x34,0x33,0x96};         //接收通道 5 的地址


/ ************************************************************
** 　函数名:RF_SPI_Init
** 　功能描述:nRF2401 的 SPI 接口及用到的 GPIO 初始化配置
** 　输入参数:无
** 　输出参数:无
** 　返　　回:无
   ************************************************************/
void RF_SPI_Init(void)
{
    RCC -> APB2ENR|= 1<<2;                //PORTA 时钟使能
    RCC -> APB2ENR|= 1<<3;                //PORTB 时钟使能
    RCC -> APB2ENR|= 1<<5;                //PORTD 时钟使能
    RCC -> APB1ENR|= 1<<14;               //SPI2 时钟使能
    RCC -> APB2ENR|= 1<<0;                //AFIO 辅助时钟时钟使能
    //PA3 -- IRQ,上拉输入
    GPIOA -> CRL& = 0XFFFF0FFF;
    GPIOA -> CRL|= 0X00008000;            //上/下拉输入
    GPIOA -> ODR|= 1<<3;                  //PA3 上拉
    //PD12 -- CE,推挽输出
    GPIOD -> CRH& = 0XFFF0FFFF;
    GPIOD -> CRH|= 0X00030000;

    //下面为 SPI2 接口初始化配置
    //引脚:MISO - PA14,MOSI - PA15,CLK - PA13,CSN - PA12
    GPIOB -> CRH& = 0X0000FFFF;           //PB13、14、15 复用输出
    GPIOB -> CRH|= 0XBBB30000;            //PB12 推挽输出
    GPIOB -> ODR|= 0XF000;                //PB12、13、14、15 上拉

    SPI2 -> CR1|= 0<<10;                  //全双工模式
```

```
    SPI2 ->CR1|= 1<<9;                          //软件 nss 管理
    SPI2 ->CR1|= 1<<8;

    SPI2 ->CR1|= 1<<2;                          //SPI 主机模式
    SPI2 ->CR1|= 0<<11;                         //8 位数据格式
    SPI2 ->CR1|= 0<<1;                          //空闲模式下 SCK 为 1,CPOL = 0
    SPI2 ->CR1|= 0<<0;                          //数据采样从第一个时间边沿开始,CPHA = 0
    SPI2 ->CR1|= 1<<3;                          //Fsck = 36 MHz/4(nRF24L01 的最大 SPI 时钟为 10 MHz)
    SPI2 ->CR1|= 0<<7;                          //MSBfirst

    SPI2 ->CR1|= 1<<6;                          //SPI 设备使能
}
/ ************************************************************
** 函数名:SPIx_ReadWriteByte
** 功能描述:SPI2 读/写 1 个字节函数
** 输入参数:data——需要发送的 1 字节数据
** 输出参数:无
** 返    回:返回读取的 1 字节数据
 ***********************************************************/
u8 SPIx_ReadWriteByte(u8 data)
{
    while((SPI2 ->SR&1<<1) == 0);               //等待发送区空
        SPI2 ->DR = data;                       //发送 1 字节
        while((SPI2 ->SR&1<<0) == 0);           //等待接收完 1 字节
        return SPI2 ->DR;                       //返回接收的数据
}
/ ************************************************************
** 函数名:RF_Write_Reg
** 功能描述:写 nRF24L01 的寄存器
** 输入参数:reg——寄存器地址
             value——写入的数据
** 输出参数:无
** 返    回:无
 ***********************************************************/
void RF_Write_Reg(u8 reg, u8 value)
{
    CSN_L;                                      //CSN = 0,使能 nRF24L01 片选
    SPIx_ReadWriteByte(reg);                    //写寄存器地址
    SPIx_ReadWriteByte(value);                  //写数据
    CSN_H;                                      //CSN = 1,不使能 nRF24L01 片选
}
/ ************************************************************
** 函数名:RF_Read_Reg
```

```
**  功能描述:读 nRF24L01 的寄存器
**  输入参数:reg——要读取的寄存器地址
**  输出参数:无
**  返    回:reg_val——读取的寄存器数据
****************************************************************/
u8 RF_Read_Reg(u8 reg)
{
    u8 reg_val;
    CSN_L;                                      //CSN = 0
    SPIx_ReadWriteByte(reg);                    //选择要读取的寄存器
    reg_val = SPIx_ReadWriteByte(0xff);         //读取数据
    CSN_H;                                      //CSN = 1
    return(reg_val);                            //返回读取的数据
}
/ ****************************************************************
**  函数名:RF_Read_Buf
**  功能描述:读 nRF24L01 的缓冲区数据
**  输入参数:reg——要读取的寄存器地址
                * pBuf——存储数据的数组地址指针
                bytes——读取的数据字节数
**  输出参数:无
**  返    回:status——返回状态字节
****************************************************************/
u8 RF_Read_Buf(u8 reg, u8 *pBuf, u8 bytes)
{
    u8 status,i;
    CSN_L;                                      //CSN = 0
    status = SPIx_ReadWriteByte(reg);           //选择寄存器
    for(i = 0;i<bytes;i + +)
        pBuf[i] = SPIx_ReadWriteByte(0Xff);     //连续读取 bytes 个字节数据
    CSN_H;                                      //CSN = 1
    return(status);
}
/ ****************************************************************
**  函数名:RF_Write_Buf
**  功能描述:写数据到 nRF24L01 的数据缓冲区
**  输入参数:reg——要写入的寄存器地址
                *pBuf——写入数据的数组地址指针
                bytes——写入的数据字节数
**  输出参数:无
**  返    回:status——返回状态字节
****************************************************************/
u8 RF_Write_Buf(u8 reg, u8 *pBuf,u8 bytes)
```

```
{
    u8 status,i;
    CSN_L;
    status = SPIx_ReadWriteByte(reg);                //选择要写入的寄存器
    for(i = 0; i<bytes; i++)                          //连续写入 bytes 个字节数据
        SPIx_ReadWriteByte(*pBuf++);
    CSN_H;
    return(status);
}
```

```
/* ************************************************************************
** 函数名:init_24L01
** 功能描述:nRF24L01 配置的初始化函数
** 输入参数:无
** 输出参数:无
** 返    回:无
** 备    注:没有用到的配置使用内部默认值
************************************************************************* */
void init_24L01(void)
{
    RF_Write_Reg(WRITE_REG + EN_AA, 0x3f);          //数据通道自动应答允许
    RF_Write_Reg(WRITE_REG + EN_RXADDR, 0x3f);      //接收数据通道允许
    RF_Write_Reg(WRITE_REG + SETUP_AW, 0x03);
                                                    //设置地址宽度(所有数据通道),5 字节宽度
    RF_Write_Reg(WRITE_REG + SETUP_RETR, 0x1a);
                    //设置自动重发间隔时间为 500 μs + 86 μs;最大自动重发次数为 10 次
    RF_Write_Reg(WRITE_REG + RF_CH,0);              //选择射频通道(0)
    RF_Write_Reg(WRITE_REG + RF_SETUP, 0X0f);
                    //射频寄存器,数据传输率(2 Mb/s),发射功率(0 dBm),低噪声放大器增益
    RF_Write_Reg(WRITE_REG + CONFIG, 0x0f);         //初始化为数据接收模式
}
```

```
/* ************************************************************************
** 函数名:RX_Mode
** 功能描述:将 nRF24L01 置为接收模式
** 输入参数:channel——接收通道
** 输出参数:无
** 返    回:无
************************************************************************* */
void RX_Mode(u8 channel)
{
    CE_L;
    if(channel == 0)
    {
        RF_Write_Buf((WRITE_REG + RX_ADDR_P0), Rx_Address0, TX_ADR_WIDTH);
```

STM32F 32 位 ARM 微控制器应用设计与实践(第 2 版)

331

```
            RF_Write_Reg(WRITE_REG + RX_PW_P0, 32);
                        //接收数据通道 0 的有效数据宽度(1～32 字节)
    }
    if(channel == 1)
    {
        RF_Write_Buf((WRITE_REG + RX_ADDR_P1), Rx_Address1, TX_ADR_WIDTH);
        RF_Write_Reg(WRITE_REG + RX_PW_P1, 32);
                        //接收数据通道 1 的有效数据宽度(1～32 字节)
    }
    if(channel == 2)
    {
        RF_Write_Buf(WRITE_REG + RX_ADDR_P1, Rx_Address1, 5);
        RF_Write_Buf((WRITE_REG + RX_ADDR_P2), Rx_Address2, TX_ADR_WIDTH);
        RF_Write_Reg(WRITE_REG + RX_PW_P2, 32);
                        //接收数据通道 2 的有效数据宽度(1～32 字节)
        RF_Write_Reg((WRITE_REG + RX_ADDR_P2), 0x32);
    }
    if(channel == 3)
    {
        RF_Write_Buf(WRITE_REG + RX_ADDR_P1, Rx_Address1, 5);
        RF_Write_Buf((WRITE_REG + RX_ADDR_P3), Rx_Address3, TX_ADR_WIDTH);
        RF_Write_Reg(WRITE_REG + RX_PW_P3, 32);
                        //接收数据通道 3 的有效数据宽度(1～32 字节)
        RF_Write_Reg((WRITE_REG + RX_ADDR_P3), 0x43);
    }
    if(channel == 4)
    {
        RF_Write_Buf(WRITE_REG + RX_ADDR_P1, Rx_Address1, 5);
        RF_Write_Buf((WRITE_REG + RX_ADDR_P4), Rx_Address4, TX_ADR_WIDTH);
        RF_Write_Reg(WRITE_REG + RX_PW_P4, 32);
                        //接收数据通道 4 的有效数据宽度(1～32 字节)
        RF_Write_Reg((WRITE_REG + RX_ADDR_P4), 0x54);
    }
    if(channel == 5)
    {
        RF_Write_Buf(WRITE_REG + RX_ADDR_P1, Rx_Address1, 5);
        RF_Write_Buf((WRITE_REG + RX_ADDR_P5), Rx_Address5, TX_ADR_WIDTH);
        RF_Write_Reg(WRITE_REG + RX_PW_P5, 32);
                        //接收数据通道 5 的有效数据宽度(1～32 字节)
        RF_Write_Reg((WRITE_REG + RX_ADDR_P5), 0x65);
    }

    RF_Write_Reg(WRITE_REG + EN_AA, 0x3f);        //使能所有通道的自动应答
```

```
    RF_Write_Reg(WRITE_REG + EN_RXADDR,0x3f);        //使能所有通道的接收地址
    RF_Write_Reg(WRITE_REG + RF_CH,0);               //设置 RF 通道为 0
    RF_Write_Reg(WRITE_REG + RF_SETUP,0x0f);
                    //设置 TX 发射参数,0db 增益,2 Mb/s,低噪声增益开启
    RF_Write_Reg(WRITE_REG + CONFIG,0x0f);
                    //配置基本工作模式的参数;PWR_UP,EN_CRC,16BIT_CRC,接收模式
    CE_H;               //CE 置高,进入接收模式
}
/* * * * * * * * * * * * * * * * * * * * * * * * * * * * * * * * * * * * * * * * * *
** 函数名:TX_Mode
** 功能描述:将 nRF24L01 置为发送模式
** 输入参数:无
** 输出参数:无
** 返    回:无
* * * * * * * * * * * * * * * * * * * * * * * * * * * * * * * * * * * * * * * * * */
void TX_Mode(void)
{
    CE_L;
    RF_Write_Buf((WRITE_REG + TX_ADDR), TX_ADDRESS, TX_ADR_WIDTH);
                    //写 TX_Address 到 nRF24L01
    RF_Write_Buf((WRITE_REG + RX_ADDR_P0), TX_ADDRESS, TX_ADR_WIDTH);
                    //设置自动应答通道 0 地址,RX_Addr0 与 TX_Adr 相同
    RF_Write_Reg(WRITE_REG + EN_AA,0x3f);        //使能所有通道的自动应答
    RF_Write_Reg(WRITE_REG + EN_RXADDR,0x3f);    //使能所有通道的接收地址
    RF_Write_Reg(WRITE_REG + SETUP_RETR,0x1a);
                    //设置自动重发间隔时间:500 μs + 86 μs;最大自动重发次数:10 次
    RF_Write_Reg(WRITE_REG + RF_CH,0);           //设置 RF 通道为 0
    RF_Write_Reg(WRITE_REG + RF_SETUP,0x0f);
                    //设置 TX 发射参数,2 Mb/s,低噪声增益开启
    RF_Write_Reg(WRITE_REG + CONFIG,0x0e);
            //配置基本工作模式的参数;PWR_UP,EN_CRC,16BIT_CRC,接收模式,开启所有中断
    CE_H;                                        //CE 置高,10 μs 后启动发送
}
/* * * * * * * * * * * * * * * * * * * * * * * * * * * * * * * * * * * * * * * * * *
** 函数名:nRF24L01_RxPacket
** 功能描述:nRF24L01 数据包接收,采用硬等待方式
** 输入参数:*rx_buf——存储数据的数组地址指针
** 输出参数:无
** 返    回:0xff,错误;0~5 为相应通道值
* * * * * * * * * * * * * * * * * * * * * * * * * * * * * * * * * * * * * * * * * */
u8 nRF24L01_RxPacket(u8 *rx_buf)
{
    u8 status;
```

```
        status = RF_Read_Reg(STATUS);              //读取状态寄存器的值
        RF_Write_Reg(WRITE_REG + STATUS,status);
        if(status&RX_OK)                           //接收到数据
        {
            RF_Read_Buf(RD_RX_PLOAD,rx_buf,RX_PLOAD_WIDTH);    //读取数据
            RF_Write_Reg(FLUSH_RX,0xff);           //清除 RX FIFO 寄存器
            if(status&Ch0)                         //通道 0 接收到数据
                return Ch0;
            if(status&Ch1)                         //通道 1 接收到数据
                return Ch1;
            if(status&Ch2)                         //通道 2 接收到数据
                return Ch2;
            if(status&Ch3)                         //通道 3 接收到数据
                return Ch3;
            if(status&Ch4)                         //通道 4 接收到数据
                return Ch4;
            if(status&Ch5)
                return Ch5;                        //通道 5 接收到数据

        }
        else
            return 0xff;                           //没收到任何数据
}
/*******************************************************************
** 函数名:nRF24L01_TxPacket
** 功能描述:nRF24L01 发送数据
** 输入参数:*tx_buf——要发送的数据首地址指针
** 输出参数:无
** 返    回:发送完成状态
*******************************************************************/
u8 nRF24L01_TxPacket(u8 *tx_buf)
{
    u8 status;
    CE_L;                                          //CE = 0
    RF_Write_Buf(WR_TX_PLOAD, tx_buf, TX_PLOAD_WIDTH);    //装载数据
    RF_Write_Reg(WRITE_REG + CONFIG, 0x0e);
                                       // IRQ 收发完成中断响应,16 位 CRC,主发送
    CE_H;                              //置高 CE,激发数据发送
    while(RF_IRQ! = 0);                //等待发送完成
    status = RF_Read_Reg(STATUS);      //读取状态寄存器的值
    RF_Write_Reg(WRITE_REG + STATUS,status);    //清除 TX_DS 或 MAX_RT 中断标志
    if(status&MAX_TX)                  //达到最大重发次数
    {
```

```
        RF_Write_Reg(FLUSH_TX,0xff);           //清除 TX FIFO 寄存器
        return MAX_TX;
    }
    else if(status&TX_OK)                        //发送完成
    {
        return TX_OK;
    }
    else
        return 0xff;                              //其他原因发送失败
}
```

2. 接收主程序 main.c 相关代码和注释

接收主程序 11.8.4　main.c

```
#include "stm32f10x.h"
#include "RF24L01.h"


u8 irq_flag = 1;
u8 status;                                        //状态标志
u8 Tx_Buf[32] = {"temperature is high!"};
u8 Rx_Buf[32];
/* ***********************************************************
** 函数名:EXTI_Config
** 功能描述:外部中断配置
** 输入参数:无
** 输出参数:无
** 返    回:无
*********************************************************** */
void EXTI_Config(void)
{
    EXTI_InitTypeDef EXTI_InitStructure;
    //PA3 接 nRF24L01 的中断引脚 IRQ
    GPIO_EXTILineConfig(GPIO_PortSourceGPIOA,GPIO_PinSource3);  //PA3
    EXTI_ClearITPendingBit(EXTI_Line3);                          //清除 3 线标志位
    EXTI_InitStructure.EXTI_Mode = EXTI_Mode_Interrupt;
    EXTI_InitStructure.EXTI_Trigger = EXTI_Trigger_Falling;     //下降沿触发中断
    EXTI_InitStructure.EXTI_Line = EXTI_Line3;
    EXTI_InitStructure.EXTI_LineCmd = ENABLE;
    EXTI_Init(&EXTI_InitStructure);
}
/* ***********************************************************
** 函数名:NVIC_Config
** 功能描述:中断向量配置
```

```
**   输入参数:无
**   输出参数:无
**   返    回:无
**********************************************************************/
void NVIC_Config(void)
{
    NVIC_InitTypeDef NVIC_InitStructure;
    NVIC_PriorityGroupConfig(NVIC_PriorityGroup_2);
    NVIC_InitStructure.NVIC_IRQChannel = EXTI3_IRQn;            //外部中断线 3
    NVIC_InitStructure.NVIC_IRQChannelPreemptionPriority = 0;
    NVIC_InitStructure.NVIC_IRQChannelSubPriority = 1;
    NVIC_InitStructure.NVIC_IRQChannelCmd = ENABLE;
    NVIC_Init(&NVIC_InitStructure);
}
/ *************************************************************
**   函数名:EXTI3_IRQHandler
**   功能描述:外部中断线 3 中断服务程序
**   输入参数:无
**   输出参数:无
**   返    回:无
**********************************************************************/
void EXTI3_IRQHandler(void)
{
    if(EXTI_GetITStatus(EXTI_Line3) != RESET )
    {
        EXTI_ClearITPendingBit(EXTI_Line3);           //清除中断标志位
        NVIC_DisableIRQ(EXTI3_IRQn);                  //关闭 EXTI_Line3 中断
        irq_flag = 1;
    }
}
/ *************************************************************
**   函数名:main
**   功能描述:将无线接收的数据用串口打印出来
**   输入参数:无
**   输出参数:无
**   返    回:无
**   说    明:
**********************************************************************/
int main(void)
{
    SystemInit();                                     //系统时钟初始化
    delay_init(72);                                   //滴嗒时钟延时初始化
    Usart_Configuration();                            //串口初始化
```

```
    RF_SPI_Init();                              //nRF24L01 的 GPIO 口及 SPI 接口配置
    EXTI_Config();                              //外部中断配置
    NVIC_Config();                              //中断向量配置

    init_24L01();                               //nRF24L01 寄存器初始化
    RX_Mode(0);                                 //配置接收通道 0
    RX_Mode(4);                                 //配置接收通道 4
    irq_flag = 1;
    while(1)
    {
        if(irq_flag)                            //有中断产生
        {
            irq_flag = 0;
            status = nRF24L01_RxPacket(Rx_Buf); //得到状态,接收数据
            //printf(" status = % x\n",status);
            if(status! = 0xff)                  //接收到数据
            {
                if(status == Ch4)               //判断通道 4 是否有数据
                {
                    printf(" ch4 = % s\n",Rx_Buf);
                }
            }
            NVIC_EnableIRQ(EXTI3_IRQn);         //使能 EXTI_Line3 中断
        }
    }
}
```

11.9　DDS AD9852 的使用

11.9.1　DDS AD9852 的主要技术特性

　　AD9852 是一种高集成度的、采用先进的 DDS 技术的数字频率合成器芯片,芯片内部包括一个带 48 位相位累加器的 NCO、可编程的基准时钟倍频器、反向 sinc 滤波器、数字倍频器、两个 12 位 300 MHz DACs、高速模拟比较器和接口逻辑电路。若接上一个精密的时钟源,AD9852 可以产生一个非常稳定的、频率和相位振幅可编程的余弦输出,可以在通信、雷达等应用中用做本机振荡器。

　　AD9852 高速 DDS 核可提供 48 位的频率分辨率(300 MHz 系统时钟,1 μHz 的调谐分辨率)。AD9852 电路可产生 150 MHz 的输出信号,能以频率为 1×10^8 Hz 的速率进行数位调谐。余弦波(外部滤波)输出可以通过内部比较器而转换为方波,作为灵活的时钟发生器使用。

AD9852 芯片内部提供了两个 14 位相位寄存器,并为 BPSK(Binary Phase Shift Keying,二进制相移键控)操作提供了一个单独控制引脚端。对于更高要求的 PSK 操作,用户可以使用 I/O 接口进行相位编程。12 位的余弦 DAC,结合了更新的 DDS 结构,提供极好的宽带或者窄带输出 SFDR(Spurious - Free Dynamic Range,无杂散动态范围)。12 位的数字倍频器允许可编程振幅调制,余弦 DAC 输出精确的振幅。

AD9852 内部有一个可编程的 $(4\sim20)\times$RFECLK 倍频器,可以通过一个较低频率的外部基准时钟产生 300 MHz 的内部时钟。外部的 300 MHz 时钟可以由单端或差分输入形式提供。

AD9852 的控制接口简单,可以采用 100 MHz 的串行 2 线式或 3 线式 SPI 兼容接口或 100 MHz 并行 8 位编程接口。AD9852 使用独立的电源,具有多级低功耗控制功能。AD9852 采用 LQFP - 80 封装。

AD9852 适用于灵活的 LO(Local Oscillator,本机振荡器)频率合成系统、可编程时钟发生器,并可作为雷达和扫描系统的 FM 线性调频脉冲,还可用于设备的检验和测量,以及商业或业余的 RF 发射器。

AD9852 有热增强型 80 - lead LQFP 和普通型 80 - lead LQFP 两种封装形式。前者可选封装为 SQ - 80,芯片名称 AD9852ASQ;后者可选封装为 ST - 80,芯片名称为 AD9852AST。有关 AD9852 的引脚端封装形式和引脚功能的更多内容请查询"Analog Devices inc. CMOS 300 MSPS Complete - DDS AD9852. www. analog. com/dds"或者参考文献[28]。

11.9.2　AD9852 的内部结构与功能

1. 内部结构与功能

AD9852 是由 ADI 公司生产的高性能 DDS 芯片[27-28],主要由 DDS 核心、寄存器、DAC、数字乘法器、反辛格函数滤波器、比较器、I/O 接口等电路组成。输入参考时钟有单端和差分两种输入方式,其频率转换速度可达每秒 1×10^8 个频率点。其芯片内部功能方框图如图 11.9.1 所示,主要功能分述如下:

(1) 可编程乘法器

用户可以直接提供给 AD9852 稳定的高频率时钟源,也可以为低价的低频率时钟源,经过时钟乘法器倍频到所需的系统时钟频率,最高时钟为 300 MHz。低频率的时钟信号经过 AD9852 内部的时钟乘法器,实现从 4 到 20 的整数倍频,作为系统时钟信号。时钟乘法器外部有环路滤波器,包括 1.3 kΩ 的电阻和 0.01 μF 的电容,对时钟乘法器 PLL 进行补偿,使得整个环路的性能达到最佳。

(2) 加法器

通过在相位累加器的后面加上一个加法器,可以使输出正弦波的相位延时与相位控制字相一致。加法器的长度决定了相位控制字的位数,即相位的分辨率。在 AD9852 中,相位控制字为 14 位。

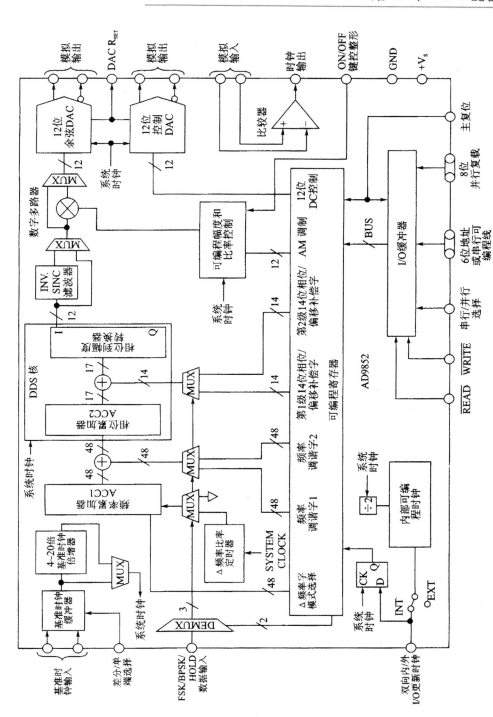

图 11.9.1　AD9852芯片内部结构方框图

（3）反向 SINC 滤波器

由 AD9852 内部的 DDS 核心部件输出的数字信号，经过内部集成的 DAC 将数字信号转换为模拟信号，DAC 的输出波形呈阶梯状，阶梯的形成是由 DAC 在下一次采样到来之前进行的采样保持造成的，这种频谱为 SINC 包络。反向 SINC 滤波器是一个 17 个抽头的线性相位 FIR 滤波器。该滤波器可以对 DAC 输出的频谱进行预校正，使其输出幅度在奈奎斯特带宽内保持平坦。但是反向 SINC 有 3.1 dB 的插入损耗，并且功耗很大，考虑到功耗问题时，可关闭不用。

（4）数字乘法器

在正弦波形查询表和 DAC 之间插入一个数字乘法器，用来对输出正弦波进行幅度调制。数字乘法器的宽度决定了输出幅度的分辨率。

（5）附加高速 DAC

在输出端增加一个高速 DAC，用于提供余弦输出，这使得 AD9852 可输出精确的正交信号，并且它能够当做一个可控 DAC 在不同应用中使用。

（6）高速比较器

这个集成在 AD9852 内部的比较器可以将 DAC 输出的正弦信号转换成方波信号，便于用做时钟发生器。

（7）频率/相位寄存器

这些寄存器用于对频率和相位控制字进行预编程，然后通过一根控制线执行相应的操作。这种结构也支持用一根输入线实现 FSK 调制。它具有单脚 FSK 和 PSK 数据接口，并可实现自动双向频率扫描功能。

2. 调制信号的产生

（1）AM 信号的产生

设需要产生一个载波频率为 f_0，调制频率为 f 的幅度调制信号，给 AD9852 输入一个 48 位的频率控制字，便产生一个频率为 f_0 的固定幅度的载波。AD9852 可以通过数字乘法器控制输出信号的幅度，要产生一个调制频率为 f 的振幅调制信号，只需产生一系列随着调制信号幅度变化的幅度控制字，便可直接产生数字式的调幅波。AM 信号产生原理如图 11.9.2 所示。

图 11.9.2　AD9852 产生 AM 信号的原理方框图

（2）FM 信号的产生

对于计数容量为 2 的相位累加器和具有 N 个相位取样点的正弦波波形存储器，若频率控制字为 K，输出信号频率为 f_0，参考时钟频率为 f_c，则 DDS 系统输出信号的频率为

$$f_0 = \frac{f_c K}{2^N} \tag{11.9.1}$$

根据式(11.9.1),通过改变频率控制字 K,可以迅速改变输出信号的频率。因此,FM 信号的产生和前面的 AM 信号产生相似,按照调制信号幅度的变化,实时改变频率控制字使输出的频率随调制信号的幅度变化。

AD9852 可以通过改变工作模式,产生线性调频信号(Chirp),通过改变时间步进量(斜率计数器)和频率步进量(频率字)来产生不同斜率,从而实现非线性扫频。FM 信号产生原理如图 11.9.3 所示。

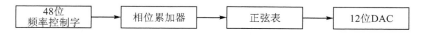

图 11.9.3　AD9852 产生 FM 信号的原理方框图

(3) 二进制 PSK 信号的产生

两点(二元或两相位)相移键控是在预先设置好的两个 14 位相移量中快速切换。其控制信号为芯片的一个引脚 BPSK,BPSK 端的逻辑状态选择相移量,当为低时,选择相位 1;为高时,选择相位 2。在 BPSK 上输入巴克码信号,则输出信号为二相巴克码信号。

(4) 二进制 ASK 信号的产生

DDS 集成芯片 AD9852 内部包含"通断整形键控"。"通断整形键控"功能使用户控制数/模变换器的输出幅度渐变上升和下降,可减小反冲频谱,幅度突变会在很宽的频谱范围内产生冲击,要用此功能首先使数字乘法器有效,输出幅度渐变可在内部自动进行,也可由用户编程控制。当数字乘法器的输入值全为 0 时,输入信号乘以 0,产生零幅度;数字乘法器全为 1 时,输入信号乘以 1,是满幅度。

11.9.3　AD9852 的工作模式

AD9852 有五种可编程工作模式。若要选择一种工作模式,需要对控制寄存器(并行地址 1F hex)内的 3 个数位进行编程,如表 11.9.1 所列。

表 11.9.1　AD9852 模式选择表

Mode2	Mode1	Mode0	模　式
0	0	0	Single‐Tone(单音调)
0	0	1	UnRamped FSK(FSK)
0	1	0	Ramped FSK(斜坡 FSK)
0	1	1	Chirp(调频)
1	0	0	BPSK

在各种模式下,有一些功能是不允许的。表 11.9.2 列出了一些重要功能和它们对于每种模式的有效性。

表 11.9.2　功能有效性与工作模式的关系

模　式	相位调节 1	相位调节 2	单端FSK/BPSK或 HOLD	单端键控整形	相位偏移补偿或调制	幅度控制或调制	反相正弦滤波器	频率调谐字 1	频率调谐字 2	自动频率扫描
单音调	√	×	×	√	√	√	√	√	×	×
FSK	√	×	×	√	√	√	√	√	√	×
斜坡 FSK	√	×	×	√	√	√	√	√	√	×
线性调频脉冲	√	×	√	√	√	√	√	√	×	√
BPSK	√	√	√	√	√	√	√	√	×	×

(1) 单音调模式(Single‑Tone)(000 模式)

上电或复位后的默认模式就是这种模式,频率控制字寄存器的默认值为零。加电或复位后的默认值定义一个安全的无输出状态,产生一个 0 Hz、0 相位的输出信号。默认的零幅度设置模式从 I 和 Q 两个数/模变换器中输出的都是直流,幅度为中等输出电流所对应的幅度。用户要得到所需的输出信号,必须编程 28 个寄存器中的一些或全部。频率控制字的值由以下等式决定:

$$FTW = 输出频率 \times 2^{48} / 系统时钟频率$$

其中:48 是相位累加器为 48 位,频率用 Hz 表示,频率控制字 FTW 是十进制数。算出十进制数,要四舍五入成整数,然后转化为二进制数。

频率变化时相位是连续的,这就是说新频率用的是旧频率的最后相位作为起始相位。单音调模式下用户控制信号的输出频率(精度是 48 位)、输出幅度(精度是 12 位)、输出相位(14 位精度)。这些参数可通过字节率为 100 MHz 的 8 位并行或字节率为 10 MHz 的串行编程接口改变或调制,可得到 FM、AM、PM、FSK、ASK 工作方式。

(2) 无过渡频移键控模式(UnRamped FSK)(001 模式)

当选择这种模式时,DDS 的输出频率是频率控制字寄存器 1 和频率控制字寄存器 2 的值及"FSK 输入端"的逻辑电平的函数。"FSK 输入端"为逻辑低时,选择 F1(频率控制字 1);而"FSK 输入端"为逻辑高时,选择 F2(频率控制字 2)。频率变化是相位连续的,而且几乎是瞬时的。除了 F2 和"FSK 输入端"有效外,这种模式等同于单音调模式。

图 11.9.4 表示一种无过渡频移键控。这种工作方式既简单又可靠,是数据通信最可靠的形式,其缺点是占用频带宽。另一种频移键控方式——斜坡频移键控模式能节省频带宽度。

(3) 斜坡频移键控模式(Ramped FSK)(010 模式)

这种频移键控从 F1 变化到 F2 不是瞬时的,而是经过一个频率扫描过程或者说是"斜坡过渡",此处"斜坡"一词表示频率扫描是线性的。线性扫频在 010 模式下由

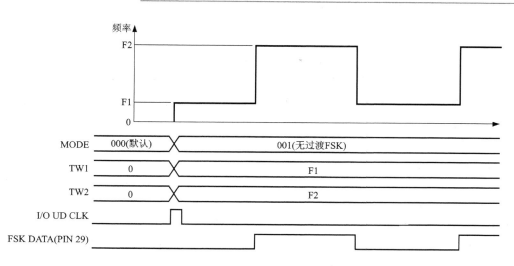

图 11.9.4　无过渡频移键控

AD9852 自动完成，很容易实现。线性扫频只是许多频率过渡方式中的一种，非线性的频率过渡可通过快速分段改变线性扫频斜率的方法来实现。

　　无论是线性的还是非线性的频率过渡方式，除了输出两个起始频率 F1、F2 外，还要输出很多中间频率。图 11.9.5 表示线性斜坡频移键控信号的频率与时间的关系曲线。

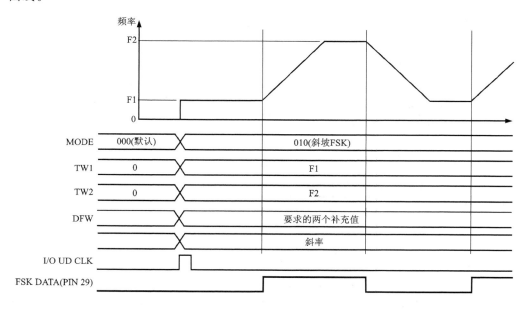

图 11.9.5　斜坡频移键控

　　斜坡频移键控用渐变的用户定义的频率变化替代瞬时频率变化，比传统的频移键控提供更好的带宽容量。在 F1 和 F2 上的停留时间可以等于或远大于中间频率停留时间。F1 和 F2 的持续时间、中间频率点的数量和在每个频率点上的停留时间均由用户控制。不同于无过渡频移键控，斜坡频移键控要求最低频率存入 F1 寄存器，最高频率存入 F2 寄存器。有关的几个寄存器必须编程，以设置 DDS 的中间频率变化的步进量（48 位）和每一步所持续的时间（20 位）。在工作开始之前频率累加器必须清零，以保证频率累加器从全零输出状态开始。每个中间频率点的持续时间为 $(N+1)\times$ 系统时钟周期，其中 N 为用户编程的 20 位斜率时钟计数器的初值，其允许范围是 $1\sim(2^N-1)$。F1 和 F2 的持续时间由"FSK 输入端"在目标频率到达后，继续保持高电平或低电平的持续时间决定。

48 位"$\triangle$ 频率"寄存器设置频率的步进量，每收到一个来自斜率计数器的时钟脉冲，频率累加器就与"$\triangle$ 频率"寄存器累加一次，然后就在 F1 或 F2 频率字上加上或减去该累加值，最后再赋给相位累加器。输出频率按照"FSK 输入端"的逻辑状态倾斜上升或下降，上升或下降的斜率是斜率时钟的函数。一旦到达目标频率，就终止频率累加过程。

一般来说，$\triangle$ 频率字与 F1 和 F2 频率字相比要小得多。比如，假设频率 F1 和 F2 是 13 MHz 相差 1 kHz，那么 $\triangle$ 频率字可能只是 25 Hz。

在到达目标频率前，FSK DATA 端的逻辑状态发生变化，则频率扫描立即反向，开始以同样的斜率和分辨率返回到起始频率，如图 11.9.6 所示。

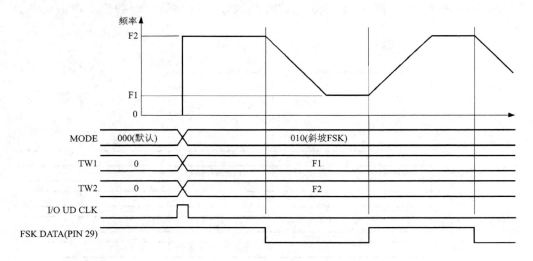

图 11.9.6　FSK DATA 作用

010 模式还有一种"三角形"扫频功能。用户设置最低频率 F1、最高频率 F2、步进量、每个频率点的停留时间，输出频率将自动从 F1 线性扫描到 F2，然后自动从 F2 扫描到 F1。在扫描过程中，各个频率点上停留时间相等，而且无须触发 FSK DATA 端，如图 11.9.7 所示。自动频率扫描可以从 F1 也可以从 F2 开始，这由开始工作时 FSK DATA 端的逻辑状态决定。如果 FSK DATA 端是低电平就选择 F1 作为起始频率；高电平则选择 F2 作为起始频率。

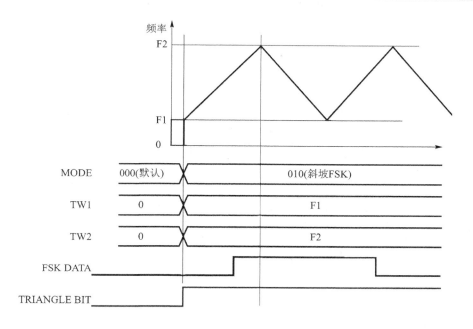

图 11.9.7　三角波扫频

　　斜坡频移键控模式在 F1 过渡到 F2（反之亦然）期间具有快速响应 48 位频率字和 20 位斜率计数器的变化的能力。利用这个特点，把若干段斜率不同的线性过渡连接起来，就可形成非线性频率扫描。首先执行一个某种斜率的线性过渡，然后再改变斜率（通过改变斜率时钟或 △ 频率字，或两者都变），就可实现上述功能。

　　非线性 Chirp（调频）如图 11.9.8 所示。斜坡频移键控模式的功能和 Chirp（调频）模式的主要区别是，频移键控模式限制在 F1 和 F2 范围内工作，而 Chirp（调频）模式没有 F2 频率限制。

　　利用 AD9852 的控制寄存器，还可实现其他功能，在 Chirp（调频）模式下，有一个控制寄存器的 CLR ACC1 位，可清除频率累加器（ACC1）的输出，其结果是中断当前频率扫描，频率复位到起始点 F1 或 F2，然后以原有的斜率继续倾斜上升（或下降），形成锯齿波扫频，如图 11.9.9 所示。即使已经到达目标频率 F1 和 F2，也会发生这种情况。

　　其次，还有一个同时清除频率累加器（ACC1）和相位累加器（ACC2）的控制位 CLR ACC2。当这一位有效时，频率累加器和相位累加器被清除，导致 0 Hz 输出。

（4）Chirp 模式(011 模式)

　　这个模式又称为脉冲调频。脉冲调频可采用任意扫频方式，但大多数的 Chirp 系统都采用线性 FM 扫描方式。这是一种扩谱调制，可以实现"处理增益"。如图 11.9.8 所示，通过改变时间步进量（斜率计数器）和频率步进量（△ 频率字）来产生不同斜率，从而实现非线性扫频。

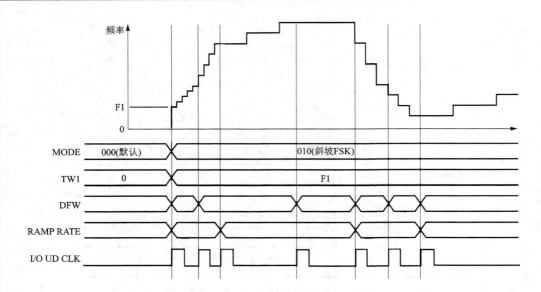

图 11.9.8　非线性 Chirp(调频)

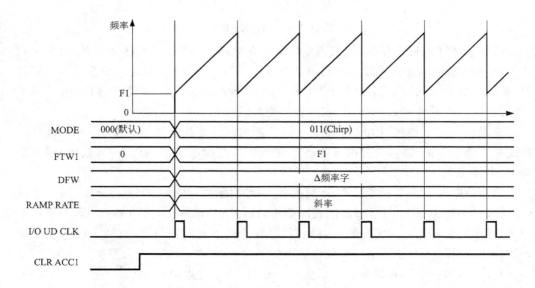

图 11.9.9　Chirp(调频)模式中 CLR ACC1 的作用

由用户定义的频率范围 FTW1～FTW2、持续时间、频率分辨率和扫描方向,可采用内部产生线性扫频,也可采用外部编程产生非线性扫频。可以是脉冲波,也可以是连续波。

△频率字采用二进制补码,可正可负,这就可以定义 Chirp(调频)的扫描方向。如果 △频率字是负(最高位为高电平)的,则频率从 FTW1 向负方向扫描(频率递减);如果 △频率字是正(最高位为低电平)的,则频率从 FTW1 向正方向扫描(频率递增)。

在 Chirp（调频）模式下，可实现瞬时返回起始频率 FTW1 或 0 Hz，第一是用 CLR ACC1 位清除频率累加器，其结果是中断当前 Chirp（调频），把频率复位到 FTW1，然后以原来的斜率和方向继续扫描。Chirp（调频）模式下清除 48 位频率累加器（ACC1）的工作过程如图 11.9.9 所示。△ 频率字不受 CLR ACC1 位影响。

其次是用 CLR ACC2 控制位同时清除频率累加器（ACC1）和相位累加器（ACC2），输出 0 Hz，实现脉冲调频。图 11.9.10 表示 CLR ACC2 位对 DDS 输出频率的作用。CLR ACC2 位为高电平时，可对寄存器重新编程，改变 FTW1 和斜率。

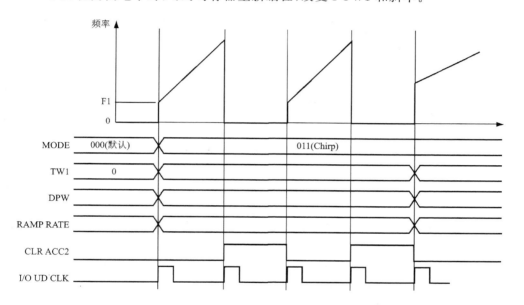

图 11.9.10　Chirp（调频）模式中 CLR ACC2 的作用

只有 Chirp（调频）模式才有的另一项功能是"保持"端。这个功能可使送给斜率计数器的时钟停止，从而终止送给频率累加器的时钟脉冲。其结果是停止扫频，使输出频率保持在"保持"端有效时的频率上。"保持"端释放后，时钟恢复，扫频继续进行。在保持状态下，用户可改变寄存器的值；然而，斜率计数器必须以原来的斜率恢复工作，直到计数为零，才能载入新斜率计数初值。图 11.9.11 表示"保持"功能对 DDS 输出频率的影响。

用户要建立复杂 Chirp（调频）或复杂斜坡频移键控时，可以利用 32 位自动 I/O 更新计数器。由于这个内部计数器与 AD9852 的系统时钟同步，能够在精确时间上实现扫频的程控变化。

在 Chirp（调频）模式中，目标频率不能直接给定，而由频率步进和扫描时间决定，如果扫描时间足够长，可一直扫描到最高输出频率。

当到达用户希望的目标频率后，扫描如何进行由用户选择，共有以下几种选择：

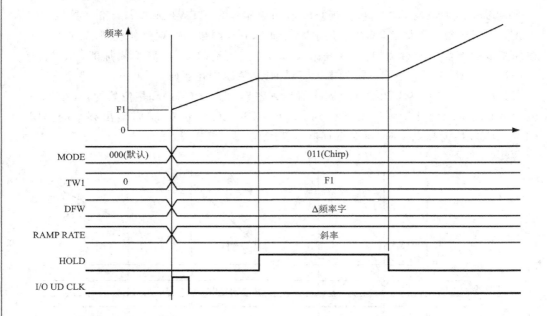

图 11.9.11　HOLD 功能

① 使用"保持"端或给频率累加器的 △ 频率字寄存器装载全零,使扫描停止并使输出保持在目标频率上。

② 停止使用"保持"端功能,然后用数字乘法器和整形键控端(引脚 30)或通过编程寄存器控制,使输出幅度倾斜下降到零。

③ 利用 CLL ACC2 位突然终止扫描过程。

④ 以线性或用户控制的方式,沿着相反方向继续扫描,返回起始频率。这时 △ 频率字的正负号要改变。

⑤ 利用 CLR ACC1 控制位立即返回到起始频率 F1,以锯齿波形式继续重复原来的扫频过程。利用 32 位更新时钟在精确的时间间隔上发出 CLR ACC1 指令,可建立一个自动的重复扫频,调节时间间隔或改变 △ 频率字会改变扫描范围。

(5) 两点相移键控模式(BPSK)(100 模式)

两点(二元或两相位)相移键控意思是在预先设置好的两个 14 位相移量中快速切换,这种切换同时影响 AD9852 的两个 D/A 变换器。BPSK 端的逻辑状态选择相移量,当为低时,选择相位 1;当为高时,选择相位 2。图 11.9.12 表示输出载波四个周期的相位变化。如果需要一般相移,则应选择单调模式,用串行或高速并行总线编程相位寄存器。

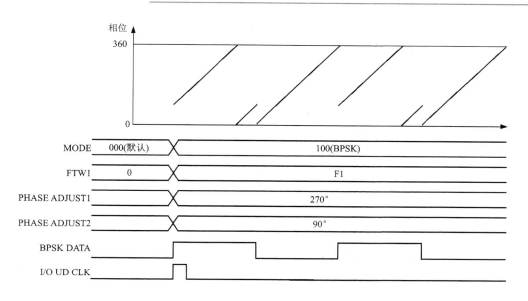

图 11.9.12　两点相移键控模式

11.9.4　AD9852 的工作时序

　　AD9852 支持 8 位并行 I/O 操作和与 SPI 兼容的串行 I/O 操作，所有的寄存器均可在每种 I/O 模式下写入和读出。引脚 70 用于选择 I/O 操作模式，接高电平时表示系统使用并行编程模式，接低电平时表示使用串行编程模式。

　　无论选择哪种模式，只有在写入缓冲存储器的 I/O 端口数据传入寄存器页面后才能执行相应的操作。控制 AD9852 工作时，首先要将频率控制字，选择工作模式及各种功能命令字写入 AD9852 的寄存器内，然后由外部或内部（可编程设置）的更新时钟，将控制字、命令字送入 AD9852 的 DDS 核心执行。

　　AD9852 内部的 39 个 8 位寄存器可分为 12 部分：相位控制字寄存器 1 和 2 各占 2 字节，频率控制字寄存器 1 和 2 各占 6 字节，频率增量寄存器占 6 字节，更新时钟寄存器为 4 字节，斜率时钟寄存器为 3 字节，控制寄存器为 4 字节，其余的输出幅度键控寄存器、输出幅度键控斜率寄存器和控制 DAC 寄存器各占 2 字节。

　　下面介绍 AD9852 的 3 线 SPI 通信方式。

1. AD9852 的 SPI 时序

　　AD9852 的串行接口引脚定义如表 11.9.3 所列。

表 11.9.3　AD9852 串行通信引脚定义

引脚号	引脚名	功　能
1～8	D7～D0	8 位双向并行编程数据输入端口。仅在并行编程模式中使用。在 SPI 模式应用时,连接到 VDD 或者 GND(地)
14～16	A5～A3	编程寄存器的 6 位并行地址输入。仅使用于并行编程模式。在 SPI 模式应用时,连接到 VDD 或者 GND(地)
17	A2/(I/O RESET)	允许串行通信总线的 I/O RESET 端。这种方式下串行总线的复位既不影响以前的编程,也不调用"默认"编程值。高电平有效
18	A1/SDO	在三线式串行通信模式中使用的单向串行数据输入端口
19	A0/SDIO	在两线式串行通信模式中使用的双向串行数据输入/输出端口
20	I/O UDCLK	双向 I/O 更新时钟。I/O 方向在控制寄存器内被选择。如果被选择作为输入,时钟上升沿将传输 I/O 端口缓冲区内的内容到编程寄存器。如果 I/O UD 被选作输出(默认值),在 8 个系统时钟周期后,输出脉冲从低到高变化,说明内部频率更新已经发生
21	WRB/SCLK	写并行数据到 I/O 端口的缓冲区。与 SCLK 共同起作用。串行时钟信号与串行编程总线相关联。数据在时钟上升沿被装入。该引脚在并行模式被选时,与 WRB 共同起作用。模式取决于引脚 70(S/P Select)的状态
22	RDB/CSB	从编程寄存器读取并行数据。参与 CSB 的功能。片选信号与串行编程总线相关联。低电平有效。该引脚在并行模式被选时,与 RDB 引脚共同起作用

AD9852 的引脚 22 RDB/CSB 作为串行总线的片选信号,I/O RESET 是串口总线复位信号,SCLK 是串口时钟信号,这里采用的是 3 线串口通信模式,数据输入 SDIO 及数据输出 SDO 单独控制,I/O UDCLK 是更新时钟信号。CPOL＝0,CPHA＝0,串行通信工作的时序如图 11.9.13 和图 11.9.14 所示。

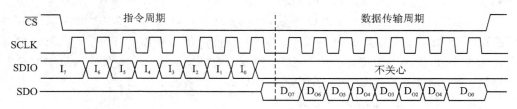

图 11.9.13　3 线串行通信读时序图

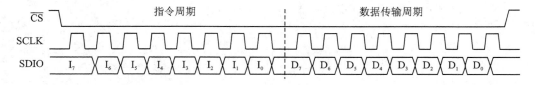

图 11.9.14　3 线串行通信写时序图

　　AD9852 的串行通信周期分为 2 个阶段,SCLK 的前 8 个上升沿对应于指令周期,在指令周期中,可以向 AD9852 的串口控制器发送命令字来控制随后进行的串行数据传输。数据传输周期从 SCLK 的第 9 个上升沿开始,输入数据在时钟上升沿写入,输出的数据则在时钟的下降沿读出。由串口传送的数据首先被写入 I/O 缓存寄存器中,当系统接收到有效的更新信号时,才将这些数据写入内部控制寄存器组,完成相应的功能。当完成了通信周期后,AD9852 的串口控制器认为接下来的 8 个系统时钟的上升沿对应的是下一个通信周期的指令字。当 I/O SESET 引脚出现一个高电平输入时,将会立即终止当前的通信周期;当 I/O RESET 引脚状态回到低电平时,AD9852 串口控制器认为接下来的 8 个系统时钟的上升沿对应的是下一个通信周期的指令字,这一点对保持通信的同步十分有益。

2. 与串行通信有关的寄存器

　　与串行通信有关的寄存器如表 11.9.4 所列。

表 11.9.4　与串行通信有关的寄存器

串行地址	寄存器功能	默认值
0x00	相位寄存器♯1[13:8](15,14 位无效) 相位寄存器♯1[7:0]	0x00
0x01	相位寄存器♯2[13:8](15,14 位无效) 相位寄存器♯2[7:0]	0x00
0x02	频率转换♯1[47:40] 频率转换字♯1[39:32] 频率转换字♯1[31:24] 频率转换字♯1[23:16] 频率转换字♯1[15:8] 频率转换字♯1[7:0]	0x00
0x03	频率转换字♯2[47:40] 频率转换字♯2[39:32] 频率转换字♯2[31:24] 频率转换字♯2[23:16] 频率转换字♯2[15:8] 频率转换字♯2[7:0]	0x00
0x04	三角步进频率字[47:40] 三角步进频率字[39:32] 三角步进频率字[31:24] 三角步进频率字[23:16] 三角步进频率字[15:8] 三角步进频率字[7:0]	0x00

串行地址	寄存器功能	默认值
0x05	更新时钟计数器[31:24] 更新时钟计数器[23:16] 更新时钟计数器[15:8] 更新时钟计数器[7:0]	0x00
0x06	边沿速率计数器[19:16](23,22,21,20 位不起作用) 边沿速率计数器[15:8] 边沿速率计数器[7:0]	0x00
0x08	输出幅度乘法器 I[11:8](15,14,13,12 位不起作用) 输出幅度乘法器 I[7:0]	0x00
0x09	未用[11:8] 未用[7:0]	0x00
0x0A	输出边沿变化率控制器[7:0]	0x00
0x0B	QDAC,Q 通道 D/A 输入[11:8] QDAC,Q 通道 D/A 输入[7:0]	0x00

其中控制寄存器各位描述如表 11.9.5 所列。

表 11.9.5　控制寄存器各位描述

地址	7	6	5	4	3	2	1	0	默认值
0x07	N[31]	N	N	比较器	0	控制 DAC	I 通道 DAC	数字部分[24]	0x10
	N[23]	PLL 范围	PLL 低通	倍频 4 位	倍频 3 位	倍频 2 位	倍频 1 位	倍频 0 位[16]	0x64
	ACC1 清零[15]	ACC2 清零	Triangle	N	模式位 2	模式位 2	模式位 2	内部更新[8]	0x01
	N[7]	开输出滤波	OSK 使能	OSK 模式	N	N	串行地位字节优先	SDO 有效[0]	0x20

11.9.5　AD9852 的应用电路

AD9852 的应用电路如图 11.9.15 所示。

注：目前网上有 AD9852 成品模块可以购买。

AD9852 与 STM32F103VET6 引脚连接如图 11.9.16 所示。

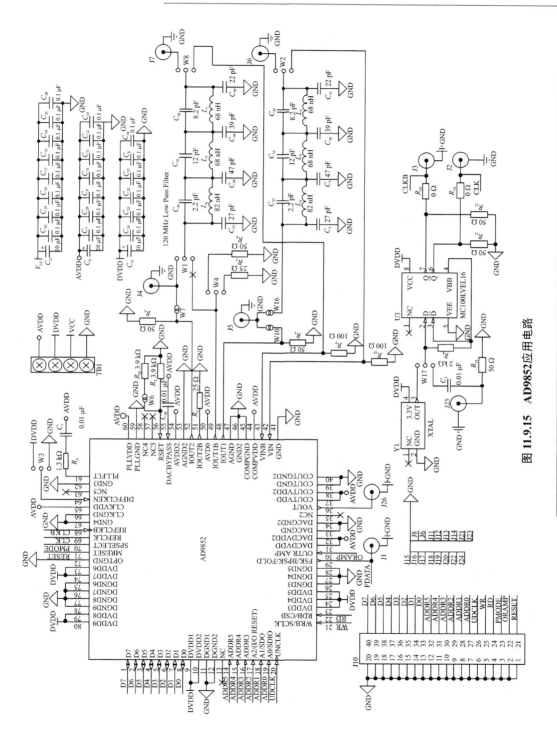

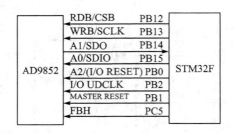

图 11.9.16　AD9852 与控制器引脚连接图

11.9.6　AD9852 操作示例程序设计

AD9852 操作示例程序流程图如图 11.9.17 所示。

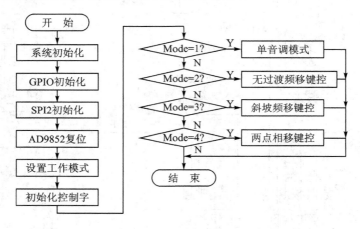

图 11.9.17　AD9852 操作示例程序流程图

本示例程序采用外部更新时钟,即 0x07 控制寄存器第 8 位 I/O UDCLK 为 0,先将要写入寄存器的数据送入 FIFO 中,在更新脉冲时钟下将数据从 FIFO 送入寄存器。

AD9852 的控制 DAC 是电流型输出 DAC,使用时需要转换为电压输出,输出引脚为 OUT2 及 $\overline{\text{OUT2}}$。

要使用 AD9852 的内部比较器,需要使能比较器,即将比较器位设为 0。

如果不使能幅度调节功能,AD9852 波形输出为满幅,使能幅度调节功能可以设置输出波形峰值大小。先初始化 AD9852 的工作模式,然后根据不同模式进行设置。

11.9.7　AD9852 操作示例程序

AD9852 操作示例程序放在"示例程序→AD9852"文件夹中。主程序 main.c 相关代码和注释如下:

主程序 11.9.1　main.c

```
# include "stm32f10x.h"
# include "AD9852.h"
```

```
# include "delay.h"


/ * * * * * * * * * * * * * * * * * * * * * * * * * * * * * * * * * * * * * * * * * * * * * * * * * * * *
**   函数名:AD9852_GPIO_Config
**   功能描述:AD9852 的 GPIO 配置
**   输入参数:无
**   输出参数:无
**   返    回:无
* * * * * * * * * * * * * * * * * * * * * * * * * * * * * * * * * * * * * * * * * * * * * * * * * * * * */
void AD9852_GPIO_Config(void)
{
    RCC ->APB2ENR|= 1<<2;                    //PORTA 时钟使能
    RCC ->APB2ENR|= 1<<3;                    //PORTB 时钟使能
    RCC ->APB2ENR|= 1<<4;                    //PORTC 时钟使能
    //CS -- PB12
    //IORESET -- PB0
    //MASTERESET -- PB1
    //UDCLK -- PB2
    //FBH -- PC5
    RCC ->APB2ENR|= 1<<0;                    //AFIO 辅助时钟时钟使能
    //PB0、PB1、PB2 推挽输出
    GPIOB ->CRL &= 0xfffff000;
    GPIOB ->CRL |= 0x00000333;
    //FBH -- PC5        OSK -- PC4 推挽输出
    GPIOC ->CRL &= 0xff00ffff;
    GPIOC ->CRL |= 0x00330000;
}
/ * * * * * * * * * * * * * * * * * * * * * * * * * * * * * * * * * * * * * * * * * * * * * * * * * * * *
**   函数名:main
**   功能描述:实现对 AD9852 的基本操作
**   输入参数:无
**   输出参数:无
**   返    回:无
* * * * * * * * * * * * * * * * * * * * * * * * * * * * * * * * * * * * * * * * * * * * * * * * * * * * */
int main(void)
{
u8 mode = 2;
    SystemInit();                           //系统初始化
    delay_init(72);                         //延时初始化
    AD9852_GPIO_Config();                   //AD9852 的 GPIO 初始化
    SPI2_Init();                            //SPI2 初始化
    //Usart_Configuration(); 串口初始化
```

```
        //下面根据实际情况选择不同工作模式
    if(mode == 1)
        Single_Tone();                              //单调模式
    else if(mode == 2)
        Unramped_FSK();                             //无过渡频移键控模式
    else if(mode == 3)
        Ramped_FSK();                               //斜坡频移键控模式
    else if(mode == 4)
        DDS_BPSK();                                 //两点相移键控模式
    while(1);
}
```

第 **12** 章

I²C 的使用

12.1　STM32F 的 I²C

12.1.1　I²C 接口基本原理与结构

内部集成电路总线 I²C 总线(Inter Integrated Circuit BUS)是由 Philips 公司推出的二线制串行扩展总线,用于连接微控制器及其外围设备。I²C 总线是具备总线仲裁和高低速设备同步等功能的高性能多主机总线,直接用导线连接设备,通信时无需片选信号。

在 I²C 总线上,只需要串行数据 SDA 线和串行时钟 SCL 线两条线,它们用于总线上器件之间的信息传递。SDA 和 SCL 都是双向的。每个器件都有一个唯一的地址以供识别,而且各器件都可以作为一个发送器或接收器(由器件的功能决定)。

I²C 总线有如下操作模式:主发送模式、主接收模式、从发送模式、从接收模式。下面介绍其通用传输过程、信号及数据格式。

1. I²C 总线的启动和停止信号

当 I²C 接口处于从模式时,要想传输数据,必须检测 SDA 线上的启动信号,启动信号由主器件产生。如图 12.1.1 所示,在 SCL 信号为高电平时,SDA 产生一个由高变低的电平变化,即产生一个启动信号。当 I²C 总线上产生启动信号后,这条总线就被发出启动信号的主器件占用,变成"忙"状态;如图 12.1.1 所示,在 SCL 信号为高电平时,SDA 产生一个由低变高的电平变化,产生停止信号。停止信号也由主器件产生,其作用是停止与某个从器件之间的数据传输。当 I²C 总线上产生一个停止信号后,在几个时钟周期之后总线就被释放,变成"闲"状态。

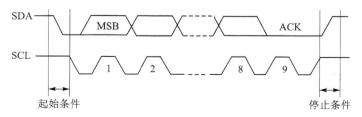

图 12.1.1　I²C 总线启动和停止信号的定义

主器件产生一个启动信号后,它还会立即送出一个从地址,用来通知将与它进行数据通信的从器件。1 字节的地址包括 7 位的地址信息和 1 位的传输方向指示位。第 7 位如果为 0,则表示马上要进行一个写操作;如果为 1,则表示马上要进行一个读操作。

2. 数据传输格式

SDA 线上传输的每个字节的长度都是 8 位,每次传输中字节的数量是没有限制的。在起始条件后面的第一字节是地址域,之后每个传输的字节后面都有一个应答(ACK)位。传输中串行数据的 MSB(字节的高位)首先发送。

3. 应答信号

为了完成 1 字节的传输操作,接收器应在接收完 1 字节后发送 ACK 位到发送器,告诉发送器已收到这个字节。ACK 脉冲信号在 SCL 线上第 9 个时钟处发出(前面8个时钟完成 1 字节数据的传输,SCL 上的时钟都是由主器件产生的)。当发送器要接收 ACK 脉冲时,应该释放 SDA 信号线,即将 SDA 置高。接收器在接收完前面 8 位数据后,将 SDA 拉低。发送器探测到 SDA 为低,就认为接收器成功接收了前面的 8 位数据。

4. 总线竞争的仲裁

I²C 总线上可以挂接多个器件,有时会发生两个或多个主器件同时想占用总线的情况。

I²C 总线具有多主控能力,可对发生在 SDA 线上的总线竞争进行仲裁,其仲裁原则是:当多个主器件同时想占用总线时,如果某个主器件发送高电平,而另一个主器件发送低电平,则发送电平与此时 SDA 总线电平不符的那个器件将自动关闭其输出级。

总线竞争的仲裁是在两个层次上进行的。首先是地址位的比较,如果主器件寻址同一个从器件,则进入数据位的比较,从而确保了竞争仲裁的可靠性。由于是利用 I²C 总线上的信息进行仲裁,所以不会造成信息的丢失。

5. I²C 总线的数据传输过程

① 开始:主设备产生启动信号,表明数据传输开始。

② 地址:主设备发送地址信息,包含 7 位的从设备地址和 1 位的数据方向指示位(读或写位,表示数据流的方向)。

③ 数据:根据指示位,数据在主设备和从设备之间进行传输。数据一般以 8 位传输,最重要的位放在前面;具体能传输多少数据并没有限制。接收器产生 1 位的 ACK(应答信号)表明收到了每个字节。传输过程可以被中止和重新开始。

④ 停止:主设备产生停止信号,结束数据传输。

12.1.2　STM32F 的 I²C 简介

STM32F 的 I²C 总线接口连接微控制器和串行 I²C 总线。它提供多主机功能,控制所有 I²C 总线特定的时序、协议、仲裁和定时。支持标准和快速两种模式,同时与 SMBus 2.0 兼容。

I²C 模块有多种用途,包括 CRC 码的生成和校验、系统管理总线 SMBus(System Management Bus)和电源管理总线 PMBus(Power Management Bus)。根据特定设备的需要,可以使用 DMA 以减轻 CPU 的负担。

I²C 模块接收和发送数据,并将数据从串行转换成并行,或并行转换成串行。可以开启或禁止中断。接口通过数据引脚(SDA)和时钟引脚(SCL)连接到 I²C 总线。允许连接到标准(高达 100 kHz)或快速(高达 400 kHz)的 I²C 总线。

接口可以选择从发送器模式、从接收器模式、主发送器模式、主接收器模式四种模式中的一种运行。I²C 模块默认地工作于从模式。接口在生成起始条件后自动地从从模式切换到主模式;当仲裁丢失或产生停止信号时,则从主模式切换到从模式。允许多主机功能。

主模式时,I²C 接口启动数据传输并产生时钟信号。串行数据传输总是以起始条件开始并以停止条件结束。起始条件和停止条件都是在主模式下由软件控制产生的。

从模式时,I²C 接口能识别它自己的地址(7 位或 10 位)和广播呼叫地址。软件能够控制开启或禁止广播呼叫地址的识别。

数据和地址按 8 位/字节进行传输,高位在前。跟在起始条件后的 1 或 2 字节是地址(7 位模式为 1 字节,10 位模式为 2 字节)。地址只在主模式发送。在 1 字节传输的 8 个时钟后的第 9 个时钟期间,接收器必须回发一个应答位(ACK)给发送器。

有关 STM32F I²C 接口的更多内容请参考"STM32F 参考手册"的相关章节。

12.2　STM32F I²C 的示例程序设计

12.2.1　STM32F 的 I²C 初始化配置

STM32F I²C 初始化设置步骤如下:

① 使能 I²C 时钟及 I²C 复用 GPIO 的时钟。

② 初始化 I²C 复用的 GPIO,I2C1 对应 PB6 及 PB7,方向配置为开漏输出,外设硬件 SCL 及 SDA 必须加上拉电阻。

③ I²C 基本配置:

> I²C 模式设置,本示例设置为 I²C 模式。
> 设置快速模式时占空比,当 I²C 工作于快速模式时有意义,本示例设置为 Tlow/Thigh=2。
> 设置第一个设备地址。
> 应答使能。
> 设置应答地址位,本示例设置为 7 位应答地址。
> 设置 I²C 时钟频率,标准最高 100 kHz,快速模式可达 400 kHz。
> 使能 I²C,最后初始化 I²C 结构体。

12.2.2　24Cxx 系列 EEPROM 简介

24 系列 EEPROM 是一种普遍使用的非易失性存储器(NVM)[29]。24Cxx 中 xx 的单位是 kb,例如 24C08,其存储容量为 8 kb。

注意:不同型号的 24 系列 EEPROM 其工作电压、地址引脚、输入电平和上拉电阻等参数有可能不同,使用时需要仔细阅读该型号器件的数据手册。

1. 器件地址

当总线上连接多个 I²C 器件时,需要对器件进行寻址。器件地址如表 12.2.1 所列,其中 E2、E1、E0 是指三个引脚的状态,取决于是接地还是接高电平,R/W 为 1 则为读操作,为 0 则为写操作。A8、A9、A10、A16 指的是所要操作的字节地址的高位。

表 12.2.1　器件地址

芯　片	位 7	位 6	位 5	位 4	位 3	位 2	位 1	位 0
24C01/02/21	1	0	1	0	E2	E1	E0	R/W
24C04	1	0	1	0	E2	E1	A8	R/W
24C08	1	0	1	0	E2	A9	A8	R/W
24C16	1	0	1	0	A10	A9	A8	R/W
24C32/64	1	0	1	0	E2	E1	E0	R/W
24C128/256/512	1	0	1	0	0	E1	E0	R/W
24C1024	1	0	1	0	0	E1	A16	R/W

2. 字节地址

在对芯片内的某一字节或一连续地址进行读/写操作时,需要选定其地址或首字节的地址,不同芯片地址有不同的表示方式,如表 12.2.2 所列,其中有些芯片的地址位的高位存储在器件地址中。

表 12.2.2　字节地址

芯　片	地址位数	地址范围
24C01	位[7:0]	0x00～0x7F
24C02	位[7:0]	0x00～0xFF
24C04	A8,位[7:0]	0x00～0x1FF
24C08	A9,A8,位[7:0]	0x00～0x3FF
24C16	A10,A9,A8,位[7:0]	0x00～0x7FF
24C32	位[15:8],位[7:0]	0x00～0xFFF
24C64	位[15:8],位[7:0]	0x00～0x1FFF
24C128	位[7:0]	0x00～0x3FFF

续表 12.2.2

芯　片	地址位数	地址范围
24C256	位[7:0]	0x00～0x7FFF
24C512	位[7:0]	0x00～0xFFFF
24C1024	A16,位[15:8],位[7:0]	0x00～0x1FFFF

3. 读/写时序

24 系列 EEPROM 一般在电路中做从器件,以下的发送和接收都是针对主器件说明的,开始和结束条件也由主器件发出[28]。

(1) 单字节写操作

单字节写操作如图 12.2.1 所示,按"页"写操作开始(START)→发送器件地址→应答(ACK)→发送字节地址→ACK→发送数据→ACK→停止(STOP)。

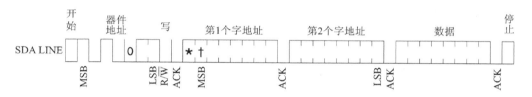

图 12.2.1　单字节写操作

(2) 按"页"写操作

"页"是指高位地址一样的一组数据,对于 24C01/02/04/08/16,一页数据为 16 字节,一页是指高 4 位地址一样的一组数据。对于 24C32/24C64,一页数据为 32 字节,一页是指高 11 位地址一样的一组数据。对于 24C02 有两种,24C02A 每页大小是 16 字节,而 24C02B 每页大小为 8 字节。在跨页连续写时需要注意。

按"页"写操作如图 12.2.2 所示,操作过程:开始→发送器件地址→ACK→发送页首地址→ACK→发送数据(n)→ACK···→发送数据(n+x)→ACK→停止。

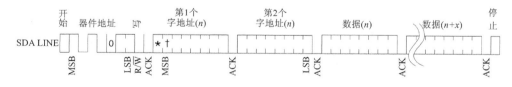

图 12.2.2　按"页"写操作

(3) 随机单字节读操作

随机单字节读操作如图 12.2.3 所示,操作过程:开始→发送器件地址(写)→ACK→发送字节地址→ACK→开始→发送器件地址(读)→ACK→接收数据→NO ACK→停止。

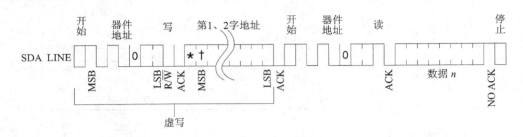

图 12.2.3　随机单字节读操作

4. 当前单字节读操作

"当前"指的是前面进行过读操作，但没有 STOP，芯片内部"指针"指的字节即为"当前"字节。

当前单字节读操作如图 12.2.4 所示，操作过程：开始→发送器件地址（读）→ACK→接收数据→NO ACK→停止。

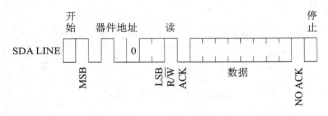

图 12.2.4　当前单字节读操作

5. 随机连续字节读操作

随机连续字节读操作如图 12.2.5 所示，操作过程：开始→发送器件地址（写）→ACK→发送字节首地址→ACK→开始→发送器件地址（读）→ACK→接收数据（n）→ACK→…→ACK→接收数据（最后字节）→NO ACK→停止。

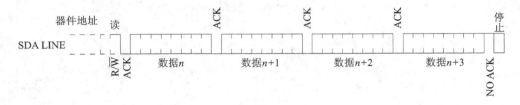

图 12.2.5　随机连续字节读操作

6. 当前连续字节读操作

与当前单字节读操作类似，操作过程：开始→发送器件地址（读）→ACK→接收数据（n）→ACK→…→ACK→接收数据（最后字节）→NO ACK→停止。

7. "页"读/写操作应注意的一些问题

24Cxx 系列的 EEPROM 为了提高写效率,提供了页写功能,内部有个一页大小的写缓冲 RAM,地址范围当然就是从 00 到一页大小。进行写操作时,开始送入的地址对应的页被选中,并将其内容映射到缓冲 RAM,数据从低端地址对应的缓冲 RAM 地址开始修改,超过这个地址范围就回到 00,写完后,就会把开始确定的 EEPROM 页擦除,再把一整页 RAM 数据写入。所有写数据都发生在开始写地址时确定的页上。

例如,页容量为 128,页都是从 00 开始按 128 字节分成一个个的页,0 页就是 0～7F,1 页就是 80～FF,以此类推,边界就是 128 字节的整数倍地址。页 RAM 的地址范围为 7 位 00～7F,写入时高端地址就是页号。进行写操作,开始送入的地址对应的页被锁存,后续不论写多少,都在这个页中,只是一个页内的地址加一,超过就归零重新开始。从 F0 开始写 32 字节,那么开始送入的地址为 F0,就会锁定在 1 号页(第 2 个页)上,底端 7 位页内部地址开始从 70H 开始写,到达 7F 时回到 00 再到 10H,也就是写在了 F0～FF,80～8F。也就是说,从 01 开始写也只能到 7F,再往 80 写就跑到 00 上去了,这就是写操作的翻卷,器件的数据手册(datasheet)上都有说明。就是从边界前写 2 字节也要分两次写。页是绝对的,按整页大小排列,不是从写入的地址开始算。

读没有页的问题,可以从任意地址开始读取任意大小数据,只是超过整个存储器容量时地址才回卷。但一次性访问的数据长度也不要太大。所以,分页的存储器要做好存储器管理,同时读/写的数据尽量放在一页上。

12.2.3　24Cxx 系列 EEPROM 示例程序设计

1. 注意跳页操作

本示例使用的是 24C02B,它的页大小是 8 字节,即最多可以对其进行 8 字节的连续写操作。所以,在使用时要特别注意跳页操作,例如下面的操作是错误的:

```
I2C_EE_PageWrite(pBuffer,0xb7,0x03);
```

注:I2C_EE_PageWrite 是不跨页连续页写函数,第一个形参为要写入数据的数组,第二个形参为要写入的数据串在 EEPROM 中的首地址,第三个形参为要写入数据串的字节数。

上面的函数执行是想从地址 0xB7 开始对 EEPROM 写入 3 字节的数据(数据放在缓冲区)。

这是不能实现的,因为 24C02B 是 8 字节 1 页,即 0xb0～0xb7 是一页,而 0xb8～0xbf 是另外一页,这里有跳页操作,因此要分两次来进行写操作:

```
I2C_EE_PageWrite(pBuffer1,0xb7,0x01);
延时 10 ms;
I2C_EE_PageWrite(pBuffer1,0xb8,0x02);
```

为了实现跳页连续写操作,程序中定义了函数 I2C_EE_BufferWrite,可实现跳页连续写操作。

2. 注意检测相应标志状态位

STM32F 的 I²C 比较特殊,当发送起始位、地址、发送数据、发送停止位后,都需要等待检测相应标志状态位。同时,在写字节与读字节间需要等待总线为待命状态,用到函数 I2C_EE_WaitEepromStandbyState(void)。

3. 建立工程

打开工程模板,在原来工程基础上,将库文件 stm32f10x_i2c.c 添加到工程中,并使能对应的头文件。工程建好后的界面如图 12.2.6 所示。

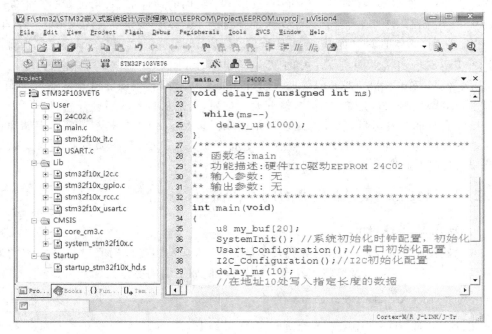

图 12.2.6 I²C 工程界面

12.2.4 24Cxx 系列 EEPROM 示例程序

24Cxx 系列 EEPROM 操作示例程序放在"示例程序→IIC→EEPROM"文件夹中。部分程序代码如下:

1. 24C02.c 相关代码和注释

24C02 程序 12.2.1 24C02.c

```
#include "24C02.h"
#include "stm32f10x.h"
```

```
#define I2C_Speed                    800000
#define I2C1_SLAVE_ADDRESS7          0xA0
#define I2C_PageSize                 8
#define EEPROM_ADDRESS 0xA0
/ * * * * * * * * * * * * * * * * * * * * * * * * * * * * * * * * * * * * * * * * * * *
**  函数名:I2C_Configuration
**  功能描述:I²C 初始化配置
**  输入参数:无
**  输出参数:无
* * * * * * * * * * * * * * * * * * * * * * * * * * * * * * * * * * * * * * * * * * * */
void I2C_Configuration(void)
{
    I2C_InitTypeDef   I2C_InitStructure;
    GPIO_InitTypeDef  GPIO_InitStructure;

    RCC_APB1PeriphClockCmd(RCC_APB1Periph_I2C1,ENABLE);          //使能 I²C 时钟
    RCC_APB2PeriphClockCmd(RCC_APB2Periph_GPIOB│RCC_APB2Periph_AFIO, ENABLE);
                                                        //使能 GPIOB 时钟及复用时钟
    // PB6,7 SCL and SDA * /
    GPIO_InitStructure.GPIO_Pin = GPIO_Pin_6│GPIO_Pin_7;     //PB6、PB7 外部带上拉
    GPIO_InitStructure.GPIO_Speed = GPIO_Speed_50MHz;
    GPIO_InitStructure.GPIO_Mode = GPIO_Mode_AF_OD;             //复用开漏输出
    GPIO_Init(GPIOB, &GPIO_InitStructure);

    I2C_DeInit(I2C1);                                          //按默认参数初始化 I2C1
    I2C_InitStructure.I2C_Mode = I2C_Mode_I2C;                 //设置为 I²C 模式
    I2C_InitStructure.I2C_DutyCycle = I2C_DutyCycle_2;
                //I²C 快速模式 Tlow/Thigh=2,I²C 工作于快速模式时有意义
    I2C_InitStructure.I2C_OwnAddress1 = I2C1_SLAVE_ADDRESS7;   //设置第一个设备地址
    I2C_InitStructure.I2C_Ack = I2C_Ack_Enable;               //使能应答
    I2C_InitStructure.I2C_AcknowledgedAddress = I2C_AcknowledgedAddress_7bit;
                                                          //应答 7 位地址
    I2C_InitStructure.I2C_ClockSpeed = I2C_Speed;            //设置时钟频率 40 kHz
    I2C_Cmd(I2C1, ENABLE);                                    //使能 I2C1
    I2C_Init(I2C1, &I2C_InitStructure);                     //按以上参数初始化结构体
}
/ * * * * * * * * * * * * * * * * * * * * * * * * * * * * * * * * * * * * * * * * * * *
**  函数名:I2C_EE_BufferWrite
**  功能描述:可跨页在任意地址开始写数据
**  输入参数:pBuffer——指向要写入数据数组的指针
            WriteAddr——24c02 中要写入数据的首地址
            NumByteToWrite——写入的字节数
**  输出参数:无
```

```
*********************************************************/
void I2C_EE_BufferWrite(uint8_t * pBuffer, uint8_t WriteAddr, uint16_t NumByteToWrite)
{
  uint8_t NumOfPage = 0, NumOfSingle = 0, Addr = 0, count = 0;

  Addr = WriteAddr % I2C_PageSize;                    //写入地址是每页的第几位
  count = I2C_PageSize - Addr;                        //在开始的第一页要写入的数据个数
  NumOfPage = NumByteToWrite / I2C_PageSize;          //要写入的页数
  NumOfSingle = NumByteToWrite % I2C_PageSize;        //不足一页的个数
  //I2C_EE_WaitEepromStandbyState();                  //等待 EEPROM 为待命状态
  /* 如果写入地址是页的开始 */
  if(Addr == 0)
  {
    /* 如果数据小于一页 */
    if(NumOfPage == 0)
    {
      I2C_EE_PageWrite(pBuffer, WriteAddr, NumOfSingle);   //写少于一页的数据
      I2C_EE_WaitEepromStandbyState();                     //等待 EEPROM 为待命状态
    }
    /* 如果数据大于等于一页 */
    else
    {
      while(NumOfPage -- )                                 //要写入的页数
      {
        I2C_EE_PageWrite(pBuffer, WriteAddr, I2C_PageSize); //写一页的数据
        I2C_EE_WaitEepromStandbyState();                    //等待 EEPROM 为待命状态
        WriteAddr += I2C_PageSize;
        pBuffer += I2C_PageSize;
      }

      if(NumOfSingle! = 0)                                  //剩余数据小于一页
      {
        I2C_EE_PageWrite(pBuffer, WriteAddr, NumOfSingle);  //写少于一页的数据
        I2C_EE_WaitEepromStandbyState();                    //等待 EEPROM 为待命状态
      }
    }
  }
  /* 如果写入地址不是页的开始 */
  else
  {
    /* 如果数据小于一页 */
    if(NumOfPage == 0)
    {
```

```
      I2C_EE_PageWrite(pBuffer, WriteAddr, NumOfSingle);        //写少于一页的数据
      I2C_EE_WaitEepromStandbyState();
    }
    /*  如果数据大于等于一页  */
    else
    {
      NumByteToWrite − = count;
      NumOfPage  =    NumByteToWrite / I2C_PageSize;            //重新计算要写入的页数
      NumOfSingle = NumByteToWrite % I2C_PageSize;             //重新计算不足一页的个数

      if(count ! = 0)
      {
        I2C_EE_PageWrite(pBuffer, WriteAddr, count);           //将开始的空间写满一页
        I2C_EE_WaitEepromStandbyState();
        WriteAddr + = count;
        pBuffer + = count;
      }
      while(NumOfPage − − )                                    //要写入的页数
      {
        I2C_EE_PageWrite(pBuffer, WriteAddr, I2C_PageSize);
        I2C_EE_WaitEepromStandbyState();
        WriteAddr + =   I2C_PageSize;
        pBuffer + = I2C_PageSize;
      }
      if(NumOfSingle ! = 0)                                    //剩余数据小于一页
      {
        I2C_EE_PageWrite(pBuffer, WriteAddr, NumOfSingle);     //写少于一页的数据
        I2C_EE_WaitEepromStandbyState();                       //等待 EEPROM 为待命状态
      }
    }
  }
}
/ * * * * * * * * * * * * * * * * * * * * * * * * * * * * * * * * * * * * * * * * * * * * * *
* *  函数名:I2C_EE_ByteWrite
* *  功能描述:写一字节数据到 EEPROM
* *  输入参数:pBuffer——指向要写入数据数组的指针
              WriteAddr——24C02 中要写入数据的首地址
* *  输出参数:无
* * * * * * * * * * * * * * * * * * * * * * * * * * * * * * * * * * * * * * * * * * * * * * */
void I2C_EE_ByteWrite(uint8_t * pBuffer,uint8_t WriteAddr)
{
  / * 产生 I2Cx 传输 START 条件 * /
  I2C_GenerateSTART(I2C1, ENABLE);
```

STM32F 32 位 ARM 微控制器应用设计与实践(第 2 版)

```
    //设置主机模式
    while(!I2C_CheckEvent(I2C1, I2C_EVENT_MASTER_MODE_SELECT));
    /*向指定的从 I²C 设备传送地址字,选择为发送方向*/
    I2C_Send7bitAddress(I2C1, EEPROM_ADDRESS, I2C_Direction_Transmitter);
    //等待这次选择过程完成
    while(!I2C_CheckEvent(I2C1, I2C_EVENT_MASTER_TRANSMITTER_MODE_SELECTED));
    /* 发送写入到 EEPROM 的内部地址*/
    I2C_SendData(I2C1, WriteAddr);
    //等待字节发送完成
    while(!I2C_CheckEvent(I2C1, I2C_EVENT_MASTER_BYTE_TRANSMITTED));
    /* 通过外设 I2Cx 发送地址*/
    I2C_SendData(I2C1, * pBuffer);
    //等待直到字节发送完成
    while(!I2C_CheckEvent(I2C1, I2C_EVENT_MASTER_BYTE_TRANSMITTED));
    /*产生 I2Cx 传输 STOP 条件*/
    I2C_GenerateSTOP(I2C1, ENABLE);
}
/ *************************************************************
** 函数名:I2C_EE_PageWrite
** 功能描述:写少于一页的数据到 EEPROM
** 输入参数:pBuffer——指向要写入数据数组的指针
            WriteAddr——24C02 中要写入数据的首地址
            NumByteToWrite——写入的字节数
** 输出参数:无
 ************************************************************* /
void I2C_EE_PageWrite(uint8_t * pBuffer, uint8_t WriteAddr, uint8_t NumByteToWrite)
{
    /ensidor*等待总线空闲*/
    while(I2C_GetFlagStatus(I2C1, I2C_FLAG_BUSY));
    /*产生 I2Cx 传输 START 条件*/
    I2C_GenerateSTART(I2C1, ENABLE);
    //设置主机模式
    while(!I2C_CheckEvent(I2C1, I2C_EVENT_MASTER_MODE_SELECT));
    /*向指定的从 I²C 设备传送地址字,选择为发送方向*/
    I2C_Send7bitAddress(I2C1, EEPROM_ADDRESS, I2C_Direction_Transmitter);
    //等待选择过程完成
    while(!I2C_CheckEvent(I2C1, I2C_EVENT_MASTER_TRANSMITTER_MODE_SELECTED));
    /* 通过外设 I2Cx 发送地址*/
    I2C_SendData(I2C1, WriteAddr);
    //等待字节发送完成
    while(!I2C_CheckEvent(I2C1, I2C_EVENT_MASTER_BYTE_TRANSMITTED));
    /*直到数据写完*/
    while(NumByteToWrite -- )
```

```
  {
    /*  发送当前字节数据 */
    I2C_SendData(I2C1, * pBuffer);
    /*  指针指向下一个要写的数据  */
    pBuffer + + ;
    //等待字节发送完成
    while (! I2C_CheckEvent(I2C1, I2C_EVENT_MASTER_BYTE_TRANSMITTED));
  }
  /*  停止条件 */
  I2C_GenerateSTOP(I2C1, ENABLE);
}
/ * * * * * * * * * * * * * * * * * * * * * * * * * * * * * * * * * * * * * *
* *  函数名:I2C_EE_BufferRead
* *  功能描述:将 EEPROM 的数据读入到指针指向的缓冲数组中
* *  输入参数:pBuffer——指向要保存读出数据的数组的指针
             ReadAddr——24C02 中要读出数据的首地址
             NumByteToRead——读出的字节数
* *  输出参数:无
* * * * * * * * * * * * * * * * * * * * * * * * * * * * * * * * * * * * * * * */
void I2C_EE_BufferRead(uint8_t * pBuffer, uint8_t ReadAddr, uint16_t NumByteToRead)
{
    I2C_EE_WaitEepromStandbyState();      //等待 EEPROM 为待命状态
  while(I2C_GetFlagStatus(I2C1, I2C_FLAG_BUSY));
  /* 产生起始条件  */
  I2C_GenerateSTART(I2C1, ENABLE);
  while(! I2C_CheckEvent(I2C1, I2C_EVENT_MASTER_MODE_SELECT));
  //向指定的从 I²C 设备传送地址字,选择发送方向
  I2C_Send7bitAddress(I2C1, EEPROM_ADDRESS, I2C_Direction_Transmitter);
  while(! I2C_CheckEvent(I2C1, I2C_EVENT_MASTER_TRANSMITTER_MODE_SELECTED));
  I2C_Cmd(I2C1, ENABLE);
  //发送要读取的 EEPROM 数据的起始地址
  I2C_SendData(I2C1, ReadAddr);
  while(! I2C_CheckEvent(I2C1, I2C_EVENT_MASTER_BYTE_TRANSMITTED));
  /* 再次发送起始条件 */
  I2C_GenerateSTART(I2C1, ENABLE);
  while(! I2C_CheckEvent(I2C1, I2C_EVENT_MASTER_MODE_SELECT));

  /* 向指定的从 I²C 设备传送地址字,选择接收方向 */
  I2C_Send7bitAddress(I2C1, EEPROM_ADDRESS, I2C_Direction_Receiver);
  while(! I2C_CheckEvent(I2C1, I2C_EVENT_MASTER_RECEIVER_MODE_SELECTED));
  /* 直到读取完成 */
  while(NumByteToRead)
  {
```

```
        if(NumByteToRead == 1)
        {
            /* 禁止指定 I²C 的应答功能 */
            I2C_AcknowledgeConfig(I2C1, DISABLE);
            /* 产生停止条件 */
            I2C_GenerateSTOP(I2C1, ENABLE);
        }
        //检查是否接收到数据
        if(I2C_CheckEvent(I2C1, I2C_EVENT_MASTER_BYTE_RECEIVED))
        {
            /* 读取通过 I2Cx 最近接收的数据 */
            * pBuffer = I2C_ReceiveData(I2C1);
            pBuffer ++ ;
            NumByteToRead -- ;
        }
    }
    //使能指定 I²C 的应答功能
    I2C_AcknowledgeConfig(I2C1, ENABLE);
}
/*********************************************************
** 函数名:I2C_EE_WaitEepromStandbyState
** 功能描述:等待 EEPROM 为待命状态
** 输入参数:无
** 输出参数:无
*********************************************************/
void I2C_EE_WaitEepromStandbyState(void)
{
    __IO uint16_t SR1_Tmp = 0;
    do
    {
    /* 产生起始条件 */
    I2C_GenerateSTART(I2C1, ENABLE);
    /* 读取指定的 I²C 寄存器 I2C_SR1 并返回其值 */
    SR1_Tmp = I2C_ReadRegister(I2C1, I2C_Register_SR1);
    /* 向指定的从 I²C 设备传送地址字,选择发送方向 */
    I2C_Send7bitAddress(I2C1, EEPROM_ADDRESS, I2C_Direction_Transmitter);
    }while(!(I2C_ReadRegister(I2C1, I2C_Register_SR1) & 0x0002));    //直到地址发送结束
    //清除 I2Cx 的应答错误标志位
    I2C_ClearFlag(I2C1, I2C_FLAG_AF);

    /* 产生停止条件 */
    I2C_GenerateSTOP(I2C1, ENABLE);
}
```

2. main.c 相关代码和注释

主程序 12.2.2　main.c

```
#include "stm32f10x.h"
#include "24C02.h"


/*******************************************************
** 函数名:delay_us
** 功能描述:μs 级粗略延时
** 输入参数:μs 延时时间
** 输出参数:无
*******************************************************/
void delay_us(unsigned int us)
{
    unsigned char n;
    while(us--)
      for(n=0;n<9;n++);
}
/*******************************************************
** 函数名:delay_ms
** 功能描述:ms 级粗略延时
** 输入参数:ms 延时时间
** 输出参数:无
*******************************************************/
void delay_ms(unsigned int ms)
{
  while(ms--)
    delay_us(1000);
}
/*******************************************************
** 函数名:main
** 功能描述:硬件 I²C 驱动 EEPROM 24C02
** 输入参数:无
** 输出参数:无
*******************************************************/
int main(void)
{
    u8 my_buf[20];
    SystemInit();                   //系统初始化时钟配置,初始化为 72 MHz 时钟
    Usart_Configuration();          //串口初始化配置
    I2C_Configuration();            //I²C 初始化配置
    delay_ms(10);
    //在地址 10 处写入指定长度的数据
```

```
I2C_EE_BufferWrite("系统初始化时钟配置",10,18);
I2C_EE_BufferRead(my_buf,10,18);        //读取地址 10 处的数据
printf(my_buf);                         //用串口打印出读取到的数据
 while(1);
}
```

12.3　光强检测传感器 BH1750FVI 的使用

12.3.1　BH1750FVI 简介

　　BH1750FVI 是一种用于两线式串行总线接口的数字型光强度传感器集成电路[30]，无需任何外部元器件，支持 1.8 V 逻辑输入接口，支持 I²C 总线接口（f/s 模式），具有接近视觉灵敏度的光谱灵敏度特性，峰值灵敏度波长典型值为 560 nm，输入光范围为 1～65 535 lx，其高分辨率可以探测较大范围的光强度变化，适合白炽灯、荧光灯、卤素灯、白光 LED、日光灯等光源，受红外线的影响很小。

　　BH1750FVI 可以根据收集的光线强度数据来调整液晶或者键盘背景灯的亮度，广泛应用于手机、PC、便携式游戏机、数码相机、数码摄像机、车载导航、PDA、LCD 显示等产品。

　　BH1750FVI 内部结构框图如图 12.3.1 所示，芯片由光敏二极管（PD）采集环境光照强度，不同光强得到不同的电流，再经内部集成运算放大器将光敏二极管（PD）电流转换为电压，再经 16 位 ADC 转换为数字数据，数据主要寄存在光强度数据寄存器和时间测量数据寄存器 2 个寄存器中。微控制器通过 I²C 接口与芯片相连接，通过读/写寄存器读取数据。

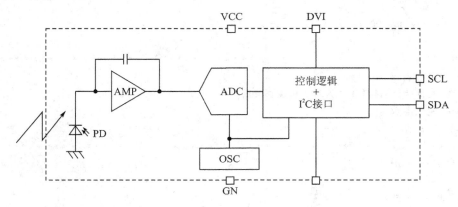

图 12.3.1　BH1750FVI 内部结构框图

12.3.2 BH1750FVI 的 VCC 和 DVI 电源供应时序

BH1750FVI 的 DVI 是 I²C 总线的参考电压端,同时也是异步重置端。在 VCC 供应后必须设置为 L(低电平),在 DVI 设置为 L 期间,芯片内部状态设置为电源掉电模式(低功耗)。BH1750FVI 有两种供电时序[29],如图 12.3.2 和图 12.3.3 所示。

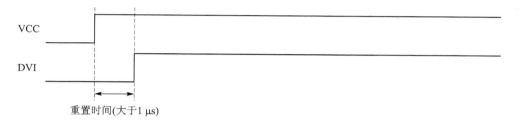

图 12.3.2 VCC 和 DVI 电源供应时序图 1

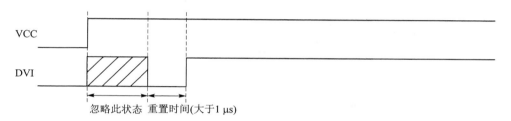

图 12.3.3 VCC 和 DVI 电源供应时序图 2

在系统未给足重置时间≥1 μs(DVI 设置为 L 时间)时,ADDR、SDA、SCL 将不稳定。

BH1750FVI 有 3 种供电模式,如图 12.3.4~12.3.6 所示。

1. DVI 电平由处理器控制模式

DVI 电平由处理器控制供电模式如图 12.3.4 所示,连接控制信号线,由处理器控制 DVI 的电平状态。

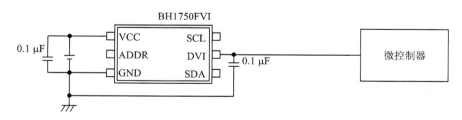

图 12.3.4 DVI 电平由处理器控制模式

2. DVI 由独立电源供电模式

DVI 由独立电源供电模式如图 12.3.5 所示,芯片由 2 个独立电源供电。在这种模式下,DVI 提供电源标准应低于 VCC 提供电源标准,以保证重置区正常(≥1 μs)。

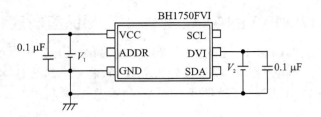

图 12.3.5　DVI 由独立电源供电

3. 通过 RC 电路产生延时模式

通过 RC 电路产生延时模式如图 12.3.6 所示,利用 CR 将 LPF 插入 VCC 与 DVI 之间,即通过 RC 电路产生延时。

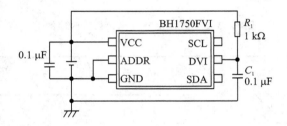

图 12.3.6　通过 RC 电路产生延时模式

注意:当 VCC 上升时间太长时打开电源供给,重置区域有可能不能满足。

当 VCC 关闭时,DVI 电压开始高于 VCC 电压,但是如果使用推荐常数就不会发生 IC 破坏。($R_1 = 1\ \text{k}\Omega$,$C_1 = 1\ \mu\text{F}$)

当切断 VCC 后的等待时间不够长时,重置区域有可能不能满足。

在设计时,应确保重合闸电源供应后,重置区在 1 μs 以上。

12.3.3　BH1750FVI 的 I²C 接口时序

BH1750FVI 提供标准的 I²C 接口,BH1750FVI 作为从机,I²C 有两种从属地址可选择,由 ADDR 引脚控制:当 ADDR 引脚置 0 时(ADDR ≤ 0.3V_{CC}),I²C 地址为 0x46;当 ADDR 引脚置 1 时(ADDR ≥ 0.7V_{CC}),I²C 地址为 0xB8。

1. 写寄存器操作

BH1750FVI 不能在停机状态接收指令。请在每一个操作码后插入停止信号。程序代码如下:

```
/*******************************************************************
** 函数名:BH1750_Write
** 功能描述:BH1750 写寄存器
** 输入参数:REG_Address——寄存器地址
** 输出参数:无
```

```
 **   返    回:无
 ***********************************************************/
void BH1750_Write(u8 REG_Address)
{
     IIC_Start();                        //发送起始信号
     IIC_Send_Byte(SlaveAddress);        //发送设备地址 + 写信号
     IIC_Wait_Ack();                     //等待应答
     IIC_Send_Byte(REG_Address);         //内部寄存器地址
     IIC_Wait_Ack();                     //等待应答
     IIC_Stop();                         //发送停止信号
}
```

2. 读寄存器操作

BH1750FVI 读取寄存器格式如图 12.3.7 所示。

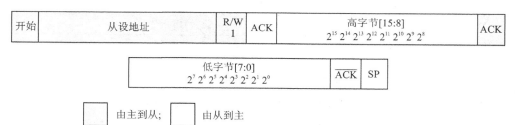

图 12.3.7 BH1750FVI 的寄存器读取格式

由图 12.3.7 可知,高字节数据读取后有应答,低字节数据读取后发送不应答。BH1750FVI 读取的是 16 位 A/D 数据,其值除以 1.2 才是光强度值。

寄存器数据读取代码如下:

```
/***********************************************************
 **   函数名:BH1750_Read_Data
 **   功能描述:读取 BH1750 的 16 位 AD 值
 **   输入参数:无
 **   输出参数:无
 **   返    回:读取的数据
 ***********************************************************/
u16 BH1750_Read_Data(void)
{
       u16 hbyte = 0, lbyte = 0;
       IIC_Start();                          //开始信号
       IIC_Send_Byte(SlaveAddress + 1);      //发送设备地址 + 读信号
       IIC_Ack();                            //应答
       hbyte = IIC_Read_Byte(1);             //读取高位数据,发送应答
       lbyte = IIC_Read_Byte(0);             //读取低位数据,发送不应答
```

```
    IIC_Stop();                              //停止信号
    return ((hbyte<<8)|lbyte);
}
```

12.3.4 BH1750FVI 的示例程序设计

1. 光强测量设置步骤

BH1750FVI 的光强测量设置步骤如下:

① 配置寄存器给 BH1750FVI 上电,指令为 0x01。

② 发送测量指令:一次测量还是连续测量,以及分辨率设置。三种分辨率模式如表 12.3.1 所列。

表 12.3.1 BH1750FVI 三种分辨率模式

测量模式	测量时间/ms	分辨率/lx
H 分辨率模式 2	典型时间:120	0.5
H 分辨率模式	典型时间:120	1
L 分辨率模式	典型时间:16	4

H 分辨率模式下足够长的测量时间(积分时间)能够抑制一些噪声(包括 50 Hz/60 Hz)。同时,H 分辨率模式的分辨率在 1 lx 下,适用于黑暗场合下(少于 10 lx)。H 分辨率模式 2 同样适用于黑暗场合下的检测。

③ 读取 16 位 A/D 值。

④ 将 ADC 值转换为光强度值。

2. 程序实现

本示例程序采用 STM32F 的 GPIO 口模拟 I²C 时序,PB8 接 BH1750FVI 的 CLK,PB9 接 BH1750FVI 的 PB9。采用 H 分辨率模式连续采集环境光强度,将采集的光强度值用串口发送出来。工程建好后界面如图 12.3.8 所示。

12.3.5 BH1750FVI 的示例程序

BH1750FVI 操作示例程序放在"示例程序→IIC→BH1750FVI"文件夹中。部分程序代码如下:

1. myiic.c 相关代码和注释

程序 12.3.1 myiic.c

```
#include"myiic.h"
#include "delay.h"


/***********************************************************************
**  函数名:IIC_Init
```

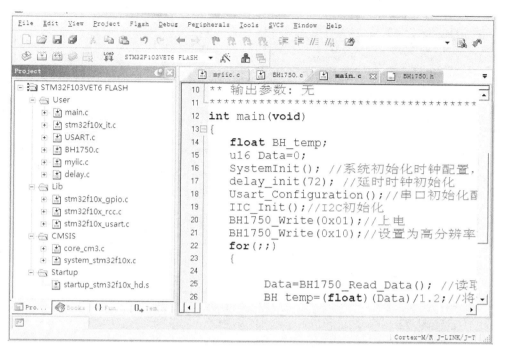

```
10  **  输出参数：无
11  ***********************************
12  int main(void)
13⊟ {
14      float BH_temp;
15      u16 Data=0;
16      SystemInit();  //系统初始化时钟配置，
17      delay_init(72);  //延时时钟初始化
18      Usart_Configuration();//串口初始化酮
19      IIC_Init();//I2C初始化
20      BH1750_Write(0x01);//上电
21      BH1750_Write(0x10);//设置为高分辨率
22      for(;;)
23      {
24
25          Data=BH1750_Read_Data();  //读耳
26          BH_temp=(float)(Data)/1.2;//将
```

图 12.3.8　BH1750FVI 工程界面

**　功能描述：I²C 的 GPIO 初始化

**　输入参数：无

**　输出参数：无

**　返　　回：无

**/

void IIC_Init(void)

{

　　RCC −> APB2ENR |= 0X00000008;　　　　　//先使能外设 I/O PORTB 时钟

　　GPIOB −> CRH& = 0XFFFFFF00;　　　　　//PB8、PB9 推挽输出

　　GPIOB −> CRH |= 0X00000033;

　　GPIOB −> ODR |= 0X0300;　　　　　　　//PB8、PB9 置高

}

/ **

**　函数名：IIC_Start

**　功能描述：产生 I²C 开始信号

**　输入参数：无

**　输出参数：无

**　返　　回：无

***/

void IIC_Start(void)

{

```
        SDA_OUT();                          //SDA 线配置为输出
        IIC_SDA_SET(1);                     //SDA 置 1
        IIC_SCL_SET(1);                     //SCL 置 1
        delay_us(4);
        IIC_SDA_SET(0);                     //SDA 置 0,启动
        delay_us(4);
        IIC_SCL_SET(0);                     //SCL 置 0 钳住 I²C 总线,准备发送或接收数据
}
/* ***************************************************************
** 函数名:IIC_Stop
** 功能描述:产生 I²C 停止信号
** 输入参数:无
** 输出参数:无
** 返    回:无
*************************************************************** */
void IIC_Stop(void)
{
        SDA_OUT();                          //SDA 线配置为输出
        IIC_SCL_SET(0);
        IIC_SDA_SET(0);                     //STOP,结束
        delay_us(4);
        IIC_SCL_SET(1);
        IIC_SDA_SET(1);                     //发送 I²C 总线结束信号
}
/* ***************************************************************
** 函数名:IIC_Wait_Ack
** 功能描述:等待应答信号到来
** 输入参数:无
** 输出参数:无
** 返    回:0,接收应答失败
            1,接收应答成功
*************************************************************** */
u8 IIC_Wait_Ack(void)
{
        u8 ucErrTime = 0;
        SDA_IN();                           //SDA 设置为输入
        IIC_SDA_SET(1);
        delay_us(1);
        IIC_SCL_SET(1);
        while(READ_SDA())
        {
                ucErrTime ++;
                if(ucErrTime>250)
```

```
        {
            IIC_Stop();
            return 0;
        }
    }
    IIC_SCL_SET(0);                         //时钟置 0
    return 1;
}
/* ****************************************************************
** 函数名:IIC_Ack
** 功能描述:产生 ACK 应答
** 输入参数:无
** 输出参数:无
** 返    回:无
**************************************************************** */
void IIC_Ack(void)
{
    IIC_SCL_SET(0);
    SDA_OUT();
    IIC_SDA_SET(0);
    delay_us(1);
    IIC_SCL_SET(1);
    delay_us(1);
    IIC_SCL_SET(0);
}
/* ****************************************************************
** 函数名:IIC_NAck
** 功能描述:不产生 ACK 应答
** 输入参数:无
** 输出参数:无
** 返    回:无
**************************************************************** */
void IIC_NAck(void)
{
    IIC_SCL_SET(0);
    SDA_OUT();
    IIC_SDA_SET(1);
    delay_us(1);
    IIC_SCL_SET(1);
    delay_us(1);
    IIC_SCL_SET(0);
}
/* ****************************************************************
```

```
 **  函数名:IIC_Send_Byte
 **  功能描述:I²C 发送一字节
 **  输入参数:txd 发送的字节数据
 **  输出参数:无
 **  返      回:无
 ******************************************************/
void IIC_Send_Byte(u8 txd)
{
    u8 t;
    SDA_OUT();
    IIC_SCL_SET(0);                          //拉低时钟开始数据传输
    for(t = 0;t<8;t ++ )
    {
        IIC_SDA_SET((txd&0x80)>>7);
        txd<<= 1;
        delay_us(1);
        IIC_SCL_SET(1);
        delay_us(1);
        IIC_SCL_SET(0);
        delay_us(1);
    }
}
/ *****************************************************
 **  函数名:IIC_Read_Byte
 **  功能描述:读一字节
 **  输入参数:ack,1——发送 ACK
                     0——发送 nACK
 **  输出参数:无
 **  返      回:返回读取的一字节数据
 ******************************************************/
u8 IIC_Read_Byte(unsigned char ack)
{
    unsigned char i,receive = 0;
    SDA_IN();                                //SDA 设置为输入
    for(i = 0;i<8;i ++ )
    {
        IIC_SCL_SET(0);
        delay_us(1);
        IIC_SCL_SET(1);
        receive<<= 1;
        if(READ_SDA())                       //读取 SDA 线数据
        receive ++ ;
    }
```

```
        if（!ack)
            IIC_NAck();                              //发送 nACK
        else
            IIC_Ack();                               //发送 ACK
        return receive;
}
```

2. BH1750.c 相关代码和注释

程序 12.3.2　BH1750.c

```
# include "BH1750.h"
# include "myiic.h"
# include "stm32f10x.h"


# define      SlaveAddress 0x46                      //BH1750 的 I²C 地址
/ * * * * * * * * * * * * * * * * * * * * * * * * * * * * * * * * * * * * * * *
 * *  函数名:BH1750_Write
 * *  功能描述:BH1750 写寄存器
 * *  输入参数:REG_Address——寄存器地址
 * *  输出参数:无
 * *  返       回:无
 * * * * * * * * * * * * * * * * * * * * * * * * * * * * * * * * * * * * * * */
void BH1750_Write(u8 REG_Address)
{
        IIC_Start();                                 //发送起始信号
        IIC_Send_Byte(SlaveAddress);                 //发送设备地址 + 写信号
        IIC_Wait_Ack();                              //等待应答
        IIC_Send_Byte(REG_Address);                  //内部寄存器地址
        IIC_Wait_Ack();                              //等待应答
        IIC_Stop();                                  //发送停止信号
}
/ * * * * * * * * * * * * * * * * * * * * * * * * * * * * * * * * * * * * * * *
 * *  函数名:BH1750_Read_Data
 * *  功能描述:读取 BH1750 的 16 位数据
 * *  输入参数:无
 * *  输出参数:无
 * *  返       回:读取的数据
 * * * * * * * * * * * * * * * * * * * * * * * * * * * * * * * * * * * * * * */
u16 BH1750_Read_Data(void)
{
        u16 hbyte = 0,lbyte = 0;
        IIC_Start();                                 //开始信号
        IIC_Send_Byte(SlaveAddress + 1);             //发送设备地址 + 读信号
```

```
    IIC_Ack();                                    //应答
    hbyte = IIC_Read_Byte(1);                     //读取高位数据,发送应答
    lbyte = IIC_Read_Byte(0);                     //读取低位数据,发送不应答
    IIC_Stop();                                   //停止信号
    return ((hbyte<<8)|lbyte);
}
```

3. main. c 相关代码和注释

主程序 12.3.3　　main. c

```
# include "stm32f10x. h"
# include "BH1750. h"
# include "delay. h"
# include"myiic. h"


/ *************************************************************
** 函数名:main
** 功能描述:连续读取 BH1750 采集的环境光照强度值,串口输出其值
** 输入参数:无
** 输出参数:无
************************************************************ */
int main(void)
{
    float BH_temp;
    u16 Data = 0;
    SystemInit();                          //系统初始化时钟配置,初始化为 72 MHz 时钟
    delay_init(72);                        //延时时钟初始化
    Usart_Configuration();                 //串口初始化配置
    IIC_Init();                            //I²C初始化
    BH1750_Write(0x01);                    //上电
    BH1750_Write(0x10);                    //设置为高分辨率模式
    for(;;)
    {
        Data = BH1750_Read_Data();         //读取数据
        BH_temp = (float)(Data)/1.2;       //将读取 16 位 A/D 数据转换为光照强度
        printf(" light = % f\n",BH_temp); //串口输出光强值
        delay_ms(180);
    }
}
```

12.4　CMOS 图像传感器 OV7670 的使用

12.4.1　CMOS 图像传感器 OV7670 简介

　　OV7670 CMOS 图像传感器能够提供单片 VGA 摄像头和影像处理器的所有功能[32]。通过 SCCB 总线控制，可以输出整帧、子采样、取窗口等方式及各种分辨率的 8 位影像数据。VGA 图像最高达到 30 帧/秒。用户可以完全控制图像质量、数据格式和传输方式。它具有自动曝光控制、自动增益控制、自动白平衡，自动消除灯光条纹、自动黑电平校准等自动影像控制功能；支持 VGA、GIF 和从 CIF 到 40×30 的各种尺寸。所有图像处理功能过程包括伽马曲线、白平衡、饱和度、色度等都可以通过 SCCB 接口编程。OV7670 CMOS 图像传感器通过减少或消除光学或电子缺陷（如固定图案噪声、托尾、浮散等），提高图像质量，得到清晰的稳定的彩色图像。

　　OV7670 主要技术参数如表 12.4.1 所列。

表 12.4.1　OV7670 主要技术参数

主要技术指标名称		参　数
感光阵列		640×480
电源	核电压	DC1.8(1±0.1)V
	模拟电压	DC2.45～3.0 V
	IO 电压	DC1.7～3.0 V
功耗	工作	VGAYUV 60 mV/15 f/s
	休眠	<20 μA
温度	操作	−30～70 ℃
	稳定工作	0～50 ℃
输出格式（8 位）		• YUV/YCbCr4：2：2 • RGB565/555/444 • GRB4：2：2 • Raw RGB Data
光学尺寸		1/6″
视场角		25°
最大帧率		VGA 30 f/s
灵敏度		1.3 V/(lx·s)
信噪比		46 dB
动态范围		52 dB
浏览模式		逐行
电子曝光		1～510 行

STM32F 32位ARM微控制器应用设计与实践(第2版)

续表 12.4.1

主要技术指标名称	参　数
像素面积	3.6 μm×3.6 μm
暗电流	60 ℃,12 mV/s
影响区域	2.36 mm×1.76 mm
封装尺寸	3 785 μm×4 235 μm

OV7670 芯片内部有:感光阵列(共有 656×488 个像素,其中在 YUV 的模式中,有效像素为 640×480 个)、模拟信号处理模块(执行所有模拟功能,包括自动增益和自动白平衡)、10 位的 ADC、测试图案发生器(八色彩条图案渐变至黑白色条图案等)、数字信号处理器(控制由原始信号插值到 RGB 信号的过程,并控制边缘锐化、颜色空间转换等图像质量处理)、图像缩放模块(按照预先设置的要求输出数据格式)、时序发生器模块(产生阵列控制和帧率、帧率的时序、自动曝光控制、输出外部时序)、数字视频端口、SCCB 接口、LED 和闪光灯输出控制电路等。

有关 OV7670 CMOS 图像传感器的更多内容请参考"Ommivision Technologies, Inc. OV7670/OV7171 CMOS VGA (640 * 480) CAMERACHIPTM sensor with OmmiPixel TechinologyData Sheets(www.ovt.com)"。

12.4.2　视频帧存储器 AL422B 简介

AL422B 是一个存储容量为 3 Mb 的视频帧存储器[33],能够配置为 384 KB(393,216)×8 b FIFO,支持 VGA、CCIR、NTSC、PAL 和 HDTV 分辨率,具有独立的读/写操作(可以接受不同的 I/O 数据率)能力,读/写周期时间为 20 ns,访问时间为 15 ns,具有高速异步串行存取、输出使能控制、自行刷新数据等功能。电源电压为 3.3~5 V,采用 SOP - 28 封装形式。

目前 1 帧图像信息通常包含 640×480 或 720×480 字节。AL422B 可以存储 1 帧图像的完整信息,其工作频率达 50 MHz,可以作为多媒体系统、视频捕获系统、视频编辑系统、扫描率转换器、帧同步器、通信系统中的缓冲器,实现数字图像静态存储。

AL422B 操作过程如下:

① 初始化。上电后,分别给 $\overline{WRST}$(写复位)和 $\overline{RRST}$(读复位)各 0.1 ms 的初始化脉冲,使 AL422B 初始化。

② 复位操作。通常,复位信号可在任何时候给出而不应考虑 $\overline{WE}$、$\overline{RE}$ 及 $\overline{OE}$ 的状态,但是它们仍然要参照时钟信号的输入情况,使它们满足建立时间和保持时间的要求。如果在禁止时钟周期内给出复位信号,必须等到允许周期到来后才会执行复位操作。当 $\overline{WRST}$ 和 $\overline{RRST}$ 均为低电平时,数据的输入和输出均从地址 0 开始。

③ 写操作。当写使能信号 $\overline{WE}$ 为低电平时,在 WCK 信号的上升沿,数据通过DI7~DI0 写入写寄存器,参照 WCK 的输入周期,写入的数据须满足建立时间和保持时间的要求。当 $\overline{WE}$ 为高电平时,写操作被禁止,写地址指针停在当前位置上;当 $\overline{WE}$ 再

次变为低电平时,写地址指针从当前位置继续开始。

④ 读操作。当读使能$\overline{\text{RE}}$和数据输出使能$\overline{\text{OE}}$均为低电平时,在 RCK 信号的上升沿,数据由 DO7～DO0 输出。当$\overline{\text{RE}}$为高电平时,读地址指针停在当前位置上;当$\overline{\text{RE}}$再次变为低电平时,读地址指针从当前位置开始。

执行读操作时,$\overline{\text{OE}}$须为低电平,如$\overline{\text{OE}}$为高电平,则数据输出端均为高阻态,且读地址指针仍然同步加 1。$\overline{\text{RE}}$和$\overline{\text{OE}}$须参照 RCK 的输入周期,满足建立时间和保持时间的要求。

有关 AL422B 的更多内容请参考"AverLogic Technologies, Inc. AL422B Data Sheets(www. averlogic. com)"。

12.4.3　基于 OV7670 的图像采集电路

基于 OV7670 的图像采集电路如图 12.4.1 所示,电路中采用 24 MHz 有源晶振给 OV7670 提供系统时钟。为了将 OV7670 输出的图像信号自动地存入 FIFO,电路采用了一片"与非"门芯片 74HC00,以便产生符合 FIFO 要求的写时序。

为了实现采集图像的静态存储,同时提高采集帧频率,采用 AL422B 作为缓冲器,AL422B 的数据输出使能引脚与读使能引脚相连。

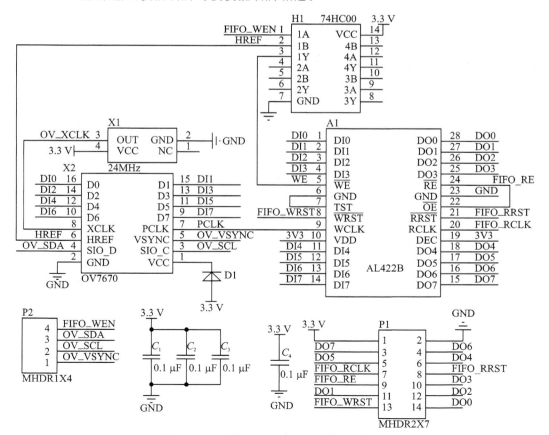

图 12.4.1　基于 OV7670 的图像采集电路

OV7670 和 AL422B 与 STM32F103VET6 的连接如图 12.4.2 所示。

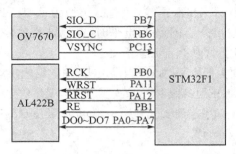

图 12.4.2　OV7670 和 AL422B 与 STM32F103VET6 的连接

12.4.4　OV7670 操作示例程序设计

1. OV7670 的 SCCB 接口时序

OV 7670 提供类似于 I²C 的 SCCB 接口，SCCB 接口时序如图 12.4.3 所示。

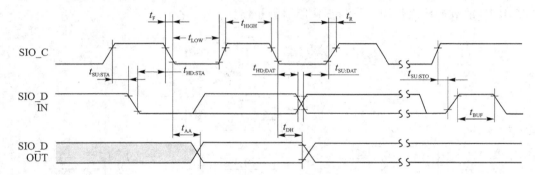

图 12.4.3　SCCB 接口时序

OV7670 写寄存器发送从地址 0x42，OV7670 读寄存器发送从地址 0x43，OV7670 初始化有一系列寄存器需要设置，具体见本示例程序。

OV7670 的同步信号时序如图 12.4.4 所示。

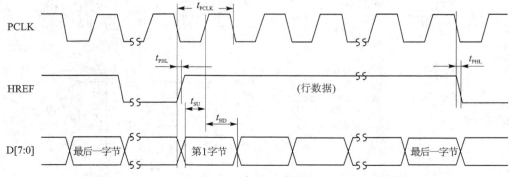

图 12.4.4　HREF 扫描时序

水平同步信号 HREF 为扫描该帧图像中各行像素的定时,即高电平时为扫描一行像素的有效时间。像素同步信号 PCLK 为读取有效像素值提供的同步信号,高电平时输出有效图像数据。在图像电路中,OV7670 的像素时钟 PCLK 引脚与 AL422B 的写时钟 WCLK 引脚连接在一起,即当 OV7670 像素时钟有效时才能把数据写入 FIFO。垂直同步信号 VSYNC 为两个正脉冲之间扫描一帧的定时,即完整的一帧图像在 VSYNC 两个正脉冲之间。若当前图像窗口大小为 320×240,则在 VSYNC 两个正脉冲之间有 240 个 HREF 的正脉冲,即 240 行。在每个 HREF 正脉冲期间有 320 个 PCLK 正脉冲,即每行 320 个像素。这就是 VSYNC、HREF、PCLK 三个同步信号之间的关系。OV7670 同步信号时序如图 12.4.5 所示。

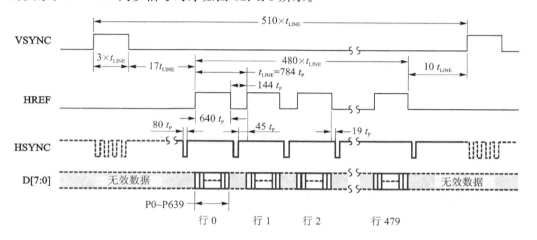

图 12.4.5　OV7670 同步信号时序

垂直同步信号 VSYNC 引脚端连接到 STM32F103VET6 外部中断输入口。由于完整的一帧图像在 VSYNC 两个正脉冲之间,因此当 STM32F103VET6 第一次检测到 VSYNC 下降沿产生中断时,表明 OV7670 将开始输出一帧完整的图像,由于 PCLK 引脚与 AL422B 的写时钟 WCLK 引脚连接在一起,此时在中断服务程序中将 FIFO_WEN 置高电平,当等到 HREF 同时为高电平时(即表明一行有效数据开始到来),FIFO_WEN 与 HREF 通过“与非”门将输出低电平,即 AL422B 的写使能引脚为低电平,使能 AL422B 的 WCK,可以将有效图像数据自动写入 AL422B 的 FIFO 中。

当第二次中断到来时,表明 OV7670 已完成输出一帧完整的图像,即一帧完整的图像已写入 AL422B 的 FIFO,此时可将 FIFO_WEN 置低,硬件通过“与非”门后将关闭 AL422B 的写使能,将锁存一帧图像数据,从而实现图像的静态存储。这时可在主函数中读取图像数据。控制器给读时钟 RCK 一个上升沿,然后可将数据从 AL422B 的 FIFO 中读出。

OV7670 输出图像采用 RGB565 格式,如图 12.4.6 所示。RGB565 格式数据为 16 位,因此读取 AL422B 中 FIFO 数据时先读取高 8 位,再读取低 8 位数据。

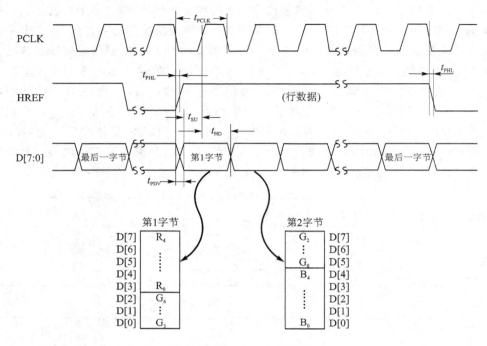

图 12.4.6　RGB565 数据格式

2. 程序流程图

本示例程序实现将采集的图像实时显示在 TFT 上，图像点阵大小为 320×240。由于 TFT（R61509）大小为 240×400 点阵，显示时需要设置 TFT 显示方向，将 TFT 设置为横屏显示方式，此时 R61509 一行为 400 点阵，则当显示完成 320 点阵时需要将 TFT 显示坐标定位到下一行。OV7670 操作程序流程图如图 12.4.7 所示。

R61509.c、SCCB.c 及 ov7670.c 文件放在"示例程序→OV7670→User"文件夹下，SCCB.c 是 OV7670 的 SCCB 接口的驱动程序。ov7670.c 实现对 OV7670 的寄存器读/写及初始化操作。R61509.c 为 TFT 驱动文件。

由于 OV7670 正常工作需要初始化一系列寄存器，因此本示例程序中定义了一个二维数组 change_reg[176][2]分别存放寄存器值及对应要初始化的数据。

12.4.5　OV7670 操作示例程序

OV7670 操作示例程序放在"示例程序→OV7670"文件夹中，部分程序代码如下所示，其他代码请读者查阅放在"示例程序→OV7670"文件夹中的电子文档。

1. SCCB.c 相关代码和注释

程序 12.4.1　SCCB.c

```
# include "SCCB.h"
# include "delay.h"
```

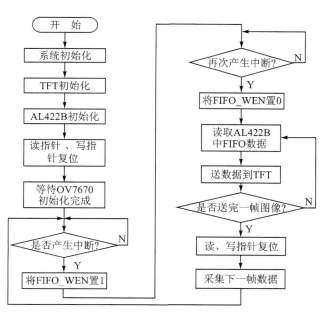

图 12.4.7　OV7670 操作示例程序流程图

```
/ * * * * * * * * * * * * * * * * * * * * * * * * * * * * * * * * * * * * * * * * *
** 函数名:InitSCCB
** 功能描述:初始化 SCCB 接口
** 输入参数:无
** 输出参数:无
** 返    回:无
* * * * * * * * * * * * * * * * * * * * * * * * * * * * * * * * * * * * * * * * * */
void InitSCCB(void)
{
    RCC->APB2ENR |= (1<<3);              //使能 PB 口时钟
    //PB6 - SCL
    //PB7 -- SDA
    GPIOB->CRL &= 0x00ffffff;
    GPIOB->CRL |= 0x33000000;            //PB6、PB7 推挽输出
    GPIOB->ODR |= 0x00C0;                //PB6、PB7 上拉
}
/ * * * * * * * * * * * * * * * * * * * * * * * * * * * * * * * * * * * * * * * * *
** 函数名:startSCCB
** 功能描述:start 命令,SCCB 的起始信号
** 输入参数:无
** 输出参数:无
** 返    回:无
* * * * * * * * * * * * * * * * * * * * * * * * * * * * * * * * * * * * * * * * * */
void startSCCB(void)
```

```
{
    SIO_D_SET;                                      //数据线高电平
    delay_us(200);
    SIO_C_SET;                                      //在时钟线高的时候数据线由高至低
    delay_us(200);
    SIO_D_CLR;
    delay_us(200);
    SIO_C_CLR;                                      //数据线恢复低电平
    delay_us(200);
}
/* * * * * * * * * * * * * * * * * * * * * * * * * * * * * * * * * * * * * * *
**    函数名:stopSCCB
**    功能描述:stop 命令,SCCB 的停止信号
**    输入参数:无
**    输出参数:无
**    返    回:无
* * * * * * * * * * * * * * * * * * * * * * * * * * * * * * * * * * * * * * */
void stopSCCB(void)
{
    SIO_D_CLR;
    delay_us(200);
    SIO_C_SET;
    delay_us(200);
    SIO_D_SET;
    delay_us(200);
}
/* * * * * * * * * * * * * * * * * * * * * * * * * * * * * * * * * * * * * * *
**    函数名:noAck
**    功能描述:noAck,用于连续读取中的最后一个结束周期
**    输入参数:无
**    输出参数:无
**    返    回:无
* * * * * * * * * * * * * * * * * * * * * * * * * * * * * * * * * * * * * * */
void noAck(void)
{
    SIO_D_SET;
    delay_us(200);
    SIO_C_SET;
    delay_us(200);
    SIO_C_CLR;
    delay_us(200);
    SIO_D_CLR;
    delay_us(200)
```

```
}
/ * * * * * * * * * * * * * * * * * * * * * * * * * * * * * * * * * * * * * * * * * * * * * *
** 函数名:SCCBwriteByte
** 功能描述:写入一字节的数据到 SCCB
** 输入参数:m_data——写入的数据
** 输出参数:无
** 返    回:发送成功返回 1,发送失败返回 0
* * * * * * * * * * * * * * * * * * * * * * * * * * * * * * * * * * * * * * * * * * * * * */
u8 SCCBwriteByte(u8 m_data)
{
    unsigned char j,tem;
    for(j = 0;j<8;j + + )                        //循环 8 次发送数据
    {
        if((m_data<<j)&0x80)
        {
            SIO_D_SET;
        }
        else
        {
            SIO_D_CLR;
        }
        delay_us(200);
        SIO_C_SET;
        delay_us(200);
        SIO_C_CLR;
        delay_us(200);
    }
    delay_us(200);
    SIO_D_IN;                               / * 设置 SDA 为输入 * /
    delay_us(200);
    SIO_C_SET;
    delay_ms(2);
    if(SIO_D_STATE)
    {
        tem = 0;                             //SDA = 1 发送失败,返回 0
    }
    else
    {
        tem = 1;                             //SDA = 0 发送成功,返回 1
    }
    SIO_C_CLR;
    delay_us(200);
    SIO_D_OUT;                              / * 设置 SDA 为输出 * /
```

```
        return(tem);
}
/* ***************************************************************
** 函数名:SCCBreadByte
** 功能描述:读取一字节数据
** 输入参数:无
** 输出参数:无
** 返      回:read——读取到的数据
   ************************************************************** */
u8 SCCBreadByte(void)
{
    unsigned char read,j;
    read = 0x00;
    SIO_D_IN;                               /* 设置 SDA 为输入 */
    delay_us(200);
    for(j = 8;j>0;j-- )                     //循环 8 次接收数据
    {
        delay_us(200);
        SIO_C_SET;
        delay_us(200);
        read = read<<1;
        if(SIO_D_STATE)
        {
            read = read + 1;
        }
        SIO_C_CLR;
        delay_us(200);
    }
    return(read);
}
```

2. OV7670.c 相关代码和注释

程序 12.4.2 OV7670.c

```
# include "ov7670.h"
# include "delay.h"
//二维数组:OV7670 初始化的寄存器及对应的初始化数值
//注意:寄存器内容篇幅较长,此处省略,未列出,具体内容请看电子文档
static const change_reg[CHANGE_REG_NUM][2] = {       };
/* ***************************************************************
** 函数名:Write_OV7670_Reg
** 功能描述:写 OV7670 寄存器
** 输入参数:regID——寄存器值
```

regDat——写入寄存器的数据

** 输出参数:无

** 返　　回:1 - 成功　　 0 - 失败

```
********************************************************/
u8 Write_OV7670_Reg(u8 regID, u8 regDat)
{
    startSCCB();
    if(0 == SCCBwriteByte(0x42))
    {
        stopSCCB();
        return(0);
    }
    delay_us(100);
    if(0 == SCCBwriteByte(regID))
    {
        stopSCCB();
        return(0);
    }
    delay_us(100);
    if(0 == SCCBwriteByte(regDat))
    {
        stopSCCB();
        return(0);
    }
    stopSCCB();
    return(1);
}
/ *****************************************************
```

** 函数名:Read_OV7670_Reg

** 功能描述:读 OV7670 寄存器

** 输入参数:regID——要读取的寄存器

　　　　　　　 * regDat——读取的寄存器数据地址指针

** 输出参数:无

** 返　　回:1 - 成功　　 0 - 失败

```
********************************************************/
u8 Read_OV7670_Reg(u8 regID, u8 *regDat)
{
    //通过写操作设置寄存器地址
    startSCCB();
    if(0 == SCCBwriteByte(0x42))
    {
        stopSCCB();
        return(0);
```

```
    }
    delay_us(100);
    if(0 == SCCBwriteByte(regID))
    {
        stopSCCB();
        return(0);
    }
    stopSCCB();
    delay_us(100);
    //设置寄存器地址后,读操作
    startSCCB();
    if(0 == SCCBwriteByte(0x43))
    {
        stopSCCB();
        return(0);
    }
    delay_us(100);
    * regDat = SCCBreadByte();
    noAck();
    stopSCCB();
    return(1);
}
/ ***************************************************************
** 函数名:OV7670_init
** 功能描述:初始化 OV7670
** 输入参数:无
** 输出参数:无
** 返    回:1 - 成功    0 - 失败
***************************************************************/
u8 OV7670_init(void)
{
    u8 temp;

    u16 i = 0;
    InitSCCB();                              //SCCB 端口初始化
    temp = 0x80;
    if(0 == Write_OV7670_Reg(0x12, temp))    //复位 SCCB
    {
        return 0;
    }
    while(0)
    {
        Read_OV7670_Reg(0x1C, &temp);
```

```
        delay_ms(100);
    }
    delay_ms(10);
    for(i = 0;i<CHANGE_REG_NUM;i++)              //初始化 OV7670 的一系列寄存器
    {
        if( 0 == Write_OV7670_Reg (change_reg[i][0],change_reg[i][1]) )
        {
            return 0;
        }
    }
    return 0x01; //ok
}
```

3. main.c 相关代码和注释

主程序 12.4.3　main.c

```
#include "stm32f10x.h"
#include "R61509.h"
#include "OV7670.h"
#include "USART.h"
#include "delay.h"
#include "FIFO.h"
u8 VsyncCnt = 0;                              //场同步标志


/********************************************************************
** 函数名:FIFO_PortInit
** 功能描述:AL422B 的 GPIO 初始化
** 输入参数:无
** 输出参数:无
** 返    回:无
*********************************************************************/
void AL422B_GPIO_Init(void)
{
    RCC->APB2ENR |= 1<<2;                //使能 PA 时钟
    RCC->APB2ENR |= 1<<3;                //使能 PB 时钟

    //PA8 - FIFO_WEN 推挽输出
    GPIOA->CRH &= 0xfffffff0;
    GPIOA->CRH |= 0x00000003;
    GPIOA->ODR |= 1<<8;              //PA8 = 1
    GPIOA->ODR &= ~(1<<8);          //PA8 = 0
    GPIOA->ODR |= 1<<8;              //PA8 = 1
    //PA11 - FIFO_WRST 推挽输出
```

```
        GPIOA ->CRH & = 0xffff0fff;
        GPIOA ->CRH |= 0x00003000;
        GPIOA ->ODR |= 1<<11;                    //PA11 = 1
        //PA12 - FIFO_RRST 推挽输出
        GPIOA ->CRH & = 0xfff0ffff;
        GPIOA ->CRH |= 0x00030000;
        GPIOA ->ODR |= 1<<12;

        //OV7670 数据端口:PA0 - PA7,配置为上拉输入
        GPIOA ->CRL = 0x88888888;
        GPIOA ->ODR |= 0x00ff;                   //上拉

        //PB0 - FIFO_RCLK,推挽输出
        //PB1 - FIFO_OE,推挽输出
        GPIOB ->CRL & = 0xffffff00;
        GPIOB ->CRL |= 0x00000033;
        GPIOB ->ODR |= 0x0003;                   //PB0、PB1 上拉

        //PC13 - OV_VSYNC,上拉输入
        GPIOC ->CRH & = 0xff0fffff;
        GPIOC ->CRH |= 0x00800000;
        GPIOC ->ODR |= 1<<13;
}
/ * * * * * * * * * * * * * * * * * * * * * * * * * * * * * * * * * * * * * * * * * * *
** 函数名:EXTI_Config
** 功能描述:OV7670 垂直同步信号 VSYNC 中断配置
** 输入参数:无
** 输出参数:无
** 返  回:无
** 说   明:由于完整的一帧图像(有效图像)出现在垂直同步信号 VSYNC 的两个正脉冲之
             间,因此 VSYNC 下降沿时将 OV7670 采集到的数据开始写入 FIFO,当第二次下降
             沿到来时说明一帧数据已写入 FIFO,此时应将 FIFO 写使能关闭,在 AL422B 的
             RCLK 上升沿读取数据
* * * * * * * * * * * * * * * * * * * * * * * * * * * * * * * * * * * * * * * * * * */
void EXTI_Config(void)
{
    EXTI_InitTypeDef EXTI_InitStructure;

    GPIO_EXTILineConfig(GPIO_PortSourceGPIOC, GPIO_PinSource13);
                                                    //PC13 引脚作为 13 线中断
    EXTI_ClearITPendingBit(EXTI_Line13);

    EXTI_InitStructure.EXTI_Mode = EXTI_Mode_Interrupt;
```

```
        EXTI_InitStructure.EXTI_Trigger = EXTI_Trigger_Falling;      //下降沿触发
        EXTI_InitStructure.EXTI_Line = EXTI_Line13;
        EXTI_InitStructure.EXTI_LineCmd = ENABLE;
        EXTI_Init(&EXTI_InitStructure);
}
/* * * * * * * * * * * * * * * * * * * * * * * * * * * * * * * * * * * * * * * * * * *
** 函数名:EXTI15_10_IRQHandler
** 功能描述:外部中断 EXTI15_10 中断请求服务函数
** 输入参数:无
** 输出参数:无
** 返    回:无
* * * * * * * * * * * * * * * * * * * * * * * * * * * * * * * * * * * * * * * * * * */
void EXTI15_10_IRQHandler(void)
{
        if ( EXTI_GetITStatus(EXTI_Line13) != RESET )         //如果中断 13 线有中断产生
        {
                EXTI_ClearITPendingBit(EXTI_Line13);              //清除中断标志位
                if(VsyncCnt < 2)
                {
                        VsyncCnt ++ ;
                }
                if(VsyncCnt == 1)       //VSYNC 第一次下降沿到来,接下来 OV7670 将输出一帧完整
                                        //图像,因此此时打开 FIFO 写使能,开始将数据写入 FIFO
                {
                        FIFO_WEN_H;      //FIFO_WEN = 1,垂直同步信号 VSYNC 有效后打开 FIFO 写使能
                }
                else if(VsyncCnt == 2)   //第二次 VSYNC 下降沿到来,说明 OV7670 已采集完
                                         //一帧图像,即已将一帧数据写入 FIFO,此时关闭
                                         //FIFO 的写使能,准备读取 FIFO 数据
                {
                        FIFO_WEN_L;              //FIFO_WEN = 0,FIFO 写禁止,准备读数据
                }
        }
}
/* * * * * * * * * * * * * * * * * * * * * * * * * * * * * * * * * * * * * * * * * * *
** 函数名:NVIC_Config
** 功能描述:中断向量分组及优先级配置
** 输入参数:无
** 输出参数:无
** 返    回:无
* * * * * * * * * * * * * * * * * * * * * * * * * * * * * * * * * * * * * * * * * * */
void NVIC_Config(void)
{
```

```
        NVIC_InitTypeDef NVIC_InitStructure;
        NVIC_PriorityGroupConfig(NVIC_PriorityGroup_2);              //组 2
        NVIC_InitStructure.NVIC_IRQChannel = EXTI15_10_IRQn;         //配置中断 EXTI15_10
        NVIC_InitStructure.NVIC_IRQChannelPreemptionPriority = 1;    //主优先级 1
        NVIC_InitStructure.NVIC_IRQChannelSubPriority = 1;           //副优先级 1
        NVIC_InitStructure.NVIC_IRQChannelCmd = ENABLE;
        NVIC_Init(&NVIC_InitStructure);
}
/******************************************************************
** 函数名:main
** 功能描述:OV7670 采集 320X240 点阵图像显示在 TFT 上
** 输入参数:无
** 输出参数:无
** 返    回:无
******************************************************************/
int main(void)
{
        u32 i = 0;
        u16 j = 0;
        u16 temp = 0;
        u16 data = 0;

        SystemInit();                       //系统初始化
        delay_init(72);
        Usart_Configuration();              //串口初始化
        EXTI_Config();                      //外部中断配置
        NVIC_Config();                      //中断优先级配置
        TFT_GPIO_Config();                  //TFT 的 GPIO 初始化
        FSMC_LCD_Init();                    //FSMC 配置
        TFT_Init_Config();                  //TFT 初始化
        TFT_Clear( 0x001f );                //TFT 清屏
        AL422B_GPIO_Init();                 //AL422B 初始化
        FIFO_WRST_L;                        //写指针复位,开始往 FIFO 写入数据
        delay_us(100);
        FIFO_WRST_H;                        //FIFO_WRST = 1

        FIFO_RRST_L;                        //读指针复位,准备读出 FIFO 数据
        delay_us(100);
        FIFO_RRST_H;                        //FIFO_RRST = 1
        while(1)
        {
            if(OV7670_init())               //等待 OV7670 初始化完成
            {
```

```
        break;
    }
}
TFT_Clear(0x5678);                        //清屏
FIFO_OE_L;                                //硬件已将 OE 和 RE 连在一起,则 FIFO
                                          //数据输出使能且读使能
while(1)
{
        if(VsyncCnt == 2)                 //表明一帧完整图像数据已写入 FIFO,此
                                          //时可以开始读取数据了
        {
            TFT_SetXY(0,0);               //TFT 上写坐标定位为(0,0)点
            for(i = 0; i < 240; i ++ )    //QVGA 格式,240 行;每行 320 个点
            {
                for(j = 0; j < 320; j ++ )
                {
                    FIFO_RCLK_L;          //FIFO 读时钟置 0
                    __nop();
                    __nop();
                    FIFO_RCLK_H;          //FIFO 读时钟置 1
                    __nop();
                    __nop();              //RCLK 上升沿后读取数据
                    data = FIFO_DATA_PIN; //读出 FIFO 中数据
                    data <<= 8;           //先读高位
                    FIFO_RCLK_L;
                    __nop();
                    __nop();
                    FIFO_RCLK_H;
                    __nop();
                    __nop();
                    temp = FIFO_DATA_PIN; //再读低位
                    data |= temp;
                    TFT_WriteData(data);  //写数据(RGB565)到 TFT 的 GRAM,将采
                                          //集的图像显示到 TFT 上
                }
                TFT_SetXY(0,i);           //一行满 240 个点,换行
            }

            FIFO_RRST_L;                  //读指针复位
            FIFO_RCLK_L;                  //至少需要一个时钟周期的跳变
                                          //才能复位
            FIFO_RCLK_H;
            FIFO_RCLK_L;                  //至少需要一个时钟周期的跳变
```

```
                                      //才能复位
        FIFO_RCLK_H;
        FIFO_RRST_H;
        FIFO_WEN_L;                   //复位时写使能 WEN 要置高,但 MCU 的
                                      //WEN 和 HREF 是做"与非"逻辑后再输
                                      //入,所以 FIFO_WEN 置低
        FIFO_WRST_L;
        __nop();
        __nop();                      //写指针复位需要一定的延时
        FIFO_WRST_H;
        VsyncCnt = 0;                 //开始下一帧数据采集
        }
     }
}
```

12.5　数字调频无线电芯片 TEA5767 的使用

12.5.1　数字调频无线电芯片 TEA5767 简介

TEA5767/TEA5768 是一个低电压、低功耗和低价位的数字 FM 立体声无线电接收机芯片[34],作为目前广泛应用的单芯片 FM 解决方案,TEA5767/TEA5768 芯片具有以下主要特征:

① 集成有高灵敏度的低噪声放大器;

② FM 到中频的混频器可以工作在 87.5～108 MHz 的欧美频段,或 76～91 MHz 的日本频段,并且可预设接收日本 108 MHz 的电视音频信号的能力;

③ 射频具有自动增益控制功能,并且 LC 调谐振荡器只需低价的固定片装电感;

④ 内置的 FM 解调器可以省去外部鉴频器,并且 FM 的中频选择性可在芯片内部完成;

⑤ 可以采用 32.768 kHz 或 13 MHz 的振荡器产生参考时钟或可以直接输入 6.5 MHz 的时钟信号;

⑥ 集成锁相环调谐系统;

⑦ 可以通过 I²C 或三线串行总线来获取中频计数器值或接收的高频信号电平,以便进行自动调谐功能;

⑧ SNC(立体声噪声抑制)、HCC(高频衰减控制)、静音处理等可通过串行数字接口进行控制。

TEA5767/TEA5768 芯片为高集成度产品,只需要极少的外部元器件即可构成一个完整的 FM 无线电接收机,应用电路如图 12.5.1 所示。

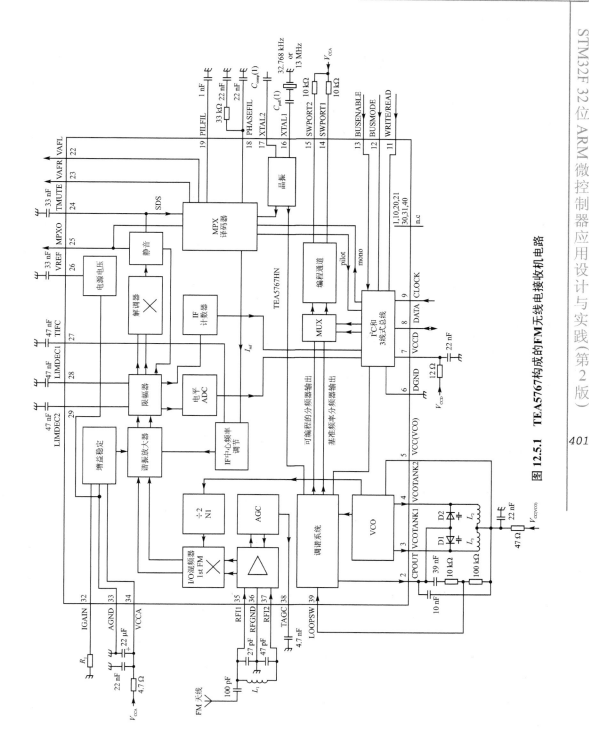

TEA5767 采用 HVQFN40 即耐热的薄型四角扁平封装,各引脚功能如表 12.5.1 所列。

表 12.5.1　TEA5767 芯片各引脚功能

引脚号	引脚名	功　能
1,10,20,21,30,31,40	n. c.	空脚,不需要连接
2	CPOUT	锁相环调谐系统的电荷泵输出外接电容引脚
3/4	VCOTANK1/2	压控振荡器输出引脚
5	VCC(VCO)	压控振荡器电源引脚
6	DGND	数字电路接地端
7	VCCD	数字电路电源端
8	DATA	串行通信数据端
9	CLOCK	串行通信时钟端
11	WRITE/READ	三线通信的读/写控制端
12	BUSMODE	总线模式选择端
13	BUSENABLE	总线使能控制端
14/15	SWPORT1/2	软件可编程端口
16/17	XTAL1/2	时钟发生器接口
18	PHASEFIL	鉴相环路滤波引脚
19	PILFIL	导频低通滤波引脚
22/23	VAFL/R	左右声道音频输出端
24	TMUTE	软件静音的时间常数设置端
25	MPXO	立体混音输出端
26	VREF	参考电压端
27	TIFC	中频中心调整时间常数设置端
28/29	LIMDEC1/2	中频限幅器调节端
32	IGAIN	中频增益控制电流设置端
33	AGND	模拟电路接地端
34	VCCA	模拟电路电源
35/37	RFI1/2	射频信号输入端
36	RFGND	射频电路接地端
38	TAGC	射频自动增益控制时间常数设置端
39	LOOPSW	合成锁相环滤波器开关输出端

注:网上有采用 TEA5767 构成的 FM 立体声无线电接收机模块成品可以购买,尺寸大约为 11 mm×11 mm×2 mm。

有关 TEA5767 的更多内容请参考"Koninklijke Philips Electronics N. V.

TEA5767HN Low – power FM stereo radio for handheld applications Product data sheet. www. semiconductors. philips. com"。

12.5.2 立体声耳机放大器 MAX13330 /13331 简介

MAX13330/MAX13331 是专为需要输出短路至电源/地保护、ESD 保护的应用而设计的立体声耳机放大器芯片[35],器件采用 Maxim 独特的 DirectDrive 架构,在单电源供电时也能产生以地为参考的输出,无需大容量隔直流电容,从而有效节省电路板空间并降低元件高度。MAX13330 放大器的增益由内部设置(−1.5V/V);MAX13331 放大器的增益可由外接电阻调节。MAX13330/MAX13331 可为每路 16 Ω 负载提供 120 mW 的功率;为每路 32 Ω 负载提供 135 mW 的功率,具有 0.01% 的低 THD+N。低输出电阻以及高度集成的电荷泵能够驱动低至 8 Ω 的负载,允许用户使用小扬声器。在 217 Hz 频率下,具有 80 dB 的 PSRR,使得这些器件能够工作在嘈杂的数字电源下,无需额外的线性稳压器。器件在耳机输出端,具有 ±15 kV 的人体模式 ESD 保护和高达 +45 V 的短路保护功能。完备的咔嗒/嘭噗声抑制电路消除了启动、关断时的噪声。采用 4~5.5 V 单电源工作,在低功耗关断模式下,电源电流为 3 μA。

MAX13330/MAX13331 采用 QSOP – 16 封装,MAX13331 典型应用如图 12.5.2 所示。

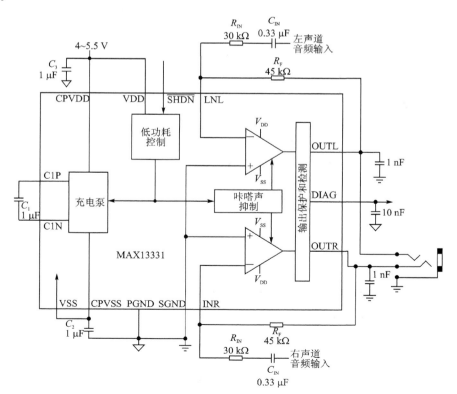

图 12.5.2 MAX13331 典型应用

有关 MAX13330/MAX13331 的更多内容请参考"Maxim Inc. MAX13330/MAX13331 Automotive DirectDrive Headphone Amplifiers with Output Protection and Diagnostics. www. maxim – ic. com"。

12.5.3 数字调频无线电接收机电路

采用 TEA5767 构成的 FM 立体声无线电接收机模块和 MAX13331 构成的数字调频无线电接收机电路如图 12.5.3 所示。电路通过 P1 与 STM32F 微控制器连接。

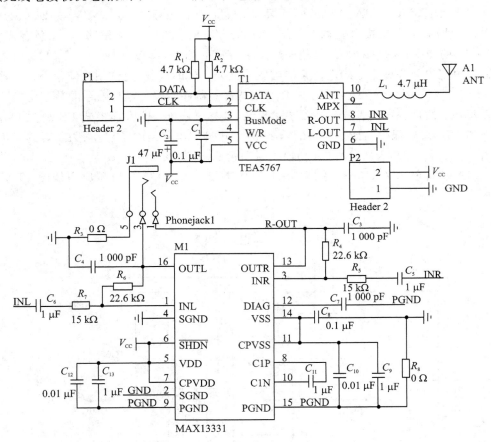

图 12.5.3 数字调频无线电接收机电路

12.5.4 TEA5767 操作示例程序设计

TEA5767 芯片需要由微控制器通过控制总线向芯片内的寄存器写入控制字才能正常工作。TEA5767 提供 I²C 和 3 线式两种数字接口模式,引脚 BUSMODE 为低电平时,选用 I²C 总线模式,引脚 BUSMODE 为高电平时,选用 3 线式总线模式。TEA5767 的 I²C 模式为标准 I²C 模式。本示例程序采用 I²C 模式。

向 TEA5767 写入数据时,地址的最低位是 0,即写地址是 0xC0。读出数据时,地址的最低位是 1,即读地址是 0xC1。

1. 写数据格式

TEA5767 的控制寄存器要写入 5 字节,每次写入数据时必须严格按照"地址,字节1,字节 2,字节 3,字节 4,字节 5"的顺序进行。

首先发送每字节的最高位。在时钟的下降沿后写入的数据生效。上电复位后,设置为静音,其他位均置低(0),必须写入控制字初始化芯片。

TEA5767 内部有一个 5 字节的控制寄存器,在 IC 上电复位后,必须通过总线接口向其中写入适当的控制字,它才能够正常工作。TEA5767 写数据操作代码如下:

```
/********************************************************
** 函数名:TEA5767_Write
** 功能描述:向 TEA5767 写入 5 字节数据
** 输入参数:无
** 输出参数:无
** 返    回:无
********************************************************/
void TEA5767_Write(void)
{
    unsigned char i;
    IIC_Start();                        //发送起始信号
    IIC_Send_Byte(0xc0);                //TEA5767 写地址
    IIC_Wait_Ack();                     //等待应答
    for(i = 0;i<5;i++)
    {
        IIC_Send_Byte(radio_data[i]);   //连续写入 5 字节数据
        IIC_Ack();                      //发送应答
    }
    IIC_Stop();                         //发送停止信号
}
```

写数据操作每个数据字节的格式和各位功能如表 12.5.2~12.5.12 所列。

表 12.5.2　数据字节 1 的格式

位 7(MSB)	位 6	位 5	位 4	位 3	位 2	位 1	位 0(LSB)
MUTE	SM	PLL13	PLL12	PLL11	PLL10	PLL9	PLL8

表 12.5.3　数据字节 1 各位的功能

位	符　号	功　　能
7	MUTE	若 MUTE=1,左右声道静音;若 MUTE=0,左右声道非静音
6	SM	搜索模式:若 SM=1,搜索模式;若 SM=0,非搜索模式
5～0	PLL[13:8]	预置或搜索电台的频率数据高 6 位

表 12.5.4　数据字节 2 的格式

位 7(MSB)	位 6	位 5	位 4	位 3	位 2	位 1	位 0(LSB)
PLL7	PLL6	PLL5	PLL4	PLL3	PLL2	PLL1	PLL0

表 12.5.5　数据字节 2 各位的功能

位	符　号	功　　能
7～0	PLL[7:0]	预置或搜索电台的频率数据低 8 位

表 12.5.6　数据字节 3 的格式

位 7(MSB)	位 6	位 5	位 4	位 3	位 2	位 1	位 0(LSB)
SUD	SSL1	SSL0	HLSI	MS	ML	MR	SWP1

表 12.5.7　数据字节 3 各位的功能

位	符　号	功　　能
7	SUD	若 SUD=1,则向上搜索;若 SUD=0,则向下搜索
6,5	SSL[1:0]	搜索停止电平:见表 12.5.8
4	HLSI	若 HLSI=1,则高端本振注入;若 HLSI=0,则低端本振注入
3	MS	若 MS=1,则强制单声道;若 MS=0,则开立体声
2	ML	若 ML=1,则左声道静音强制单声道;若 ML=0,则左声道非静音
1	MR	若 MR=1,则右声道静音强制单声道;若 MR=0,则右声道非静音
0	SWP1	软件可编程输出口 1: 若 SWP1=1,则 SWPOR1 为高电平; 若 SWP1=0,则 SWPOR1 为低电平

STM32F 32 位 ARM 微控制器应用设计与实践（第 2 版）

表 12.5.8　搜索停止电平设定

SSL1	SSL0	搜索停止电平
0	0	不搜索
0	1	低电平 ADC 输出＝5
1	0	中电平 ADC 输出＝7
1	1	高电平 ADC 输出＝10

表 12.5.9　数据字节 4 的格式

位 7(MSB)	位 6	位 5	位 4	位 3	位 2	位 1	位 0(LSB)
SWP2	STBY	BL	XTAL	SMUTE	HCC	SNC	SI

表 12.5.10　数据字节 4 各位的功能

位	符号	功能
7	SWP2	软件可编程输出口 2： 若 SWP2＝1,则口 2 为高电平 若 SWP2＝0,则口 2 为低电平
6	STBY	若 STBY＝1,则为待机模式;若 STBY＝0,则为非待机模式
5	BL	若 BL＝1,则为日本 FM 波段;若 BL＝0,则美/欧 FM 波段
4	XTAL	若 XTAL＝1,则 f_{xtal}＝32.768 kHz;若 XTAL＝0,则 f_{xtal}＝13 MHz
3	SMUTE	若 SMUTE＝1,则软件静音开;若 MUTE＝0,则软件静音关
2	HCC	若 HCC＝1,则高音切割开;若 HCC＝0,则高音切割关
1	SNC	若 SNC＝1,则立体声噪声消除开;若 SNC＝0,则立体声噪声消除关
0	SI	若 SI＝1,则引脚 SWPORT1 作读输出标志; 若 SI＝0,则引脚 SWOPRT1 作软件可编程输出口

表 12.5.11　数据字节 5 的格式

位 7(MSB)	位 6	位 5	位 4	位 3	位 2	位 1	位 0(LSB)
PLLREF	DTC	—	—	—	—	—	—

表 12.5.12　数据字节 5 各位的功能

位	符号	功能
7	PLLREF	若 PLLREF＝1,则 6.5 MHz 参考频率 PLL 可用 若 PLLREF＝0,则 6.5 MHz 参考频率 PLL 不可用
6	DTC	若 DTC＝1,则取加重时间常数为 75 μs 若 DTC＝0,则取加重时间常数为 50 μs
5～0	—	—

407

2. 读数据格式

与写数据类似,从 TEA5767 读出数据时,也要按照"地址,字节 1,字节 2,字节 3,字节 4,字节 5"的顺序读出,读地址是 0xC1。读数据操作代码如下:

```
/****************************************************
** 函数名:Get_Frequency
** 功能描述:由 PLL 计算频率
** 输入参数:无
** 输出参数:frequency——得到频率值
** 返    回:无
****************************************************/
void TEA5767_Read(void)
{
    unsigned char i;
    unsigned char temp_l,temp_h;
    pll = 0;
    IIC_Start();
    IIC_Send_Byte(0xc1);                    //TEA5767 读地址
    IIC_Wait_Ack();
    for(i = 0;i<5;i++)                      //读取 5 个字节数据
    {
        read_data[i] = IIC_Read_Byte(1);    //读取数据后,发送应答
    }
    IIC_Stop();
    temp_l = read_data[1];                  //得到 PLL 低 8 位
    temp_h = read_data[0];                  //得到 PLL 高 6 位
    temp_h& = 0x3f;
    pll = temp_h * 256 + temp_l;            //PLL 值
    Get_Frequency();                        //将 PLL 转换为频率值
}
```

读数据操作每个数据字节的格式和各位功能如表 12.5.13~12.5.23 所列。

表 12.5.13　读模式

数据字节 1	数据字节 2	数据字节 3	数据字节 4	数据字节 5

表 12.5.14　字节 1 的格式

位 7(MSB)	位 6	位 5	位 4	位 3	位 2	位 1	位 0(LSB)
RF	BLF	PLL13	PLL12	PLL11	PLL10	PLL9	PLL8

表 12.5.15　字节 1 的功能

位	符　号	功　能
7	RF	若 RF＝1,则发现了一个电台或搜索到头;若 RF＝0,则未找到电台
6	BLF	若 BLF＝1,则搜索到头;若 BLF＝0,则未搜索到头
5～0	PLL[13:8]	搜索或预置的电台频率值的高 6 位

表 12.5.16　字节 2 的格式

位 7(MSB)	位 6	位 5	位 4	位 3	位 2	位 1	位 0(LSB)
PLL7	PLL6	PLL5	PLL4	PLL3	PLL2	PLL1	PLL0

表 12.5.17　字节 2 的功能

位	符　号	功　能
7～0	PLL[7:0]	搜索或预置的电台频率值的低 8 位

表 12.5.18　字节 3 的格式

位 7(MSB)	位 6	位 5	位 4	位 3	位 2	位 1	位 0(LSB)
STEREO	IF6	IF5	IF4	IF3	IF2	IF1	IF0

表 12.5.19　字节 3 的功能

位	符　号	功　能
7	STEREO	若 STEREO＝1,则为立体声;若 STEREO＝0,则为单声道
6～0	PLL[13:8]	中频计数结果

表 12.5.20　字节 4 的格式

位 7(MSB)	位 6	位 5	位 4	位 3	位 2	位 1	位 0(LSB)
LEV3	LEV2	LEV1	LEV0	CI3	CI2	CI1	0

表 12.5.21　字节 4 的功能

位	符　号	功　能
7～4	LEV[3:0]	信号电平 ADC 输出
3～1	CI[3:1]	芯片标记;设置为 0
0	—	该位为 0

表 12.5.22 字节 5 的格式

位 7(MSB)	位 6	位 5	位 4	位 3	位 2	位 1	位 0(LSB)
0	0	0	0	0	0	0	0

表 12.5.23 字节 5 的说明

位	符 号	说 明
7~0	—	供以后备用的字节;设置为 0

3. 程序设计

本示例采用 PB10、PB11 模拟 I²C 接口控制 TEA5767,引脚 PB10 接 CLK,引脚 PB11 接 SDA。要使 TEA5767 正常工作,只需写入设置好的 5 字节到 TEA5767 即可。

初始化后,要搜索某个电台,只需将其电台频率值写入 TEA5767 即可,用到函数 void Set_Frequency(u32 fre)。

本示例中采用按键 PA0 控制向上手动搜索电台,采用按键 PC13 控制向下手动搜索电台。

12.5.5 TEA5767 操作示例程序

TEA5767 操作示例程序放在"示例程序→TEA5767"文件夹中。主程序 main.c 相关代码和注释如下:

主程序 12.5.1 main.c

```
# include "stm32f10x.h"
# include "TEA5767.h"
# include "USART.h"
# include "delay.h"
extern unsigned long frequency;
extern u8 key_down;
/********************************************************
** 函数名:main
** 功能描述:设置电台频率,通过按键手动进行电台搜索
** 输入参数:无
** 输出参数:无
********************************************************/
int main(void)
{
    SystemInit();                    //系统初始化
    delay_init(72);                  //延时初始化
    IIC_Init();                      //I²C接口初始化
    Usart_Configuration();           //串口初始化配置
```

```
Set_Frequency(101800);              //设置电台频率为101.8 MHz
while(1)
{
    //Auto_Search(0);      向下自动搜索电台,根据需要进行处理
    Key_Scan();
    if(1 == key_down)                //PA0 键按下
    {
        key_down = 0;
        Search(1);                   //手动向上搜索
        printf(" | % d\n",frequency);
    }
    if(2 == key_down)                //PC13 键按下
    {
        key_down = 0;
        Search(0);                   //手动向下搜索
        printf(" | % d\n",frequency);
    }
}
}
```

第 **13** 章

CAN 的使用

13.1　CAN 总线简介

　　控制器局域网 CAN(Controller Area Network)是德国 Bosch 公司于 1983 年为汽车应用而开发的,是一种现场总线(Field Bus),能有效支持分布式控制和实时控制的串行通信网络。1993 年 11 月,ISO 正式颁布了控制器局域网 CAN 国际标准(IS011898)。

　　一个理想的由 CAN 总线构成的单一网络中可以挂接任意多个节点,但在实际应用中节点数目将受网络硬件的电气特性的限制。例如:当使用 Philips 公司的 P82C250 作为 CAN 收发器时,同一网络中允许挂接 110 个节点。CAN 可提供 1 Mb/s 的数据传输速率。CAN 总线是一种多主方式的串行通信总线。基本设计规范要求有高的位速率、高抗电磁干扰性,并可以检测出产生的任何错误。当信号传输距离达到 10 km 时,CAN 总线仍可提供高达 50 kb/s 的数据传输速率。CAN 总线具有很高的实时性能,已经在汽车工业、航空工业、工业控制、安全防护等领域中得到了广泛应用。CAN 网拓扑结构如图 13.1.1 所示。

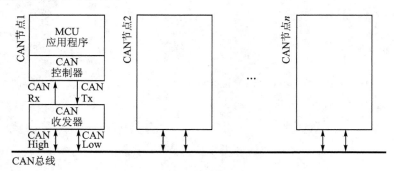

图 13.1.1　CAN 网络的拓扑结构

　　CAN 总线的通信介质可采用双绞线、同轴电缆和光导纤维,最常用的是双绞线。通信距离与波特率有关,最大通信距离可达 10 km,最大通信波特率可达 1 Mb/s。CAN 总线仲裁采用 11 位标识和非破坏性位仲裁总线结构机制,可以确定数据块的优先级,保证在网络节点冲突时最高优先级节点不需要冲突等待。CAN 总线采用了多主竞争式总线结构,具有多主站运行和分散仲裁的串行总线以及广播通信的特点。CAN

总线上任意节点可在任意时刻主动向网络上的其他节点发送信息而不分主次，因此可在各节点之间实现自由通信。

CAN 总线信号使用差分电压传送，两条信号线被称为 CAN_H 和 CAN_L，静态时均是 2.5 V 左右，此时状态表示为逻辑 1，也可以称为"隐性"。采用 CAN_H 比 CAN_L 高来表示逻辑 0，称为"显性"，通常电压值为 CAN_H＝3.5 V 和 CAN_L＝1.5 V。当"显性"位和"隐性"位同时发送时，最后总线数值将为"显性"。

CAN 总线的一个位时间可以分成四个部分：同步段、传播时间段、相位缓冲段 1 和相位缓冲段 2。每段的时间份额的数目都是可以通过 CAN 总线控制器编程控制的，而时间份额的大小 t_q 由系统时钟 t_{sys} 和波特率预分频值 BRP 决定：$t_q＝BRP/t_{sys}$。

> 同步段：用于同步总线上的各个节点，在此段内期望有一个跳变沿出现（其长度固定）。如果跳变沿出现在同步段之外，那么沿与同步段之间的长度称为沿相位误差。采样点位于相位缓冲段 1 的末尾和相位缓冲段 2 开始处。
> 传播时间段：用于补偿总线上信号传播时间和电子控制设备内部的延迟时间。因此，要实现与位流发送节点的同步，接收节点必须移相。CAN 总线非破坏性仲裁规定，发送位流的总线节点必须能够收到同步于位流的 CAN 总线节点发送的"显性"位。
> 相位缓冲段 1：重同步时可以暂时延长。
> 相位缓冲段 2：重同步时可以暂时缩短。
> 同步跳转宽度：长度小于相位缓冲段。

同步段、传播时间段、相位缓冲段 1 和相位缓冲段 2 的设定与 CAN 总线的同步、仲裁等信息有关，其主要思想是要求各个节点在一定误差范围内保持同步。必须考虑各个节点时钟（振荡器）的误差和总线的长度带来的延迟（通常每米延迟为 5.5 ns）。正确设置 CAN 总线各个时间段，是保证 CAN 总线良好工作的关键。

按照 CAN2.0B 协议规定，CAN 总线的帧数据有如图 13.1.2 所示的两种格式：标准格式和扩展格式。作为一个通用的嵌入式 CAN 节点，应该支持这两种格式。

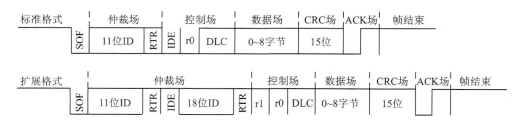

图 13.1.2　CAN 总线数据帧格式

413

13.2　STM32F 的 bxCAN

13.2.1　bxCAN 的主要特点

STM32F 的 bxCAN 是基本扩展 CAN(Basic Extended CAN)的缩写,它支持 CAN 协议 2.0A 和 2.0B 主动模式,波特率最高可达 1 Mb/s,支持时间触发通信功能。发送具有 3 个发送邮箱,发送报文的优先级特性可软件配置,记录发送 SOF 时刻的时间戳。接收具有 3 级深度的 2 个接收 FIFO、可变的过滤器组、标识符列表和 FIFO 溢出处理方式可配置,记录接收 SOF 时刻的时间戳。中断可屏蔽,邮箱占用单独一块地址空间,便于提高软件效率。

STM32F bxCAN 的设计目标是,以最小的 CPU 负荷来高效处理大量收到的报文。它也支持报文发送的优先级要求(优先级特性可软件配置)。

对于安全紧要的应用,STM32F 的 bxCAN 提供所有支持时间触发通信模式所需的硬件功能,具有禁止自动重传模式,16 位自由运行定时器,可在最后 2 个数据字节发送时间戳。

STM32F 的 bxCAN 具有双 CAN。其中:CAN1 是主 bxCAN,负责管理 bxCAN 与 512 字节的 SRAM 存储器之间的通信。CAN2 是从 bxCAN,不能直接访问 SRAM 存储器。这两个 bxCAN 模块共享 512 字节的 SRAM 存储器。

在当今 CAN 的应用中,CAN 网络的节点在不断增加,并且多个 CAN 常常通过网关连接起来,因此整个 CAN 网中的报文数量(每个节点都需要处理)急剧增加。除了应用层报文外,网络管理和诊断报文也被引入。报文包含了将要发送的完整的数据信息,共有 3 个发送邮箱供软件来发送报文。发送调度器根据优先级决定哪个邮箱的报文先发送。共有 14 个位宽可变/可配置的标识符过滤器组,软件通过对它们编程,在引脚收到的报文中选择它需要的报文,而把其他报文丢弃掉。STM32F 的 bxCAN 具有 2 个接收 FIFO,每个 FIFO 都可以存放 3 个完整的报文。它们完全由硬件来管理。需要一个增强的过滤机制来处理各种类型的报文。此外,接收 FIFO 允许 CPU 花很长时间处理应用层任务而不会丢失报文。bxCAN 模块可以完全自动地接收和发送 CAN 报文,且完全支持标准标识符(11 位)和扩展标识符(29 位)。

13.2.2　bxCAN 的工作模式

STM32F 的 bxCAN 具有初始化、正常和睡眠 3 个主要工作模式。

1. 初始化模式

软件通过对 CAN_MCR 寄存器的 INRQ 位置 1,来请求 bxCAN 进入初始化模式,然后等待硬件对 CAN_MSR 寄存器的 INAK 位置 1 来确认。

软件通过对 CAN_MCR 寄存器的 INRQ 位清 0,来请求 bxCAN 退出初始化模式,当硬件对 CAN_MSR 寄存器的 INAK 位清 0 就确认了初始化模式的退出。

当 bxCAN 处于初始化模式时,报文的接收和发送都被禁止,并且 CANTX 引脚输出"隐性"位(高电平)。

2. 正常模式

在初始化完成后,软件应该让硬件进入正常模式,以便正常接收和发送报文。软件可以通过对 CAN_MCR 寄存器的 INRQ 位清 0,来请求从初始化模式进入正常模式,然后要等待硬件对 CAN_MSR 寄存器的 INAK 位置 1 的确认。在与 CAN 总线取得同步,即在 CANRX 引脚上监测到 11 个连续的"隐性"位(等效于总线空闲)后,bxCAN 才能正常接收和发送报文。

过滤器初值的设置不需要在初始化模式下进行,但必须在它处在非激活状态下完成(相应的 FACT 位为 0)。而过滤器的位宽和模式的设置,则必须在初始化模式下,进入正常模式前完成。

3. 睡眠模式(低功耗)

在硬件复位后,bxCAN 工作在睡眠模式以节省电能,同时 CANTX 引脚的内部上拉电阻被激活。软件通过对 CAN_MCR 寄存器的 SLEEP 位置 1,来请求进入这一模式。在该模式下,bxCAN 的时钟停止了,但软件仍然可以访问邮箱寄存器。

当 bxCAN 处于睡眠模式时,软件想通过对 CAN_MCR 寄存器的 INRQ 位置 1 进入初始化模式,那么软件必须同时对 SLEEP 位清 0 才行。有两种方式可以唤醒(退出睡眠模式)bxCAN:通过软件对 SLEEP 位清 0,或硬件检测 CAN 总线的活动。

STM32F bxCAN 的初始化、正常和睡眠 3 种工作模式之间的转换如图 13.2.1 所示。

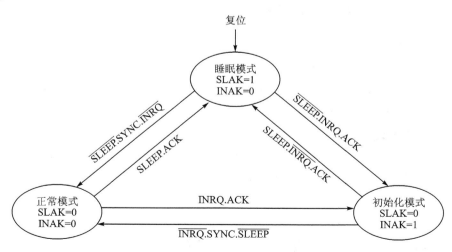

图 13.2.1　bxCAN 的 3 种工作模式之间的转换

13.2.3　bxCAN 发送报文的流程

bxCAN 发送报文的流程如下:

① 应用程序选择 1 个空置的发送邮箱。

② 设置标识符、数据长度和待发送数据。

③ 对 CAN_TIxR 寄存器的 TXRQ 位置 1，来请求发送。TXRQ 位置 1 后，邮箱就不再是空邮箱。

④ 一旦邮箱不再为空置，软件对邮箱寄存器就不再有写的权限。TXRQ 位置 1 后，邮箱马上进入挂号状态，并等待成为最高优先级的邮箱，参见发送优先级。一旦邮箱成为最高优先级的邮箱，其状态就变为预定发送状态。一旦 CAN 总线进入空闲状态，预定发送邮箱中的报文就马上发送（进入发送状态）。一旦邮箱中的报文成功发送后，它马上变为空置邮箱。

⑤ 硬件相应地对 CAN_TSR 寄存器的 RQCP 和 TXOK 位置 1，来表明一次成功发送。

⑥ 如果发送失败，由仲裁引起的就对 CAN_TSR 寄存器的 ALST 位置 1，由发送错误引起的就对 TERR 位置 1。

发送的优先级可以由标识符和发送请求次序决定：

① 由标识符决定。当有超过 1 个发送邮箱挂号时，发送顺序由邮箱中报文的标识符决定。根据 CAN 协议，标识符数值最低的报文具有最高的优先级。如果标识符的值相等，那么邮箱号小的报文先发送。

② 由发送请求次序决定。通过对 CAN_MCR 寄存器的 TXFP 位置 1，可以把发送邮箱配置为发送 FIFO。在该模式下，发送的优先级由发送请求次序决定。该模式对分段发送很有用。

13.2.4　bxCAN 的报文接收

1. 接收管理

接收到的报文被存储在 3 级邮箱深度的 FIFO 中。FIFO 完全由硬件来管理，从而节省了 CPU 的处理负荷，简化了软件并保证了数据的一致性。应用程序只能通过读取 FIFO 输出邮箱，来读取 FIFO 中最先收到的报文。

2. 有效报文

根据 CAN 协议，当报文被正确接收（直到 EOF 域的最后 1 位都没有错误），且通过了标识符过滤，那么该报文被认为是有效报文。

3. 接收中断条件

一旦往 FIFO 存入 1 个报文，硬件就会更新 FMP[1:0] 位，并且如果 CAN_IER 寄存器的 FMPIE 位为 1，那么就会产生一个中断请求。

当 FIFO 变满时（即第 3 个报文被存入），CAN_RFxR 寄存器的 FULL 位就被置 1，并且如果 CAN_IER 寄存器的 FFIE 位为 1，那么就会产生一个满中断请求。

在溢出的情况下，FOVR 位被置 1，并且如果 CAN_IER 寄存器的 FOVIE 位为 1，那么就会产生一个溢出中断请求。

bxCAN 的报文接收示意图如图 13.2.2 所示。

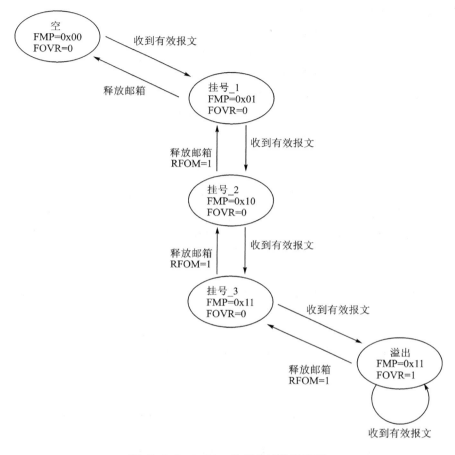

417

图 13.2.2　bxCAN 的报文接收示意图

13.2.5　bxCAN 的时间触发通信模式

在 bxCAN 的时间触发通信模式下，CAN 硬件的内部定时器被激活，并且被用于产生时间戳，分别存储在 CAN_RDTxR/CAN_TDTxR 寄存器中。内部定时器在接收和发送的帧起始位的采样点位置被采样，并生成时间戳（标有时间的数据）。

有关 bxCAN 的时间触发通信模式的更多内容请参考"STM32F 参考手册"的相关章节。

13.2.6　bxCAN 过滤器

1. bxCAN 的过滤器组

在 CAN 协议里，报文的标识符不代表节点的地址，而是与报文的内容相关。因此，发送者以广播的形式把报文发送给所有的接收者。节点在接收报文时，根据标识符的值来决定软件是否需要该报文。如果需要，就复制到 SRAM 里；如果不需要，报文就被丢弃且无需软件的干预。

为满足这一需求，在 STM32F 互联型产品中，bxCAN 控制器为应用程序提供了 28 个位宽可变的、可配置的过滤器组（27～0）；在其他产品中，bxCAN 控制器为应用程序提供了 14 个位宽可变的、可配置的过滤器组（13～0），以便只接收那些软件需要的报文。硬件过滤的做法省了 CPU 开销，否则就必须由软件过滤而占用一定的 CPU 开销。每个过滤器组 x 由 2 个 32 位寄存器、CAN_FxR0 和 CAN_FxR1 组成。bxCAN 的过滤器是 CAN 设置的难点及重点。

STM32 普通型芯片的 bxCAN 有 14 个过滤器组，互联型有 28 个过滤器组，用以对接收到的帧进行过滤。每组过滤器包括了 2 个可配置的 32 位寄存器：CAN_FxR0 和 CAN_FxR1。对于过滤器组，可以将其配置成屏蔽位模式，这样 CAN_FxR0 中保存的就是标识符匹配值，CAN_FxR1 中保存的就是屏蔽码，即 CAN_FxR1 中如果某一位为 1，则 CAN_FxR0 中相应的位必须与收到的帧的标识符中的相应位吻合才能通过过滤器；CAN_FxR1 中为 0 的位表示 CAN_FxR0 中的相应位可不必与收到的帧进行匹配。过滤器组还可以配置为标识符列表模式，此时 CAN_FxR0 和 CAN_FxR1 中的都是要匹配的标识符，收到的帧的标识符必须与其中的一个吻合才能通过过滤器。

根据配置，每一个过滤器组可以有 1 个、2 个或 4 个过滤器。这些过滤器相当于关卡，每当收到一条报文时，bxCAN 要先将收到的报文从这些过滤器上"过"一下，能通过的报文是有效报文，收进 FIFO 中，不能通过的则是无效报文（不是发给"我"的报文），直接丢弃。所有的过滤器是并联的，即一个报文只要通过了一个过滤器，就算是有效的。

每个过滤器组有两种工作模式：标识符列表模式和标识符屏蔽位模式。

在标识符列表模式下，收到报文的标识符必须与过滤器的值完全相等，才能通过。在标识符屏蔽位模式下，可以指定标识符的哪些位为何值时，就算通过。这其实就是限定了标识符的通过范围。

在一组过滤器中，所有的过滤器都使用同一种工作模式。另外，每组过滤器中的过滤器宽度都是可变的，可以是 32 位或 16 位。

根据工作模式和宽度，一个过滤器组可以变成以下几种形式之一：

① 1 个 32 位的屏蔽位模式的过滤器。

② 2 个 32 位的列表模式的过滤器。

③ 2 个 16 位的屏蔽位模式的过滤器。

④ 4 个 16 位的列表模式的过滤器。

所有的过滤器都是并联的，即一个报文只要通过了一个过滤器，就算是有效的。

每个过滤器组有两个 32 位的寄存器用于存储过滤用的"标准值"，分别是 FxR1，FxR2。

2. bxCAN 的 FIFO

STM32F 的 bxCAN 有两个 FIFO，分别是 FIFO0 和 FIFO1。为了便于区分，下面

FIFO0 写作 FIFO_0,FIFO1 写作 FIFO_1。

每个过滤器组必须关联且只能关联一个 FIFO。复位默认都关联到 FIFO_0。

所谓"关联",是指假如收到的报文从某个过滤器通过了,那么该报文会存到与该过滤器相连的 FIFO。从另一方面来说,每个 FIFO 都关联了一串过滤器组,两个 FIFO 刚好瓜分所有的过滤器组。

每当收到一个报文,bxCAN 就将这个报文先与 FIFO_0 关联的过滤器比较,如果匹配,就将此报文放入 FIFO_0 中;如果不匹配,再将报文与 FIFO_1 关联的过滤器比较,如果匹配,此报文就放入 FIFO_1 中。如果还是不匹配,此报文就被丢弃。

每个 FIFO 的所有过滤器都是并联的,只要通过了其中任何一个过滤器,该报文就有效。如果一个报文既符合 FIFO_0 的规定,又符合 FIFO_1 的规定,根据操作顺序,它只会放到 FIFO_0 中。

每个 FIFO 中只有激活了的过滤器才起作用,换句话说,如果一个 FIFO 有 20 个过滤器,但是只激活了 5 个,那么比较报文时,只用这 5 个过滤器作比较。一般要用到某个过滤器时,在初始化阶段就直接将它激活。需要注意的是,每个 FIFO 必须至少激活一个过滤器,它才有可能收到报文。如果没有一个过滤器被激活,那么所有报文都报废。

一般的,如果不想用复杂的过滤功能,FIFO 可以只激活一组过滤器组,且将它设置成 32 位的屏蔽位模式,两个标准值寄存器(FxR1,FxR2)都设置成 0。这样所有报文都能通过。

3. bxCAN 过滤器的编号

在 STM32 bxCAN 中,另一个较难理解的是过滤器编号。过滤器编号用于加速 CPU 对收到报文的处理。当收到一个有效报文时,bxCAN 会将收到的报文以及它所通过的过滤器编号,一起存入接收邮箱中。当 CPU 处理时,可以根据过滤器编号,快速地知道该报文的用途,从而作出处理。其实,不用过滤器编号也是可以的,这时 CPU 就要分析所收报文的标识符,从而知道报文的用途。由于标识符所含的信息较多,处理起来就相对要慢一些。

STM32F 使用以下规则对过滤器进行编号:

① FIFO_0 和 FIFO_1 的过滤器分别独立编号,均从 0 开始按顺序编号。

② 所有关联同一个 FIFO 的过滤器,不管有没有被激活,均统一进行编号。

③ 编号从 0 开始,按过滤器组的编号从小到大,顺序排列。

④ 在同一过滤器组内,按寄存器从小到大编号。FxR1 配置的过滤器编号小,FxR2 配置的过滤器编号大。

⑤ 同一个寄存器内,按位序从小到大编号。位[15:0]配置的过滤器编号小,位[31:16]配置的过滤器编号大。

⑥ 过滤器编号是弹性的。当更改了设置时,每个过滤器的编号都会改变。但是在设置不变的情况下,各个过滤器的编号是相对稳定的。

这样,每个过滤器在自己的 FIFO 中都有编号。在 FIFO_0 中,编号从 0~(M—

1),其中 M 为它的过滤器总数。在 FIFO_1 中,编号从 $0\sim(N-1)$,其中 N 为它的过滤器总数。

如果一个 FIFO 有很多过滤器,可能会有一条报文,在几个过滤器上均能通过,这时,这条报文算是从哪儿过来的呢? STM32F 在使用过滤器时,按以下顺序进行过滤:

① 位宽为 32 位的过滤器,优先级高于位宽为 16 位的过滤器。

② 对于位宽相同的过滤器,标识符列表模式的优先级高于标识符屏蔽位模式。

③ 位宽和模式都相同的过滤器,优先级由过滤器号决定,过滤器号小的优先级高。

按这样的顺序,报文能通过的第一个过滤器,就是该报文的过滤器编号,被存入接收邮箱中。

有关 STM32F 过滤器的更多内容请参考"STM32F 参考手册"的相关章节。

13.3　STM32F 外接 CAN 收发器

STM32F 内置了 CAN 控制器,但没有内置 CAN 收发器,要实现 CAN 通信,还需要外接 CAN 收发器。

SN65HVD230 是德州仪器公司生产的 3.3 V CAN 总线收发器。该收发器完全兼容 ISO 11898 标准,具有差分收发能力,高输入阻抗,允许 120 个节点,低电流等待模式 (370 μA),最高速率可达 1 Mb/s,具有热保护、开路失效、抗瞬间干扰,保护总线等保护功能,适用于较高通信速率、良好抗干扰能力和高可靠性 CAN 总线的串行通信,广泛用于汽车、工业自动化、UPS 控制等领域。

SN65HVD230 的内部结构[36] 如图 13.3.1 所示。STM32F bxCAN 控制器的输出引脚 TX 连接到 SN65HVD230 的数据输入端 D,可将此 CAN 节点发送的数据传送到 CAN 网络中;而 bxCAN 控制器的接收引脚端 RX 与 SN65HVD230 的数据输出端 R 相连,用于接收数据。

SN65HVD230 具有高速、斜率控制和等待 3 种不同的工作模式。SN65HVD230 的工作模式控制可通过控制 Rs 引脚端来实现,工作模式选择端口 Rs 通过跳线和一端接地的电阻器连接,通过硬件方式可实现 3 种工作模式的选择,其中电阻器为 0 ~ 100 kΩ 的电位器。V_{Rs} 为加在 Rs 引脚端上的电压,工作模式选择如表 13.3.1 所列。

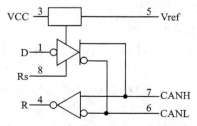

图 13.3.1　SN65HVD230 的内部结构图

表 4.2.1　SN65HVD230 的工作模式选择

V_{Rs}	工作模式
$V_{Rs} > 0.75\,V_{CC}$	待机
10~100 kΩ 电阻连接到地	斜率控制
$V_{Rs} < 1\,V$	高速

Rs 引脚端接逻辑低电平能使收发器工作在高速模式。在高速模式下,收发器的通信速率达到最高,此时没有内部输出上升斜率和下降斜率的限制,但在该方式下,最大速率的限制和电缆的长度有关。

而在有些场合中,考虑到系统成本等问题,使用非屏蔽电缆时,收发器必须满足电磁兼容等条件。为了减少因电平快速上升而引起的电磁干扰,在 SN65HVD230 中引入了斜率控制方式。这种控制方式可通过连接在 Rs 引脚上的串联斜率电阻器来实现。

在 Rs 引脚加上逻辑高电平(≥0.75V_{CC}),可使器件进入等待模式,处于待机状态,系统只"听"发送过来的消息。在"听"状态下,收发器的发送功能处于关断状态,接收功能仍处于有效状态。此时,接收器对于总线来说总是隐性的。

STM32F 与 SN65HVD230 连接示意图如图 13.3.2 所示。

当使用 CAN 的多节点通信时,连接示意图如图 13.3.3 所示。

注意:如图 13.3.3 所示,使用 CAN 总线时需要在两个终端串 120 Ω 的匹配电阻。

有关 SN65HVD230 的更多内容请登录 www.ti.com 查询"3.3-V CAN TRANSCEIVERS Check for Samples:SN65HVD230,SN65HVD231,SN65HVD232"数据手册。

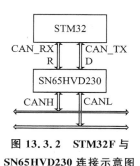

图 13.3.2　STM32F 与 SN65HVD230 连接示意图

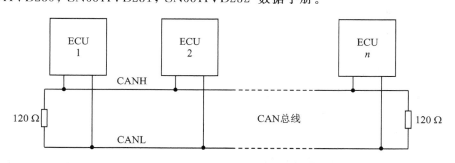

图 13.3.3　多节点 CAN 网络连接图

13.4　CAN 操作示例程序设计

13.4.1　CAN 初始化配置

本示例程序首先介绍使用 CAN 的标准帧进行通信,程序仍然用库函数实现。初始化具体步骤如下:

1. 配置作为 CAN 收发的 GPIO

配置作为 CAN 收发的 GPIO。系统默认的 CAN 发送对应引脚 PA12,CAN 接收

对应引脚 PA11,STM32F 引脚具有重映射功能,可以把 CAN1 映射到 PD0 及 PD1。使用下面语句:

```
GPIO_PinRemapConfig(GPIO_Remap2_CAN1, ENABLE);      //将 CAN1 的 RX、TX 端口重
                                                    //映射到 PD0、PD1
```

2. CAN 总线基本配置

CAN 总线基本配置如下:

① 设定是否使能时间触发。

② 自动离线管理:如果使能,则软件对 CAN_MCR 寄存器的 INRQ 位进行置 1,随后清 0。一旦硬件检测到 128 次 11 位连续的隐性位,就自动退出离线状态。

③ 自动唤醒:如果不使能,则睡眠模式通过清除 CAN_MCR 寄存器的 SLEEP 位,由软件唤醒。

④ 错误报文是否重发。

⑤ 接收溢出时 FIFO 是否锁定,如果不锁定 FIFO,则当溢出时接收 FIFO 的报文未被读出,下一个收到的报文会覆盖原有的报文。

⑥ 设定发送 FIFO 优先级方式,优先级可以由发送请求次序决定或者由报文的标识符来决定。

⑦ 设置 CAN 硬件的工作模式。

⑧ 设置 CAN 总线工作的波特率。由四个参数决定:

➢ 重新同步跳跃宽度时间单位(T_1)。

➢ 时间段 1(T_2)。

➢ 时间段 2(T_3)。

➢ 波特率分频系数 N。

如果系统时钟频率为 72 MHz,则 CAN 波特率为 36 MHz/$[N \times (T_1 + T_2 + T_3)]$。

⑨ 关键的 CAN 过滤器设置。

3. CAN 过滤器设置

普通的 STM32F 系列 CAN 的每个接收 FIFO 有 14 个过滤组,可以设置 1 个或多个过滤器,过滤器是并联的,只要接收的消息通过其中一个过滤器即可。过滤器设置的步骤如下:

① 过滤器有以下几点需要配置:

➢ 指定初始化的过滤器,范围为 0～13。

➢ 设定标识符模式,可以设定为标识符屏蔽模式或标识符列表模式。

➢ 设定过滤器位宽,可以设定为 1 个 32 位或 2 个 16 位模式。

➢ 设定过滤器标识符及屏蔽标识符。

② 设定过滤器标识符及屏蔽标识符,有以下 4 种情况:

➢ 在 32 位的屏蔽位模式下:有 1 个过滤器,FxR2 用于指定需要关心的位,FxR1 用于指定这些位的标准值。

> 在 32 位的列表模式下：有 2 个过滤器。FxR1 指定过滤器 0 的标准值，收到报文的标识符只有跟 FxR1 完全相同时，才算通过。FxR2 指定过滤器 1 的标准值。

> 在 16 位的屏蔽位模式下：有 2 个过滤器。FxR1 配置过滤器 0，其中，位[31：16]指定要关心的位，位[15：0]指定这些位的标准值。FxR2 配置过滤器 1，其中，位[31：16]指定要关心的位，位[15：0]指定这些位的标准值。

> 在 16 位的列表模式下：有 4 个过滤器。FxR1 的位[15：0]配置过滤器 0，FxR1 的位[31：16]配置过滤器 1。FxR2 的位[15：0]配置过滤器 2，FxR2 的位[31：16]配置过滤器 3。

CAN 过滤器寄存器映射如图 13.4.1 所示。

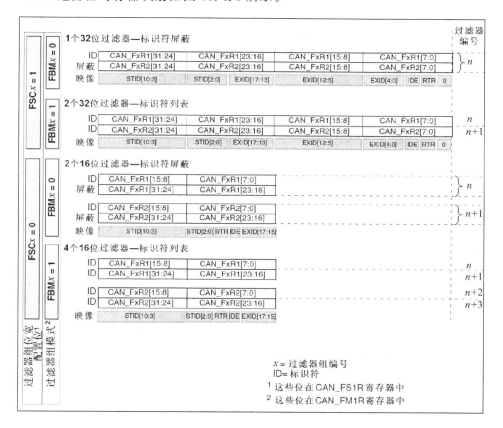

图 13.4.1　CAN 过滤器寄存器映射

查看"STM32F 参考手册"的相关章节，在寄存器 CAN_TIxR($x=0\sim2$)（发送邮箱标识寄存器）中，标准帧在 31～21 位，共 11 位 STID[10：0]。扩展帧在 20～3 位，共 18 位。EXID[17：0]＋STID[10：0]共 29 位。0～2 位分别为 TXRQ、RTR、IDE。

再结合图 13.4.1 可知，如果选择过滤器位宽为 32 位，标识符屏蔽位模式，则有 1 个过滤器，FxR2 用于指定需要关心的位，FxR1 用于指定这些位的标准值。

③ 如果是标准帧,则设置如下:

```
#define Std_Id  0x104        //设定标准标识符的 ID,范围为 0 ~ 0x7FF
#define Std_Mask  0x7FF      //接收的报文的标识符每一位都需要匹配
#define rtr  0               //rtr = 0 可接收数据帧,也可接收远程帧;rtr = 1 时只能接收数据帧
CAN_FilterInitStructure.CAN_FilterMode = CAN_FilterMode_IdMask;  //标识符屏蔽位模式
CAN_FilterInitStructure.CAN_FilterScale = CAN_FilterScale_32bit;
```

　　　　　　　　　　　　　　　　　　　　　　　　　//过滤器位宽为 1 个 32 位过滤器

//用来设定过滤器标识符(32 位位宽时为其高段位,16 位位宽时为第一个)

```
CAN_FilterInitStructure.CAN_FilterIdHigh = Std_Id << 5;   /* 用来设定过滤器标识
```
符(32 位位宽时为其低段位,16 位位宽时为第二个)*/

```
CAN_FilterInitStructure.CAN_FilterIdLow = 0;    /* 用来设定过滤器屏蔽标识符或者过滤
```
器标识符(32 位位宽时为其高段位,16 位位宽时为第一个)*/

```
CAN_FilterInitStructure.CAN_FilterMaskIdHigh = Std_Mask;    /* 用来设定过滤器屏蔽标
```
识符或者过滤器标识符(32 位位宽时为其低段位,16 位位宽时为第二个)*/

```
CAN_FilterInitStructure.CAN_FilterMaskIdLow = rtr << 1;
```

　　　　　　　　　　　　　　　　　　　　　　//可接收数据帧,也可接收远程帧

由于标准帧为 11 位,所以给标识符寄存器高位赋值时需要左移 5 位,低位为 0。

④ 如果是扩展帧,则设置如下:

```
#define Ext_Id 0xA0108            //设定扩展帧标识符的 ID
#define Ext_Mask  0x1FFFFFFC      //设定接收的扩展帧屏蔽标识符,即最后 2 位不用匹配
#define rtr  0   //rtr = 0 时可接收数据帧,也可接收远程帧;rtr = 1 时只能接收数据帧用来
                 //设定过滤器标识符(32 位位宽时为其高段位,16 位位宽时为第一个)
                 //取高 13 位
CAN_FilterInitStructure.CAN_FilterIdHigh = (uint16_t)((Ext_Id >> (29 - 16)));
```
//用来设定过滤器标识符(32 位位宽时为其低段位,16 位位宽时为第二个)

```
CAN_FilterInitStructure.CAN_FilterIdLow = (uint16_t)(Ext_Id << 3) | CAN_ID_EXT ;
```
/* 用来设定过滤器屏蔽标识符或者过滤器标识符(32 位位宽时为其高段位,16 位位宽时为第
一个)*/

```
CAN_FilterInitStructure.CAN_FilterMaskIdHigh = (uint16_t)(Ext_Mask >> (29 - 16));
```
/* 用来设定过滤器屏蔽标识符或者过滤器标识符(32 位位宽时为其低段位,16 位位宽时为第
二个)*/

```
CAN_FilterInitStructure.CAN_FilterMaskIdLow = (uint16_t)(Ext_Mask << 3) | CAN_ID_EXT |
```
(rtr << 1);   //可以接收数据帧,也可接收远程帧

⑤ 设定指向的过滤器 FIFO,有 FIFO0 及 FIFO1 可选择。

⑥ 使能过滤器。

⑦ 使能 CAN 消息接收中断。

4. CAN 消息发送配置

　　发送者以广播的形式把报文发送给所有的接收者(不是一对一通信,而是多机通信),节点在接收报文时,根据标识符的值决定软件是否需要该报文;如果需要,就复制

到 SRAM 里;如果不需要,报文就被丢弃且无需软件的干预。CAN 消息发送配置如下:

① 设置发送的是标准帧还是扩展帧。

② 设定发送的是数据帧还是远程帧。

③ 如果发送标准帧,则设定发送标准帧标识符;如果发送扩展帧,则设定扩展帧标识符。

④ 设定数据帧或远程帧的长度,范围为 0~8。

⑤ 发送消息。

⑥ 检查 CANTXOK 位来确认发送是否成功。

5. 配置消息接收中断服务程序

进入中断服务程序后,先关中断。一旦往 FIFO 存入一个报文,硬件就会更新 FMP[1:0]位,如果 CAN_IER 寄存器的 FMPIE 位为 1,则会产生一个中断请求。所以,中断函数执行完后就要清除 FMPIE 标志位。服务程序处理完成后再开中断。

13.4.2　CAN 操作示例程序的实现

本示例程序采用 CAN 总线实现双机通信。由于发送者以广播的形式把报文发送给所有的接收者,因此可以很方便地扩展多节点通信,只要设置好发送的标识符及过滤器即可。

打开工程模板,将库文件 stm32f10x_can.c 添加到工程中,并使能对应的 stm32f10x_can.h 头文件。工程建好后的界面如图 13.4.2 所示。

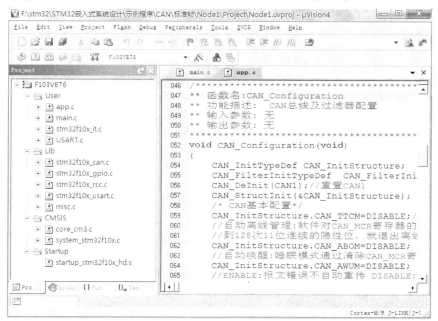

图 13.4.2　CAN 通信的工程界面

13.5　CAN 操作示例程序

　　CAN 标准帧操作示例程序放在"示例程序→CAN→标准帧"文件夹中。CAN 扩展帧操作示例程序放在"示例程序→CAN→扩展帧"文件夹中。标准帧部分程序代码如下。

13.5.1　节点 1 程序

1. app. c 节点 1 相关代码和注释

节点 1 程序 13.5.1　app. c

```
#include "app. h"
CanTxMsg TxMessage;      //定义发送消息结构体


/*********************************************************
**  函数名:NVIC_Config
**  功能描述:中断优先级及分组配置
**  输入参数:无
**  输出参数:无
*********************************************************/
void NVIC_Configuration(void)
{
  NVIC_InitTypeDef  NVIC_InitStructure;

  NVIC_PriorityGroupConfig(NVIC_PriorityGroup_1);

  NVIC_InitStructure.NVIC_IRQChannel = USB_LP_CAN1_RX0_IRQn;      //配置 CAN 接收中断
  NVIC_InitStructure.NVIC_IRQChannelPreemptionPriority = 0x0;
  NVIC_InitStructure.NVIC_IRQChannelSubPriority = 0x0;
  NVIC_InitStructure.NVIC_IRQChannelCmd = ENABLE;
  NVIC_Init(&NVIC_InitStructure);
}
/*********************************************************
**  函数名:CAN_GPIO_Config
**  功能描述:CAN 总线的 GPIO 配置
**  输入参数:无
**  输出参数:无
*********************************************************/
void CAN_GPIO_Config(void)
{
    GPIO_InitTypeDef GPIO_InitStructure;
```

```
RCC_APB1PeriphClockCmd(RCC_APB1Periph_CAN1, ENABLE);        //使能 CAN1 时钟
RCC_APB2PeriphClockCmd(RCC_APB2Periph_AFIO|RCC_APB2Periph_GPIOA, ENABLE);
/* PA11 - CAN RX */
GPIO_InitStructure.GPIO_Pin = GPIO_Pin_11;
GPIO_InitStructure.GPIO_Mode = GPIO_Mode_IPU;              //上拉输入
GPIO_Init(GPIOA, &GPIO_InitStructure);

/* PA12 - CAN TX */
GPIO_InitStructure.GPIO_Pin = GPIO_Pin_12;
GPIO_InitStructure.GPIO_Speed = GPIO_Speed_50MHz;
GPIO_InitStructure.GPIO_Mode = GPIO_Mode_AF_PP;           //推挽输出
GPIO_Init(GPIOA, &GPIO_InitStructure);
}
#define Std_Id     0x108                    //设定标准标识符的 ID,范围为 0 ～ 0x7FF
#define Std_Mask   0x7F8                    //即接收的报文的标识符的最后 3 位不用匹配
#define rtr   0     //rtr = 0 时,可接收数据帧,也可接收远程帧;rtr = 1 时,只能接收数据帧
/* *********************************************************
** 函数名:CAN_Configuration
** 功能描述:CAN 总线及过滤器配置
** 输入参数:无
** 输出参数:无
********************************************************* */
void CAN_Configuration(void)
{
    CAN_InitTypeDef CAN_InitStructure;
    CAN_FilterInitTypeDef  CAN_FilterInitStructure;
    CAN_DeInit(CAN1);                       //重置 CAN1
    CAN_StructInit(&CAN_InitStructure);
    /* CAN 基本配置 */
    CAN_InitStructure.CAN_TTCM = DISABLE;      //禁止时间触发通信模式
    /* 自动离线管理:软件对 CAN_MCR 寄存器的 INRQ 位进行置 1 随后清 0,一旦硬件检测到
    128 次 11 位连续的隐性位,就退出离线状态 */
    CAN_InitStructure.CAN_ABOM = DISABLE;
    //自动唤醒:睡眠模式通过清除 CAN_MCR 寄存器的 SLEEP 位,由软件唤醒
    CAN_InitStructure.CAN_AWUM = DISABLE;
    //ENABLE:报文错误不自动重传 DISABLE:重传
    CAN_InitStructure.CAN_NART = DISABLE;
    //在接收溢出时 FIFO 未被锁定,当接收 FIFO 的报文未被读出,下一个收到的报文会覆盖
    //原有的报文
    CAN_InitStructure.CAN_RFLM = DISABLE;
    //失能发送 FIFO 优先级:发送 FIFO 优先级由报文的标识符来决定
    CAN_InitStructure.CAN_TXFP = DISABLE;
    CAN_InitStructure.CAN_Mode = CAN_Mode_Normal;     //CAN 硬件工作在正常模式
```

```
    CAN_InitStructure.CAN_SJW = CAN_SJW_1tq;              //重新同步跳跃宽度 1 个时间单位
    CAN_InitStructure.CAN_BS1 = CAN_BS1_12tq;            //时间段 1 为 12 个时间单位
    CAN_InitStructure.CAN_BS2 = CAN_BS2_7tq;             //时间段 2 为 7 个时间单位
    CAN_InitStructure.CAN_Prescaler = 5;
                                        //CAN 波特率为 36 MHz/[5×(1 + 12 + 7)] = 360 kHz
    CAN_Init(CAN1,&CAN_InitStructure);
    /* CAN 过滤器设置 */
    CAN_FilterInitStructure.CAN_FilterNumber = 0;         //指定待初始化的过滤器 0
    CAN_FilterInitStructure.CAN_FilterMode = CAN_FilterMode_IdMask;//标识符屏蔽位模式
    CAN_FilterInitStructure.CAN_FilterScale = CAN_FilterScale_32bit;
                                                //过滤器位宽为 1 个 32 位过滤器
    //用来设定过滤器标识符(32 位位宽时为其高段位,16 位位宽时为第一个)
    CAN_FilterInitStructure.CAN_FilterIdHigh = Std_Id<<5;
    //用来设定过滤器标识符(32 位位宽时为其低段位,16 位位宽时为第二个)
    CAN_FilterInitStructure.CAN_FilterIdLow = 0;
    //用来设定过滤器屏蔽标识符或者过滤器标识符(32 位位宽时为其高段位,16 位位宽时
    //为第一个)
    CAN_FilterInitStructure.CAN_FilterMaskIdHigh = Std_Mask<<5;
    //用来设定过滤器屏蔽标识符或者过滤器标识符(32 位位宽时为其低段位,16 位位宽时
    //为第二个)
    CAN_FilterInitStructure.CAN_FilterMaskIdLow = rtr<<1;
                                                //可接收数据帧,也可接收远程帧
    //设定指向过滤器 FIFO0
    CAN_FilterInitStructure.CAN_FilterFIFOAssignment = CAN_FIFO0;
    //使能过滤器
    CAN_FilterInitStructure.CAN_FilterActivation = ENABLE;
    CAN_FilterInit(&CAN_FilterInitStructure);
    /* 使能 FMP0 中断 */
    CAN_ITConfig(CAN1,CAN_IT_FMP0, ENABLE);
}
/* ***********************************************************
** 函数名:SendCan
** 功能描述:CAN 消息发送
** 输入参数:str 指向发送数据数组的指针
           id 发送的标准帧 ID
** 输出参数:无
*********************************************************** */
void SendCan(u8 * str,u32 id)
{
    u32 i = 0;
    u8 TransmitMailbox = 0;
    //TxMessage.ExtId = 0x01;                          //设定扩展标识符
    TxMessage.StdId = id&0x7FF;                        //设定标准标识符
```

```
    TxMessage.IDE = CAN_ID_STD;                          //标准标识符
    TxMessage.RTR = CAN_RTR_DATA;                        //设定待传输消息的为数据帧
  //TxMessage.DLC = 8;                                   //设定待传输消息的帧长度
    TxMessage.DLC = strlen(str);                         //设定待传输消息的帧长度
    while( * str)
    {
        TxMessage.Data[i ++ ] = * str ++ ;              //包含待传输数据
    }
    TransmitMailbox = CAN_Transmit(CAN1,&TxMessage);   //开始一个消息的传输

      i = 0;
    while((CAN_TransmitStatus(CAN1,TransmitMailbox) ! = CANTXOK)&&(i ! = 0xFF))
                                    //通过检查 CANTXOK 位来确认发送是否成功
    {
        i ++ ;
    }
}
/ * * * * * * * * * * * * * * * * * * * * * * * * * * * * * * * * * * * * * * * * * * * * *
 * *  函数名:Init_RxMes
 * *  功能描述:初始化 CAN 消息接收的结构体
 * *  输入参数:RxMessage——数据接收的结构体
 * *  输出参数:无
 * * * * * * * * * * * * * * * * * * * * * * * * * * * * * * * * * * * * * * * * * * * * */
void Init_RxMes(CanRxMsg *RxMessage)
{
  uint8_t i = 0;
  RxMessage->StdId = 0x00;
  RxMessage->ExtId = 0x00;
  RxMessage->IDE = CAN_ID_STD;
  RxMessage->DLC = 0;
  RxMessage->FMI = 0;
  for ( i = 0;i < 8;i ++ )
        RxMessage->Data[i] = 0x00;
}
/ * * * * * * * * * * * * * * * * * * * * * * * * * * * * * * * * * * * * * * * * * * * * *
 * *  函数名:All_Init
 * *  功能描述:所有初始化配置
 * *  输入参数:无
 * *  输出参数:无
 * * * * * * * * * * * * * * * * * * * * * * * * * * * * * * * * * * * * * * * * * * * * */
void All_Init(void)
{
    SystemInit();                                       //系统时钟等初始化
```

429

```c
    Usart_Configuration();                          //串口初始化
    NVIC_Configuration();
    CAN_GPIO_Config();                              //CAN 总线 GPIO 配置
    CAN_Configuration();                            //CAN 初始化配置
}
```

2. stm32f10x. c 相关代码和注释

节点 1 中断服务程序 13.5.2　stm32f10x. c

```c
# include "stm32f10x.h"
u8 jieshou[8];
u8 flag = 0;


/ ***************************************************************
 **  函数名:USB_LP_CAN1_RX0_IRQHandler
 **  功能描述:CAN1 消息接收中断
 **  输入参数:无
 **  输出参数:无
 ***************************************************************/
void USB_LP_CAN1_RX0_IRQHandler(void)
{
    u8 i = 0;
    CanRxMsg RxMessage;                             //定义 CAN 接收消息结构体
    NVIC_DisableIRQ(USB_LP_CAN1_RX0_IRQn);          //失能 CAN1 消息接收中断
    CAN_ClearITPendingBit(CAN1,CAN_IT_FMP0);        //清除 FIFO0 消息挂号中断标志位
    CAN_Receive(CAN1,CAN_FIFO0, &RxMessage);        //将 FIFO0 中接收数据信息存入消息
                                                    //结构体中
    if ((RxMessage.IDE == CAN_ID_STD))              //如果消息标识符的类型为标准帧模式
    {
        for(i = 0;i<8;i++)
            jieshou[i] = RxMessage.Data[i];
        flag = 1;                                   //接收完成标志位置位
        CAN_FIFORelease(CAN1,CAN_FIFO0);            //释放 FIFO0
        //CAN1 -> RFOR |= 1<<5;
        //printf(" % d\n",RxMessage.FMI);
    }
}
```

3. main. c 相关代码和注释

节点 1 主程序 13.5.3　main. c

```c
# include "stm32f10x.h"
# include "app.h"
extern u8 flag;                                     //数据接收标志
```

```
extern u8 jieshou[8];                          //存放接收到的数据
u8 a = 0;


/ * * * * * * * * * * * * * * * * * * * * * * * * * * * * * * * * * * * * * * * * * * * *
** 函数名:main
** 功能描述:标准帧测试,轮流发送两个 8 字节长度字符串,实现 CAN 通信功能
** 输入参数:无
** 输出参数:无
* * * * * * * * * * * * * * * * * * * * * * * * * * * * * * * * * * * * * * * * * * * * */
int main(void)
{
  All_Init();
  flag = 1;
  while(1)
  {
      if(flag == 1)                            //如果接收到数据
        {
            flag = 0;
            if(a == 0)
            {
                SendCan("12345678",0x0104);    //发送 8 字节长度字符串
                a = 1;
            }
            else
            {
                SendCan("abcdefgh",0x0104);
                a = 0;
            }
            USART1_Puts(jieshou);              //串口打印接收的数据
            NVIC_EnableIRQ(USB_LP_CAN1_RX0_IRQn);//使能 CAN1 数据接收中断
        }
    }
}
```

13.5.2　节点 2 程序

1. app. c 相关代码和注释

节点 2 程序 13.5.4　app. c

```
# include "app.h"
CanTxMsg TxMessage;//定义发送消息结构体
/ * * * * * * * * * * * * * * * * * * * * * * * * * * * * * * * * * * * * * * * * * * * *
** 函数名:NVIC_Config
```

```
**  功能描述:中断优先级及分组配置
**  输入参数:无
**  输出参数:无
************************************************************/
void NVIC_Configuration(void)
{
  NVIC_InitTypeDef   NVIC_InitStructure;
  NVIC_PriorityGroupConfig(NVIC_PriorityGroup_1);

  NVIC_InitStructure.NVIC_IRQChannel = USB_LP_CAN1_RX0_IRQn;
  NVIC_InitStructure.NVIC_IRQChannelPreemptionPriority = 0x0;
  NVIC_InitStructure.NVIC_IRQChannelSubPriority = 0x0;
  NVIC_InitStructure.NVIC_IRQChannelCmd = ENABLE;
  NVIC_Init(&NVIC_InitStructure);
}
/ *************************************************************
**  函数名:CAN_GPIO_Config
**  功能描述:CAN 总线的 GPIO 配置,这里使用 GPIO 的重映射功能
              将 CAN1 的 TX、RX 映射到 PD1、PD0 上
**  输入参数:无
**  输出参数:无
************************************************************/
void CAN_GPIO_Config(void)
{
    GPIO_InitTypeDef GPIO_InitStructure;
    RCC_APB1PeriphClockCmd(RCC_APB1Periph_CAN1, ENABLE);
    RCC_APB2PeriphClockCmd(RCC_APB2Periph_AFIO|RCC_APB2Periph_GPIOD, ENABLE);
    /* PD0 - CAN RX */
    GPIO_InitStructure.GPIO_Pin = GPIO_Pin_0;
    GPIO_InitStructure.GPIO_Mode = GPIO_Mode_IPU;          //上拉输入
    GPIO_Init(GPIOD, &GPIO_InitStructure);

    /* PD1 - CAN TX */
    GPIO_InitStructure.GPIO_Pin = GPIO_Pin_1;
    GPIO_InitStructure.GPIO_Speed = GPIO_Speed_50MHz;
    GPIO_InitStructure.GPIO_Mode = GPIO_Mode_AF_PP;        //复用推挽输出
    GPIO_Init(GPIOD, &GPIO_InitStructure);

    GPIO_PinRemapConfig(GPIO_Remap2_CAN1, ENABLE);
                                        //将 CAN1 的 RX、TX 端口重映射到 PD0、PD1
```

```
}
#define Std_Id    0x104                         //设定标准标识符的 ID,范围为 0 ～ 0x7FF
#define Std_Mask  0x7FF                          //接收的报文的标识符每一位都需要匹配
#define rtr   0    //rtr = 0 时,可接收数据帧,也可接收远程帧;rtr = 1 时,只能接收数据帧
/*******************************************************************
**   函数名:CAN_Configuration
**   功能描述:CAN 总线及过滤器配置
**   输入参数:无
**   输出参数:无
*******************************************************************/
void CAN_Configuration(void)
{
    CAN_InitTypeDef CAN_InitStructure;
    CAN_FilterInitTypeDef   CAN_FilterInitStructure;
    CAN_DeInit(CAN1);                                     //重置 CAN1
    CAN_StructInit(&CAN_InitStructure);
    /* CAN 基本配置 */
    CAN_InitStructure.CAN_TTCM = DISABLE;       //禁止时间触发通信模式
    //自动离线管理:软件对 CAN_MCR 寄存器的 INRQ 位进行置 1 随后清 0 后,一旦硬件检测
    //到 128 次 11 位连续的隐性位,就退出离线状态。
    CAN_InitStructure.CAN_ABOM = DISABLE;
    //自动唤醒:睡眠模式通过清除 CAN_MCR 寄存器的 SLEEP 位,由软件唤醒
    CAN_InitStructure.CAN_AWUM = DISABLE;
    //ENABLE:报文错误不自动重传 DISABLE:重传
    CAN_InitStructure.CAN_NART = DISABLE;
    //在接收溢出时 FIFO 未被锁定,当接收 FIFO 的报文未被读出,
    //下一个收到的报文会覆盖原有的报文
    CAN_InitStructure.CAN_RFLM = DISABLE;
    //失能发送 FIFO 优先级:发送 FIFO 优先级由报文的标识符来决定
    CAN_InitStructure.CAN_TXFP = DISABLE;
    CAN_InitStructure.CAN_Mode = CAN_Mode_Normal;   //CAN 硬件工作在正常模式
    CAN_InitStructure.CAN_SJW = CAN_SJW_1tq;        //重新同步跳跃宽度 1 个时间单位
    CAN_InitStructure.CAN_BS1 = CAN_BS1_12tq;       //时间段 1 为 8 个时间单位
    CAN_InitStructure.CAN_BS2 = CAN_BS2_7tq;        //时间段 2 为 7 个时间单位
    CAN_InitStructure.CAN_Prescaler = 5;//CAN 波特率为 36 MHz/[5 × (1 + 12 + 7)] = 360 kHz
    CAN_Init(CAN1,&CAN_InitStructure);
    /* CAN 过滤器设置 */
    CAN_FilterInitStructure.CAN_FilterNumber = 1;                //指定待初始化的过滤器 0
    CAN_FilterInitStructure.CAN_FilterMode = CAN_FilterMode_IdMask;//标识符屏蔽位模式
    CAN_FilterInitStructure.CAN_FilterScale = CAN_FilterScale_32bit;
```

```
                                          //过滤器位宽为1个32位过滤器
//用来设定过滤器标识符(32位位宽时为其高段位,16位位宽时为第一个)
CAN_FilterInitStructure.CAN_FilterIdHigh = Std_Id<<5;
//用来设定过滤器标识符(32位位宽时为其低段位,16位位宽时为第二个
CAN_FilterInitStructure.CAN_FilterIdLow = 0;
//用来设定过滤器屏蔽标识符或者过滤器标识符(32位位宽时为其高段位,16位位宽时为
//第一个
CAN_FilterInitStructure.CAN_FilterMaskIdHigh = Std_Mask<<5;
//用来设定过滤器屏蔽标识符或者过滤器标识符(32位位宽时为其低段位,16位位宽时为
//第二个
CAN_FilterInitStructure.CAN_FilterMaskIdLow = rtr<<1;
                                          //可接收数据帧,也可接收远程帧
//设定指向过滤器FIFO0
CAN_FilterInitStructure.CAN_FilterFIFOAssignment = CAN_FIFO0;
//使能过滤器
CAN_FilterInitStructure.CAN_FilterActivation = ENABLE;
CAN_FilterInit(&CAN_FilterInitStructure);

/* 使能 FMP0 中断 */
CAN_ITConfig(CAN1,CAN_IT_FMP0, ENABLE);
}
/******************************************************************
** 函数名:SendCan
** 功能描述:CAN 消息发送
** 输入参数:str 指向发送数据数组的指针
            can_id 标准标识符 ID
** 输出参数:无
******************************************************************/
void SendCan(u8 *str,u32 id)
{
    u32 i = 0;
    u8 TransmitMailbox = 0;
//TxMessage.ExtId = 0x01;               //设定扩展标识符,范围为 0~0x3FFFF
    TxMessage.StdId = id&0x7FF;          //设定标准标识符,范围为 0~0x7FF
    TxMessage.IDE = CAN_ID_STD;          //标准标识符
    TxMessage.RTR = CAN_RTR_DATA;        //设定待传输消息的帧类型;数据帧
    TxMessage.DLC = 8;                   //设定待传输消息的帧长度
    TxMessage.DLC = strlen(str);         //设定待传输消息的帧长度
    while( *str)
    {
```

```
        TxMessage.Data[i++] = * str++;           //包含待传输数据
    }
    TransmitMailbox = CAN_Transmit(CAN1,&TxMessage);      //开始一个消息的传输

    i = 0;
    while((CAN_TransmitStatus(CAN1,TransmitMailbox)! = CANTXOK)&&(i! = 0xFF))
                                    //通过检查 CANTXOK 位来确认发送是否成功
    {
        i++;
    }
}
/ ***********************************************************
** 函数名:All_Init
** 功能描述:所有初始化配置
** 输入参数:无
** 输出参数:无
***********************************************************/
void All_Init(void)
{
    SystemInit();                       //系统时钟等初始化
    Usart_Configuration();
    NVIC_Configuration();
    CAN_GPIO_Config();                  //CAN 总线 GPIO 配置
    CAN_Configuration();                //CAN 初始化配置
}
```

435

2. stm32f10x.c 相关代码和注释

节点 2 中断服务程序 13.4.5　stm32f10x.c

```
/ * Includes ----------------------------------------------- * /
# include "stm32f10x.h"
# include "USART.h"
/ * Private typedef ---------------------------------------- * /
/ * Private macro ------------------------------------------ * /
# define countof(a)    (sizeof(a) / sizeof( * (a)))
u8 jieshou[8];
u8 flag = 0;
/ ***********************************************************
** 函数名:USB_LP_CAN1_RX0_IRQHandler
** 功能描述:CAN1 消息接收中断
** 输入参数:无
** 输出参数:无
```

STM32F 32位ARM微控制器应用设计与实践(第2版)

```
*******************************************************/
void USB_LP_CAN1_RX0_IRQHandler(void)
{
    u8 i = 0;
    CanRxMsg RxMessage;                            //定义 CAN 接收消息结构体
    NVIC_DisableIRQ(USB_LP_CAN1_RX0_IRQn);         //失能 CAN1 消息接收中断
    CAN_ClearITPendingBit(CAN1,CAN_IT_FMP0);       //清除 FIFO0 消息挂号中断标志位
    CAN_Receive(CAN1,CAN_FIFO0, &RxMessage);
                                        //将 FIFO0 中接收数据信息存入消息结构体中
    if ((RxMessage.IDE == CAN_ID_STD))             //如果接收到的消息为标准帧
    {
        for(i = 0;i<8;i++)
            jieshou[i] = RxMessage.Data[i];
        printf(jieshou);
        //printf(" %d\n",RxMessage.FMI);
        flag = 1;
    }
    //CAN1 ->RF0R|= 1<<5;
    CAN_FIFORelease(CAN1,CAN_FIFO0);
}
```

3. main.c 相关代码和注释

节点 2 主程序 13.5.6　main.c

```
#include "stm32f10x.h"
#include "app.h"
extern u8 flag;
extern u8 jieshou[8];
u8 a = 0;


/************************************************************
**　函数名:main
**　功能描述:轮流发送两个 8 字节字符串,在 CAN 消息接收中断中用串口输出接收到的数据
**　输入参数:无
**　输出参数:无
*************************************************************/
int main(void)
{
    SystemInit();
    All_Init();
    flag = 1;
    while (1)
    {
```

```
    if(flag == 1)
    {
        flag = 0;
        if(a == 0)
        {
            SendCan("此标准帧",0x10F);
            a = 1;
        }
        else
        {
            SendCan("接收数据",0x10F);
            a = 0;
        }
        NVIC_EnableIRQ(USB_LP_CAN1_RX0_IRQn);        //使能 CAN1 数据接收中断
    }
  }
}
```

第 14 章

SDIO 的使用

14.1 STM32F 的 SDIO 简介

SDIO(Secure Digital Input and Output Card)即安全数字输入/输出卡,是在 SD 标准上定义了一种外设接口,SD/SDIO MMC 卡主机模块(SDIO)在 AHB 外设总线与多媒体卡(MMC)、SD 存储卡、SDIO 卡及 CE‐ATA 设备之间提供了操作接口。

多媒体卡系统规格书由 MMCA 技术委员会发布,可以在多媒体卡协会的网站上(www.mmca.org)获得。

CE‐ATA 系统规格书可以在 CE‐ATA 工作组的网站上(www.ce‐ata.org)获得。

SDIO 的主要功能如下:

➢ 与多媒体卡系统规格书版本 4.2 全兼容。支持三种不同的数据总线模式:1 位(默认)、4 位和 8 位。

➢ 与较早的多媒体卡系统规格版本全兼容(向前兼容)。

➢ 与 SD 存储卡规格版本 2.0 全兼容。

➢ 与 SD I/O 卡规格版本 2.0 全兼容。支持两种不同的数据总线模式:1 位(默认)和 4 位。

➢ 完全支持 CE‐ATA 功能(与 CE‐ATA 数字协议版本 1.1 全兼容)。

➢ 8 位总线模式下数据传输速率可达 48 MHz。

➢ 数据和命令输出使能信号,用于控制外部双向驱动器。

有关 STM32F SDIO 接口的更多内容请参考"STM32F 参考手册"的相关章节。

14.2 Micro SD 卡

14.2.1 Micro SD 卡简介

Micro SD 卡是一种小型的快闪存储器卡。这种记忆卡最初称为 T‐Flash 卡,后改称为 TransFlash 卡,而现在称为 Micro SD 卡。Micro SD 卡主要应用于移动电话、GPS 设备、便携式音乐播放器和一些快闪存储器盘中,可以用来储存个人数据、数字照片、游戏等,还内设了版权保护管理系统,使下载的音乐、影像及游戏受到保护;未来推出的新型 Micro SD 卡还备有加密功能，保护个人数据、财政记录及健康医疗文件。

　　Micro SD 卡的尺寸为 15 mm×11 mm×1 mm，可通过 SD 转接卡来接驳于 SD 卡插槽中使用。目前，Micro SD 卡可以提供 128 MB、256 MB、512 MB、1 GB、2 GB、4 GB、8 GB、16 GB 和 32 GB 等的存储容量。4 GB 及以上容量称为 Micro SDHC 卡。

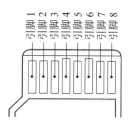

图 14.2.1　Micro SD 卡引脚

　　Micro SD 卡引脚如图 14.2.1 所示。

　　Micro SD 卡的控制指令功能强大，支持 SPI、SDIO 模式，兼容 MMC 等。当为 SDIO 模式时，引脚功能描述如表 14.2.1 所列。

表 14.2.1　Micro SD 卡 SDIO 模式引脚功能描述

引脚号	引脚名	类　型	描　述
1	DAT2	I/O/PP	数据线[位 2]
2	CD/DAT3	I/O/PP	卡检测/数据线[位 3]
3	CMD	PP	命令响应
4	VDD	S	电源电压
5	CLK	I	时钟
6	VSS	S	电源地
7	DAT0	I/O/PP	数据线[位 0]
8	DAT1	I/O/PP	数据线[位 1]

　　SPI 模式引脚功能描述如表 14.2.2 所列。

表 14.2.2　Micro SD 卡 SPI 模式引脚功能描述

引脚号	引脚名	类　型	描　述
1	RSV	—	
2	CS	I	片选
3	DI	I	数据输入
4	VDD	S	电源电压
5	SCLK	I	时钟
6	VSS	S	电源地
7	D0	O/PP	数据输出
8	RSV	—	

　　下面介绍 Micro SD 卡的 SDIO 模式驱动。

14.2.2　Micro SD 卡初始化

Micro SD 卡初始化步骤如下:

① 配置时钟,慢速一般为 400 Hz,设置工作模式。

② 发送 CMD0,进入空闲态,该指令没有反馈。

③ 发送 CMD8 命令用于读取卡的接口信息,如果是 SD2.0,则支持 CMD8 命令;如果是 SD1.x,则不支持 CMD8。

④ 发送 CMD55+ACMD41,判断当前电压是否在卡的工作范围内,看卡能否识别命令,如果是 MMC 卡,则 CMD55 不能被识别,短反馈。

⑤ 发送 CMD2,验证 SD 卡是否接入,长反馈。

⑥ 发送 CMD3,读取 SD 卡的 RCA(地址),短反馈。

⑦ 以 RCA 作为参数,发送 CMD9 读取 CSD,长反馈。

⑧ 发送 CMD7,选中要操作的 SD 卡,短反馈。

⑨ 配置高速时钟,准备数据传输,一般为 20~25 MHz。

⑩ 设置工作模式:DMA、中断或查询模式。

14.2.3　Micro SD 卡读数据块操作

在读数据块模式下,数据传输的基本单元是数据块,它的大小在 CSD 中(READ_BL_LEN)定义。如果设置了 READ_BL_PARTIAL,同样可以传送较小的数据块。较小数据块是指开始和结束地址完全包含在一个物理块中,READ_BL_LEN 定义了物理块的大小。为保证数据传输的正确,每个数据块后都有一个 CRC 校验码。CMD17(READ_SINGLE_BLOCK)启动一次读数据块操作,在传输结束后卡返回到发送状态。

CMD18(READ_MULTIPLE_BLOCK)启动一次连续多个数据块的读操作。

主机可以在多数据块读操作的任何时候中止操作,而不管操作的类型。发送停止传输命令即可中止操作。

如果在多数据块读操作中(任一种类型)卡检测到错误(例如:越界、地址错位或内部错误),它将停止数据传输并仍处于数据状态;此时,主机必须发送停止传输命令中止操作。在停止传输命令的响应中报告读错误。

如果主机发送停止传输命令时,卡已经传输完一个确定数目的多个数据块操作中的最后一个数据块,因为此时卡已经不在数据状态,主机会得到一个非法命令的响应。

如果主机传送部分数据块,而累计的数据长度未与物理块对齐,当不允许块错位时,卡将在出现第一个未对齐的块时检测出一个块对齐错误,并在状态寄存器中设置 ADDRESS_ERROR 错误标志。

读数据块有三种工作模式:查询模式、中断模式、DMA 模式。

读数据块的具体操作步骤如下:

① 设置数据块大小,短反馈。

② 初始化 SDIO 结构体:配置数据超时时间,数据长度,数据块大小,数据传输方

向为从卡到控制器（即读数据），数据传输模式（块还是流模式），使能 DPSM。

③ 发送 CMD17 读单块数据，CMD18 读取多块数据。

④ 根据设置的三种工作模式读取数据。

读取数据的三种工作模式如下：

① 工作在查询模式。通过查询 RXFIFOHF，如果为 1，则表示所有 32 个接收 FIFO 字都有有效的数据，即可读取数据。

② 工作在中断模式。如果设置了 SDIO_FLAG_RXFIFOHF 中断，当所有 32 个接收 FIFO 字都有有效的数据时将产生中断，则在相应中断服务程序中读取数据。

③ 工作在 DMA 模式。由于 SDIO 的数据接收使用 DMA2 的通道 4，因此进行 DMA2 通道 4 的相关配置。与 USART 及 SPI 等的 DMA 配置类似：

    a. 使能 DMA2 控制器并清除所有的中断标志位；

    b. 设置 DMA2 通道 4 的源地址寄存器为存储器缓冲区的基地址，DMA2 通道 4 的目标地址寄存器为 SDIO_FIFO 寄存器的地址；

    c. 设置 DMA2 通道 4 控制寄存器（存储器递增，非外设递增，外设和源的数据宽度为字宽度）；

    d. 使能 DMA2 通道 4。

当设置好 DMA2 通道 4 后，读取的数据就会自动从 SD 卡传输到内存中。可配置 DMA2 的通道 4 数据传输完成中断，以通知用户数据传输完成；也可通过查询传输完成标志位等待数据传输完成。

14.2.4　Micro SD 卡写数据块操作

执行写数据块命令（CMD24～25）时，主机把一个或多个数据块从主机传送到卡中，同时在每个数据块的末尾传送一个 CRC 码。一个支持写数据块命令的卡应该始终能够接收由 WRITE_BL_LEN 定义的数据块。如果 CRC 校验错误，卡通过 SDIO_D 信号线指示错误，传送的数据被丢弃而不被写入，所有后续（在多块写模式下）传送的数据块将被忽略。

如果主机传送部分数据块，而累计的数据长度未与数据块对齐，当不允许块错位（未设置 CSD 的参数 WRITE_BLK_MISALIGN），卡将在出现第一个错位的块之前检测到块错位错误（设置状态寄存器中的 ADDRESS_ERROR 错误位）。当主机试图写一个写保护区域时，写操作会中止，此时卡会设置 WP_VIOLATION 位。

设置 CID 和 CSD 寄存器不需要事先设置块长度，传送的数据也是通过 CRC 保护的。如果 CSD 或 CID 寄存器的部分是存储在 ROM 中，则这个不能更改的部分必须与接收缓冲区的对应部分相一致，如果有不一致之处，卡将报告一个错误同时不修改任何寄存器的内容。有些卡需要较长的甚至不可预计的时间完成写一个数据块，在接收一个数据块并完成 CRC 检验后，卡开始写操作，如果它的写缓冲区已满并且不能再从新的 WRITE_BLOCK 命令接收新的数据时，它会把 SDIO_D 信号线拉低。主机可以在任何时候使用 SEND_STATUS（CMD13）查询卡的状态，卡将返回当前状态。READY_

FOR_DATA 状态位可指示卡是否能接收新的数据或写操作是否还在进行。主机可以使用 CMD7(选择另一个卡)不选中某个卡,而把这个卡置于断开状态,这样可以释放 SDIO_D 信号线而不中断未完成的写操作;当重新选择了一个卡时,如果写操作仍然在进行并且写缓冲区仍不能使用,它会重新通过拉低 SDIO_D 信号线指示"忙"的状态。

写数据块也有三种工作模式:查询模式、中断模式、DMA 模式。

写数据块的具体操作步骤如下:

① 设置 CID 和 CSD 寄存器不需要事先设置块长度,传送的数据也是通过 CRC 保护的。

② 初始化 SDIO 结构体:配置数据超时时间,数据长度,数据块大小,数据传输方向为从控制器到卡(即写数据),数据传输模式(数据块还是数据流模式),使能 DPSM。

③ 设置块大小,短反馈。

④ 发送 CMD24 命令写单块数据,CMD25 命令写多块数据。

写数据块的三种工作模式如下:

① 工作在查询模式。通过查询 TXFIFOE,如果为 1 表示所有 32 个发送 FIFO 字都没有有效的数据,则可以将发送的数据送入 FIFO 中,再发送数据。

② 工作在中断模式。如果使能了 SDIO_FLAG_TXFIFOHE 中断,则当所有 32 个发送 FIFO 字都没有有效的数据时将产生中断,可在 SDIO 中断服务程序中将数据送入发送 FIFO 中,发送数据。

③ 工作在 DMA 模式。SDIO 的数据发送使用 DMA2 的通道 5,因此进行 DMA2 通道 5 相关配置如下:

a. 设置 SDIO 数据长度寄存器(SDIO 数据时钟寄存器应该在执行卡识别过程之前设置好)。

b. 设置 SDIO 参数寄存器为卡中需要传送数据的地址。

c. 设置 SDIO 命令寄存器:CmdIndex 置为 24(WRITE_BLOCK);WaitRest 置为 1(SDIO 卡主机等待响应);CPSMEN 置为 1(使能 SDIO 卡主机发送命令),保持其他域为它们的复位值。

d. 等待 SDIO_STA[6]=CMDREND 中断,然后设置 SDIO 数据寄存器:DTEN 置为 1(使能 SDIO 卡主机发送数据);DTDIR 置为 0(控制器至卡方向);DTMODE 置为 0(块数据传送);DMAEN 置为 1(使能 DMA);DBLOCKSIZE 置为 9(512 字节);其他域不用设置。

e. 等待 SDIO_STA[10]=DBCKEND。

当设置好 DMA2 通道 5 后,内存中数据将自动传输到 FIFO 中,发送到 SD 卡。同样可配置 DMA2 的通道 5 数据传输完成中断,以通知用户数据传输完成,也可通过查询传输完成标志位等待数据传输完成。

14.2.5　Micro SD 卡与 STM32F 的连接

Micro SD 卡与 STM32F SDIO 引脚连接如图 14.2.2 所示。

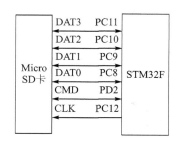

图 14.2.2　Micro SD 卡与 STM32F 的连接

14.3　Micro SD 卡操作示例程序设计

14.3.1　SDIO 操作示例程序设计

SDIO 操作示例程序使用库函数实现,在 STM32F 的库函数中提供了 SDIO 的例程文件 stm32_eval_sdio_sd.c 及 stm32_eval_sdio_sd.h,可直接使用。建立工程后界面如图 14.3.1 所示。

443

图 14.3.1　SDIO 示例工程界面

SDIO 操作示例采用 SDIO 的 DMA 4 位数据总线传输模式,程序实现功能:在 SD 卡某一地址写入一块数据,然后再将写入的数据读出,用串口打印出来。

SD 卡操作程序流程图如图 14.3.2 所示。

函数 SD_PowerON()为上电寻卡程序，程序流程图如图 14.3.3 所示。

函数 SD_InitializeCards()为 SD 卡初始化程序，程序流程图如图 14.3.4 所示。

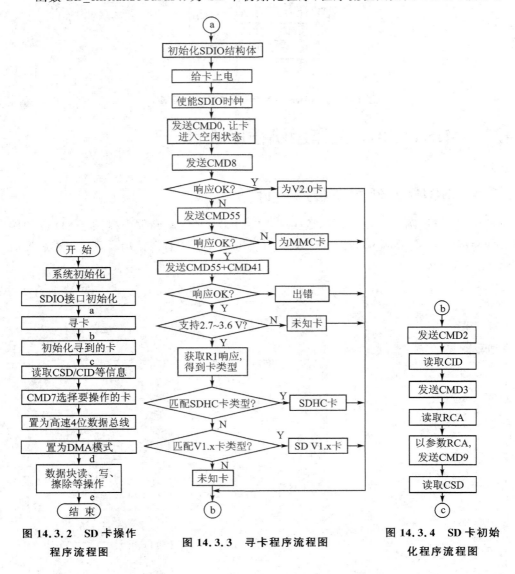

图 14.3.2　SD 卡操作
　　　程序流程图

图 14.3.3　寻卡程序流程图

图 14.3.4　SD 卡初始
　　　化程序流程图

函数 SD_ReadBlock()为 SD 卡读取单块数据程序，程序流程图如图 14.3.5 所示。

函数 SD_ReadMultiBlocks()为 SD 卡读取多块数据程序，程序流程图如图 14.3.5 所示。

函数 SD_WriteBlock()为 SD 卡写单块数据程序，程序流程图如图 14.3.6 所示。

函数 SD_WriteMultiBlocks()为 SD 卡写多块数据程序，程序流程图如图 14.3.6 所示。

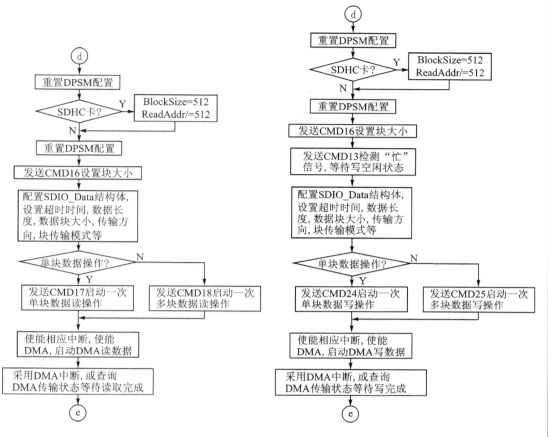

图 14.3.5　SD 卡读数据块程序流程图　　　　图 14.3.6　SD 卡写数据块程序流程图

14.3.2　SDIO 操作示例程序

SDIO 操作示例程序放在"示例程序→SDIO→SDIO 驱动"文件夹中,部分程序代码如下所示,其他代码请查阅放在"示例程序→SDIO→SDIO 驱动"文件夹中的电子文档。

1. sdio_sd.c 相关代码和注释

程序 14.3.1　sdio_sd.c 部分程序

```
# include "sdio_sd.h"
/*********************************************************
*  名　　　称:D_LowLevel_Init
*  功　　　能:初始化 SD 卡进入待命状态,等待数据传输
*  入口参数:无
*  出口参数:无
*********************************************************/
```

```
void SD_LowLevel_Init(void)
{
    GPIO_InitTypeDef   GPIO_InitStructure;
    /* !< GPIOC and GPIOD Periph clock enable */
    RCC_APB2PeriphClockCmd(RCC_APB2Periph_GPIOC | RCC_APB2Periph_GPIOD | SD_DETECT_GPIO_
CLK, ENABLE);
    /* !< Configure PC.08, PC.09, PC.10, PC.11, PC.12 pin:D0, D1, D2, D3, CLK pin */
    GPIO_InitStructure.GPIO_Pin = GPIO_Pin_8 | GPIO_Pin_9 | GPIO_Pin_10 | GPIO_Pin_11 |
GPIO_Pin_12;
    GPIO_InitStructure.GPIO_Speed = GPIO_Speed_50MHz;
    GPIO_InitStructure.GPIO_Mode = GPIO_Mode_AF_PP;
    GPIO_Init(GPIOC, &GPIO_InitStructure);
    /* !< Configure PD.02 CMD line */
    GPIO_InitStructure.GPIO_Pin = GPIO_Pin_2;
    GPIO_Init(GPIOD, &GPIO_InitStructure);
    /* !< Configure SD_SPI_DETECT_PIN pin:SD Card detect pin */
    GPIO_InitStructure.GPIO_Pin = SD_DETECT_PIN;
    GPIO_InitStructure.GPIO_Mode = GPIO_Mode_IPU;        //上拉输入
    GPIO_Init(SD_DETECT_GPIO_PORT, &GPIO_InitStructure);
    /* !< Enable the SDIO AHB Clock */
    RCC_AHBPeriphClockCmd(RCC_AHBPeriph_SDIO, ENABLE);
    /* !< Enable the DMA2 Clock */
    RCC_AHBPeriphClockCmd(RCC_AHBPeriph_DMA2, ENABLE);
}
/ *********************************************************
 * 名     称:SD_LowLevel_DMA_TxConfig
 * 功     能:配置 DMA2 通道 4,SDIO 数据发送
 * 入口参数:BufferSRC——指向源 buffer 的指针
             BufferSize——buffer 大小
 * 出口参数:无
 *********************************************************/
void SD_LowLevel_DMA_TxConfig(uint32_t * BufferSRC, uint32_t BufferSize)
{
    DMA_InitTypeDef DMA_InitStructure;
    //清除 DMA2 各种中断标志位:数据传输完成、传输错误、半传输
    DMA_ClearFlag(DMA2_FLAG_TC4 | DMA2_FLAG_TE4 | DMA2_FLAG_HT4 | DMA2_FLAG_GL4);
    /* 失能 DMA2 通道 4 */
    DMA_Cmd(DMA2_Channel4, DISABLE);
    /* DMA2 通道 4 配置 */
    DMA_InitStructure.DMA_PeripheralBaseAddr = (uint32_t)SDIO_FIFO_ADDRESS;
                                                        //外设地址为 SDIO 的 FIFO
    DMA_InitStructure.DMA_MemoryBaseAddr = (uint32_t)BufferSRC;       //内存基地址
    DMA_InitStructure.DMA_DIR = DMA_DIR_PeripheralDST;       //外设作为数据传输的目的地
```

```
    DMA_InitStructure.DMA_BufferSize = BufferSize / 4;      //传输数据长度
    DMA_InitStructure.DMA_PeripheralInc = DMA_PeripheralInc_Disable;
                                                 //外设地址寄存器不递增
    DMA_InitStructure.DMA_MemoryInc = DMA_MemoryInc_Enable;     //内存地址递增
    DMA_InitStructure.DMA_PeripheralDataSize = DMA_PeripheralDataSize_Word;
                                                 //外设数据传输以字为单位
    DMA_InitStructure.DMA_MemoryDataSize = DMA_MemoryDataSize_Word;
                                                 //内存数据传输以字为单位
    DMA_InitStructure.DMA_Mode = DMA_Mode_Normal;          //正常模式
    DMA_InitStructure.DMA_Priority = DMA_Priority_High;//高优先级
    DMA_InitStructure.DMA_M2M = DMA_M2M_Disable;          //非内存到内存传输模式
    DMA_Init(DMA2_Channel4, &DMA_InitStructure);       //根据以上参数初始化 DMA 结构体
    /* 使能 DMA2 通道 4 */
    DMA_Cmd(DMA2_Channel4, ENABLE);
}
/********************************************************
*  名       称:SD_LowLevel_DMA_RxConfig
*  功       能:配置 DMA2 通道 4,SDIO 数据接收
*  入口参数:BufferDST——指向目的地 buffer 的指针
              BufferSize——buffer 大小
*  出口参数:无
********************************************************/
void SD_LowLevel_DMA_RxConfig(uint32_t * BufferDST, uint32_t BufferSize)
{
    DMA_InitTypeDef DMA_InitStructure;
    //清除中断标志位
    DMA_ClearFlag(DMA2_FLAG_TC4 | DMA2_FLAG_TE4 | DMA2_FLAG_HT4 | DMA2_FLAG_GL4);
    /* 失能 DMA2 */
    DMA_Cmd(DMA2_Channel4, DISABLE);
    /* !< DMA2 Channel4 Config */
    DMA_InitStructure.DMA_PeripheralBaseAddr = (uint32_t)SDIO_FIFO_ADDRESS;
                                                 //外设地址为 SDIO 的 FIFO
    DMA_InitStructure.DMA_MemoryBaseAddr = (uint32_t)BufferDST;
                                                 //内存基地址 BufferDST
    DMA_InitStructure.DMA_DIR = DMA_DIR_PeripheralSRC;      //外设作为数据传输的源头
    DMA_InitStructure.DMA_BufferSize = BufferSize / 4;      //传输数据长度
    DMA_InitStructure.DMA_PeripheralInc = DMA_PeripheralInc_Disable;
                                                 //外设地址寄存器不递增
    DMA_InitStructure.DMA_MemoryInc = DMA_MemoryInc_Enable;  //内存地址递增
    DMA_InitStructure.DMA_PeripheralDataSize = DMA_PeripheralDataSize_Word;
                                                 //外设数据传输以字为单位
    DMA_InitStructure.DMA_MemoryDataSize = DMA_MemoryDataSize_Word;
                                                 //内存数据传输以字为单位
```

```
    DMA_InitStructure.DMA_Mode = DMA_Mode_Normal;       //正常模式
    DMA_InitStructure.DMA_Priority = DMA_Priority_High;//高优先级
    DMA_InitStructure.DMA_M2M = DMA_M2M_Disable;        //非内存到内存传输模式
    DMA_Init(DMA2_Channel4, &DMA_InitStructure);        //根据以上参数初始化 DMA 结构体
    /* !< DMA2 Channel4 enable */
    DMA_Cmd(DMA2_Channel4, ENABLE);
}
```

2. main. c 相关代码和注释

主程序 14.3.2　main. c

```
# include "stm32f10x.h"
# include "sdio_sd.h"
u8 buf[4096];
/***************************************************************
** 函数名:NVIC_Configuration
** 功能描述:SDIO 中断分组及优先级配置
** 输入参数:无
** 输出参数:无
***************************************************************/
void NVIC_Configuration(void)
{
    NVIC_InitTypeDef NVIC_InitStructure;
    NVIC_PriorityGroupConfig(NVIC_PriorityGroup_1);

    NVIC_InitStructure.NVIC_IRQChannel = SDIO_IRQn;
    NVIC_InitStructure.NVIC_IRQChannelPreemptionPriority = 0;
    NVIC_InitStructure.NVIC_IRQChannelSubPriority = 0;
    NVIC_InitStructure.NVIC_IRQChannelCmd = ENABLE;
    NVIC_Init(&NVIC_InitStructure);
}
/***************************************************************
** 函数名:SDIO_IRQHandler
** 功能描述:SDIO 中断服务程序
** 输入参数:无
** 输出参数:无
***************************************************************/
void SDIO_IRQHandler(void)
{
    /* Process All SDIO Interrupt Sources */
    SD_ProcessIRQSrc();
}
/***************************************************************
```

```
**  函数名:main
**  功能描述:在 SD 卡某地址写入数据,再从此地址将数据读出,用串口打印出来
**  输入参数:无
**  输出参数:无
*******************************************************************/
int main(void)
{
    SystemInit();
    delay_init(72);
    Usart_Configuration();            //串口初始化配置
    NVIC_Configuration();             //SDIO 中断配置
    SD_Init();                        //SD 卡初始化配置
    delay_ms(10);
    //在扇区 685096 处写入一块数据
    SD_WriteBlock("周瑜自回柴桑。蒋钦等一行人马自归南徐报孙权。权不胜忿怒,欲拜
    程普为都督,起兵",685096<<9,512);
    //读取扇区 685096 处数据到 buf
    SD_ReadBlock(buf,685096<<9,512);
    //SD_ReadMultiBlocks(buf,685072<<9,512,80);
    printf(buf);                      //串口打印 buf 中数据
    while(1);
}
```

14.4　SDIO＋FatFs 实现 FAT 文件系统

14.4.1　FatFs 简介

FatFs 是一个通用的文件系统模块,用于在小型嵌入式系统中实现 FAT 文件系统。FatFs 的编写遵循 ANSI C,因此不依赖于硬件平台。它可以嵌入到便宜的微控制器中,如 8051、PIC、AVR、SH、Z80、H8、ARM 等,不需要做任何修改。

FatFs 支持 FAT12、FAT16 及 FAT32;支持多个卷(物理驱动器与分区);有两种分区规则,即 FDISK 与 Super - floppy;长文件名支持;可选的编码页,包括 DBCS(Double Byte Char Systems,双位元组字元系统)多任务支持只读;最小化 API;缓冲区配置等应用程序接口。

在移植前,首先需要将源代码阅读一遍,了解文件系统的结构、各个函数的功能和接口、与移植相关的代码等。在官方网站 http://elm-chan.org/fsw/ff/00index_e.html 可以下载 0.08 版本的源代码,最新版本更新到 R0.09。

14.4.2　源代码的结构

1. 源代码组成

源代码压缩包解压后,共两个文件夹,doc 是说明,src 里就是代码。src 文件夹里共 6 个文件和 1 个文件夹。文件夹为 option,6 个文件分别为 00readme. txt、diskio. c、diskio. h、ff. c、ff. h、ffconf. h、integer. h。src 文件夹内的文件如图 14.4.1 所示。

option　00readme.txt　diskio.c　diskio.h　ff.c　ff.h　ffconf.h　integer.h

图 14.4.1　ff8 解压文件夹

① 00readme. txt 的说明如下:

"Low level disk I/O module is not included in this archive because the FatFs module is only a generic file system layer and not depend on any specific storage device. You have to provide a low level disk I/O module that written to control your storage device. "

以上文字主要说明:这是一个通用文件系统可以在各种介质上使用,不包含底层 I/O 代码。移植时针对具体存储设备提供底层代码。00readme. txt 中对版权以及版本的变化做了说明,声明可以自由使用和传播。

② 其他文件的使用顺序是,先打开 integer. h 文件,了解所用的数据类型;其次是 ff. h 文件,了解文件系统所用的数据结构和各种函数声明;第三是 ffconf. h 文件,根据实际需要在里面设置要实现的一些功能;第四是 diskio. h 文件,了解与介质相关的数据结构和操作函数;然后再把 ff. c 和 diskio. c 两个文件所实现的函数大致扫描一遍;最后根据用户应用层程序调用函数的次序仔细阅读相关代码。

2. 代码阅读

(1) integer. h 头文件

这个文件主要是类型声明,一般不用修改,以下是部分代码:

```
/* These types must be 16 - bit, 32 - bit or larger integer */
typedef int            INT;
typedef unsigned int   UINT;


/* These types must be 8 - bit integer */
typedef char            CHAR;
typedef unsigned char   UCHAR;
typedef unsigned char   BYTE;


/* These types must be 16 - bit integer */
typedef short            SHORT;
```

```
typedef unsigned short      USHORT;
typedef unsigned short      WORD;
typedef unsigned short      WCHAR;


/* These types must be 32 - bit integer */
typedef long                LONG;
typedef unsigned long       ULONG;
typedef unsigned long       DWORD;
```

以上都是用 typedef 做类型定义。移植时可以修改这部分代码,特别是某些定义
与所在工程的类型定义有冲突的时候。

(2) ff. h 头文件

这里的代码不用修改,以下是部分代码的分析:

```
# include "integer.h"            /*  基本整数类型 */
# include "ffconf.h"             /*  FatFs 配置选项 */


/* DBCS code ranges and SBCS extend char conversion table */


# if _CODE_PAGE == 932          /*  日文 Shift - JIS */
# define _DF1S     0x81          /* DBC 第 1 字节范围 1 开始 */
# define _DF1E     0x9F          /* DBC 第 1 字节范围 1 结束 */
# define _DF2S     0xE0          /* DBC 第 1 字节范围 2 开始 */
# define _DF2E     0xFC          /* DBC 第 1 字节范围 2 结束 */
# define _DS1S     0x40          /* DBC 第 2 字节范围 1 开始 */
# define _DS1E     0x7E          /* DBC 第 2 字节范围 1 结束 */
# define _DS2S     0x80          /* DBC 第 2 字节范围 2 开始 */
# define _DS2E     0xFC          /* DBC 第 2 字节范围 2 结束 */


# elif _CODE_PAGE == 936         /*  简体中文 GBK */
# define _DF1S     0x81
# define _DF1E     0xFE
# define _DS1S     0x40
# define _DS1E     0x7E
# define _DS2S     0x80
# define _DS2E     0xFE


# elif _CODE_PAGE == 437         /* U.S. (OEM) */
```

这里 The _CODE_PAGE,英文注释为 specifies the OEM code page to be used on
the target System。根据具体使用的语言在 ffconf.h 中定义具体的宏定义。如果使用
简体中文,则选择 936;如果使用英文,则选择 437;如果使用日文,则选择 932。

打开 option 文件夹,打开 cc936. c 文件,里面有一个很大的数组 static const

WCHAR uni2oem[]。这个数组用于 unicode 码和 OEM 码之间的相互转换。接下来又有两个函数 ff_convert( ) 和 ff_wtoupper( ) 具体执行码型转换和将字符转换为大写。unicode 是一种双字节字符编码，无论中文还是英文，或者其他语言统一到 2 字节。与现有的任何编码（ASCII,GB 等）都不兼容。WindowsNT(2000) 的内核即使用该编码，所有数据进入内核前转换成 UNICODE,退出内核后再转换成版本相关的编码（通常称为 OEM,在简体中文版下即为 GB）。

接下来是一些结构体的定义：

```
typedef struct _FATFS_ {
    BYTE    fs_type;                    /* FAT 子类型 */
    BYTE    drive;                      /* 对应实际驱动号 01--- */
    BYTE    csize;                      /* 每个簇的扇区数目 */
```

先查一下簇的含义：应该是文件数据分配的基本单位。

```
    BYTE    n_fats;                     /* 文件分配表的数目 */
```

FAT 文件系统依次应该是：引导扇区、文件分配表两个、根目录区和数据区。

```
    BYTE    wflag;                      /* win[]标志(1:必须写回) */
    WORD    id;                         /* 文件系统加载 ID */
    WORD    n_rootdir;                  /* 根目录区目录项的数目 */
#if _FS_REENTRANT
    _SYNC_t sobj;                       /* 允许重入,则定义同步对象 */
#endif
#if _MAX_SS != 512
    WORD    s_size;                     /* 扇区大小 */
#endif
#if !_FS_READONLY                       //文件为可写
    BYTE    fsi_flag;                   /* fsinfo 标志 (1:必须写回) */
    DWORD   last_clust;                 /* 最后分配的簇 */
    DWORD   free_clust;                 /* 空闲簇数 */
    DWORD   fsi_sector;                 /* fsinfo 扇区 */
#endif
#if _FS_RPATH
    DWORD   cdir;                       /* 使用相对路径,则要存储文件系统当前目录 */
#endif
    DWORD   sects_fat;                  /* 文件分配表占用的扇区 */
    DWORD   max_clust;                  /* 最大簇数 */
    DWORD   fatbase;                    /* 文件分配表开始扇区 */
    DWORD   dirbase;                    /* 如果是 FAT32,根目录开始扇区需要首先得到 */
    DWORD   database;                   /* 数据区开始扇区 */
    DWORD   winsect;                    /* 在 win[]中当前出现的扇区 */
    BYTE    win[_MAX_SS];               /* Directory/FAT 的磁盘访问窗口 */
```

```
//这是一个 win[512]数组,存储着一个扇区,作为扇区缓冲使用
} FATFS;

typedef struct _DIR_ {
    FATFS * fs;                  /* 用户文件系统对象指针 */
    WORD   id;                   /* 文件系统加载 ID */
    WORD   index;                /* 当前读/写索引号 */
    DWORD  sclust;               /* 表(文件数据区)的起始簇(0:静态表) */
    DWORD  clust;                /* 当前处理的簇 */
    DWORD  sect;                 /* 当前簇对应的扇区 */
    BYTE * dir;                  /* 在 win[]中当前 SFN 进入指针 */
    BYTE * fn;                   /* SFN (in/out) {file[8],ext[3],status[1]指针} */
# if _USE_LFN
    WCHAR * lfn;                 /* LFN 工作缓冲器指针 */
    WORD   lfn_idx;              /* 最后匹配的 LFN 索引号(0xFFFF:No LFN) */
# endif
} DIR;

typedef struct _FIL_ {
    FATFS * fs;                  /* 用户文件系统对象指针 */
    WORD   id;                   /* 用户文件系统加载 ID */
    BYTE   flag;                 /* 文件状态标志 */
    BYTE   csect;                /* 在簇中的扇区地址(扇区偏移) */
    DWORD  fptr;                 /* 文件读/写指针 */
    DWORD  fsize;                /* 文件大小 */
    DWORD  org_clust;            /* 文件开始簇 */
    DWORD  curr_clust;           /* 当前簇 */
    DWORD  dsect;                /* 当前数据扇区 */
# if ! _FS_READONLY
    DWORD  dir_sect;             /* 扇区包含的目录项 */
    BYTE * dir_ptr;              /* 在窗口中的目录项指针 */
# endif
# if ! _FS_TINY
    BYTE   buf[_MAX_SS];         /* 文件读/写缓冲器 */
# endif
} FIL;

/* File status structure */

typedef struct _FILINFO_ {
    DWORD  fsize;                /* 文件大小 */
    WORD   fdate;                /* 最后修改的日期 */
    WORD   ftime;                /* 最后修改的时间 */
```

```
        BYTE   fattrib;              /* 属性 */
        char fname[13];             /* 短文件名（8.3 format）*/
#if _USE_LFN
        XCHAR*   lfname;            /* LFN 缓冲器指针 */
        int   lfsize;              /* LFN 缓冲器 [chrs]的大小 */
#endif
} FILINFO;/* 这个结构主要描述文件的状态信息,包括文件名 13 个字符(8 + . + 3 + \0)、属性、
```
修改时间等 */

接下来是函数的定义。

```
FRESULT f_mount (BYTE, FATFS *);   //加载文件系统,BYTE 参数是 ID,后一个是文件系统定义
FRESULT f_open (FIL *, const XCHAR *, BYTE);/* 打开文件,第一个参数是文件信息结构,第二
```
个参数是文件名,第三是文件打开模式 */

```
FRESULT f_read (FIL *, void *, UINT, UINT *);  /* 文件读取函数,参数 1 为文件对象(文件
```
打开函数中得到),参数 2 为文件读取缓冲区,参数 3 为读取的字节数,参数 4 指向读取的字节长度
变量的地址 */

```
FRESULT f_write (FIL *, const void *, UINT, UINT *);//写文件,参数与读函数类似
FRESULT f_lseek (FIL *, DWORD); //移动文件的读写指针,参数 2 是文件偏移量的数目
FRESULT f_close (FIL *);                          /* 关闭打开的文件对象 */
FRESULT f_opendir (DIR *, const XCHAR *);         /* 打开目录,返回目录对象 */
FRESULT f_readdir (DIR *, FILINFO *);             /* 读取目录,获得文件信息 */
FRESULT f_stat (const XCHAR *, FILINFO *);        /* 获取文件的状态 */
FRESULT f_getfree (const XCHAR *, DWORD *, FATFS **);   /* 获取驱动器上的空闲簇数 */
FRESULT f_truncate (FIL *);                       /* 截断文件 */
FRESULT f_sync (FIL *);                           /* 刷新写文件的缓冲区数据 */
FRESULT f_unlink (const XCHAR *);                 /* 删除目录中的一个文件 */
FRESULT f_mkdir (const XCHAR *);                  /* 创建一个新目录 */
FRESULT f_chmod (const XCHAR *, BYTE, BYTE);        /* 更改文件/目录的 attriburte */
FRESULT f_utime (const XCHAR *, const FILINFO *);   /* 更改文件/目录的时间戳 */
FRESULT f_rename (const XCHAR *, const XCHAR *);    /* 重命名/移动文件或目录 */
FRESULT f_forward (FIL *, UINT(*)(const BYTE *,UINT), UINT, UINT *);  /* 转发数据流 */
FRESULT f_mkfs (BYTE, BYTE, WORD);                 /* 在驱动器上创建一个文件系统 */
FRESULT f_chdir (const XCHAR *);                   /* 改变当前目录 */
FRESULT f_chdrive (BYTE);                          /* 更改当前驱动器 */

#if _USE_STRFUNC
int f_putc (int, FIL *);                           /* 放字符到文件 */
int f_puts (const char *, FIL *);                  /* 放字符串到文件 */
int f_printf (FIL *, const char *, ...);           /* 放格式化字符串到文件 */
char * f_gets (char *, int, FIL *);                /* 从文件中获取字符串 */
#define f_eof(fp) (((fp)->fptr == (fp)->fsize) ? 1 :0)
#define f_error(fp) (((fp)->flag & FA__ERROR) ? 1 :0)
```

```
#if _FS_REENTRANT                              //如果定义了重入,则需要实现以下 4 个函数
BOOL ff_cre_syncobj(BYTE, _SYNC_t *);          //创建同步对象
BOOL ff_del_syncobj(_SYNC_t);                  //删除同步对象
BOOL ff_req_grant(_SYNC_t);                    //申请同步对象
void ff_rel_grant(_SYNC_t);                    //释放同步对象
#endif
```

(3) diskio.h 文件

```
#define _READONLY      0                  /* 1:删除写功能 */
#define _USE_IOCTL     1                  /* 1:使用 disk_ioctl 功能 */
#include "integer.h"
/* Status of Disk Functions */
typedef BYTE     DSTATUS;                 //定义返回状态变量
/* Results of Disk Functions */
typedef enum {
    RES_OK = 0,                           /* 0:成功 */
    RES_ERROR,                            /* 1:R/W 错误 */
    RES_WRPRT,                            /* 2:写保护 */
    RES_NOTRDY,                           /* 3:部读 */
    RES_PARERR                            /* 4:无效的参数 */
} DRESULT;


/* Prototypes for disk control functions */

DSTATUS disk_initialize (BYTE);           //磁盘初始化
DSTATUS disk_status (BYTE);               //获取磁盘状态
DRESULT disk_read (BYTE, BYTE *, DWORD, BYTE);
#if      _READONLY == 0
DRESULT disk_write (BYTE, const BYTE *, DWORD, BYTE);
#endif
DRESULT disk_ioctl (BYTE, BYTE, void *);   //磁盘控制
```

(4) diskio.c 的结构

因为 FatFs 模块完全与磁盘 I/O 层分开,因此需要下面的函数来实现底层物理磁盘的读写与获取当前时间。底层磁盘 I/O 模块并不是 FatFs 的一部分,并且必须由用户提供。资源文件中也包含有范例驱动。主要修改以下几个函数:

```
disk_initialize - Initialize disk drive            //初始化磁盘驱动器
disk_status - Get disk status                      //获取磁盘状态
disk_read - Read sector(s)                         //读扇区
disk_write - Write sector(s)                        //写扇区
disk_ioctl - Control device dependent features     //设备相关的控制特性
get_fattime - Get current time                     //获取当前时间
```

这里需要将 SDIO 驱动 SD 卡的底层驱动函数移植到这里。代码如下:

```
# include "stm32f10x. h"
# include "ffconf. h"
# include "diskio. h"
# include "sdio_sd. h"
# define SECTOR_SIZE 512U                   //定义 SD 内存卡每扇区大小 512 字节
extern SD_CardInfo SDCardInfo;             //SD 卡结构体


/ *-------------------------------------------------------------*/
/ * Initialize Disk Drive * /
/ *-------------------------------------------------------------*/
DSTATUS disk_initialize ( BYTE drv)          / *物理驱动器号(0) * /
{
        return 0;                          //不用配置直接返回 0
}
/ *-------------------------------------------------------------*/
/ * Get Disk Status * /
/ *-------------------------------------------------------------*/
DSTATUS disk_status (BYTE drv )              / *物理驱动器号(0) * /
{
        return 0;                          //不用配置直接返回 0
}
/ *-------------------------------------------------------------*/
/ * Read Sector(s) * /
/ *-------------------------------------------------------------*/
DRESULT disk_read(
BYTE drv,                                   / *物理驱动器号(0) * /
BYTE * buff,                                / * 存储读取数据的数据缓冲区指针 * /
DWORD sector,                               / * 开始扇区号（LBA） * /
BYTE count                                  / * 扇区计数(1..255) * /
)
{
    SD_Error Status;
    if(count == 1)                          / * 1 个扇区的读操作 * /
    {
        //调用 SDIO 底层读数据块函数
        Status = SD_ReadBlock(buff,sector << 9 ,SECTOR_SIZE);
    }
    else                                    / * 多个扇区的读操作 * /
    {
        //调用 SDIO 底层读多块数据函数
            Status = SD_ReadMultiBlocks(buff,sector << 9 ,SECTOR_SIZE,count);
```

```
        }
        if(Status  ==  SD_OK)
        {
                return RES_OK;
        }
}
/* ------------------------------------------------------------------ */
/* Write Sector(s) */
/* ------------------------------------------------------------------ */
# if _READONLY  ==  0
DRESULT disk_write (
BYTE drv,                                    /*物理驱动器号(0) */
const BYTE * buff,                           /*写数据的数据缓冲区指针 */
DWORD sector,                                /*开始扇区号（LBA） */
BYTE count                                   /*扇区计数(1..255) */
)
{
    SD_Error Status;
    if(count == 1)                           /* 1 个 sector 的写操作 */
    {
        //调用 SDIO 底层写数据块函数
Status = SD_WriteBlock((uint8_t *)(&buff[0]),sector<< 9,SDCardInfo.CardBlockSize);
    }
    else                                     /* 多个 sector 的写操作 */
    {
        //调用 SDIO 底层写多块数据函数
Status = SD_WriteMultiBlocks((uint8_t *)(&buff[0]),sector<<9,SDCardInfo.CardBlock-
Size,count);
    }
    if(Status  ==  SD_OK)
    {
        return RES_OK;
    }
}
# endif                                      /* _READONLY */

/* ------------------------------------------------------------------ */
/* Get current time */
/* ------------------------------------------------------------------ */
DWORD get_fattime ()
{
        return 0;
}
```

STM32F 32位 ARM 微控制器应用设计与实践 (第 2 版)

458

```c
/* ------------------------------------------------------------------- */
/* Miscellaneous Functions */
/* ------------------------------------------------------------------- */
DRESULT disk_ioctl (
BYTE drv,                              //物理驱动器号(0)
BYTE ctrl,                             //控制代码
void * buff                           //发送/接收控制数据缓冲区
)
{
    switch (ctrl)
    {
        case CTRL_SYNC :
        return RES_OK;
        case GET_SECTOR_COUNT :
        //得到 SD 内存卡的总扇区数
        * (DWORD * )buff = SDCardInfo.CardCapacity/SDCardInfo.CardBlockSize;
        return RES_OK;

    case GET_BLOCK_SIZE :
    //得到 SD 卡每扇区的大小
      * (WORD * )buff = SDCardInfo.CardBlockSize;
      return RES_OK;
    case CTRL_POWER :
      break;
    case CTRL_LOCK :
      break;
    case CTRL_EJECT :
      break;
    /* MMC/SDC command */
    case MMC_GET_TYPE :
      break;
    case MMC_GET_CSD :
      break;
    case MMC_GET_CID :
      break;
    case MMC_GET_OCR :
      break;
    case MMC_GET_SDSTAT :
      break;
    }
    return RES_PARERR;
}
```

(5) ffconf. h 头文件

通过这个文件里的宏定义设置不同的函数功能。具体设置见程序中相应的注释。一般设置如下：

```
#define   _FS_TINY          0        /* 0:标准,或者 1:小 */
#define   _FS_READONLY      0        /* 0:读/写,或者 1:只读 */
#define   _FS_MINIMIZE      0        /* 0～3 */
#define   _USE_STRFUNC      2        /* 0:不使能,或者 1-2:使能 */
#define   _USE_MKFS         1        /* 0:不使能,或者 1:使能 */
#define   _USE_FORWARD      0        /* 0:不使能,或者 1:使能 */
#define   _USE_FASTSEEK     1        /* 0:不使能,或者 1:使能 */
#define   _CODE_PAGE        437
#define   _USE_LFN          1        /* 0～3 */
#define   _MAX_LFN          255      /* 处理最大 LFN 长度 (12～255) */
#define   _LFN_UNICODE      0        /* 0:ANSI/OEM,或者 1:Unicode */
#define   _FS_RPATH         0        /* 0～2 */
#define   _VOLUMES          1
#define   _MAX_SS           512      /* 512,1024,2048 或者 4096 */
#define   _MULTI_PARTITION  0        /* 0:单个分区,1/2:使能多个分区 */
#define   _USE_ERASE        0        /* 0:不使能,或者 1:使能 */
#define   _WORD_ACCESS      0        /* 0 或者 1 */
#define   _FS_REENTRANT     0        /* 0:不使能,或者 1:使能 */
#define   _FS_TIMEOUT       1000     /* 在单位时间刻度内超时时间 */
#define   _SYNC_t           HANDLE   /* 同步对象的 O/S 依赖类型,例如:HANDLE,
                                        OS_EVENT *, ID,等等 */
#define   _FS_SHARE         0        /* 0:不使能,或者 >=1:使能 */
```

(6) ff. c 文件

这个文件是 FatFs 的相关函数,提供下面的函数：

f_mount　　　注册/注销一个工作区域(Work Area)；

f_open　　　打开/创建一个文件；

f_close　　　关闭一个文件；

f_read　　　读文件；

f_write　　　写文件；

f_lseek　　　移动文件读/写指针；

f_truncate　　截断文件；

f_sync　　　冲洗缓冲数据(Flush Cached Data)；

f_opendir　　打开一个目录；

f_readdir　　读取目录条目；

f_getfree　　获取空闲簇(Get Free Clusters)；

f_stat　　　获取文件状态；

STM32F 32 位 ARM 微控制器应用设计与实践(第 2 版)

f_mkdir	创建一个目录;
f_unlink	删除一个文件或目录;
f_chmod	改变属性(Attribute);
f_utime	改变时间戳(Timestamp);
f_rename	重命名/移动一个文件或文件夹;
f_mkfs	在驱动器上创建一个文件系统;
f_forward	直接转移文件数据到一个数据流(Forward file data to the stream directly);
f_gets	读一个字符串;
f_putc	写一个字符;
f_puts	写一个字符串;
f_printf	写一个格式化的字符磁盘 I/O 接口。

3. 几个常用函数的调用方法

下面介绍的是几个常用函数的调用方法:

```
FIL fil;                                              //定义文件结构体
FATFS fs;
FRESULT res;                                          //定义返回状态
    u8 buf[4096];
    u8 buf1[100];
    u32 mysect;
    u32 br = 0;

disk_initialize(0);                                   //初始化驱动器
f_mount(0, &fs);                                      //加载文件系统
res = f_open(&fil,"/read.txt",FA_OPEN_EXISTING | FA_READ);  //打开文件
//mysect = clust2sect(fil.fs,fil.sclust);            //转换为文件所在扇区数
f_read(&fil,buf,4000,&br);                            //从 read.txt 文件开头处
                                                     //读取 4000 字节数据

f_close(&fil);                                        //关闭文件
printf(buf);                                          //串口输出读取的数据

res = f_open(&fil,"SD.txt",FA_CREATE_NEW);           //创建新文件
f_close(&fil);                                        //关闭文件

res = f_open(&fil,"SD.txt", FA_WRITE);               //以写方式打开文件
f_puts((char * )buf,&fil);                           //将读取到缓冲器中的数据
                                                     //写入 SD.txt
f_close(&fil);                                        //关闭文件

res = f_open(&fil,"SD.txt",FA_WRITE);                //以写方式打开文件
```

```
br = fil.fsize;                              //获得文件大小
f_lseek(&fil,br);                            //移动文件指针
f_puts("从文件内数据的最后写入字符串",&fil);    //从文件内数据的最后写
                                             //入字符串
f_close(&fil);                               //关闭文件

res = f_open(&fil,"SD.txt",FA_READ);         //以读方式打开文件
f_lseek(&fil,br);                            //移动文件指针,偏移量为 br
f_read(&fil,buf1,28,&br);          //从文件内读 28 字节数据赋给缓冲器 buf1 数组
f_close(&fil);                               //关闭文件
UART_Send_Enter();                           //发送一换行符
printf(buf1);                                //串口输出读取的数据
//f_unlink("SD.txt");                        //删除文件
```

14.4.3　SDIO＋FatFs 实现 FAT 文件系统程序设计

在 SDIO 驱动工程基础上添加代码,在工程中新建一个组 FatFs,在其中添加 diskio.c、ff.c、ccsbcs.c 三个文件,如果要使用中文功能,则将 ccsbcs.c 替换为 cc936.c。为了使用相应的 ff.h、diskio.h、ffconf.h 等头文件,切记将新的头文件路径添加到工程中,否则编译工程找不到头文件会出错,头文件路径添加界面如图 14.4.2 所示。

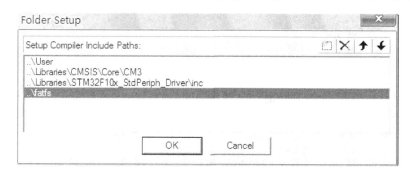

图 14.4.2　添加头文件路径

工程建好后界面如图 14.4.3 所示。

程序使用 FatFs 文件系统,在 SD 内存卡上实现新建、打开、读/写、删除 txt 文件的功能,将读取的数据用串口打印到上位机调试助手,如图 14.4.4 所示。

本示例中 SD 卡的驱动采用 SDIO 模式,SDIO 驱动 SD 卡在前面的章节已介绍。FatFs 主要通过调用 diskio.c 中的接口函数进行文件系统管理。本示例程序流程图如图 14.4.5 所示。

STM32F 32 位 ARM 微控制器应用设计与实践（第 2 版）

462

图 14.4.3　SDIO_FatFs 工程界面

14.4.4　SDIO＋FatFs 实现 FAT 文件系统程序

　　SDIO＋FatFs 实现 FAT 文件系统的操作示例程序放在"示例程序→SDIO_fatfs"文件夹中，与 FatFs 相关的文件放在"示例程序→SDIO_fatfs→fatfs"文件夹下，主程序部分的相关代码和注释如下所示，其他代码请查阅放在"示例程序→SDIO_fatfs"文件夹中的电子文档。

程序 14.4.1　main.c

```
# include "stm32f10x.h"
# include "delay.h"
# include "USART.h"
# include "sdio_sd.h"
# include "integer.h"
# include "ff.h"
# include "diskio.h"
```

SSCOM3.2 (作者:聂小猛(丁丁), 主页http://www.mcu51.com, Email: mc...

D_HIGH_CARD 2.0.is SD_CARD. sd power_on is ok. sd_InitializeCard is ok.SD_GetCardInfo is ok. 4b BusOperation is ok.专业术语大师的一个秘密是把一个简单、显而易见的概念复杂化。《时代》杂志对史蒂芬?柯维(Stephen Covey)的一本书的评论解释了这种现象:
他的天分是把显而易见的东西复杂化,结果他的书中图形混杂堆积。图表占满了整个页面,附栏和方框把章节切得七零八碎。文中充斥着行话一授权,建模,绑定,变因……没有这些,他的书就像一只瘦了的轮胎。他用了大量惊叹号。
如果你在字典中查"常识"的定义,你会发现它是天生的良好判断,不受感情和智力因素的影响。它也不依赖特殊的技术知识。
换句话说,你看到的是事物的本来面貌。你遵循严谨的逻辑,决定中不掺杂感情和个人喜好。没有比这更简单的了。
在前一章中,宝洁新管理层清楚地看到了超市里的情况:混乱。清晰的思路让管理层采用了简单和常识性的战略,即简化产品。
想想,如果你随机问10个人:如果凯迪拉克(Cadillac)看上去像雪佛兰(Chevrolet),它会卖得如何,大概他们都会说,"不太好。"
这些人在判断中就用了常识。他们没有数据或调研支持他们的结论,他们也没有技术知识或聪明才智。对他们来说,凯迪拉克是大型的昂贵的汽车,而雪佛兰是小型的便宜的汽车。他们看到了事物的本来面貌。
但是在通用汽车,那些主管没有看到世界的本来面貌,他们看到的是自己想看到的。常识被忽略,西马龙汽车(Cimarron)诞生了。不奇怪,它卖得不太好(这么说算客气的)。
通用汽车接受教训了吗?看起来没有。通用汽车现在以凯蒂(Catera)杀了回来,这是另一款看上去像雪佛兰的凯迪拉克。和它的先行者一样,它不会卖得很好,因为它不合理。你知道,我也知道,通用汽车不想知道。
达?芬奇把人的大脑看成一个实验室,它从眼睛、耳朵和其他感觉器官收集资料,然后将这些资料输送到常识器官。换句话说,常识是一种超感觉,它监督我们的其他感觉。它是很多商业人士拒

| 打开文件 | 文件名 | | 发送文件 | 保存窗口 | 清除窗口 | □ HEX显示 |

串口号 COM3 ▼　⊙　关闭串口　帮助　　　　　　　　扩展

波特率 115200 ▼　□ DTR　　□ RTS
数据位 8　　　□ 定时发送　1000　ms/次
停止位 1　　　□ HEX发送　□ 发送新行
校验位 None　　字符串输入框:　发送
流控制 None

www.mcu51.cor S:0　　　R:3811　　COM3已打开 115200bps CTS=0 DSR=0 RLSI

图 14.4.4　FatFs 串口调试界面

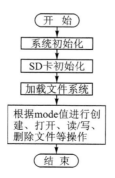

图 14.4.5　示例程序流程图

```
u8 buf[4096];
u8 buf1[100];
u32 mysect;
u32 br = 0;
/**********************************************************
 *  名      称:NVIC_Configuration
 *  功      能:中断分组及优先级等配置
 *  入口参数:无
 *  出口参数:无
 **********************************************************/
void NVIC_Configuration(void)
{
    NVIC_InitTypeDef NVIC_InitStructure;

    /* Configure the NVIC Preemption Priority Bits */
    NVIC_PriorityGroupConfig(NVIC_PriorityGroup_1);

    NVIC_InitStructure.NVIC_IRQChannel = SDIO_IRQn;
    NVIC_InitStructure.NVIC_IRQChannelPreemptionPriority = 0;
    NVIC_InitStructure.NVIC_IRQChannelSubPriority = 0;
    NVIC_InitStructure.NVIC_IRQChannelCmd = ENABLE;
    NVIC_Init(&NVIC_InitStructure);
}
/**********************************************************
 *  名      称:SDIO_IRQHandler
 *  功      能:SDIO 中断服务程序
 *  入口参数:无
 *  出口参数:无
 **********************************************************/
void SDIO_IRQHandler(void)
{
    /* Process All SDIO Interrupt Sources */
    SD_ProcessIRQSrc();
}
/**********************************************************
 *  名      称:main
 *  功      能:采用 fatfs 文件系统,实现创建、打开、读/写、删除文件的功能
 *  入口参数:无
 *  出口参数:无
 **********************************************************/
int main(void)
{
```

```
u8 mode = 1;                          //初始化不同值下面进行不同操作
FIL fil;                              //定义文件结构体
//FILINFO finfo;
FATFS fs;                             //定义文件系统结构体
FRESULT res;

SystemInit();                         //系统初始化
Usart_Configuration();                //串口初始化
delay_init(72);
NVIC_Configuration();                 //中断向量初始化
SD_Init();                            //SD 卡初始化
delay_ms(10);
disk_initialize(0);                   //初始化驱动器
f_mount(0, &fs);                      //加载文件系统

if(mode == 1)
{
    res = f_open(&fil,"/read.txt",FA_OPEN_EXISTING | FA_READ);   //打开文件
    //mysect = clust2sect(fil.fs,fil.sclust);   //转换为文件所在扇区数
    //printf("   % d\n",mysect);
    f_read(&fil,buf,4000,&br);        //从 read.txt 文件开头处读取 4000 字节数据
    f_close(&fil);                    //关闭文件
    printf(buf);                      //串口输出读取的数据
}
else if(mode == 2)
{
    res = f_open(&fil,"SD.txt",FA_CREATE_NEW);//创建新文件
    f_close(&fil);                            //关闭文件
}
else if(mode == 3)
{
    res = f_open(&fil,"SD.txt", FA_WRITE);    //以写方式打开文件
    f_puts((char *)buf,&fil);                 //将读取到 buf 中的数据写入 SD.txt
    f_close(&fil);                            //关闭文件
}
else if(mode == 4)
{
    res = f_open(&fil,"SD.txt",FA_WRITE);     //以写方式打开文件
    br = fil.fsize;                           //获得文件大小
    f_lseek(&fil,br);                         //移动文件指针
    f_puts("从文件内数据的最后写入字符串",&fil);
                                              //从文件内数据的最后写入字符串
    f_close(&fil);                            //关闭文件
```

```
    }
    else if(mode == 5)
    {
        res = f_open(&fil,"SD.txt",FA_READ);      //以读方式打开文件
        f_lseek(&fil,br);                          //移动文件指针,偏移量为 br
        f_read(&fil,buf1,28,&br);                  //从文件内读 28 字节数据赋给 buf1 数组
        f_close(&fil);                             //关闭文件
        UART_Send_Enter();                         //发送一换行符
        printf(buf1);                              //串口输出读取的数据
    }
    //f_unlink("SD.txt");                          //删除文件 SD.txt
    for(;;);
}
```

参 考 文 献

[1] ST Microelectronics. RM0008 Reference manual STM32F101xx, STM32F102xx, STM32F103xx, STM32F105xx and STM32F107xx advanced ARM‐based 32‐bit MCUs [EB/OL]. http://www.st.com.

[2] ST Microelectronics. STM32F101xx, STM32F102xx、STM32F103xx、STM32F105xx 和 STM32F107xx, ARM 内核 32 位高性能微控制器参考手册 [EB/OL]. http://www.st.com.

[3] ST Microelectronics. 数据手册 STM32F103xC STM32F103xD STM32F103xE [EB/OL]. http://www.st.com.

[4] ST Microelectronics. AN2586 应用笔记：STM32F10xxx 硬件开发使用入门 [EB/OL]. http://www.st.com.

[5] ST Microelectronics. AN2867 Application note Oscillator design guidefor ST microcontrollers [EB/OL]. http://www.st.com.

[6] ST Microelectronics. UM0427 User manual ARM ®‐based 32‐bit MCU STM32F101xx and STM32F103xx firmware library [EB/OL]. http://www.st.com.

[7] ST Microelectronics. UM0427 用户手册：32 位基于 ARM 微控制器 STM32F101xx 与 STM32F103xx 固件函数库[EB/OL]. http://www.st.com.

[8] ST Microelectronics. AN2953 应用笔记：如何从 STM32F10xxx 固件库 V2.0.3 升级为 STM32F10xxx 标准外设库 V3.0.0 [EB/OL]. http://www.st.com.

[9] Joseph Yiu. Cortex‐M3 权威指南[M].北京：北京航空航天大学出版社,2009.

[10] 南京沁恒电子有限公司. USB 总线转接芯片 CH341 [EB/OL]. http://www.winchiphead.com.

[11] ST Microelectronics. AN2548 应用笔记：使用 STM32F101xx 和 STM32F103xx DMA 控制器[EB/OL]. http://www.st.com.

[12] ST Microelectronics. AN2834 应用笔记：如何在 STM32F10xxx 上得到最佳的 ADC 精度 [EB/OL]. http://www.st.com.

[13] Texas Instruments Inc. SLAA013. Understanding Data Converters [EB/OL]. http://www.ti.com.

[14] 黄智伟.嵌入式系统中的模拟电路设计[M].北京：电子工业出版社,2011.

[15] Texas Advanced Optoelectronic Solutions Inc. TCS230 PROGRAMMABLE

COLOR LIGHT_TO_FREQUENCY CONVERTER [EB/OL]. http://www. taosinc. com.

[16] Renesas SP Drivers Inc. R61509 262,144 - color, 240RGB x 432 - dot graphics liquid crystal controller driver supporting MDDI for Amorphous - Silicon TFT Panel [EB/OL]. http://www. rsp. renesas. com/en/index. htm.

[17] Maxim Inc. MAX5413/14/15 Dual, 256 - Tap, Low - Drift, Digital Potentiometers in 14 - Pin TSSOP [EB/OL]. http://www. maxim - ic. com.

[18] Texas Instruments Inc. TSC2046 Low Voltage I/O TOUCH SCREEN CONTROLLER [EB/OL]. http://www. ti. com.

[19] Freescale Semiconductor Inc. MMA7455L $\pm2g/\pm4g/\pm8g$ Three Axis Low-g Digital Output Accelerometer [EB/OL]. http://www. freescale. com.

[20] VLSI Solution Oy. VS1003 - MP3/WMA AUDIO CODEC URL[EB/OL]. http://www. vlsi. fi.

[21] ST Microelectronics. AN2598 应用笔记：使用 STM32F101xx 和 STM32F103xx 的智能卡接口 [EB/OL]. http://www. st. com.

[22] 广州周立功单片机发展有限公司. MF RC522 非接触式读写卡芯片 [EB/OL]. http://www. zlgmcu. com.

[23] NXP Semiconductor. MFRC522 contactless Reder IC [EB/OL]. http://www. nxp. com.

[24] 广州周立功单片机发展有限公司. 设计 MF RC500 的匹配电路和天线的应用指南 [EB/OL]. http://www. zlgmcu. com.

[25] Winbond Electronics (H. K.) Ltd. W25X16，W25X32，W25X64 16M - BIT, 32M - BIT, AND 64M - BIT SERIAL FLASH MEMORY WITH 4KB SECTORS AND DUAL OUTPUT SPI [EB/OL]. http://www. winbond. com. tw.

[26] Nordic Semiconductor. nRF24L01 Single Chip 2. 4GHz Transceiver Product Specification [EB/OL]. http://www. nordicsemi. no.

[27] Analog Devices inc. CMOS 300 MSPS Complete - DDS AD9852 [EB/OL]. http://www. analog. com/dds.

[28] 黄智伟. 锁相环与频率合成器电路设计[M]. 西安:西安电子科技大学出版社, 2008.

[29] Atmel Corporation. Two - wire Automotive Temperature Serial EEPROMs 128K (16384×8) 256K (32768×8) AT24C128 AT24C256 [EB/OL]. http://www. atmel. com.

[30] ROHM Co，Ltd. Ambient Light Sensor IC Series Digital 16bit Serial Output Type Ambient Light Sensor IC BH1750FVI [EB/OL]. http://www. rohm. com.

［31］ ROHM Co. Ltd. Digital 16bit Serial Ouput Type Ambient Light Sensor IC BH1750FVI［EB/OL］. http：//www. rohm. com.

［32］ AverLogic Technologies，Inc. AL422B Data Sheets ［EB/OL］. http：//www. averlogic. com.

［33］ Ommivision Technologies，Inc. OV7670/OV7171 CMOS VGA（640 * 480）CAMERACHIPTM sensor with OmmiPixel Techinology ［EB/OL］. http：//www. ovt. com.

［34］ Koninklijke Philips Electronics N. V. TEA5767HN Low - power FM stereo radio for handheld applications Product data sheet ［EB/OL］. http：//www. semiconductors. philips. com.

［35］ Maxim Inc. MAX13330/MAX13331 Automotive DirectDrive Headphone Amplifiers with Output Protection and Diagnostics ［EB/OL］. http：//www. maxim - ic. com.

［36］ Texas Instruments Inc. 3. 3 - V CAN TRANSCEIVERS Check for Samples：SN65HVD230，SN65HVD231，SN65HVD232 ［EB/OL］. http：//www. ti. com.

［37］ ST Microelectronics. PM0042 Programming manual STM32F10xxx Flash programming［EB/OL］. http：//www. st. com.

［38］ ST Microelectronics. PM0075 Programming manual STM32F10xxx Flash memory microcontrollers ［EB/OL］. http：//www. st. com.

［39］ ST Microelectronics. UM0462 User manual STM32F101xx and STM32F103xx Flash loader demonstrator ［EB/OL］. http：//www. st. com.

［40］ ST Microelectronics. UM0424 User manual STM32F10xxx USB development kit ［EB/OL］. http：//www. st. com

［41］ 彭刚，等. 基于 ARM Cortex - M3 的 STM32 系列嵌入式微控制器应用实践［M］. 北京：电子工业出版社，2011.

［42］ 喻金钱，等. STM32F ARM Cortex - M3 核微控制器开发与应用［M］. 北京：清华大学出版社，2011.

［43］ 刘军. 例说 STM32［M］. 北京：北京航空航天大学出版社，2011.

［44］ 陆玲，等. 嵌入式系统软件设计中的数据结构［M］. 北京：北京航空航天大学出版社，2008.

［45］ 黄智伟. 全国大学生电子设计竞赛：系统设计［M］. 2 版. 北京：北京航空航天大学出版社，2011.

［46］ 黄智伟. 全国大学生电子设计竞赛：电路设计［M］. 2 版. 北京：北京航空航天大学出版社，2011.

［47］ 黄智伟. 全国大学生电子设计竞赛：技能训练［M］. 2 版. 北京：北京航空航天大学出版社，2011.

[48]　黄智伟.全国大学生电子设计竞赛:制作实训[M].2 版.北京:北京航空航天大学出版社,2011.

[49]　黄智伟.全国大学生电子设计竞赛:常用电路模块制作[M].北京:北京航空航天大学出版社,2011.

[50]　黄智伟,等.全国大学生电子设计竞赛:ARM 嵌入式系统应用设计与实践[M].北京:北京航空航天大学出版社,2011.

[51]　黄智伟,等.ARM9 嵌入式系统基础教程[M].2 版.北京:北京航空航天大学出版社,2013.

[52]　黄智伟,等.32 位 ARM 微控制器系统设计与实践——基于 Luminary Micro LM3S 系列 Cortex-M3 内核[M].北京:北京航空航天大学出版社,2010.

[53]　黄智伟.高速数字电路设计入门[M].北京:电子工业出版社,2012.

[54]　黄智伟.低功耗系统设计——原理、器件与电路[M].北京:电子工业出版社,2011.

[55]　黄智伟,等.超低功耗单片无线系统应用入门[M].北京:北京航空航天大学出版社,2011.

[56]　黄智伟.印制电路板(PCB)设计技术与实践[M].2 版.北京:电子工业出版社,2013.

[57]　黄智伟.嵌入式系统中的模拟电路设计[M].北京:电子工业出版社,2011.

[58]　黄智伟.基于 NI Mulitisim 的电子电路计算机仿真设计与分析[M].修订版.北京:电子工业出版社,2011.

[59]　黄智伟.全国大学生电子设计竞赛培训教程[M].修订版.北京:电子工业出版社,2010.

[60]　黄智伟.射频小信号放大器电路设计[M].西安:西安电子科技大学出版社,2008.

[61]　黄智伟.混频器电路设计[M].西安:西安电子科技大学出版社,2009.

[62]　黄智伟.射频功率放大器电路设计[M].西安:西安电子科技大学出版社,2009.

[63]　黄智伟.调制器与解调器电路设计[M].西安:西安电子科技大学出版社,2009.

[64]　黄智伟.单片无线发射与接收电路设计[M].西安:西安电子科技大学出版社,2009.

[65]　黄智伟.无线发射与接收电路设计[M].2 版.北京:北京航空航天大学出版社,2007.

[66]　黄智伟.通信电子电路[M].北京:机械工业出版社,2007.

[67]　黄智伟.射频电路设计[M].北京:电子工业出版社,2006.

[68]　黄智伟.基于 Mulitisim2001 的电子电路计算机仿真设计与分析[M].北京:电子工业出版社,2006.

[69]　黄智伟.GPS 接收机电路设计[M].北京:国防工业出版社,2005.

[70]　黄智伟.单片无线收发集成电路原理与应用[M].北京:人民邮电出版社,2005.

STM32F 32位 ARM 微控制器应用设计与实践(第2版)

[71]　黄智伟.无线通信集成电路[M].北京:北京航空航天大学出版社,2005.

[72]　黄智伟.蓝牙硬件电路[M].北京:北京航空航天大学出版社,2005.

[73]　黄智伟.FPGA 系统设计与实践[M].北京:电子工业出版社,2005.

[74]　黄智伟.凌阳单片机课程设计[M].北京:北京航空航天大学出版社,2007.

[75]　黄智伟.单片无线数据通信 IC 原理应用[M].北京:北京航空航天大学出版社,2004.

[76]　黄智伟.射频集成电路原理与应用设计[M].北京:电子工业出版社,2004.

[77]　黄智伟.无线数字收发电路设计[M].北京:电子工业出版社,2004.